CHEVRON을 단 군인
부사관

CHEVRON을 단 군인 **부사관**

발행일   2015년 10월 1일

지은이   장 현 민
펴낸이   손 형 국
펴낸곳   (주)북랩
편집인   선일영   편집 서대종, 이소현, 권유선
디자인   이현수, 윤미리내, 임혜수, 김은해   제작 박기성, 황동현, 구성우, 이탄석
마케팅   김회란, 박진관, 이희정, 김아름
출판등록   2004. 12. 1(제2012-000051호)
주소   서울시 금천구 가산디지털 1로 168, 우림라이온스밸리 B동 B113, 114호
홈페이지   www.book.co.kr
전화번호   (02)2026-5777   팩스 (02)2026-5747

ISBN   979-11-5585-706-9 13390(종이책)

이 도서의 국립중앙도서관 출판예정도서목록(CIP)은 서지정보유통지원시스템 홈페이지(http://seoji.nl.go.kr)와
국가자료공동목록시스템 (http://www.nl.go.kr/kolisnet)에서 이용하실 수 있습니다.
(CIP제어번호 : 2015026079)

CHEVRON을 단 군인 부사관

장현민 지음

배달국에서 해방 이후 건군에
이르기까지 유구한
대한민국 국군의 역사!
그리고 '군 전투력 발휘의 중추'인
부사관에 관한 이야기

북랩 book Lab

조국수호와 국가번영을 위해 묵묵히 헌신하신

대한민국의 모든 군인, 특히 부사관들께

존경하는 마음을 담아 이 책을 바칩니다.

2015년 교관용 참고도서

본 도서는 성병육성의 소명을 다하는 부사관의
자긍심 고취와 자질 함양을 위한 도서입니다.

프롤로그 1

1984년 8~9월은 태풍 '준'과 집중폭우가 우리나라를 휩쓸어 사망 189명, 실종 150명, 재산피해 2,502억 원 등 많은 피해를 냈던 시기이다. 그 해 9월, 나는 소대장으로서 첫 부임지인 동부전선 적근산 아래에서 군인으로서 첫발을 내딛었다. 청량리역에서 기차를 타고 춘천에 도착하여 대기하고 있던 군용트럭을 탔다. 털털거리는 비포장 도로 위를 수도 없이 꼬불꼬불 돌아 사단에 도착하여 수일간의 전입교육을 받고 신고를 한 후에 소대에 도착했을 때, 있어야 할 소대원들이 보이지 않았다.

태풍 '준'과 폭우로 인해 전방 철책이 훼손되고 순찰로가 유실되어 이를 복구하기 위한 작업에 소대원 모두가 투입되었기 때문이었다. 이렇게 나의 첫 군 생활은 GOP 철책선 복구와 유실된 순찰로를 개설하는 것으로 시작되었다. 그러나 당시 소대선임하사관(지금의 부소대장)의 공석으로 인해 나는 첫 부임지에서 여러 가지 어려움을 겪어야만 했다.

난생 처음 보는 생소한 지형, 처음 대하는 40여 명의 소대원, 낯선 부대환경에서의 적응과 처신 등, 가장 가까이에서 조언을 해 주고 도와주어야 할 소대선임하사관의 부재는 군 생활을 처음 시작하는 나를 상당히 위축시키기에 충분했다. 다행이 유능한 분대장들이 있어서 그들과 함께 의논하면서 주어진 임무를 수행할 수 있었다.

그 해 10월, 해안부대 창설을 위해 소대원과 함께 이동하라는 상급부대의 명령이 내려왔다. 공석이었던 소대선임하사관도 중사로 보충되었다. 춘천에서 기차를 타고 어딘지도 모른 채 밤새 달려 내려가 새벽에 도착한 곳이 전남 여수였다. 나와 소대원들은 그 곳에서 한 달여 동안 해안경계 임무 수행을 위한 훈련을 받았고, 나는 각 분초(분대 단위 초소)로 소대원들을 배치하였다. 문제는 그 때부터 발생했다.

창설부대라 밤낮없이 여러 가지 확인하고 점검하여 조치할 것들이 많았지만 소대선임하사관의 임무수행 상태는 저조하였고, 소대원들을 잘 통솔하지 못했다. 심지어는 나와 소대원들 사이에 갈등을 유발시켰다. 소대선임하사관과 함께 생활하는 소대원들은 나의 정당한 직무상의 지시보다는 소대선임하사관의 말에 우선 따라야 했다. 지휘체계가 문란해진 것이다. 결국은 중대장에게 건의하여 소대선임하사관을 중대본부로 보직을 조정하였다. 지휘의 걸림돌을 제거해야겠다고 생각했기 때문이다. 물론 나는 두 배로 더 바빠졌다. 그렇지만 마음은 더 홀가분했으며 일사불란하게 소대를 지휘할 수 있었다.

프롤로그 2

1987년은 이듬해인 1988년에 우리나라에서 최초로 열리게 되는 세계인의 축제인 88올림픽의 개최 준비를 위해 모두가 분주한 해였다. 그해 10월에 나는 고등군사반 교육을 마치고 중대장 직책을 수행하도록 맹호부대로 발령을 받았다. 부임지에 도착해 보니 부대는 그해 11월에 있는 부대 개편 준비로 바빴다. 아! 그런데 중대는 있어야 할 중대선임하사관(지금의 행정보급관)이 또 공석이었다. 전역을 앞둔 중대선임하사관이 휴가를 떠난 것이다. 창설부대다 보니 여러 부대에서 전입한 인원들로 중대원들이 편성되어 갈등이 내재되어 있었고, 여러 가지 장비가 새로이 보급되면서 교육훈련과 부대관리 소요가 폭주하였다.

2개월쯤 지났을까 대대 인사과 인사담당관인 이영선 상사가 나를 찾아왔다. 우리 중대의 중대선임하사관을 해 보고 싶다는 것이었다. 물론 나는 좋다고 했다. 이영선 상사가 중대선임하사관으로 보직되고 한 달쯤 지나고 나서 나에게 업무보고를 하겠다며 중대장실의 문을 두드렸다.

지금도 그렇겠지만 중대선임하사관이 보직 받고나서 중대장에게 업무보고를 한다는 것은 당시로서는 매우 생소한 일이었다. 따라서 나는 필요 없다고 했음에도 굳이 업무보고를 받아야 한다며 자신이 앞으로 어떻게 임무수행을 할 것인가를 소상하게 보고하였다. 보고를 마치면서 "중대장님께서는 교육훈련과 작전에 전념하시고, 나머지 업무는 중대장님이 결심해 주시면 제가 알아서 수행하겠습니다."라고 건의하였다. 나는 그렇게 하자고 했다. 그는 정말 그렇게 임무를 수행했다. 그는 나의 진정한 오른팔이 되어주었다.

중대 하사관들과 중대원들에게 행동으로 모범을 보였고 알뜰하게 중대를 관리했으며 군 기강을 확립시켰다. 여러 부대에서 모인 중대원들이었지만 중대의 기틀이 서서히 잡혀 갔다. 오랜 경험에서 우러나오는 부대지휘 전반에 대한 적절한 조언도 아끼지 않았다. 덕분에 나는 창설부대에 맞는 교육훈련에 전념할 수 있었고, 여단에서 실시하는 창설부대 훈련평가를 기분 좋게 합격할 수 있었다. 다음해 연말에는 여단 최우수 중대인 선봉중대도 하였다.

그 후 이영선 상사는 원사로 진급하고 정년 퇴역을 하였지만, 그때 맺은 인연으로 지금도 종종 연락을 하면서 지낸다. 초급장교시절에 나는 이미 부사관의 역할에 대해 부정적인 면과 긍정적인 면을 모두 경험한 것이다. 부대지휘에 있어서 부사관의 역할이 얼마나 중요한지를 조기에 체험하였고 그들의 적극적인 조력으로 대대장, 연대장을 잘 마칠 수 있었으며 30여 년의 군 생활을 유지해 올 수 있었다. 진심으로 함께 근무한 전우들에게 감사한다.

프롤로그 3

이 책은 크게 국가와 군, 부사관과 관련된 일반적인 사항, 그리고 육군 부사관으로서 알아야 할 내용들을 담고 있다. 따라서 부사관은 물론 군과 부사관을 이해하고자 하는 장교, 부사관이 되고자 하는 젊은이들이 읽는다면 군과 부사관에 대해 체계적으로 이해할 수 있으리라 생각한다.

제1장인 국가와 군은 군의 존재 의의, 우리 역사 속의 국군과 대한민국 국군의 건군, 육군, 군인의 제반 가치 체계의 형성, 그리고 군인으로 복무한다는 것의 의미 등을 기술하고 있다. 특히 근세 조선말기 구식군대에서 신식군대로의 전환과정과 대한제국의 군대해산, 군의 가치 체계 형성 등에 관한 기술에 많은 노력을 기울였다. 이 장을 통해 군에 대한 전반적인 내용과 군인의 가치관을 이해할 수 있을 것이다.

제2장은 '군 전투력 발휘의 중추'인 육군 부사관에 대한 전반적인 내용을 담고 있다. 부사관의 기원과 역할, 부사관 계급의 변천, 부사관의 요람인 육군부사관학교, 여군 부사관에 대해 소개하고, 초급간부이면 누구나 고민스러워하는 부사관과 장교와의 바람직한 관계 등에 대해 기술하였다. 이 장은 역사적인 관점에서 부사관의 신분과 역할을 이해하고, 부사관과 장교 상호 간의 관계를 증진시키는 데 도움을 줄 것이다.

제3장은 육군 부사관으로 복무하면서 직업군인으로서 알아야 할 인사관리제도와 관련 법규, 포상과 처벌, 복지제도 등을 기술하고 있다. 아울러 필자가 군생활의 경험을 통해 상급자나 지휘관들로부터 들었던 강조사항에 대해 필자 나름대로의 단상斷想을 적고 있다. 이 장은 부사관으로서 군에 복무하는데 실질적인 이정표가 되어 줄 것이다. 누구나 한 조직에 몸을 담고 있으면서 희망하는 바가 있을 것이고 그에 대한 답을 찾는 데 유익할 것으로 생각한다.

이 책이 전문학술서는 아니지만 지금까지 누구도 시도하지 않았던 부사관 전반에 관한 사항을 역사적 맥락에서 객관적으로 기술하고자 노력하였다. 이 책을 집필하는 데 3년여의 세월이 소요되었다. 필자의 지식이 너무도 일천하여 자료를 수집하고 추고하는 시간이 필요했기 때문이다. 우리 군내 자료는 물론 외국군의 자료도 수집하였다. 역사적인 조각들을 하나로 꿰기 위해 1894년부터 2015년까지인 120여 년의 관보官報를 한 장 한 장 읽어가면서 군과 관련된 자료를 찾아내어 정리해야만 했다. 아울러 고려사, 조선왕조실록, 승정원일기, 외교문서 등 많은 고서와 번역서 등에서 부사관 관련 자료들을 찾아야 했다.

그러다 보니 이 책이 나오기까지 많은 기관과 여러분들의 도움을 받았으며 그에 대해 진심어린 감사의 말씀을 전하고 싶다. 먼저 국방부와 육군본부에 감사한다. 군의 특성상 외부에서 구하기 어려운 많은 자료들이 잘 보관되고 정리되어 있어 많은 참고가 되었다. 부족한 나의 지식을 채워준 많은 선학先學들의 연구와 저술에 깊은 감사를 드린다. 방대한 자료를 보관하고 접근하기 쉽게 체계를 갖춘 국회도서관, 국립중앙도서관, 국사편찬위원회, 국가기록원, 한국고전번역원 등에 특별히 감사를 표하고 싶다. 최대한 세세하게 인용 출처를 밝히려 노력하였으나 자료를 수집한 지 오래된 것은 그 출처를 일일이 밝히지 못했다. 이 점 양해를 구한다. 많은 자료들이 인용되었지만 잘못된 부분이 있다면 이는 전적으로 나의 책임이다.

이 책을 저술하게 된 계기를 마련해 준 육군부사관학교 정훈공보실장이었던 지금은 예비역이 된 이재형 중령과 「부사관, 전투형 강군의 중심에 서다」를 기획 연재할 수 있도록 지면을 할애해 준 국방일보에 감사를 드린다. 2012년 3~6월에 20회 기획연재를 하였던 글들이 이 책을 쓰는 계기가 되었다. 아울러 국방일보 연재 중에 많은 조언과 자료를 제공해 준 당시 육군부사관학교 양형곤 주임원사에게도 감사를 드린다. 바쁜 업무 속에서도 영문 자료를 잘 번역해 준 김선철 소령에게도 감사의 말을 전하고 싶다.

그리고 육군본부 인사참모부에서 함께 근무하면서 준사관, 부사관, 군무원, 병 그리고 민간 인력에 대한 인사정책과 제도발전을 위해 노력해준 과원들에게 감사한다. 모든 과원들은 장교를 제외한 육군의 구성원에 대해 수많은 날을 고민하고 토론하여 그 결과를 정책과 제도로 발전시켰다. 이들은 업무에 대한 사명감과 열정, 그리고 헌신으로 일관했다. 과장으로서 이들과 함께 한 18개월이 나의 가장 즐겁고 보람된 군 생활의 한 부분을 장식하고 있다. 과원들 중의 일부는 그 노력의 결과로 자신이 바라던 바를 이룰 수 있었다.

나의 군 생활에 있어서 항상 든든한 후원자이자 지지자였던 형님 내외분께 특별히 깊은 감사를 드린다. 마지막으로 군 복무 중 수많은 야근과 훈련으로 제대로 퇴근하지 못한 나에 대해 "왜 나하고 결혼했냐? 군대하고 결혼하지!"라고 불평 아닌 불평을 하면서도 가정을 잘 이끌며 내조해 준 아내 경숙京淑, 그리고 임지를 따라 전·후방 각지로 30여 회 이상의 이사를 다니고 수차례 전학을 다녔음에도 불구하고 잘 자라서 나의 보람이자 자부심이 된 두 딸 유란裕蘭, 유진裕眞에게 진심으로 사랑한다는 말을 전하고 싶다.

"桐千年老恒藏曲, 梅一生寒不賣香"
오동은 천년을 늙어도 항상 거문고 소리를 간직하고,
매화는 일생을 추위 속에 살아도 그 향기를 팔지 않는다.

2015년 춘삼월 향기 가득한 자운대에서

冬菊

 일러두기

1. 본서에서 사용한 각종 자료의 연·월·일의 환산기준은 다음과 같다.

자료	개국 503년	개국 504년	건양원년 ~건양2년	광무원년 ~11년	융희원년 ~융희4년
연도	1894년	1895년	1896~ 1897. 8. 15.	1897. 8. 16.~ 1907. 8. 2.	1907. 8. 3. ~1910. 8. 29
비고		음력 : 1895. 11. 16.까지, 양력 : 1896. 1. 1.부터			

*'음력'으로 고종32년 11월 17일이 '양력'으로 고종 33년(1896년) 1월 1일이 됨.

*'단기(檀紀)'는 필요시 '서기'로 환산하였음.

2. 본서에서 사용한 각종 용어는 가능한 한 그 시대 당시의 용어를 사용하고 필요시에 주를 달았다.

　　예) 취반하사(현재의 취사반장), 조호수(현재의 의무병), 윤병(현재의 운전병) 등

3. 칙령과 법규 명칭은 〈○○○〉과 같이 표기하고, 도서 명칭은 『○○○』로, 논문·보고서·관보·기타 자료 등은 「○○○」으로 표기하였다.

목차

프롤로그 1, 2, 3

chapter 1 국가와 군

section 01 군의 존재 의의 — 24
section 02 우리 역사 속의 국군 — 48
section 03 대한민국 국군의 건군 — 127
section 04 국군의 가치 체계 형성 — 145
section 05 국가방위의 중심군, 육군 — 160
section 06 군인으로 복무한다는 것 — 191

chapter 2 군 전투력 발휘의 중추, 부사관

section 01 부사관의 기원 — 218
section 02 부사관의 역할 — 229
section 03 귀족의 문장에서 유래한 부사관 계급 — 252
section 04 부사관의 요람, 육군부사관학교 — 267
section 05 육군의 아마조네스, 여군 부사관 — 273
section 06 부사관과 장교의 바람직한 관계 — 315

chapter 3 육군 부사관으로서 복무

section 01 내가 택한 육군 부사관 — 332
section 02 군 생활의 이정표인 인사관리제도 — 342
section 03 빛과 그림자, 포상과 처벌 — 363
section 04 국가에 헌신하는 군인에 대한 복지 — 390
section 05 군 생활 간의 몇 가지 단상斷想 — 413

참고문헌 — 430

에필로그 — 443

도표목록

표 1-1. 대한민국의 국가목표 —————————————— 45

표 1-2. 조선시대 전기의 군사조직 편성 —————————— 59

표 1-3. 신분별 계급과 품계 ————————————————— 64

표 1-4. 신식군제와 구식군제의 계급 및 품계 ——————— 65

표 1-5. 훈련 제1연대 본부 편성 ——————————————— 67

표 1-6. 훈련 제1연대 편성 ————————————————— 67

표 1-7. 신설대 편성 ————————————————————— 68

표 1-8. 시위연대 주요직위자 편성 ————————————— 69

표 1-9. 친위대대 편성 ——————————————————— 69

표 1-10. 친위연대 본부 편성 ———————————————— 70

표 1-11. 진위대대 편성 —————————————————— 71

표 1-12. 지방대 인원 및 월 급료 —————————————— 71

표 1-13. 신·구지방대 월 급료 ——————————————— 73

표 1-14. 시위대대 편성 —————————————————— 74

표 1-15. 시위 제1대대 장교 보직 —————————————— 74

표 1-16. 시위 제2대대 장교 보직 —————————————— 75

표 1-17. 호위대 편성 ——————————————————— 76

표 1-18. 시위 제1연대 본부 편성 —————————————— 76

표 1-19. 포병대대 및 중대 편성 —————————————— 77

표 1-20. 시위기병대대 편성 ———————————————— 77

표 1-21. 각 친위대대 편성 ————————————————— 78

표 1-22. 공병·치중병 중대 편성 —————————————— 79

표 1-23. 군악중대 편성 —————————————————— 79

표 1-24. 진위대·지방대 편성 ——————————————— 80

표 1-25. 평양진위대대 편성 ———————————————— 80

표 1-26. 진위연대 본부 편성 ———————————————— 81

표 1-27. 진위연대 본부 및 각 대대 위치 ———————————— 81

표 1-28. 군기창 편성 ————————————————————— 84

표 1-29. 군기창 편성 변화 ——————————————————— 92

표 1-30. 주요부대 개편 현황 ————————————————— 93

표 1-31. 시위연대 및 대대 본부, 중대 편성 ————————— 93

표 1-32. 공병대 편성 ———————————————————— 94

표 1-33. 개편된 헌병부대 편성 ———————————————— 94

표 1-34. 헌병부대 최초 편성 ————————————————— 95

표 1-35. 감축된 기병중대 편성 ———————————————— 95

표 1-36. 감축된 포병중대 편성 ———————————————— 95

표 1-37. 감축된 시위보병대대 본부 및 중대 편성 ————— 96

표 1-38. 시위혼성여단사령부 편성 ————————————— 97

표 1-39. 개편된 시위연대본부 편성 ————————————— 97

표 1-40. 개편된 시위대대본부 편성 ————————————— 97

표 1-41. 개편된 시위중대 편성 ———————————————— 98

표 1-42. 개편된 시위기병대 편성 ——————————————— 98

표 1-43. 개편된 시위야전포병대 편성 ———————————— 99

표 1-44. 개편된 공병대 편성 ————————————————— 99

표 1-45. 군대해산일 피·아 피해 현황 ———————————— 105

표 1-46. 1차 폐지된 관제 및 규정 —————————————— 106

표 1-47. 근위보병대 편성 —————————————————— 107

표 1-48. 면직된 장교 현황 —————————————————— 108

표 1-49. 2차 폐지된 관제 및 규정 —————————————— 108

표 1-50. 근위기병대 편성 —————————————————— 109

표 1-51. 3차 폐지 및 신편된 관제 —————————————— 109

표 1-52. 군인출신 의병장 —————————————————— 117

표 1-53. 대한민국임시정부의 〈대일선전성명서〉 —————— 123

표 1-54. 〈국군 조직법〉 제12조 ——————————————— 138

표 1-55. 〈한국광복군 공약〉 ————————————————— 147

표 1-56. 〈한국광복군 서약〉 —————————————————— 147

표 1-57. 〈사병훈〉 ——————————————————————— 150

표 1-58. 〈국군 3대선서〉 —————————————————————— 151

표 1-59. 〈국군맹서〉 ——————————————————————— 151

표 1-60. 〈군인복무령〉 ————————————————————— 152

표 1-61. 공포 당시의 〈군인의 길〉 ——————————————— 153

표 1-62. 1973년 개정된 〈군인의 길〉 ————————————— 155

표 1-63. 1976년 개정된 〈군인의 길〉 ————————————— 155

표 1-64. 제정 당시의 〈군진수칙〉 ——————————————— 156

표 1-65. 현재의 〈군진수칙〉 ————————————————— 156

표 1-66. 1982년 개정된 〈육군목표〉 ————————————— 162

표 1-67. 1989년 개정된 〈육군목표〉 ————————————— 163

표 1-68. 1999년 개정된 〈육군목표〉 ————————————— 164

표 1-69. 2007년 개정된 〈육군목표〉 ————————————— 164

표 1-70. 〈진급선서〉 ——————————————————————— 171

표 1-71. 〈육군 복무신조(우리의 결의)〉 ——————————— 173

표 1-72. 육군 병과의 종류 —————————————————— 177

표 1-73. 〈임관선서〉 ——————————————————————— 194

표 1-74. 대한제국의 무관 및 문관 대우 비교 ————————— 198

표 1-75. 〈군인에 대한 의전예우 기준지침〉 —————————— 198

표 1-76. 신분별·계급별 경력기준 —————————————— 199

표 1-77. 〈군인사법〉 제37조와 제40조 ———————————— 200

표 1-78. 〈군인정신〉 —————————————————————— 202

표 1-79. 2050년 통일한국의 경제적 위상 —————————— 205

표 1-80. 1966년 제정된 〈군인복무규율〉 상의 '복무태도' ——— 210

표 1-81. 2012년 개정된 〈군인복무규율〉 상의 '복무태도' ——— 210

표 2-1. 춘추전국시대 제나라의 내정 및 군사조직 —————— 222

표 2-2. 〈군인신체구속잠정규정〉 —————————————— 226

표 2-3. 〈하사관의 책무〉 ——————————————————— 237

표 2-4. 1998년 개정된 〈하사관의 책무〉 —————— 238

표 2-5. 2012년 개정된 〈부사관의 책무〉 —————— 239

표 2-6. 육군 부사관의 역할 —————— 241

표 2-7. 육군 부사관 상像 —————— 242

표 2-8. 육군 부사관 행동강령 —————— 243

표 2-9. 훈련부사관 유형별 선발대상 —————— 245

표 2-10. 조선시대 품계에 따른 쟁자 —————— 255

표 2-11. 외국군 부사관 계급구조 —————— 255

표 2-12. 6·25전쟁 중 입원환자 처리현황 —————— 280

표 2-13. 간호병과 사명, 비전, 핵심가치 —————— 282

표 2-14. 여군 하사관 및 병 계급별 정년 —————— 288

표 2-15. 〈여군하사관 인사관리 방침 제18호〉 —————— 291

표 2-16. 〈여군하사관 인사관리 육 방침 제33호〉 —————— 292

표 2-17. 〈여군하사관 인사관리 방침 제42호〉 —————— 293

표 2-18. 2002년 변경된 여군하사관 인사관리 —————— 295

표 2-19. 여군 보직관리 —————— 296

표 2-20. 여군부사관 보직관리 —————— 297

표 2-21. 여군의 모성보호를 위한 제반 정책 및 제도 —————— 299

표 2-22. 〈여군의 다짐〉 —————— 304

표 2-23. 바람직한 장교와 부사관 관계 —————— 319

표 2-24. 중대장이 바라본 행정보급관 —————— 323

표 2-25. 명령에 대한 복종과 의견 제시 —————— 324

표 2-26. 소대장이 바라본 부소대장 —————— 325

표 2-27. 군인의 호칭, 언어태도 —————— 326

표 2-28. 육군군무원 대우기준 —————— 329

표 3-1. 현역병의 부사관 지원자격 및 결격사유 —————— 337

표 3-2. 교육체계 변경(1973년 1월 23일) —————— 340

표 3-3. 군의 교육체계 —————— 348

표 3-4. 육군연성학교 교육과정 —————— 348

표 3-5. 부사관 기본 보직관리 ———————————————— 351

표 3-6. 고충사유 기준 ———————————————————— 352

표 3-7. 개인비위 및 개인책임으로 보직해임 사유 ————————— 353

표 3-8. 장교의 계급별 평가요소 ———————————————— 354

표 3-9. 하사관의 병과별 진급 요건 —————————————— 357

표 3-10. 하사관 진급연한 —————————————————— 359

표 3-11. 진급의 종류 및 대상 ———————————————— 360

표 3-12. 계급별·병과별 진급심사 제대 ————————————— 360

표 3-13. 진급선발 평가요소 구성 ——————————————— 361

표 3-14. 진급 낙천·선발 무효·보류 사유 ———————————— 362

표 3-15. 대한제국 〈훈장조례〉 ———————————————— 366

표 3-16. 연금 및 일시금 현황 ———————————————— 369

표 3-17. 1910년 8월 하순 훈장 수여현황 ———————————— 371

표 3-18. 군인관련 훈·포장 —————————————————— 374

표 3-19. 전역하는 군인에 대한 정부포상 ———————————— 376

표 3-20. 육군의 전쟁영웅 상賞 및 참군인 상賞 ————————— 377

표 3-21. 죄의 유형 및 처벌 ————————————————— 381

표 3-22. 〈관원징계령〉의 내용 ———————————————— 382

표 3-23. 계급별 지휘관의 징계권 ——————————————— 382

표 3-24. 신분별 징계의 종류 ———————————————— 383

표 3-25. 장교, 준·부사관에 대한 징계의 종류 —————————— 385

표 3-26. 장교·준사관·부사관에 대한 징계 〈양정기준〉 ————— 386

표 3-27. 징계부과금의 〈양정기준〉 —————————————— 387

표 3-28. 〈음주운전 처리기준〉 ———————————————— 388

표 3-29. 〈성폭행 관련 처리기준〉 —————————————— 388

표 3-30. 군인이 처벌을 받을 경우의 받는 불이익 ———————— 389

표 3-31. 미군의 MWR 프로그램 ——————————————— 391

표 3-32. 무관의 봉급 ———————————————————— 393

표 3-33. 훈련대 및 신설대 봉급 비교 ————————————— 394

표 3-34. 문·무관의 봉급 비교 ——————————————————— 394

표 3-35. 무관의 봉급 변천 ———————————————————— 396

표 3-36. 부대별 하사관 및 병졸 급료 변천 ———————————— 397

표 3-37. 1950년 10월 이후 1호 기준 계급별 군인봉급 ————————— 398

표 3-38. 1958년 4월 이후 1호 기준 계급별 군인봉급 ————————— 399

표 3-39. 중사 제1호 기준 계급별 봉급기준 비율표 ————————— 400

표 3-40. 부사관의 수당 및 실비변상 ——————————————— 401

표 3-41. 장교의 계급별 연금 기준액 ——————————————— 405

표 3-42. 1960년 제정된 퇴직급여의 종류 ————————————— 406

표 3-43. 1963년 개정된 퇴직급여의 종류 ————————————— 407

표 3-44. 2015년 기준 퇴직급여의 종류 —————————————— 409

표 3-45. 전직교육과정 ————————————————————— 411

그림목록

그림 1-1. 대한민국 정부수립을 축하하는 국군의 행진 —————— 29

그림 1-2. 독도, 마라도, 서북해역 등이 포함된 대한민국 영토 —————— 36

그림 1-3. 해동지도 무산부 지도에 나타난 토문강 —————— 41

그림 1-4. 이어도의 종합해양과학기지 전경 —————— 42

그림 1-5. 치우천왕을 형상화한 기와와 한국 축구 응원단 '붉은 악마'의 로고 — 50

그림 1-6. 둑의 모형 —————— 51

그림 1-7. 광개토대왕의 영토 확장전쟁 기록화 —————— 54

그림 1-8. 하얼빈역에서 이토 히로부미를 처단하고 체포되는 안중근 장군 —— 117

그림 1-9. 청산리 대첩에 쓰였던 독립군 소총, 탄약 등 무기류 —————— 119

그림 1-10. 한국광복군총사령부 창설식 장면 —————— 122

그림 1-11. 광복군의 전투복, 전투모, 군화 —————— 123

그림 1-12. 인면전구공작대 대원 일동 —————— 125

그림 1-13. 국군의 전신인 '남조선 국방경비대' —————— 135

그림 1-14. 육군 창설 당시 사용된 최초의 육군기 —————— 139

그림 1-15. '사랑의 학교' 하굣길에서 어린이들을 인솔하고 있는 상록수부대원 141

그림 1-16. 1950년 10월 1일 38선 돌파를 기뻐하는 한·미 장병들 —————— 143

그림 1-17. 『군인복무규율 제정경위 및 해설서』의 표지 —————— 157

그림 1-18. 육군 캐릭터 '호국이' 및 엠블럼 —————— 175

그림 1-19. 한국광복군의 병과 표식 —————— 176

그림 2-1. 영화 'The EAGLE'의 한 장면 —————— 232

그림 2-2. 미 여군 훈련부사관의 중절모 —————— 245

그림 2-3. 육군의 '훈련부사관' 휘장 —————— 246

그림 2-4. 미 육군의 원사, 주임원사, 육군주임원사 계급장 및 직위표지기 —— 248

그림 2-5. 육군의 원사 계급장 및 육군주임원사 휘장 —————— 249

그림 2-6. 미 육군주임원사의 의회 출석 보고장면 —————— 251

그림 2-7. 유럽 귀족의 각종 문양의 쉐브런(∧, ∨) 표시 —————— 253

그림 2-8. 독일 육군의 일등원사, 원사, 상사, 일등중사, 중사, 일등하사, 하사 계급장 ─ 256

그림 2-9. 영국 육군의 일등준위, 이등준위, 상사 계급장 ─────────── 256

그림 2-10. 세계 여러 나라의 부사관 계급장 모양 ──────────── 257

그림 2-11. 시위대의 정교, 부교, 참교 견장 계급장 ───────────── 258

그림 2-12. 육군 신분별 제등 ─────────────────── 261

그림 2-13. 광복군의 특무정사, 정사, 부사, 참사 계급장 ─────────── 261

그림 2-14. 대특무정교(특무상사), 특무정교(일등상사), 정교(이등상사), 특무부교
       (일등중사), 부교(이등중사), 참교(하사)의 정장 및 약장 계급장 ── 262

그림 2-15. 상사, 중사, 하사 정장 및 약장 계급장 ───────────── 263

그림 2-16. 상사, 중사, 하사 정장 및 약장 계급장 ───────────── 263

그림 2-17. 상사, 중사, 하사 정장 및 약장 계급장 ───────────── 263

그림 2-18. 주임상사, 상사, 중사, 하사 정장 및 약장 계급장 ────────── 264

그림 2-19. 일등상사, 이등상사, 중사, 하사 정장 및 약장 계급장 ─────── 264

그림 2-20. 현재의 원사, 상사, 중사, 하사 계급장 ─────────── 265

그림 2-21. 신설될 선임원사(가칭) 계급장의 여러 가지 도안들 ─────── 265

그림 2-22. 육군부사관학교 부대표지 및 그 의미 ───────────── 271

그림 2-23. 다호메이 여전사와 프랑스군의 '1892년 9월 19일 Dogba 전투' ── 275

그림 2-24. 여군병과 휘장 ─────────────────── 288

그림 2-25. 미군이 개발 중인 '전술강습 작전복' ───────────── 305

그림 3-1. 금척·서성·이화대훈장 ───────────────── 366

그림 3-2. 태극장 훈1등~8등 ────────────────── 367

그림 3-3. 자응장 훈1등~8등 ────────────────── 368

그림 3-4. 팔괘장 훈1등~8등 ────────────────── 368

그림 3-5. 서봉장 훈1등~6등 ────────────────── 369

그림 3-6. 대한제국의 각종 기념장 ──────────────── 372

그림 3-7. 1951년 8월 19일 이후의 무공훈장 ─────────────── 373

그림 3-8. 무공훈장(태극·을지·충무·화랑·인헌), 무공포장 ───────── 375

그림 3-9. 보국훈장(통일장·국선장·천수장·삼일장·광복장), 보국포장, 표창
       (대통령·국무총리) ──────────────── 376

CHAPTER 1
국가와 군

국군은
국가의 안전보장과
국토방위의 신성한 의무를
수행함을 사명으로 하며,
그 정치적 중립성은 준수된다.

- 대한민국헌법 제5조 -

군의 존재 의의

兵者 國之大事 死生之地 存亡之道

군사문제는 나라의 중대한 일이다. 생사와 존망이 걸린 것이다.

-『손자병법』'시계편' 중에서-

"같은 속屬에 속하는 종種은 똑같다고 할 수 없으나 일반적으로 습성이나 체질 또는 구조에 있어서 유사하기 때문에, 이들 사이에서 경쟁이 일어났을 경우 그 경쟁은 일반적으로 서로 다른 속에 속하는 종끼리의 경쟁보다 격렬하다."[1]는 찰스 다윈(Charles Robert Darwin, 1809~1882)의 생존경쟁에 대한 견해는 자연계의 생존에 대한 깊은 통찰의 결과가 아닌가 한다. 인간은 처음에는 생존을 위해 자원이 희소한 자연환경 속에서 다른 종과 경쟁하며 생존과 번식을 추구하였고, 이후 인간 종種 내에서 좀 더 확실하고 풍부한 생존과 번식을 유지하기 위하여 또한 경쟁하여 왔다.[2]

즉 인간도 자연계의 한 부분이기 때문에 생존을 위한 끊임없는 경쟁은 필연적인 것으로 인류의 역사를 생존을 위한 경쟁의 역사라 해도 과언이 아닌 듯싶다. 인류가 모여살기를 시작하면서 생존에 필수적인 한정된 자원을 차지하기 위해서는 개인 간의 이해관계가 야기될 뿐만 아니라 공동체 상호 간에도 평화만 있는 것이 아니라 갈등이 빚어지기도 하였을 것이다. 이러한 이해관계와 갈등을 해결함에 있어

---

1) 찰스 다윈, 홍성표 역, 『종의 기원』, 홍신문화사, 2011. 74쪽
2) 최재천 외 18인, 『21세기 다윈혁명』, 사이언스 북스, 2009. 94~95쪽

개인이든 공동체든 간에 서로 타협과 협상을 통해 평화를 유지하거나 그러지 못할 경우에는 필연적으로 싸움이나 전쟁과 같은 무력충돌로 발전해 갔을 것이라는 것은 누구나 짐작할 수 있는 일이다.

서양의 군사사상가 클라우제비츠(Carl von Clausewitz, 1780~1831)는 '전쟁은 나의 의지를 실현하기 위해 적에게 굴복을 강요하는 폭력 행위'라고 단적으로 정의하고 있다. 따라서 물리적 폭력은 수단이 되고, 적에게 나의 의지를 강요하는 것이 목적이며, 이 목적을 확실하게 달성하기 위해서는 적이 저항할 수 없도록 만들어야 하는데, 이것이 개념상 전쟁 행위의 본래의 목표가 된다[3)는 것이다.

우리는 전쟁의 원인을 크게 네 가지 범주에서 논의할 수 있다. 첫째, 인간 정치집단은 자체 생존의 보장이나 다른 집단의 생존을 거부하기 위하여 전쟁을 치러 왔다. 둘째 정치집단은 또한 실리적 이익을 획득하기 위하여 전쟁을 수행하여 왔다. 셋째, 정치집단은 명분적 이익을 추구하는 수단으로 전쟁이라는 수단을 동원해 왔다. 넷째, 감정, 승리에 대한 집착이나 환상, 또는 우발적이거나 의도적인 사건과 사태의 진전이 직접·간접적인 원인이 된 전쟁들이 있다.[4)]

전쟁의 원인이 감정적이든 이성적이든 환상적이든 이념 또는 종교의 문제든 결국은 생존의 문제로 귀결되며 이는 존재와 관련된 사활적 이익 때문이라고 생각한다. 지금도 지구상의 도처에서 모든 종들이 생존을 위해 사활을 건 경쟁을 하고 있으며 존재의 지속가능성을 높이기 위한 부족, 종족, 나라 간의 치열한 정치·경제·사회·문화·외교적인 노력과 무력충돌이 계속되고 있음은 우리가 결코 부인할 수 없는 사실들일 것이다.

우리나라도 오랜 역사 속에서 생존을 위한 수많은 전쟁을 직·간접적으로 치르면서 오늘에 이르고 있다. 기록에 따라 여러 가지 설이 있지만, 기원전 2600년경의 한민족인 배달국의 수장 치우천왕과 중국이 시조始祖라 주장하는 황하족의 수장 황제 헌원이 천하의 패권을 놓고 벌인 탁록전투를 필두로 고조선, 고구려·백제·신라, 발해, 고려, 조선, 대한제국, 대한민국을 거쳐 오면서 주변 부족 또는 국가들과 생존을 위한 무력충돌이 계속되어 왔다. 우리나라가 최근 100년 동안에 직·간접적으로 겪

---

3) 카알 본 클라우제비츠 지음, 김만수 옮김, 『전쟁론 제1권』, 갈무리, 2006, 46쪽
4) 온창일, 『전쟁론』, 집문당, 2007. 85~86쪽

은 전쟁만 해도 청·일전쟁, 러·일전쟁, 만주사변, 중·일전쟁, 태평양전쟁, 6·25전쟁, 월남전 등 7회에 이르고 있다.[5]

6·25전쟁 이후 북한은 2014년 11월 말 기준으로 3,040회에 이르는 대남 도발을 저질렀다. 대남침투가 1,968건이었으며 국지도발이 1,072건이었다.[6] 2000년대를 전후로 남북경협과 대북 경제지원이 진행되는 시점에도 잠수정 침투사건과 핵실험, 장거리 미사일 발사를 감행하였다. 2002년 한·일 월드컵이 절정인 시기에 북방한계선(NLL)을 침범하여 해상공격을 벌인 연평해전, 쌀·시멘트 등 대북 인도적 지원이 재개 중이던 시기에 발발한 2010년의 '천안함 폭침사건'[7], 같은 해 남북적십자 회담을 앞두고는 '연평도 포격 도발 사건'[8]을 자행하였다. 이러한 일련의 사건들은 우리 한반도 내에서도 무력충돌이 지속되고 있음을 입증하고 있는 것이라고 할 수 있다.[9]

이렇듯 인류의 역사가 생존을 위한 끊임없는 싸움, 무력충돌, 전쟁의 역사라면 강한 군대는 강성한 국가를 건설하고 유지하는 데 필수적인 요소로 작용하였을 것이고, 모든 국가는 군대 없이는 한 순간도 자유롭고 평화로울 수 없었을 것이다.

---

5) 육군본부, 『위국헌신의 길』, 2004. 12~13쪽
6) 국방부, 『2014 국방백서』, 2014. 251쪽
7) 2010년 3월 26일 21시 22분경 백령도 인근 해상에서 정상적인 임무수행 중이던 해군 2함대 소속 천안함이 북한의 어뢰공격에 의해 침몰되었고, 승조원 총 104명 중 46명이 전사하고 58명은 생존하였다.
8) 2010년 11월 23일 14시 34분 경 북한군이 연평도에 170여 발의 포사격을 자행하자 우리 해병대 연평부대가 K-9 자주포로 대응 사격을 실시했다. 무방비 상태의 민간인 거주 지역에도 무차별 포격을 가한 북한의 불법적이고 비인도적인 만행으로 민간인 2명이 사망하고 군인 2명이 전사하였으며, 다수의 인원이 중경상을 입었다.
9) 통일부 통일교육원, 『2012 북한이해』, 2012, 117~118쪽

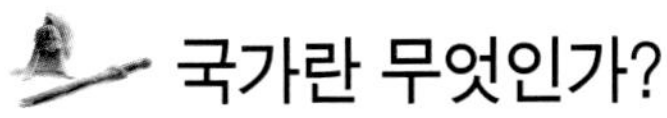 국가란 무엇인가?

소크라테스	국가란 인류의 필요에 의해 생긴 것이라네. 궁핍하여 만족을 느낀 사람은 아무도 없었거든. 그 밖에 달리 국가의 기원이라고 내세울 만한 것이 있나?
아데이만토스	없습니다.
소크라테스	우리는 많은 결함을 갖고 있기 때문에 이것을 보충하려면 많은 사람들이 필요하네. 어떤 사람은 이 목적을 위해 힘이 되어주고, 또 다른 어떤 사람은 다른 목적을 위해 힘이 되어주네. 그리고 이러한 상대나 후원자가 함께 한 지역에 모였을 때 이 집단을 국가라고 부르네.
아데이만토스	그렇군요.
소크라테스	그들 중에서 어떤 사람은 주고 어떤 사람은 받으며 서로 소통하네. 이러한 상호교환이 그들에게 이득이 된다고 생각되기 때문이지.10)

위의 글은 플라톤(Plato, BC 427~BC 347)의 저서 『국가론POLITEIA』에 나타난 소크라테스와 아데이만토스 간의 대화이다. 소크라테스가 아데이만토스에게 국가의 생성 이치에 대해 설명하고 있는 대목이다. 소크라테스는 국가를 사람들이 서로의 필요를 충족시키기 위해 형성된 것으로 한 지역에 모여 사는 집단, 즉 생활공동체로 정의하고 있다. 다시 말하면 플라톤은 그의 저서에서 국가가 처음에는 경제적 필요에서 발생하였다고 서술하고 있다. 아울러 기술의 발달로 말미암아 분업과 상품 생산과 상업, 교환가치로서의 화폐 및 영리적, 군사적, 지배적 여러 계급이 점차로 형성되었다고 제시하고 있다.11)

또 다른 견해에 따르면 인간은 자유로운 존재로 태어났고 생존을 위해 노력하게 된다. 생존을 위한 각 개인의 무제한적인 자유행동은 개인 간의 충돌을 초래하게 되고, 그와 같은 충돌은 결국 인간의 수명을 단축시키는 결과를 가져온다. 이와 같은 현상을 홉스(Tomas Hobbes, 1588~1679)는 "萬人의 萬人에 대한 투쟁"으로 묘사하였다. 인간사회의 무정부상태에서 오는 무질서와 불안으로부터 개인의 안전을 보장받기 위하여 인간은 자신의 자유를 어느 정도 제한하면서 국가라는 존재를 받아들이게 되었다고 한다.12)

---

10) 플라톤, 최현 역, 『플라톤의 국가론』, 집문당, 2012. 79쪽
11) 플라톤, 최현 역, 『플라톤의 국가론』, 집문당, 2012. 5쪽

여타의 여러 가지 견해를 종합해 볼 때 국가란 "국가를 구성하는 영토 위에서 생활하는 일체의 인간과 인간 집단이 외부의 위협으로부터 방어하고, 내부의 치안을 확보하여 일정한 목적을 달성하기 위해 정부라는 조직을 가지는 조직된 국민 단체"라고 정의할 수 있다.[13] 일반적으로 국가의 구성요소로 국민·영토·주권 등 3가지를 말하고 있다. 따라서 국가는 국민·영토·주권을 지키기 위한 통치권의 주체가 되며, 국가존립의 최대목적은 국가와 국가가 대립하는 환경 속에서 자신을 보호하고 국민의 생명과 자유를 보장하며 국민의 복리를 증진시킬 수 있어야 한다.[14]

우리나라도 오랜 역사 속에서 많은 국가들이 부침을 거듭하여왔고 현재에 이르고 있다. 기원전 7,197년 한님(桓因, 환인)이 한국(桓國, 환국)을 건국하였고, 한웅천왕(桓雄天王, 환웅천왕)이 기원전 3,898년에 배달국을 건국하였으며 단군왕검이 기원전 2,333년에 고조선을 건국하였다.[15] 우리나라 국경일인 10월 3일 '개천절'은 단군왕검이 세운 고조선의 건국일에서 기원한다. 고구려는 기원전 37년 동명성왕(고주몽)에 의해 건국되었고, 신라는 박혁거세에 의해 기원전 57년에 건국되었으며 백제는 온조왕에 의해 기원전 18년에 건국되었다. 발해는 대조영이 698년 건국하였고 고려는 왕건이 918년에 건국하였으며, 이성계가 역성혁명을 일으켜 1392년에 조선을 개국하였다. 대한제국은 1897년 10월 12일부터 한일합방늑약이 강제 체결된 1910년 8월 22일까지 존속한 조선왕조의 국가였다. 이후 일제 강점기가 시작되었으며 1945년 8월 15일 해방을 맞이하였다. 8월 15일이 '광복절'이다.

1945년 8월 15일, 일본제국의 무조건 항복으로 우리나라는 광복을 맞았다. 그러나 대한민국의 건국은 3년에 걸친 미군정 시기를 겪어야 했다. 1948년 5월 10일에 제1대 국회의원 선거를 통해 국회의원 198명이 선출되었다. 선출된 국회의원들이 국호를 '대한민국'으로 결정하였으며 7월 17일 헌법을 제정하여 공포하였다. 같은 해 7월 20일 제1대 대통령 선거를 통해 초대 대통령으로 이승만이 선출되었고 1948년 8월 15일 대한민국이 건국되었다. 1948년 12월 유엔은 결의안 제195호에 따라

---

12) 국방대학교, 『안전보장이론』, 2007. 7쪽
13) 조영갑, 『국가안보학』, 선학사, 2006. 21~22쪽
14) 조영갑, 『국가안보학』, 선학사, 2006. 22쪽
15) 임승국 역, 『한단고기』, 정신세계사, 2000. 374쪽
　　저자의 표현대로 '환인'을 '한님'으로, '환국'을 '한국'으로, '환웅'을 '한웅'으로 표현하였다.

<그림 1-1> 대한민국 정부수립을 축하하는 국군의 행진 (출처 : 『사진으로 보는 6·25전쟁과 이승만 대통령』)

대한민국을 선거가 가능했던 지역에서의 유일한 합법 정부임을 승인하였다.

'대한민국'이라는 우리나라 현재의 국호는 고종황제의 대한제국(1897. 10. 12.), 일제 치하에서 상해의 임시정부가 건립한 대한민국(1919. 4. 13.)의 법통이 현재의 대한민국(1948. 7. 17.)으로 이어져 온 것이다. 그렇다면 국호가 '조선'에서 '대한제국'으로, '대한제국'에서 '대한민국'으로 어떤 과정을 거쳐 변경되었을까?

1897년 9월 말~10월 초에 조선의 신하와 백성들, 군인과 상인들이 '황제' 칭호를 사용하도록 수차례에 거쳐 상소를 고종임금에게 올린다. 고종 34년인 1897년 10월 3일에 올린 상소에서는 다섯 가지 이유를 제시하면서 '황제' 칭호를 사용해야만 한다고 주장한다. 즉 조정 백관들과 백성의 여망이며 천명에 순응하는 것, 통일 국가로서 충분한 영토, 3,600여 리의 영토를 통괄, '황제' 칭호는 백성을 편안하게 해주는 중요한 관건, 세계가 새롭게 바뀌는 시기에 있어서 자주 독립국으로서 종묘사직과 민심에 관계된 것 등이 제시되었다.16)

수많은 상소에도 불구하고 고종은 논의를 계속 미루다가 고종34년(1897년) 10월 11일, 고종이 원구단에서 친히 제사를 지내기 위해 거동하면서 "정사를 모두 새롭게 시작하는 지금에 모든 예禮가 새로워졌으니 원구단에서 처음으로 제사를 지내는

---

16) 김기빈 역, 『승정원 일기』, 한국고전번역원, 2002. 34-09-08항

지금부터 의당 국호國號를 정하여 써야 한다."며 신하들의 의견을 구하였다. 고종은 신하들과 의논을 거쳐 국호를 '대한大韓'으로 정하고 원구단에서 행할 고유제의 제문과 반조문(頒詔文, 나라에 경사가 있을 때 백성에게 포고하던 조서)에 모두 '대한大韓'으로 쓰도록 지시하였다.[17]

고종황제 즉위식이 같은 해 10월 12일 원구단에서 거행되었고, 10월 13일에는 국왕이 제위에 오른 것과 국호를 '조선'에서 '대한제국'으로 정하였음을 선포하였다. 그로부터 2년 뒤인 광무 3년(1899년) 8월 17일에 현재의 헌법에 해당되는 〈대한국국제大韓國國制〉를 제정하였다. 〈대한국국제〉의 제1조에 '대한국'은 세계만국의 공인을 받은 자주독립한 제국으로, 제2조에 '대한제국'의 정치를 만세불변의 전제정치로 규정함으로써 '대한국'이 독립국으로서 전제정치를 하는 제국임을 분명히 하였다.[18] 이러한 '대한제국'의 국호는 1910년 8월 22일 〈한일합방늑약〉이 체결되고 8월 29일 공포됨에 따라, 일제의 강제에 의해 칙령 제318호에 의거 다시금 '조선'으로 개칭되었다.[19]

1919년 4월 13일은 '임시정부수립 기념일'로서 1919년 3·1운동 직후 일제에 빼앗긴 국권을 되찾고, 나라의 자주독립을 이루고자 중국의 상해에서 '대한민국임시정부'가 수립된 날이다. 황제가 통치하는 '대한제국'에서 국민이 주인인 '대한민국'으로 국호가 정해진 날인 것이다.

독립운동과정에서 '대한민국'이란 국호가 정해지기 전까지 의견들이 분분하였다. 위정척사사상(衛正斥邪思想, 바른 것을 지키고 옳지 못한 것을 물리친다는 새로운 유교적 정치윤리사상)에 기반을 둔 의병계열은 '대한제국'을 부활하자고 했고, 개화사상(開化思想, 근세 조선 말에 봉건적인 사상·풍속 등을 없애고 근대화를 꾀하려던 사상)에 기반을 둔 세력은 국민이 주권을 갖는 나라를 세우자고 했다. 앞의 것을 복벽주의復辟主義, 뒤의 것을 공화주의共和主義라고 하는데 결론은 공화주의였다. 대한제국의 멸망을 군주인 융희황제가 주권을 포기한 것으로 보고, 군주가 포기한 주권을 국민이 계승하여야 한다고 한 것이다.[20] 같은 해 4월 11일 채택한 임시정부의 헌법, 즉 〈임시헌장〉은 제1조에

---

17) 김기빈 역, 『승정원 일기』, 한국고전번역원, 2002. 34-09-16항
18) 「관보 제1,346호」, 광무 3년 8월 22일 기사
19) 「조선총독부 관보 제1호」, 1910년 8월 29일 기사
20) 조선일보(2009. 3. 18), "의병파는 "제국" 개화파는 "민국" 논쟁"

"대한민국은 민주공화제로 함."이라 규정하고 각 조에는 평등, 자유, 선거권과 피선
거권, 교육·납세·병역의 의무, 인류의 문화와 평화에 공헌 등의 내용을 담고 있다.[21]

광복 이후 제헌의원들이 1948년 7월 1일 제22차 국회본회의에서 국호를 '대한민
국'으로 결정하였으며, 대한민국 헌법 제1호인 〈제헌헌법〉을 1948년 7월 12일에 제
정하고, 동월 17일에 공포하여 7월 17일이 '제헌절'이 되었다. 공포된 〈제헌헌법〉의
전문에 "유구한 역사와 전통에 빛나는 우리들 대한국민은 기미 3·1운동으로 대한민
국을 건립하여 세계에 선포한 위대한 독립정신을 계승하여 이제 민주독립국가를
재건함에 있어(이하 생략)"라고 밝히고 있다.[22] 이는 새로이 건국된 대한민국이 대한
민국 임시정부의 법통을 이어가고 있음을 천명한 것이다.

이상에서 살펴본 '대한민국'이라는 국호의 결정 과정 속에 또 다른 궁금함이 존재
한다. 즉 우리 민족을 한민족韓民族이라고 하고, 우리가 사는 땅을 지정학적으로 한
반도韓半島라고 한다. 또한 현재 우리나라의 이름이 대한제국, 대한국, 대한 등을 거
쳐 한국, 대한민국이라고 한다. 여기에 공통적으로 등장하는 단어인 '한韓'은 어디에
서 유래되었을까?

『승정원일기』의 고종 34년(1897년) 9월 16일 기록을 보면 '조선'에서 '대한大韓'이라
는 국호를 정하는 과정이 잘 나타나 있다. 고종이 "우리나라는 곧 삼한三韓의 땅인
데, 건국의 초기에 천명을 받고 통합하여 하나가 되었으니, 지금 국호를 대한大韓이
라고 정하는 것은 불가한 것이 아니다. 또한 종종 각 나라의 문자를 보면 조선이라
고 하지 않고 한韓이라고 하였다. 이는 아마도 미리 징표를 보이고 오늘을 기다린
것이니, 처하에 공표하지 않더라도 천하가 모두 대한大韓이라는 칭호를 알고 있을
것이다."라고 하자, 특진관 조병세가 "각 나라의 사람들이 조선을 한韓이라고 부른
것은 그 상서로운 조짐이 옛날에 싹터서 바로 천명이 새로워진 오늘날을 기다렸던
것입니다."라고 대답한다.[23] 국호 문제를 놓고 신하들과 토의하는 과정에서 '한韓'
이란 국호가 역대 우리나라를 호칭함에 있어 오래 전부터 주변 각 나라에서 사용되
어 왔음을 의미하는 대목이라고 할 수 있다.

---

21) 국사편찬위원회, 『대한민국임시정부 자료집 1권 헌법 · 공보』, 2005, 대한민국임시헌장(1919년 4월
    11일) 기사
22) 국사편찬위원회, 『자료대한민국사 제7권』, 1974, 1948년 7월 17일 기사
23) 김기빈 역, 『승정원 일기』, 한국고전번역원, 2002. 고종 34년 9월 16일 16번째 기사

1948년 8월 15일에 '대한민국 정부수립 선포 겸 광복3주년 기념식'이 거행되었다. 초대 대통령인 이승만은 "오늘에 거행하는 이 식은 우리의 해방을 기념하는 동시에 우리 민국民國이 새로 탄생한 것을 겸하는 것입니다. 이날 동양의 한 고대국인 대한민국 정부가 회복되어서 40여 년을 두고 바라며 꿈꾸며 투쟁하여온 사실이 실현된 것입니다.(이하생략)"24)라고 식사式辭에서 밝히고 있다. '대한민국'이라는 나라의 건국이 새로운 것이 아니고, 동양의 한 고대국인 대한민국 정부가 회복되어서라고 말하고 있는 것이다.

주변 각 나라에서 오래 전부터 호칭하고, 동양의 고대 국가였으며 우리를 상징하는 '한韓'의 기원에 대해, 소설 『무궁화꽃이 피었습니다』, 『고구려』등의 작가인 김진명은 『천년의 금서』라는 소설을 통해 밝히고 있다. 김진명은 사실과 허구를 씨줄과 날줄로 삼아 소설을 엮는다. 난 개인적으로 김진명 작가를 좋아하며 참으로 존경한다. 여담이지만 2013년 6월 『고구려 5 : 백성의 왕』 출판을 기념하는 저자 사인회에 직접 참가한 적이 있다. 『천년의 금서』를 반드시 읽어보길 권한다. 대한민국에 사는 국민의 한 사람으로서, 대한민국을 지키는 군인으로서.

국가의 구성요소: 국민, 영토, 주권

한 국가 내에 존재하는 국민은 국가를 구성하는 데 있어서 중요한 물리적 자원이다. 한 나라의 국민은 한 민족으로 구성될 수도 있고, 두 개 이상의 다민족으로 구성될 수도 있다. 그런가 하면 하나의 민족이 복수의 국가로 나뉘어져 우리나라처럼 민족이 분단되어 있는 경우도 있다.

대한민국의 국민이 되기 위해서는 일정한 요건을 갖추어야 되는데, 이는 우리나라 법률 〈국적법〉에 규정되어 있다. 대한민국의 국민이 되기 위해서는 출생과 동시에 대한민국의 국적을 취득할 수 있으며, 귀화에 의해서도 대한민국의 국민이 될 수 있다.

---

24) 국사편찬위원회, 『자료대한민국사 제7권』, 1974, 1948년 8월 15일 기사

통계청은 2012년 6월 23일 오후 6시 36분 기준으로 북한을 제외한 대한민국 인구가 5,000만 명을 넘어섰다고 발표했다. 해외 교포 등을 포함한 주민등록상 인구는 2010년에 이미 5,000만 명을 넘어섰다. 통계청 자료에 따르면 2011년 기준 남·북한을 합친 인구수는 7,400여만 명이다. 2012년 8월 15일, 제67주년 광복절 경축식에서 이명박 대통령은 경축사를 통해 "8천만 동포여러분!"이라고 하였다.

국가의 영역이란 국가가 지배권을 행사할 수 있는 공간적 한계로서 영토·영해·영공으로 구분하고 있다. 즉 국제법상으로 특정의 국가에 소속하고, 그 주권 밑에서 국가가 자유롭게 지배하고 처분할 수 있는 구역을 말한다. 영토는 국가영역의 가장 기본적인 부분으로서 영토를 중심으로 주변의 바다와 그 상공을 국가의 영역으로 하여 국가가 실력으로써 지배할 수 있는 일체의 공간을 말한다. 국가는 이 영역 내에서 국제법 및 국제조약에 따라 금지되지 않는 한 입법·사법·행정의 통치행위와 선점·양도·할양·병합·매각의 처분 권한을 갖게 된다.[25]

〈대한민국 헌법〉 제3조에 "대한민국의 영토는 한반도와 그 부속도서로 한다."라고 명시되어 있다. 우리나라의 영토 중 한반도의 남북 길이는 약 1,000㎞이고 동서 폭은 약 300㎞이며 부속도서는 약 4,000여 개이다. 영해는 1982년의 국제 해양법에 따라 해안 또는 가장 바깥쪽에 있는 섬을 연결한 직선 기선에서 12해리(1해리: 1.825㎞)까지의 직선 기선을 적용하되 대한해협의 영해는 3해리로 규정하고 있으며 배타적 경제수역은 200해리를 통상적으로 적용하고 있다.

헌법에 근거할 때, 대한민국의 영토는 현재의 북한 지역을 포함하고 있기 때문에 북한지역에 대한 외국의 침략행위는 법적으로 대한민국의 영토를 침략하는 것이 된다. 그리고 북한이 외국과 영토에 관한 협정을 하여도 이는 대한민국에 대하여 효력을 가지지 못한다. 따라서 북한과 중화인민공화국 간의 국경을 확정하는 내용을 체결한 1962년 〈조중변계조약〉과 1964년의 〈조중변계의정서〉그리고 1985년에 북한과 소련 사이에 체결한 〈소비에트사회주의공화국연방과 조선민주주의인민공화국 사이의 국경선에 관한 협정〉은 효력을 가지지 못한다.[26] 이러한 점이 향후 남북한이 통일될 경우에, 북한이 인접국과 체결한 국경선 조약의 승계가 국제정치 문

---

25) 조영갑, 『국가안보학』, 선학사, 2006. 22쪽
26) 국방부, 『전쟁법 해설서』, 2013. 111~112쪽

제로 비화될 가능성이 크다는 것을 염두에 두어야 할 것이다.

현재 한·일 간에는 독도의 영유권 문제로 갈등이 심화되어 있다. 독도는 1900년 에는 '석도'라 불렸으며, 칙령 제41호에 의해 울릉군수가 관할하였다. 1946년에는 연합군 최고사령부 지령 제677호에 의해 독도가 일본영토에서 제외됐으며, 1953년 에 독도의용수비대가 창설되었다. 1956년부터 경찰을 파견하여 독도 경비를 시작 하였다.[27]

이러한 독도는 역사적으로 울릉도의 일부로 인식되어 왔다. 울릉도에서 87.4km 이격된 독도는 맑은 날이며 육안으로도 볼 수 있다. 『세종실록지리지(1454년)』는 "우 산(독도)·무릉(울릉도)....(중략) 두 섬은 서로 멀리 떨어져 있지 않아 날씨가 맑으면 바라볼 수 있다."고 기록하고 있다. 또한 우리나라가 독도를 우리의 영토로 통치해 온 역사적 사실이 『세종실록지리지』에 기록되어 있는데, 울릉도와 독도가 강원도 울진현에 속한 두 섬으로 512년에 신라가 복속한 영토라고 기록하고 있다.

17세기 한·일 양국정부간 교섭 과정을 통해 울릉도와 그 부속 섬인 독도가 우리 나라 영토임을 확인하였다. 17세기 일본 돗토리번의 오야 및 무라카와 2개 집안이 조선 영토인 울릉도에서 불법 어로행위를 하다가 1693년 울릉도에서 안용복을 비 롯한 조선인들과 만나게 되었다. 두 집안은 당시 일본 정부인 에도 막부에 조선인 들의 울릉도 도해渡海를 금지해 달라고 청원하였고, 막부가 쓰시마번에 조선 정부와 의 교섭을 지시함에 따라 양국 간 교섭이 개시되었는데, 이를 '울릉도 쟁계'라 한다. 에도 막부는 1695년 12월 25일 돗토리번에 대한 조회를 통해 "울릉도(죽도)와 독도 (송도) 모두 돗토리번에 속하지 않는다"는 사실을 확인한 후, 1696년 1월 28일 일본 인들의 울릉도 방면 바다를 건너는 것을 금지하도록 지시하였다.

1905년 시네마현 고시에 의한 독도 편입 시도 이전까지 일본 정부는 독도가 자국 영토가 아니라는 인식을 유지하고 있었다. 또한 1877년 메이지 시대 일본의 최고행 정기관이었던 '태정관'은 "죽도(울릉도)와 일도(독도)는 일본과 관계가 없다는 것을 명 심할 것"을 내무성에 지시하였다. 이 지시가 〈태정관 지령〉이다.

대한제국은 1900년 10월 25일의 〈칙령 제41호〉에서 독도를 울도군(울릉도) 관할

---

27) 조영갑, 『국가안보학』, 선학사, 2006. 24쪽

구역으로 명시하였으며, 울도군수가 지속적으로 독도를 관찰하였다. 1906년 3월 28일 울도군수 심흥택은 울릉도를 방문한 일본 시마네현 관민 조사단으로부터 일본이 독도를 자국영토로 편입하였다는 소식을 듣고, 다음날 이를 강원도 관찰사에게 보고하였다. 이 보고서에는 '본국 소속 독도'라는 문구가 있어, 1900년의 칙령 제41호에 나와 있는 바와 같이 독도가 울도군 소속이었음을 명확히 알 수 있다. 강원도 관찰사 서리 춘천군수 이명래는 4월 29일 당시 국가최고기관인 의정부에 「보고서 호외」로 보고하였고, 의정부는 5월 10일에 〈지령 제3호〉에서 독도가 일본 영토가 되었다는 주장을 부인하는 지령을 내렸다.

1905년 2월 22일, 시네마현 고시 제40호에 의한 일본의 독도 편입 시도는 한국 주권 침탈 과정의 일환이었으며, 우리의 독도 영유권을 침해한 불법행위이므로 국제법적으로 무효다. 당시 일본은 만주와 한반도에 대한 이권을 두고 러시아와 전쟁 중이었다. 1904년 2월, 일본은 대한제국에 〈한·일 의정서〉 체결을 강요하여 러·일 전쟁의 수행을 위해 한국 영토를 자유롭게 사용할 수 있도록 하였다. 일본의 독도 편입 시도는 동해에서의 러·일간 해전을 앞둔 상황에서 독도의 군사적 가치를 고려한 것이었다.

제2차 세계대전 종전으로 독도영유권을 회복한 이래 우리 정부는 확고한 영토주권을 행사하여 왔다. 1943년 12월 발표한 〈카이로 선언〉은 "일본은 폭력과 탐욕에 의해 탈취한 모든 지역으로부터 축출되어야 한다."고 기술하고 있으며, 1945년 7월 발표한 〈포츠담 선언〉도 〈카이로 선언〉의 이행을 촉구하고 있다. 또한 연합국 최고사령부는 1946년 1월 〈연합국 최고사령관 각서 제677호〉 및 1946년 6월 〈연합국 최고사령관 각서 제1033호〉를 통해 독도를 일본의 통치·행정 범위에서 제외하였다. 따라서 대한민국은 제2차 세계대전 종전으로 주권을 회복함과 동시에 독도에 대한 영유권도 되찾았고, 이를 1951년 〈샌프란시스코 강화조약〉에서도 재확인하였다.28)

독립기념관은 2012년 8월 28일, 1880~1900년대 초 일본 초·중등 지리 교과서 5점과 학생 및 일반용 지리부도 2점을 발굴하여 공개하였다. 이 중 일본 문부성이

---

28) 외교통상부 인터넷 홈페이지에서 독도 관련 자료를 발췌하여 정리하였다.

〈그림 1-2〉 독도, 마라도, 서북해역 등이 포함된 대한민국 영토(출처 : 『2010 국방백서』)

1905년 3월 20일 발행한 『소학지리용신지도』의 '대일본제국전도'에 일본 북부 지시마열도(쿠릴열도)까지 꼼꼼하게 영토를 표시하고 있으나 독도는 들어 있지 않았다. 이 책의 지리통계표에도 독도에 대한 언급은 없었다. 이 교과서는 1905년 2월 22일 일본이 시네마현 고시 제40호에 의한 독도를 강제 편입한 지 한 달 후에 발행된 교과서다. 또 다른 자료인 『신찬지지新撰地誌』의 제2권 '일본총도'에도 울릉도·독도는 조선 영토임을 나타내고 있다. 이 책은 일본의 지리학자 오카무라 마쓰타로가 저술한 것으로 일본 문부성 판권 허가를 받아 1887년 발행하여 시중에서 교과서로 쓰였다.[29] 독립기념관은 일본이 1905년 러·일 전쟁기에 독도를 강점하기 전까지 독도

---

29) 조선일보(2012. 8. 29), "1905년 日 국정 교과서, 영토 표시에 독도는 빠져"

의 존재를 몰랐으며 정부(문부성)에서 출판한 교과서에서도 독도에 대한 영토의식이 전혀 없었음을 확인할 수 있다고 밝혔다.[30] 2012년 8월 10일, 역대 대통령으로는 처음으로 이명박 대통령이 독도를 방문해 '독도는 진정한 우리의 영토'임을 재차 강조하였다.

독도에 대한 우리 정부의 기본 입장은 명확하다. 독도는 역사적·지리적·국제법적으로 명백한 우리의 영토다. 독도에 대한 영유권 분쟁은 존재하지 않으며, 독도는 외교교섭에 사법적 해결의 대상이 될 수 없다. 우리 정부는 독도에 대한 확고한 영토주권을 행사하고 있다. 우리 정부는 독도에 대한 어떠한 도발에도 단호하고 엄중하게 대응하고 있으며, 앞으로도 지속적으로 독도에 대한 우리의 주권을 수호해 나갈 것이다. 대한제국의 〈칙령 제41호〉가[31] 1900년 10월 25일 공포되었는데 이를 기념하는 10월 25일이 '독도의 날'이다.

일본과 또 다른 영유권 문제는 '대마도'다. 대마도는 지리적으로 우리나라에서 49.5km, 일본 규슈에서는 147km 떨어져 있어 일본보다는 우리나라와 아주 근접한 섬이다. 대마도는 그 토지가 협소하고 척박하여 식량을 섬 밖에서 구해야 생활을 유지할 수 있었기 때문에 고려 말부터 조공을 바치고 쌀을 받아가 생활하였다. 그러나 대마도에 기근이 들 때는 해적(왜구)으로 나타나 우리나라 해안가에 사는 민가를 약탈함에 따라 고려와 조선은 장병들을 일으켜 정벌하게 되었다.

대마도에 대한 최초 정벌은 고려 공민왕 1년인 1389년에 박위가 병선 100척으로 대마도를 공격하여 왜선 300척을 불사르고 왜구에 붙잡혀간 고려인 남녀 100명을 찾아 왔다. 2차 정벌은 조선 태조 5년인 1396년에 이루어졌다. 12월에 문하우정승 김사형이 오도병마처치사가 되어 대마도를 정벌하였다. 3차 정벌은 세종1년인 1419년 6월에 이종무를 삼군도체찰사, 유정현을 삼도도통사로 삼아 삼남三南의 병선 227척과 장병 17,000명으로 마산포를 출발하여 대마도로 진격하였다. 당신 일본은 규슈 제후를 총동원하여 대마도를 방어하게 함에 따라 조선원정군은 대마도의 모든 지역을 토벌할 수 없어서 심대한 타격을 주고 회군하였다. 이 정벌을 '기해동

---

30) 국방일보(2012. 8. 29), "독도는 조선땅, 日 교과서 나왔다"
31) 칙령 제41호 〈울릉도를 '울도'로 개칭하고 도감(島監)을 군수(郡守)로 개칭하는 건〉
　　: 울릉도를 '울도'라 개칭하여 강원도에 부속하고 도감을 군수로 개칭하여 관제 중에 편입.
　　울릉 전도와 죽도, 석도를 관할할 것. (관보 제1,716호, 광무4년 10월 27일)

정기해동정己亥東征’ 혹은 ‘기해정왜역己亥征倭役’이라고도 한다.[32]

이후 대마도의 도주島主인 소오 사다모리와宗都都熊瓦는 항복의사를 밝히면서 대마도가 척박하여 살기 어려우니 도민들을 거제도 가라산에 이주하여 농사짓게 하고 대마도를 조선의 주군州郡으로 편입시키고 인신印信을 주면 신하의 도리를 지키며 시키는 대로 따르겠다고 약속했다. 대마도의 속주 편입 요청에 조선정부는 대마도를 조선의 속주로 인정하고 경상도에 관할을 두어 경상도 관찰사를 통해 서계를 올릴 것, 요청한 인신을 하사하되 대마도로부터 오는 사절은 반드시 도주의 서계를 지참할 것 등으로 결말을 지었다. 그 인장의 글씨는 ‘종씨도도웅와宗氏都都熊瓦’라고 하였다. 이런 상황에서 조선정부는 왜인과 공식적인 무역을 허락하고 부산포, 내이포(창원시 진해구 웅천동), 염포(울산 울산만) 등 삼포를 개항하였으나 대마도를 관리할 관리나 군인을 파견하지는 않았던 것 같다.[33]

최근에 대마도가 우리 땅이라는 주장이 제기되고 있다. 인터넷판 〈뉴데일리〉기사에 따르면 대한민국 정부 수립 후 이승만 대통령은 1948년 8월 18일과 1949년 1월 7일 연두기자회견과 그 해 연말 기자회견에서 일본에 대해 대마도 반환을 공식 요구하였다.[34] 조선일보(2012. 9. 17. 기사)의 최보식이 만난 사람 ‘대마도 영유권’을 주장해온 현역 군인, 김상훈 대령 관련 기사는 우리에게 새로운 시각을 제시하고 있다.

김상훈 대령은 1740년대 제작된 ‘해동지도’에 ‘백두산은 머리, 대관령은 척추가 되며, 영남의 대마(대마도)와 호남의 탐라(제주)를 양발로 삼는다(以白山爲頭 大嶺爲脊 嶺南之大馬 湖南之耽羅 爲兩趾)’고 적혀 있으며 19세기에 작성된 행정지도에도 ‘대마군大馬郡’으로 나온다고 말하고 있다. 대마도가 우리 땅이라는 결정적 증거는 일본이 개항 직후 미·일간 영토 분쟁이 된 태평양의 무인도 ‘오가사하라’의 영유권에 대한 증거로 미국에 제시한 지도에 있다고 한다.

이 지도 작성자는 하야시 시헤이林子平로 일본의 영토 주권에 가장 먼저 눈떴던 인물로서 그는 “해상 방위를 튼튼히 하고 주위의 무인도를 일본 영토로 편입해야 한다.”고 주장한 사람이다. 또한 조선을 정벌해 국가 방위의 영역을 확대해야 한다

---

32) 이홍식 편저, 『국사대사전 上』, 세진출판사, 1980. 388~389쪽
33) 육군군사연구소, 『한국군사사 11, 강역』, 육군본부, 2012. 407~408쪽
34) 인터넷 뉴데일리(2012. 9. 18), “독도 위한 전략? NO!...대마도는 진짜 우리 땅!”

고도 하였다. 그는 일본과 주변국을 정찰해 지도 다섯 장을 제작하였는데 하야시의 지도를 번역한 '프랑스어판' 지도를 증거물로 내세워 미국과의 영토 협상에서 성공하여 '오가사하라'를 일본령으로 귀속시킨 것이다. 이 1832년 인쇄본인 프랑스어판 원본 지도에 대마도가 우리 영토와 같은 색깔로 채색되어 있다. 또한 하야시가 제작한 다른 지도인 '조선팔도지도'의 원본에도 대마도가 조선령으로 나와 있다.

1864년에 미국에서 발행된 아시아 지도 하단에 "미국 페리 함대의 일본 현지 정찰과 측량으로 작성했다. 일본과 조약이 체결됨에 따라 미 의회의 지시로 미국정부에서 제작했다."고 나온다. 이 지도에는 대한해협이 현재의 위치가 아닌 대마도 남단에 있다. 일본 영토에는 채색이 되어있었지만 대마도는 우리 땅과 똑같은 무색으로 채색되어 있다. 페리 함대는 '오가사하라'를 놓고 일본과 영토분쟁을 했던 당사자다. 그 때 일본이 하야시의 프랑스어판 지도를 제시하여 협상에서 이겼다. 이를 근거로 미국 정부에서 제작한 지도였다. 1855년 영국에서 제작된 지도에도 그 지도 하단에 "대마도와 이끼섬은 일본 왕국에 포함되지 않는다."고 나온다. 1945년 국내에서 발행된 '조선해방기념판 최신 조선전도'에도 대마도를 우리 땅으로 표기해 놓았다.[35) 대마도가 우리 땅이라는 주장들이 여기저기에서 제기되고 있다. 우리의 역사인식을 새롭게 해야 할 때이다.

또 다른 하나는 간도지방의 영유권 문제다. 간도間島는 원래 함경북도 종성에서 10리 쯤 떨어진 두만강 가운데에 있는 섬의 이름이다. 19세기 말 "사잇섬間島에 농사지으러 간다."는 핑계를 대고 강을 건너는 사람들이 본격적으로 생겨났는데, 이 때부터 간도는 두만강과 압록강 이북의 비옥한 땅을 의미하는 말로 통용되기 시작했다. 나중에는 조선 사람들이 개간한 땅이라는 뜻을 담아 '간도墾島라 부르기도 했다. 중국 측에서는 이 지역을 '간도'라 하지 않고 '연길'이라 부른다.

간도는 좁은 의미로 볼 때 백두산정계비에서 언급된 두만강 이북과 토문강 이동 지역인 동간도 혹은 북간도를 의미하지만 넓은 의미로는 압록강 이북 지역인 서간도를 포함한 남만주 전체를 가리킨다. 간도 영유권 분쟁 당시 우리 선조들은 동으로는 토문강에서 송화강을 거쳐 흑룡강에 이르는 연해주를 포함한 광활한 지역을

---

35) 조선일보(2012. 9. 17), "백두산은 머리, 대관령은 척추, 영남 大馬와 호남 탐라를 양 발로"

염두에 두고 있었고, 서쪽으로는 압록강 대안을 포함해서 고구려의 영토였던 요양과 심양 일대까지의 지역이 포함된다.

따라서 간도의 면적에 대해서는 학자들마다 다르지만 백두산정계비가 정한 국경을 지도 위에 표시해 보면 한반도 전체 면적과 맞먹는다. 여기에 압록강 대안지역인 서간도까지 포함시키면 간도의 면적은 한반도 면적의 1.5배에 해당한다. 일부에서는 간도의 크기를 한반도 면적의 약 10분의 1정도인 21,000㎢라고 하는데 이는 일제의 간도파출소가 관할하던 일부 지역만 산정한 잘못된 수치다.

간도의 영유권 분쟁은 조선과 청나라 사이의 국경을 정하기 위해 1712년(숙종 38년)에 세워진 '백두산정계비'의 내용인 '서위압록 동위토문西爲鴨綠 東爲土門'의 해석을 놓고 벌어진 영토분쟁을 뜻한다. 청나라는 고종 19년인 1882년에 토문강과 두만강의 중국어 발음이 유사하다는 데 착안해 두 강이 같은 강이라고 억지를 부리며 간도가 청나라의 영토임을 주장하는 한편 조선 사람들의 철거를 요구하고 나섰다. 이 무렵 간도의 조선 사람들은 함경도 관찰사에게서 땅의 소유권을 인정받고 있었을 뿐만 아니라 지적부에 등기를 한 후 세금까지 내고 있었다. 이에 조선과 청나라 사이에서 군사적 충돌이 10여 차례나 발생하였고 국경을 확정하기 위한 '감계담판(국경회담)'도 수차례 열었지만 합의점을 찾지 못해 간도 영유권 분쟁이 시작되었다.

일제가 대한제국의 외교권을 강탈한 후 1909년 9월 4일 청국과 〈간도조약〉을 맺으면서 한국과 중국의 국경선을 압록강 - 두만강 선으로 완전히 굳어져버렸다. 그러나 을사늑약이 강압적으로 맺어진 대표적인 국제조약으로 국제적으로 이미 무효라는 것이 확인된 상태이기 때문에 일제와 청나라 간에 맺어진 〈간도조약〉도 자동적으로 무효가 된다. 그러나 간도조약이 광복 후 혼란기, 한국전쟁, 남북분단의 상황을 거치면서 아무런 이의제기가 없었기 때문에 현재까지 효력이 지속되고 있다. 또한 북한은 간도라는 용어조차 사용하지 않을 정도로 간도 문제에 대해 일절 언급하지 않고 있으며 1964년 중국과 비밀리에 〈조·중 변계조약〉을 맺고 국경선을 확정했다.

우리 정부 차원에서는 1975년 국회에서 일제의 간도 관련 기밀문서들을 정리하여 간도자료집인 『간도영유권관련발췌문서』를 발간하였으며 2004년 9월 59명의 국회의원들이 〈간도협약무효결의안〉을 제출하였다가 통일을 위해선 중국을 자극

해서는 안 된다는 논리로 흐지부지되었다.[36] 이후 간도에 대한 우리의 노력이 상당
기간 결여되어 오다가 경향신문사에서 2004년 간도지역에 대한 기획취재를 통해
우리의 영토에 대한 경각심을 다시 불러 일으켰다. 간도의 영유권 문제에 대해서는
육군본부에서 발행한 『한국군사사 11, 강역』에 자세히 기술되어 있다.

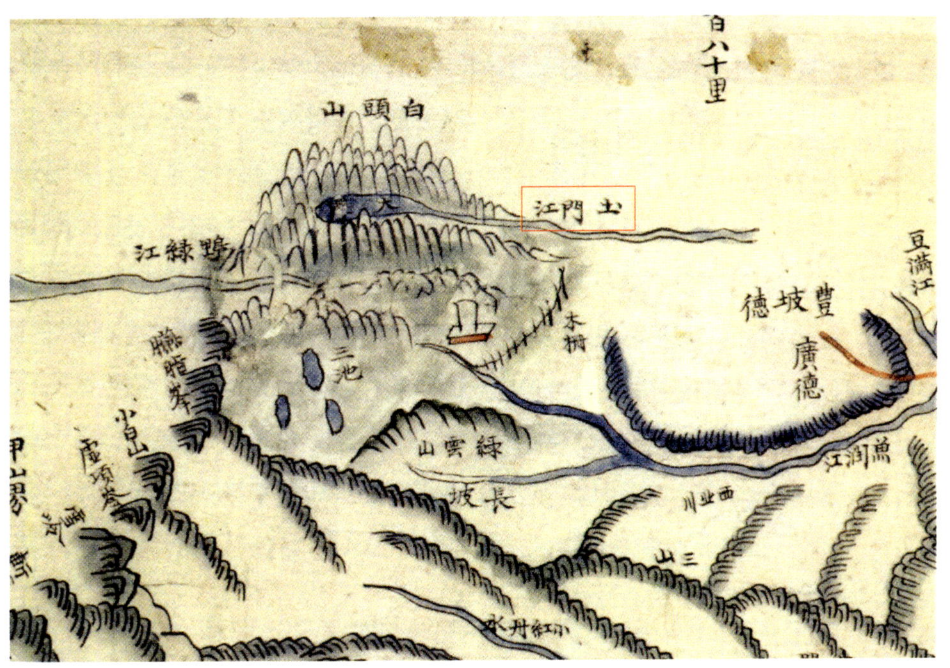

〈그림 1-3〉 해동지도 무산부 지도에 나타난 토문강 (출처 : 규장각 한국학연구소 소장)

'이어도'는 마라도에서 149km 이격된 수중 암초로서 해수면 아래 약 4.6m에 위
치한다. 그러므로 영토경계의 기짐起點이 될 수 있다. 우리나라 제4광구 대륙붕의
연장이지만 〈한·중 어업협정〉 체결(2000년 8월 3일 협정 서명, 2001년 6월 30일 발효)에 따
라 공해상에 놓이고 말았다. 주변국들과의 배타적 경제수역(EEZ) 확정시 중간선 원
칙에 따른다면 한국의 관할 아래 있게 되지만 다른 나라들이 중간선 원칙이 아닌
다른 기준을 주장하기 때문에 영토분쟁이 예상되는 지역이다.

이어도는 1900년 영국 상선인 '소코트라Socotra호'가 처음 발견하여 '소코트라 암
초'라고 불리었다. 1910년 영국해군 측량선 '워터위치Water Witch호'에 의해 수심

5.4m의 암초로 알려졌다. 우리나라에서 이어도의 실재론이 처음 대두된 것은 1951년으로, 국토규명사업을 벌이던 한국산악회와 해군이 공동으로 이어도 탐사에 나서 높은 파도 속에서 실체를 드러내 보이는 이어도 정봉을 육안으로 확인하고, '이어도'라고 새긴 동판 표지를 수면 아래 암초에 가라앉히고 돌아왔다. 그 후, 1984년 제주대학교-파랑도 학술탐사팀이 암초의 소재를 다시 확인한 바 있으며, 1986년 수로국(현 국립해양조사원) 조사선에 의해 암초의 수심이 4.6m로 측량되었다.

이어도 최초의 구조물은 1987년 해운항만청에서 설치한 이어도 등부표(선박항해에 위험한 곳을 알리는 무인등대와 같은 역할을 하는 항로표지 부표)로서 그 당시 이 사실을 국제적으로 공표하였다. 현 종합해양과학기지는 수중의 이어도 위에 2003년 6월 11일 준공되어 주변해역의 해상과 기상상태를 실시간 관측하여 제공하고 있다.[37]

영공이란 영토와 영해로부터 수직선상의 공간으로서, 타국가의 항공기는 허가가 필요하고 사전에 허가를 얻지 못한 비행은 영공침범이 된다. 1967년 국제연합에서

〈그림 1-4〉 이어도의 종합해양과학기지 전경

---

37) 국립해양조사원 이어도종합해양과학기지 인터넷 홈페이지에서 관련 내용을 요약하여 정리하였다.

채택한 우주조약38)은 국가에 따라 우주공간의 영유권을 인정하지 않고 있으며, 대기권과 우주공간의 경계를 명확히 설정하는 것이 어려워지고 있다. 그러나 영공의 수직적인 한계에 대해서 명확한 기준은 없지만 지구를 돌고 있는 인공위성의 최저 궤도 이상의 공간을 우주공간으로 하고, 그 이하(100~110㎞)를 영공이라고 하는 것이 일반적인 개념으로 되어 있다.39)

과학기술의 비약적 발전은 영공 개념을 넘어 '우주안보'에 대한 국가별 관심을 증대하게 하였다. 1970년대 중반 스웨덴에 위치한 스톡홀름국제평화연구소는 외기권(우주, 해수면으로부터 높이 100km를 초과하는 지구 위의 공간)으로 발사된 인공위성의 60% 이상이 군사적 목적의 성격을 띠고 있다고 주장한 바 있는데, 최근에는 그 비중이 거의 70%로 증가되었다. 우주시대가 도래한 이래 외기권이 군사적으로 이용되어 왔다고 할 수 있다.

1982년 8월 개최된 유엔회의에서도 우주의 군사적 사용에 대한 세 가지 범주를 제시한 바 있다. ① 민간 목적으로 사용되는 통신·기상·항법위성과 같은 지원시스템, ② 고해상도 카메라, 전자정보시스템, 레이더, 조기경보기시스템, 핵실험 탐지기 등의 군사감시시스템, ③ 대위성 무기, 레이저 무기, 미립자 빔 무기 등과 같은 우주 배치 무기 시스템 등이 바로 그것이다.40)

우리나라도 우주안보에 있어서 결코 자유롭지 못하다. 2012년 4월 28일~5월 13일, 북한의 개성 인근에서 발사된 GPS(Global Positioning System, 미국의 군사위성 시스템인 전지구 위치파악 시스템) 교란 전파로 인해 우리 국적기 600여 대와 외국 국적기 50여 대가 운항 장애를 겪은 적이 있었다.41)

이에 대응하기 위해서 한·미 연합 우주작전 훈련이 2012년 8월 23일에 최초로 실시되었다. 한·미 공군이 UFG(Ulchi Freedom Guardian)훈련의 일환으로 양국이 우주협조팀을 구성하여 군과 국가기관, 민간기업, 동맹국의 인공위성이 보내오는 모든 관련정

---

38) 우주조약 : 〈우주공간평화이용조약〉의 약어. 우주, 천체의 탐사 및 그 이용 활동에 관한 기본 원칙을 정한 국제조약으로 평화 이용, 우주활동 자유, 영유 금지 등을 원칙으로 하는 우주 이용에 관한 기본법으로 1967년에 발효되었다.
39) 조영갑, 『국가안보학』, 선학사, 2006. 34쪽
40) 국방부 군사편찬연구소 , 『군사』 80호, 2011. 259~269쪽
  임채홍, 「우주안보의 국제조약에 대한 역사적 고찰」
41) 인터넷 dongA.COM 뉴스(2012. 8. 23), '한미 첫 GPS 방어 훈련 북 교란 무력화'

보를 수집·분석해 육·해·공군과 정보기관 등에 전달하는 훈련을 실시하였으며 정밀 유도 무기 운용, 위성항법시스템을 교란행위로부터 보호하는 기술을 숙달하였다.[42]

국가의 물리적 구성요소인 국민을 보호하고 국토를 지키기 위한 행위를 계획하고 실행하는 것이 정부이다. 국가를 대표하는 정부가 다른 사회조직과 다른 점은 주권을 가지고 있다는 점이다. 주권이란 대한민국의 국가의사와 국가적 질서를 최종적, 전반적으로 결정할 수 있는 최고의 독립성을 가진 권력 또는 권위를 말한다. 즉 주권은 상위의 어떠한 정치적 권위도 거부하는 동시에 국민과 국토에 대하여 최고의 정책결정 권위를 정부가 가짐을 의미한다.[43] 이러한 주권의 원천은 국민이다.

대한민국헌법 제1조 ②항에 보면 "대한민국의 주권은 국민에게 있고, 모든 권력은 국민으로부터 나온다."고 규정되어 있다. 이는 국가의 권위가 국민의 지지를 기반으로 하고 있음을 의미한다. 주권자인 국민은 참정권(공무담임권), 대통령 및 국회의원 피선거권, 국민투표권 등을 가진다. 이를 통하여 국민은 주권을 행사하여 국가 또는 정부에 권위를 부여한다.

대한제국 때 국민과 영토는 존재했지만 1905년 11월 17일 을사늑약으로 일본에 외교권을 박탈당하였고, 1907년 7월 31일 순종으로 하여금 군대해산조칙을 내리게 하여[44] 8월 1일부터 9월 3일에 걸쳐 대한제국 군대가 해산되었다. 결국은 1910년 8월 22일 대한제국과 일본제국 간에 강제로 이루어진 한일합방늑약[45]이 8월 29일 공포됨에 따라 대한제국은 일본제국에 편입되어 일제 강점기가 시작되었다. 국력이 약하여 외부의 세력에 효과적으로 대응하지 못했을 때 주권의 박탈과 국가의 멸망 그리고 국민은 식민지인으로 비참한 고통을 겪어야 했다. 우리의 누이들이 일본군의 성노예로 끌려가야 했으며, 젊은이들이 강제징용을 당해 희생되어야 했다. 지금도 정치·경제·사회·문화 심지어는 군대 내에서도 그 적폐積弊가 지속되고 있다.

국민의 생명과 재산을 보호하고 국토를 수호하며 주권을 지키는 것이 국가가 해야 할 최우선 국가목표이자 국가의 존재이유일 것이다. 국가가 이러한 역할을 수행할 수

---

42) 국방일보(2012. 8. 23), "한미 연합 우주작전 훈련 최초 실시"
43) 국방대학교, 『안전보장이론』, 2007. 14~15쪽
44) 후에 순종 황제의 조칙이 이토 히로부미와 이완용에 의해 위조된 것이라고 밝혀졌다.
45) 이완용, 윤덕영, 민병석, 고영희, 박제순, 조중응, 이병무, 조민희 등 8명의 친일파 대신은 조약 체결에 찬성하여 협조하였으며 후에 이 공을 인정받아 일본으로부터 작위를 수여 받았다.

있도록 뒷받침하는 가장 중요한 힘이 군대이다. 따라서 직업군인들은 국가에 대한 올바른 역사인식을 견지함으로써 본연의 소임을 다할 수 있음을 명심해야 할 것이다.

국가목표와 국가안전보장

모든 개인, 조직체는 지향하는 목표가 있다. 이 목표는 개인이나 조직이 존재해야 하는 이유이고 성취해야 할 가치이며 삶의 방식이다. 목표가 존재하기 때문에 어떠한 고난과 역경도 헤쳐 나가며 나아가야 할 방향을 잃지 않고 주노력主努力을 기울이며 앞으로 정진할 수 있다. 이러한 목표 때문에 설혹 목표에서 다소 멀어지더라도 다시금 진로를 수정하여 본연의 지향점을 찾아갈 수 있는 것이다.

국가목표란 "국가가 목적하는 바를 추구하고 달성하기 위해서 국력을 집중하여 노력을 지향해 나가는 목표"를 말한다.[46] 대한민국의 국가목표는 우리 민족의 항구적인 생존과 번영을 보장하기 위해 어떠한 환경에서도 정부가 추구해온 기본적인 가치이다.[47] 대한민국은 헌법정신에 입각하여 1973년 2월 16일 국무회의의 의결을 거쳐 국가목표를 아래와 같이 설정하였다.

① 자유민주주의 이념하에 국가를 보위하고 조국을 평화적으로 통일하며, 영구적 독립을 보존한다.
② 국민의 자유와 권리를 보장하고 국민생활의 균등한 향상을 기하여 사회복지를 실현한다.
③ 국제적 지위를 향상시켜 국위를 선양하고 항구적인 세계평화에 이바지한다.

〈표 1-1〉 대한민국의 국가목표 (출처 : 『국방백서 1991 - 1992』)

이러한 국가목표를 달성하기 위해 국가는 튼튼한 국가안보를 바탕으로 민간사회 및 군대사회에서 정치적·경제적·사회적·문화적으로 자아를 실현케 하고 삶의 질 향상을 위해 노력한다. 아울러 국가는 안전보장 추구를 위해 보통 군사력 사용의 상태를 가정하여 가능한 한 고도의 군사력을 유지하면서, 다른 한편으로는 정치·외교적, 경제적, 사회·심리적, 과학기술적으로 집단 안전보장체제, 상호방위협정 등

---

46) 국방대학교, 『안전보장이론』, 2007. 19쪽
47) 국제문제연구소, 『방위연감 1945~1989』, 1989. 279쪽

으로 협력적 안전보장의 공동목표를 설정하여 대응하게 된다.[48]

국가안전보장이란 국가목표를 달성하는 데 있어서 추구하는 제 가치를 보전·향상시키기 위해서 정치·외교·사회·문화·경제·군사·과학기술·환경에 있어서의 제 정책체계를 종합적으로 운용함으로써 군사 또는 비군사에 걸친 국내외로부터 기인하는 각종, 각양의 위협을 효과적으로 배제하고, 또한 일어날 수 있는 위협의 발생을 미연에 방지하며 나아가 발생한 불시의 사태에 적절히 대처하는 것이다.[49] 국가안전보장이란 결국 국가목표를 달성하기 위해 모든 수단을 강구해 제반 위협에 적절히 대처하는 것으로, 국가목표를 달성하기 위한 중요한 전제조건 중의 하나가 튼튼한 국가안보인 것이며 그 중심에 고도의 군사력을 유지하는 군대가 있는 것이다.

국가목표를 달성하기 위한 전제조건이 되는 튼튼한 국가안보를 위해 국방부는 국내외의 국방환경과 시대적 상황을 고려하여 국방목표를 여러 차례 개정하였다. 1981년 11월 28일, 국방부 정책회의에서 의결된 국방목표는 "적의 무력침공으로부터 국가를 보위하고 평화통일을 뒷받침하며 지역적인 안정과 평화에 기여"하는 것이었다.[50] 현재의 국방목표인 "외부의 군사적 위협과 침략으로부터 국가를 보위하고, 평화통일을 뒷받침하며, 지역의 안정과 세계평화에 기여한다."는 1994년 3월 10일 개정된 것으로 그 구체적 의미는 다음과 같다.

첫째, 외부의 군사적 위협과 침략으로부터 국가를 보위한다. 현존하는 북한의 군사적 위협에 우선적으로 대비하는 동시에, 우리의 평화와 안보에 대한 미래의 잠재적 위협에도 대비한다. 북한은 대규모 재래식 군사력, 핵·미사일 등 대량살상무기의 개발과 증강, 천안함 공격·연평도 포격과 같은 지속적인 무력도발 등을 통해 우리의 안보에 심각한 위협을 가하고 있다. 이러한 위협이 지속되는 한, 그 수행 주체인 북한정권과 북한군은 우리의 적이다.

둘째, 평화통일을 뒷받침한다. 한반도에서 전쟁을 억제하고 군사적 긴장 완화와 평화 정착을 이룩하여 평화적 통일에 이바지한다.

셋째, 지역의 안정과 세계평화에 기여한다. 우리의 국력과 국방역량을 바탕으로

---

48) 조영갑, 『국가안보학』, 선학사, 2006. 62~63쪽
49) 김석용 등 공저, 『안전보장이론』, 국방대학교, 2007. 11쪽
50) 국제문제연구소, 『방위연감 1945~1989』, 1989. 279쪽

주변국들과의 군사적 우호협력 관계를 더욱 증진시키고, 국제평화유지활동에 적극 참여함으로써 동북아 지역의 안정과 세계평화에 기여한다.[51]

국방부는 이러한 국방목표를 구현하기 위해 '정예화된 선진강군'을 국방 비전 Vision으로 제시하고 일관된 국방정책을 수립하여 추진하고 있다.

---

51) 국방부, 『2010 국방백서』, 2010. 34쪽

우리 역사 속의 국군

勝兵 先勝以後 求戰 敗兵 先戰以後 求勝

승리하는 군대는 먼저 이겨놓고 싸움을 구하고,
패배하는 군대는 먼저 싸움을 시작한 후에 승리를 구한다.

- 『손자병법』 '군형편' 중에서-

역사란 과거의 사실을 현재의 시각으로 해석하는 것이며 그 사회의 지배계층의 이념이 투영되어 있다. 따라서 역사에 기록된 역사적 사실은 변하지 않지만 그 해석은 그 역사를 바라보는 당대의 시대정신에 따라 수시로 변하는 유기체라 할 수 있다. 역사학자 카(E. H. Carr, 1892~1982)는 그의 저서 『역사란 무엇인가』에서 "역사란 역사가와 그의 사실들의 지속적인 상호작용의 과정, 현재와 과거의 끊임없는 대화(a continuous process of interaction between the historian and his facts, an unending dialogue between the present and the past)"[52]라고 정의하고 있다.

우리 각자는 역사적 사실을 자양분 삼아 자아 정체성을 확립하고 올바른 역사관을 정립함으로써 나와 역사관을 유지하는 것이 인생을 살아가면서 무엇보다 중요하다. 역사를 모른다는 것은 자신의 육체적·정신적 뿌리를 모른다는 것이며 자신이 누구인지 모른다는 것이다. 내가 누구인지 모른다는 것은 나의 인생관, 삶의 목표가 무엇인지 모른다는 것이고 끊임없이 흔들리며 세상을 살아간다는 것이다. 내가

---

52) E. H. 카 저, 김택현 역, 『역사란 무엇인가』, 까치, 2007. 50쪽

주도하는, 내가 주인공인 삶을 사는 것이 아니라 주변인으로서 조연으로서 주변에 묻혀서 살아간다는 것을 의미한다.

그래서 역사를 안다는 것은 단순히 흘러간 과거의 먼지 쌓인 곰팡내 나는 기록을 아는 것이 아니라 현재에 살아 숨 쉬고 미래를 이야기하는 근거가 되는 것이다. 역사를 모르는 민족은 미래가 없다고 수많은 현인들이 갈파하고 있지 않은가? 바꾸어 말해 역사를 모른다면 가장 기본적인 나의 미래 또한 없는 것이다.

이러한 이유에서 우리 군은 임시정부의 광복군으로부터 오늘에 이르기까지 역사교육을 지속적으로 시행하여 왔다. 역사와의 대화를 통해 오늘의 현실을 바로 보고 미래 지향적 사고와 안목을 넓히기 위해 꼭 필요한 것이었기 때문이다. 또한 역사적 사건들의 조망을 통하여 그 교훈을 되새겨 장병들에게 나라사랑의 정신과 임전필승 정신의 전투의지를 고양시키고 군인정신을 함양하기 위해서였다. 국가를 수호하고 국민의 생명과 재산을 지켜야 하는 군인에게 투철한 애국정신과 필승의 신념을 견지하게 하는 것은 당연하다.[53]

따라서 우리 역사 속에 나타난 국군에 대한 폭 넓은 이해와 그를 통해 자아정체성을 확립하는 것은 직업군인으로서 갖추어야 할 중요한 요소 중 하나라 할 것이다. 이에 우리나라 역사 속에 나타난 국가들의 흥망과 함께한 군사조직에 대해 간략하나마 살펴 우리 군의 뿌리를 찾아보는 것은 의미 있는 일이 될 것이다.

국군의 기원

신석기시대의 씨족사회 및 부족사회에서는 군사조직이 따로 만들어지지 않았을 것이다. 즉 씨족 혹은 부족 자체가 그대로 군사조직이기도 하였던 것이다. 모든 성년의 씨족원 혹은 부족원은 곧 군인이기도 했으며, 그러기 위해 필요한 무술을 미성년 집회에서 습득했고, 성년식에서 일정한 군사적 시련을 거쳤으리라 생각된다.[54]

---

53) 국방대학교 국방정신전력리더십개발원, 『2009 정신전력연구 제 40호』, 2009. 211~212쪽
    유명덕, 「안보사 중심의 역사교육 강화방안」

문헌상으로 나타난 우리나라 최초의 군대는 배달국을 건국한 한웅천왕桓雄天王의 풍백, 우사, 운사를 지휘자로 하는 3,000명의 무리로 추정할 수 있다. 당시의 사정으로 보아 이들 3,000명의 무리는 단순한 사람들의 집합체였다기보다 질서정연한 장병들이었다고 보는 것이 옳을 것이다. 또 풍백, 우사, 운사도 여러 장병들 가운데 특출한 지휘자였다고 보아야 할 것이다. 다시 말해서 한웅천왕은 강력한 군사집단의 지휘자였던 것이다. 그렇지 않고서는 나라를 세울 수도 없고 지탱할 수도 없었을 것이다.55)

이러한 배달국은 계속 이어져 14대 치우천왕은 황제 헌원과 국가의 명운을 건 '탁록전투'를 치렀다. 『한단고기』의 '삼성기'를 보면 치우천왕이 염제 신농의 나라가 약해지는 것을 보고 여러 차례 천병天兵을 일으켰으며, 황제 헌원이 일어나자 즉시 탁록56)으로 나아가 황제 헌원을 사로잡아 신하로 삼았다고 전하고 있다. 치우천왕은 기원전 2,707년 즉위하여 재위 109년에 151세까지 살았던 왕으로 귀신 같이 용맹이 뛰어났으며 구리로 된 머리와 쇠로 된 갑옷을 입었다고 전해진다.57)

치우천왕은 철로 창, 칼, 활, 도끼 등의 무기를 만들었는데, 특히 그가 만든 활은 중국을 비롯한 이웃 민족을 두렵게 하여 우리 민족을 '큰 활을 무기로 삼는 민족'이라는 뜻인 '동이東夷'라 부르게 만들었다. 중국인들은 치우를 무서운 악마로 생각하여 매우 두려워하였다. 치우의 활동으로 우리 민족은 무강한 민족으로 널리 알려졌으며 동시에 곧고 바르고 예의를 존중하는 민족으로 알려졌다. 치우는 중국이 혼란한 틈을 타

〈그림 1-5〉 치우천왕을 형상화한 기와와 한국 축구 응원단 '붉은 악마'의 로고

---

54) 김홍 편저, 『한국의 군제사』, 학연문화사, 2003. 29쪽
55) 육군본부, 『국군의 맥』, 1992. 22쪽
56) 중국 하북성 탁록현의 동남쪽에 있는 전쟁터이다.
57) 임승국 역, 『한단고기』, 정신세계사, 2000. 40~46쪽

서 중원을 정벌하였는 데 불과 1년 만에 황하 이북의 땅을 차지하였으며 이어 황하 이남으로 진격하여 회수淮水에 다다랐다. 이렇게 중원을 석권하는 데에는 치우가 발명한 갑옷과 투구의 힘이 컸다 하며 그 때문에 치우의 머리는 구리요 이마는 쇠銅頭鐵額라는 말이 나오게 되었다.[58] 그래서 우리나라는 치우천왕을 용감하고 굳센 장군의 대명사로 오래도록 군신軍神으로 숭앙하였다. 동양의 '전쟁의 신'인 것이다.

이러한 전통은 계속 이어져 조선시대의 군영에서는 검정비단으로 '치우' 머리 같이 만든 '둑'이란 것이 있어 군대가 출동할 때에는 이 '둑'에 제사를 지냈다.[59] 최근에는 한국 축구 응원단인 '붉은 악마'의 상징으로 유명해졌다. 우리의 유전자 속에 치우천왕이 아로 새겨져 있는 것이다.

배달국의 뒤를 이은 단군조선의 군대는 주로 부족군으로서 부족장과 그 밑의 유력 씨족장을 중심으로 한 지배계급을 핵심으로 하고, 가난한 자나 노예를 제외한 부족원 전원이 군대를 이루고 있었을 것으로 짐작된다.[60] 단군은 전국을 다스리는 데 있어서 단군팔가檀君八加라는 여덟 명의 행정관을 두었다. 즉 팔가 중에 우두머리를 호가虎加라고 했고, 그 아래에 마가馬加, 主令官, 우가牛加, 主穀官, 응가鷹加, 主刑官, 노가鷺加, 主病官, 학가鶴加, 主善惡官, 구가狗加, 地方行政官, 그리고 웅가熊加, 主兵官를 두었다. 이 중에서

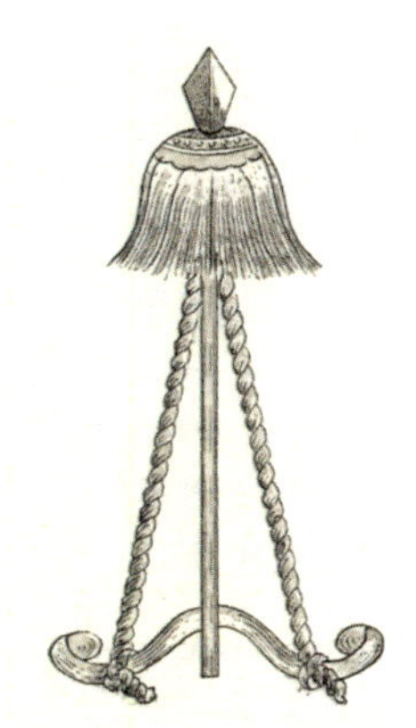

〈그림 1-6〉 '둑'의 모형
(출처 : 『병장설·진법』)

군사를 담당한 장관이 웅가였다.[61] 군을 담당하는 전문 주병관이 있었다는 것은 그 당시에 일정한 지휘체계를 갖춘 군대가 존재히 였음을 입증하는 것이다.

또한 단군은 한웅이 처음 내려온 백두산에서 하늘에 제사天祭를 지냈으며 한인과 한웅을 조상신으로 모시는 제단을 방방곳곳에 마련하였는데 강화도 마니산에 있는 참성단塹城壇[62]이 그 예이다. 하늘에 제사를 지내는 제천행사가 끝난 뒤에는 일종의 무술대회인 '국중대회'를 성대히 거행하였다. 주요 경기 종목은 한맹[63], 수박手搏,

58) 육군본부, 『국군의 맥』, 1992. 25쪽
59) 국방부전사편찬위원회, 『兵將說·陣法』, 1983. 198쪽
60) 김홍 편저, 『한국의 군제사』, 학연문화사, 2003. 29~30쪽
61) 육군본부, 『국군의 맥』, 1992. 27~28쪽
62) 참성단은 천제단이라고도 하며 단기 51년(서기 기원전 2283년)에 단군왕검께서 강화도 마니산 정봉에 축조한 제단이다. (황우연 저, 『천부의 맥』, 우리출판사, 1995. 47쪽)

검술, 궁술, 격구, 금환(포환던지기), 주마(승마) 등 주로 군사훈련을 겸한 경기였다.

하늘에 제사를 지내는 풍속은 평화 시뿐만 아니라 전시에 더욱 굳게 지켜졌다. '군사제천軍事祭天'이라고 하여 하늘에 제사를 지내고 필승을 다짐하였다. 우리 민족이 하늘의 선택을 받은 천민天民이었기 때문에 군사는 천병天兵이었고 당연히 하늘에 도움을 빌고 싸움터에 나간 것이다.[64] 이상에서 살펴보듯이 우리 군대의 뿌리는 한웅천왕의 천군天軍으로부터 비롯되었다 할 수 있다.

고조선의 힘이 쇠약하여 여러 나라로 분열되면서 압록강 이북에는 부여가 한때 강성하였는데 부여인은 활과 창, 칼로 병기를 삼고 집집마다 갑옷과 무기가 있었다.[65] 곧 이어 고구려가 독립하여 사방으로 세력을 뻗쳐 나갔다. 압록강 이남에는 낙랑이 있었는데 고구려에 망하고 한강 이남에 있던 마한은 신흥국가 백제에 통합되었다. 또한 지금의 경상도 지역에 있던 변한과 진한도 각각 가야와 신라에 통합되었으며 가야도 결국 신라에 병합되면서 고구려, 백제, 신라 등 삼국이 성립되었다.[66]

고구려·백제·신라의 국군

고구려는 기원전 37년 주몽朱蒙이 압록강 중류지역에 세운 나라다. 1세기경에 고대국가의 체제를 정비한 고구려는 4세기말 광개토대왕이 즉위하면서 중국세력과의 싸움에서 이기고 국력을 비약적으로 키웠으며 장수왕에 이르면서 전성기를 구가하였다.

고구려의 군사조직은 중앙 군사조직과 지방 군사조직으로 나누어 볼 수 있다. 중앙 군사조직으로는 수도의 5부 조직을 들 수 있다. 총사령관 격인 '대모달(대당주)'이 있었고 그 아래 1,000명을 지휘하는 '말객'이 있어 '대형' 이상의 관등을 가진 자가 임명되었다. 그리고 말객 아래에는 '당주'가 있어 군사 100명을 지휘한 것으로 짐작된다. 즉 각 부에는 1,000명의 군사가 배치되어 말객이 지휘하고 이들 5부의 중앙군을 대모달이 총괄 지휘한 것으로 추정된다.

---

63) 한겨울에 얼음을 깨고 물속에 들어가 동군, 서군이 서로 얼음과 돌을 던져 승부를 가리는 수구경기
64) 육군본부, 『국군의 맥』, 1992. 27~31쪽
65) 『삼국지』〈위지 동이전〉에 나오는 말이다. "夫餘人 以弓矢矛刀爲兵 家家自有 鎧仗"
66) 육군본부, 『국군의 맥』, 1992. 31~33쪽

지방 군사조직은 지방의 행정조직과 하나의 체계로, 지방관이 해당 지역 지방군을 통솔하는 역할을 동시에 가졌다. 전국을 동·서·남·북·내內로 나누고 각부는 '욕살'이라는 지방장관이 다스렸으며 각 부에는 여러 개의 성이 편성되어 있어 '도사道使'라 불리는 성주가 각 성을 통치했다. 지방의 군사를 보충하기 위한 군사훈련의 교육기관으로 '경당扃堂'을 운용하였다. 여기서 평민들의 자제인 청소년들에게 병서와 무예를 가르쳤으며 매년 초에는 대동강에서 왕의 관전 하에 두 패로 나뉘어 석전石戰행사를 벌였다. 고구려의 대표적인 군사훈련은 수렵행사로 봄·가을로 정례적으로 실시되었으며, 매년 3월 3일에 열리는 봄 수렵행사 시에 중앙군인 5부병의 군사훈련을 겸했다.[67]

고구려의 강성은 요동지역을 차지하려는 고구려와 백제 그리고 중국의 수와 당 등 세 세력 간의 충돌 속에서 이루어졌다. 이런 여러 세력을 물리치기 위해서 고구려는 항상 전시체제를 유지하고 있어야 했고 목숨을 아끼지 않는 정예부대를 상비하고 있어야 했다. 고구려에서는 단군을 섬기는 대축제가 해마다 3월과 10월에 열렸는데 축제기간 동안 여러 가지 경기가 열렸다. 여러 경기 가운데에는 칼춤, 활쏘기, 태권싸움, 사냥 등이 있었는데 경기에서 우승한 사람에게 왕은 '선비'란 칭호를 내려 한평생 먹고 살 수 있게 생활보장을 해주었으며, 그 대신에 나라에 충성을 바치도록 했다. 이것이 곧 '선비제도'다.

선비들은 머리를 깎고 검은 옷을 입었으며 오로지 나라를 위해 봉사하는 정신을 기르고 훈련을 하는 데 힘썼다. 선비의 수가 늘면서 그들 속에서 지휘자인 대형(大兄, 지금의 대대장), 소형(小兄, 지금의 소대장)이 선출되었다. 일단 전쟁이 일어나면 선비들이 주축을 이루어 군대가 편성되었고 반드시 싸워서 이겨야 돌아오고 패하면 돌아오지 않는다는 정신으로 출정하였다.[68]

또한 고구려는 4~5세기 경 개마와 갑주로 무장한 중장기병과 역시 갑주로 무장한 보병을 배합한 병사들로 구성된 부대를 운영하였는데 수적으로는 보병이 우세하나 전투의 주력은 기병이었을 것으로 추정된다. 고구려의 중장기병은 광개토대왕과 장수왕 때에 고구려의 영토 확장에 크게 기여하였다.[69] 광개토대왕은 군진에 나아갈 때

---

67) 김홍 편저, 『한국의 군제사』, 학연문화사, 2003. 34~35쪽
68) 육군본부, 『국군의 맥』, 1992. 49~51쪽

마다 장병들로 하여금 '어아가於阿歌'를 부르게 하고 이로써 사기를 돋우었다.[70] '어아가於阿歌'는 『한단고기』의 '단군세기'에 나오는 노래로 우리나라 최초의 군가이다.[71]

어아 어아, 우리들 조상님네 크신 은혜 높은 공덕,
배달나라 우리들 누구라도 잊지 마세.
어아 어아, 착한 마음 큰 활이고 나뿐 마음 과녁이라,
우리들 누구라도 사람마다 큰 활이니
활줄처럼 똑 같으며, 착한 마음 곧은 화살 한맘으로 똑 같아라.
어아 어아, 우리들 누구라도 사람마다 큰 활 되어 과녁마다 뚫고지고,
끓는 마음 착한 마음 눈과 같은 악한 마음
어아 어아, 우리들 누구라도 사람마다 큰 활이라,
굳게 뭉친 같은 마음 배달나라 영광일세,
천년 만년 크신 은덕, 한배검(大祖神)이시여, 한배검이시여.

〈그림 1-7〉 광개토대왕의 영토 확장 전쟁 기록화(출처 : 전쟁기념관 소장)

광개토대왕 지휘 아래 고구려군이 도하하는 장면을 묘사한 기록화로 1977년 이종상 화백이 그렸다.

---

69) 김홍 편저, 『한국의 군제사』, 학연문화사, 2003. 37쪽
70) 임승국 역, 『한단고기』, 정신세계사, 2000. 265쪽
71) 육군본부, 『국군의 맥』, 1992. 46쪽

대제국을 건설했던 고구려는 6세기 후반에 들면서 남쪽으로는 신흥세력인 신라에 밀리어 한강유역을 상실하고, 북으로는 중국 대륙을 통일한 수隋와 수를 이은 당唐과 충돌하게 되었다. 고구려는 중국의 통일제국인 수·당의 거듭된 침략을 막아내는 데 성공하였으며, 그 결과 당사자인 고구려뿐만 아니라 백제·신라까지도 존립의 위기로부터 구원한 셈이다. 민족사적 측면에서 볼 때도 민족보위의 방파제 역할을 하였다고 볼 수 있다.[72] 대륙을 호령했던 웅혼한 고구려군의 기상이 우리 국군의 피 속에 면면히 흐르고 있다.

백제는 주몽의 아들 온조가 기원전 18년에 세운 나라다. 백제가 위치한 한강유역은 지리적으로 동북지방과 서북지방의 문화가 접촉하는 중심지이고 인구이동의 통로이기도 하였다. 그리고 북으로는 중국 군현과 고구려 세력, 동으로는 동예 세력, 남으로는 신라 세력들에 둘러싸여 있어 군사적 충돌이 빈번했다. 특히 삼국 간의 전쟁은 영토가 광대해지면서 규모도 커지게 되었다. 이러한 국방 환경 속에서 백제의 군대조직도 고구려와 같이 일반 행정조직이 곧 군사조직이라는 체계를 갖추고 있었다.[73]

중앙 군사조직은 상·중·하·전·후의 5부로 구분되어 있었는데 각 부에는 '달솔'이 지휘하는 500명의 병력이 있었다. 수도 5부에 배치된 부대들은 수도의 방비와 경찰의 임무를 수행한 것으로 생각된다. 수도에 배치된 부대들에 대한 훈련의 한 방법으로 왕은 수시로 열병을 하였다. 지방에 주둔한 군사조직으로는 중앙·동·서·남·북방 등 5방이 있었으며 각기 1,200명 내지 700명의 병력이 배치되었다. 이 방성方城의 장관인 방령方領 역시 중앙과 같이 '달솔'이 지휘했으며 방령 밑에는 방좌方佐가 있어 보좌했다. 이들은 모두 중앙정부로부터 파견되었으며, 그 임무는 지방행정과 군사의 양면을 담당하는 군정軍政 책임자였다. 백제의 군사편제는 기본적으로 육군과 수군이었으며, 육군은 다시 기병과 보병으로 나눠진다. 보병들의 주무기는 궁시·도검·창·도끼 등이었다.[74]

신라는 처음 경주평야에 자리 잡고 있던 여섯 마을의 사람들이 박혁거세를 왕으

---

72) 대한민국 국방부, 『정신교육기본교재』, 2010. 32~33쪽
73) 김홍 편저, 『한국의 군제사』, 학연문화사, 2003. 37~38쪽
74) 김홍 편저, 『한국의 군제사』, 학연문화사, 2003. 38~40쪽

로 추대하면서 기원전 57년에 시작되었다. 신라군은 종래의 부족적인 전통을 행정적인 조직으로 개편하여 처음 수도에 6부를 두었다. 이 6부의 주민들을 군인으로 징발하여 중앙에 6부병만을 두어 수도 서울을 수비하였으나, 6세기 이후에는 중앙 6부병을 통합하여 대당大幢을 편성하였다. 당幢은 군기軍旗를 의미한다. 지방에는 주州의 장관을 군주軍主라 칭하였고 정停이라는 군단을 조직하였으며 주 밑에 있는 군郡에는 당주가, 군 아래에 있는 촌(村: 城)에는 도사道使가 임명되었다.75) 행정조직이면서 군사적 성격을 띤 것이다.

또한 법당法幢이라는 특수부대를 조직하였고 국왕을 시위하는 특수부대로서 시위부를 두었다. 이들 부대에 소속된 군인들은 무기를 들고 싸움터로 나가는 것을 자랑으로 알고 임전무퇴의 정신으로 죽음을 무릅쓰고 용전하였다. 이들 모두 화랑도를 닦아 철저하게 군인정신으로 무장되어 있었기 때문이다.76)

신라 발전과 삼국통일의 원동력이 된 '화랑군'은 576년 진흥왕이 창설했다. 화랑은 우리나라 고유의 단군신앙에서 비롯된 것으로서 고조선 때에 시작된 제도였으며 삼국시대에 이르러 고구려의 '선비', 백제의 '수사修士', 신라의 '화랑'이 된 것이다. 신채호는 『조선상고사』에서 "한국을 한국답게 하여온 자는 화랑"이라고 하였으며, "화랑의 역사를 모르고 한국의 역사를 말한다는 것은 마치 뼈를 추리고 그 사람의 정신을 찾는 것이나 다름이 없다."고 말한 바 있다. 화랑도는 산을 돌아다니며 풍류를 즐긴 것이 아니라 무술을 익히고 학문을 닦아 나라를 사랑하는 정신을 길렀던 것이다.77) 화랑들은 대개 장군으로 성장했고, 낭도들은 일반 무관이나 군인이 되었다. 양장良將과 용졸勇卒이 화랑도에서 나왔으며 신라 삼국통일의 초석이 되었다. 화랑의 '임전무퇴臨戰無退'는 우리 군에 있어서 군인정신의 중요 덕목으로 이어지고 있다.

통일 이후 신라의 군사제도는 중앙군으로 9개 서당誓幢이 편성되고 지방에는 10개 정停이 편성하여 군사력을 강화하였다. 이러한 10정은 대대감 1명, 소감 2명, 화척 2명으로 지휘체계를 구성하였다.78) 또한 다섯 주에는 주서州誓라는 기병부대를

---

75) 김홍 편저, 『한국의 군제사』, 학연문화사, 2003. 41쪽
76) 육군본부, 『국군의 맥』, 1992. 71쪽
77) 육군본부, 『국군의 맥』, 1992. 72~75쪽
78) 김홍 편저, 『한국의 군제사』, 학연문화사, 2003. 47쪽

따로 두어 기동력을 강화하였으며 국경지대에는 '변수당'이라는 특별수비대를 두어 국방을 강화하였다.[79]

신라의 삼국통일은 비록 그것이 대동강과 원산만 이남에 한정된 불완전한 것이었지만 우리 역사상 커다란 의미를 지니는 중요한 사건이었다. 지금까지 혈통·언어·문화를 같이 하면서도 각각 다른 국가체제 속에 들어 있던 우리 민족이 신라의 삼국통일로 하나의 국가 안에 통합되었다는 점에서 민족사적 의의가 크다 할 수 있다.

고려의 국군

고려는 송악(지금의 개성) 지방의 호족인 왕건이 태봉의 궁예를 몰아내고 918년에 세운 국가이다. 그 후 신라가 935년에 고려에 투항하였고, 후백제마저 고려에 병합되어 936년에 후삼국의 재통일이 고려에 의해 이룩되었다.

고려의 기본 군사조직으로 중앙군은 2군 6위라 총칭되는 8개 군단으로 편제되어 있었다. 2군은 국왕에 대한 친위대 성격으로 병력 규모가 3,000명이었으며, 6위는 42,000명으로 전투부대였다. 고려군의 지휘계통은 군軍·위衛·영領·오伍·대隊로 이루어져 있는데, 각 군·위는 지휘관 '상장군'과 부지휘관 '대장군'이 있었으며 '영'은 '장군將軍'이 1,000명을 지휘했다. '오'는 '교위校尉'가 50명을 지휘했으며 '대'는 '대정隊正'이 25명을 지휘했다. 교위는 정9품이었지만 대정은 품위品位가 없이 취임하는 직위로 군졸 출신이 등용되는 경우가 일반적이었다.[80] '대'는 오늘날의 부대편성으로 말하면 분대에서 소대 정도의 규모가 되는 셈이다.[81]

지방군으로는 각 도에 배치된 농민으로 구성된 예비군인 '주현군'과 북방 국경지역에 배치된 상비군인 '주진군'으로 구분된다. 주현군의 주된 임무는 내란의 진압과 같은 지방의 치안유지였으며 주진군의 주임무는 국방이었다.[82]

---

79) 육군본부, 『국군의 맥』, 1992. 72쪽
80) 김홍 편저, 『한국의 군제사』, 학연문화사, 2003. 51~59쪽
81) 육군본부, 『국군의 맥』, 1992. 185쪽
82) 김홍 편저, 『한국의 군제사』, 학연문화사, 2003. 62~71쪽

이와 같이 고려의 군제는 초기부터 외침에 대비하여 잘 정돈되어 있었으나 그 뒤 외침이 격화되자 별무반이나 삼별초와 같은 정예부대를 창설하여 국방을 한층 더 강화하였다. 별무반은 윤관의 건의에 따라 창설된 정예부대, 즉 기병대인 신기군과 보병인 신보군 그리고 승병으로 알려진 항마군으로 이루어져 있었다. 별무반은 여진 정벌에 탁월한 위력을 발휘하였다. 윤관은 여진정벌전을 전개하여 9성을 축성하고 국토를 확정하였으며 이 지역에 대대적인 이민과 개척사업을 벌였다.

삼별초는 처음 밤도적을 막기 위한 야별초에서 시작되었는데 수가 늘어나면서 좌·우별초로 나뉘더니 여기에 역전의 용사들로 구성된 신의군이 추가 되어 삼별초가 되었다. 삼별초는 고려왕실이 강화도로 천도한 뒤 해상으로 침입해 오는 몽고군을 막는 데 결정적인 역할을 하였다. 고려왕실이 몽고의 요구를 받아들여 강화도에서 개성으로 환도를 결정하자 삼별초는 이에 반대하여 끝까지 항전을 계속하였다.[83]

배중손 장군은 진도로 근거지를 옮겨 남해안 일대의 제해권을 장악한 가운데 3년간 저항하였으나 고려와 몽고 연합군의 토벌군과 싸우다 전사하였고, 뒤를 이은 김통정 장군이 제주도로 옮겨 그곳에서 마지막 항전을 벌이다. 끝내 패배하였다.[84] 고려의 무인들은 1231년 8월부터 1273년 2월까지 실로 42년간을 몽고의 침략에 맞서 항전하였던 것이다. 우리 국군의 전통인 '저항정신'의 표상이다.

조선의 국군

위화도 회군[85]으로 정치·경제적 실권을 장악한 이성계는 정몽주 등 반대세력을 제거하고 1392년 고려 공양왕에게서 선양을 받아 왕위에 올랐다. 새로이 조선왕조가 개국된 것이다.

조선의 군사조직은 초기에 고려의 제도를 답습하였으나 개편을 거듭하면서 중앙군은 5위, 지방군은 '진관제도'로 정비되었다. 중앙군 5위의 편제는 진법체제를

---

83) 육군본부, 『국군의 맥』, 1992. 186~187쪽
84) 대한민국 국방부, 『정신교육기본교재』, 2010. 37쪽
85) 1388년 고려군이 요동을 정벌하기 위해 압록강 하류에 위치한 위화도에 머무르던 중 이성계가 중심이 되어 회군(回軍)한 사건을 말한다.

바탕으로 한 편제로 '졸 → 오 → 대 → 여 → 통 → 부 → 위'로 편성되었으며 대장大將이 5위를 총괄하여 지휘하였다. 지방군도 중앙군의 편성이 통용되었다.[86]

단위 명칭	卒	伍	隊	旅	統	部	衛
구 성	1명	5명	5伍	5隊	약간의 旅	4통	5부
지휘자		伍長	隊正	旅帥	統將	部將	衛將

〈표 1-2〉 조선시대 전기의 군사조직 편성(출처 : 『창군전사』)

고려군제와는 다소 다른 편성을 보이는데, 고려의 경우 '오伍'는 편성인원이 50명으로 교위(校尉: 정9품)가 지휘하였고, 조선의 경우는 '오伍'는 편성인원이 5명으로 오장伍長이 지휘하였다는 점이다. '대隊'는 편성인원이 25명으로 대정이 지휘한 점에서 고려와 조선이 차이가 없다.

조선 후기로 가면서 중앙군은 5위체제에서 5군영체제로, 지방군은 진관체제에서 속오군체제로 바뀌게 된다. 각 부대는 소부대 단위의 편제인 속오법에 의해 伍(伍長) → 隊(隊摠) → 旗(旗摠) → 哨(哨官) → 司(把摠) → 部(千摠)를 기본으로 하여 편성되었는데, 임무와 여건에 따라 편성이 상이하였다. 그러나 2오 1대, 3대 1기, 3기 1초까지는 기본조직에 의하였다. 1오는 오장伍長 1명을 포함한 5명이고, 1대는 대총隊摠 아래 11명(2오 10명, 火兵 1명)이었다.[87]

18세기부터 본격화되기 시작한 서구열강의 식민 활동은 조선정부에게도 영향을 미쳐 강병책의 일환으로 1881년(고종 18년 4월 11일) 5영 병사 중에서 신체가 건장한 80여 명을 뽑아 1개 소대 규모의 '교련병대[88](敎鍊兵隊, 또는 '별기군')'을 창설하고 다음 날인 12일부터 모화관을 임시 훈련장으로 하여 본격적인 훈련에 들어갔다.[89] 고종은 훈련을 개시한 지 10여 일 뒤인 4월 23일에 군사를 뽑아 조련시키는 등의 규정을 마련함과 동시에 문무관을 가리지 말고 유능한 자를 책임자로 선임하도록 지시하였다.[90] 8월 28일에는 고종이 직접 창경궁의 춘당대로 나아가 '교련병대'의 훈련을

---

86) 국방부 전사편찬위원회, 『兵將說·陣法』, 1983. 186~188쪽
87) 김홍 편저, 『한국의 군제사』, 학연문화사, 2003. 125~161쪽
88) '별기군'을 '교련병대'로 칭한 것은 최병옥의 「교련병대(속칭: 왜별기) 연구」를 반영한 것이다.
89) 국방부 군사편찬위원회, 『군사 제18호』, 1989. 99쪽. 최병옥, 「교련병대 (속칭 : 왜별기) 연구」
90) 국사편찬위원회 역, 『고종 18권』, 한국사테이터베이스(http://db.history.go.kr/), 고종18년 4월 23일 3번째 기사

관찰하기도 하였다.[91]

　같은 해 9월경에는 무관자제, 즉 양반자제 중에서 사관생도 20여 명을 최초로 모집하였으며, 병졸과 사관생도의 수가 증가하여 다음해인 1882년 2월 당시에 병졸은 300여 명, 사관생도는 140명이었다. '교련병대'의 구체적인 훈련내용은 확인할 수 없으나 군사기본동작인 제식훈련과 군사기초이론 및 일본총기의 사용법이었던 것으로 보인다. 사관생도 과정은 6개월로 교육을 이수하면 종6품직에 임명된 것으로 보인다.[92]

　'교련병대'는 강병책을 갈망하던 조선에 있어서 일종의 시험적인 일본식 군대였다. 여기서 명심해야 할 것은 일본이 조선의 군사근대화에 협조하려 했던 근본 의도는 제국주의적 침략정책의 일환이었다는 점이다. 또한 '교련병대'는 일본을 배척하고자 했던 보수세력과 국민들로부터 지지를 받지 못했으며, 조선군 내의 신·구군 간의 갈등을 불러일으켰다. 결국은 차별대우에 분개한 구식군대 병사들이 주도한 1882년 6월 9일의 임오군란으로 인해 '교련병대'는 창설된 지 1년 2개월 만에 해체되었다.[93]

　1887년 12월 25일에 고종이 "군사와 관련된 대비는 나라의 중요한 일이니 형식적으로 하거나 느긋하게 해서는 안 될 것이다. 장교의 명단에 들어간 사람들은 반드시 먼저 무술을 익숙히 단련하여야만 대오를 정리하고 군사의 위용을 엄하게 할 수 있다. 지난번에 추천한 사람들이 이제 날마다 훈련하게 되었으니, 연습 장소를 '연무공원鍊武公院'이라 부르고(이하 생략)"라고[94] 교서를 내림에 따라 공식적으로 장교들을 양성할 수 있는 '연무공원鍊武公院'을 설치하기 위한 제반 절차가 진행되었다.

　'연무공원'을 설치하기에 앞서 준비 단계로 미국 군사교관을 초빙하고 교육생을 선발하였다. 미국 군사교관 초빙은 1883년 10월 16일 초대 주한미국공사인 푸우트 Lucius H. Foote를 접견한 자리에서 고종이 미국정부에 외교고문과 군사고문을 보내줄 것을 요청하면서 시작되어 1888년 4월에 미국군사교관 4명이 조선에 도착하기까지 5년의 세월이 걸렸다. 파견이 늦어진 이유는 미국이 남북전쟁 뒤에 국무성의

---

91) 국사편찬위원회 역, 『고종 18권』, 한국사테이터베이스, 고종18년 8월 27일 1번째 기사
92) 국방부 군사편찬위원회, 『군사 제18호』, 1989. 105~107쪽. 최병옥, 「교련병대 (속칭 : 왜별기) 연구」
93) 국방부 군사편찬위원회, 『군사 제18호』, 1989. 125쪽. 최병옥, 「교련병대 (속칭 : 왜별기) 연구」
94) 국사편찬위원회 역, 『고종 24권』, 한국사테이터베이스, 고종24년 12월 25일 2번째 기사

역량이 부진한 상태에 있었고 정치적으로도 중립주의나 불간섭주의를 표방하고 있었기 때문이다. 이때 내한한 사람은 예비역 준장 다이William M. C. Entre Dye, 대령 커민스E. H. Cummins, 소령 리John G. Lee와 해군대령 닌스테드F. H. Nienstead 등이었다.[95]

또한 고종은 1887년 12월 1일에 교서를 내려 무관과 문관의 아들, 사위, 아우, 조카 등 친척 가운데 16살 이상 27살 이하까지의 사람을 같은 달 15일 안으로 각각 3명씩을 추천하도록 하였다.[96] 아울러 '연무공원'의 운영을 담당할 관리들도 점진적으로 임명되었고, 직제와 관련 규정도 정비되었다. '연무공원'이 언제 개원되었는지는 정확하지 않으나, 고종 25년(1888년) 6월 28일의 기록에 연무공원을 이미 설치했고 일부 인원을 연무공원에 보직하도록 고종에게 건의[97]한 것을 보면 같은 해 5~6월경에 개원된 것으로 추정할 수 있다.

1888년 6월부터 미국 군사교관에 의해 훈련이 개시되어 선발된 40여 명이 제복을 입고 장차 장교가 되기 위하여 매일 교육을 받았으며, 그들의 열정적인 관심과 소질은 교관들에게 큰 자극을 주었다. 연무공원은 각 군영을 지휘, 관할할 초급장교를 양성하는 기관이었지만, 소속된 미국 군사교관은 궁성호위대의 군인 4,000여 명의 훈련도 담당하여야 했다.[98]

1889년(고종 26년 1월 30일)에 처음으로 26명이 배출되어 통위영과 장위영의 초관哨官으로 보직되었다. 그 중 우등으로 졸업한 초관 4명에 대해서는 임시 부장으로 하였다가 자리가 나면 정3품으로 품계를 올리도록 고종이 전교함에 따라 각각 2월 1일부로 보직되었다.[99] 이후 연무공원의 운영에 있어서 학도들의 무성의와 태만, 그리고 조선정부의 재정 곤란으로 미국 군사교관들에게 적기에 임금이 지불되지 못하고, 커밍스 대령과 리 소령의 해고 문제가 제기되는 등 여러 가지 문제가 겹쳐 별로 좋은 성과를 거둔 것 같지는 않다.

이 연무공원은 동학농민전쟁을 계기로 조선에 진출한 일본군이 1894년 6월 21일에 조선 궁궐을 침입하고, 같은 날 오후에 각 군영에 느닷없이 함부로 들어가 연무

---

95) 진단학회, 『진단학보 제28호』, 1965. 15~16쪽. 이광린, 「미국 군사교관의 초빙과 연무공원」
96) 국사편찬위원회 역, 『고종 24권』, 한국사테이터베이스, 고종24년 12월 1일 3번째 기사
97) 임희자 역, 『승정원일기』, 한국고전번역원, 2000. 고종25년 6월 28일 기사
98) 진단학회, 『진단학보 제 28호』, 1965. 19쪽. 이광린, 「미국 군사교관의 초빙과 연무공원」
99) 최연숙, 이기찬 역, 『승정원일기』, 한국고전번역원, 2000. 고종26년 1월 30일~2월 1일 기사

공원 학도와 친위대의 군인 모두를 무장해제시키고 신식무기를 약탈함에 따라 실제상으로 그 기능을 상실하게 되었다.[100] 제 기능이 상실된 연무공원이 언제 폐지되었는지는 정확히 알 수 없지만 몇 가지 사실로 유추할 수 있다.

조선정부는 '군국기무처'를 설치하여 모든 정부기구를 개편하면서 1894년 7월 22일 설치된 군무아문 소속으로 연무공원을 두었다.[101] 또한 같은 해 10월 1일의 『승정원일기』에 장교 3명과 군사 20명을 연무공원에 보직하였음을 기록하고 있다.[102] 그러나 '군무아문'이 1895년 3월 26일 칙령 제55호에 의거하여 '군부軍部'로 4월 1일부로 개칭되었고,[103] 5월 20일의 칙령 제91호에 의거 〈훈련대사관양성소관제〉가 5월 21일부로 시행되었음을 볼 때[104] 이미 기능이 상실된 연무공원은 군제가 개편되면서 자연스럽게 폐지된 것으로 추정된다.

1881년의 '교련병대'가 시험적인 일본식 근대군대였다면, 1894년 7월말~8월에 우리나라 군제상에 맨 처음으로 조직된 근대적인 군제를 갖춘 '교도중대(敎導中隊, 敎導隊 또는 敎導所란 명칭으로도 불림)'가 설치되었다. 교도중대는 장위영 소속의 선발된 장졸로 편성되었는데 동학농민전쟁에 출동한 부대의 편성을 기록한 『교도소출주장병성책敎導所出駐將兵成册』에 따르면 중대본부에는 정령관正領官 1명, 중대장 1명, 좌익장 1명, 서기 2명, 군조軍曹 2명, 별군관 3명이 있으며 중대는 3개 소대로 편성되었다. 각 소대는 소대장 1명, 소대교장小隊敎長 1명이 있고 5개 분대로 편성되었다. 각 분대는 규칙糾飭[105] 1명과 십장什長 1~2명, 병정 11~12명으로 구성되었다. 중대에는 이러한 3개 소대 외에 곡호수(曲號手, 나팔을 불던 병사) 4명, 후병(候兵, 척후의 임무를 띤 병사) 10명, 사후(伺候, 척후병과 유사임무 수행) 14명, 장부長夫 5명, 화병火兵 20명, 마부馬夫 46명이 있었다. 중대원은 총 328명이었다.[106]

이렇듯 교도중대는 소총중대 편성이었으나 통상적인 중대 인원보다 많았으며 이

---

100) 육군사관학교 한국군사연구실, 『한국군제사 근세조선후기편』, 육군본부, 1977. 330쪽
101) 「草記」, 개국 503년 7월 18일, 의안 제18호
102) 소진희 역, 『승정원일기』, 한국고전번역원, 2002. 고종31년 10월 1일 6번째 기사
103) 국사편찬위원회 역, 『고종 33권』, 한국사데이터베이스, 고종32년 3월 26일 3번째 기사
104) 「관보 제43호」, 개국 504년 5월 20일
105) '잘못이나 죄 따위를 따지고 조사하여 바로잡음'의 뜻으로 감찰 또는 헌병의 업무와 유사하다.
106) 동학농민전쟁100주년기념사업추진회, 『동학농민사료총서 17권 (각진장졸성책)』, 한국사데이터베이스, 1996. 미상, 『교도소출주장병성책』

것은 당시의 친군영의 경리청이라든지 장위영, 통위영보다 훨씬 조직적이고 근대적인 신식편제를 도입한 것이었다. 또한 이 교도중대의 장교계급은 보통보다 훨씬 높았다. 총책임자는 정령(正領, 현재의 대령)이었고 중대장은 부령(副領, 현재의 중령), 소대장 3명은 참령(參領, 현재의 소령) 2명과 정위(正尉, 현재의 대위) 1명이었으며 좌익장은 정위, 소대교장은 군교(현재 부사관)였다.[107]

군교직위는 소대교장, 규칙, 십장 등으로 각 직책에 따른 정확한 임무를 알 수는 없지만 직책명을 고려할 때, '소대교장'은 현재의 부소대장 격으로 소대원의 교육훈련을 담당하고, '규칙'은 분대원의 군기·군법 및 질서유지, 십장은 분대장인 것으로 추정할 수 있다. 십장은 규칙으로, 규칙은 소대교장으로, 소대교장은 장교로 승진할 수 있었다.

이 교도중대는 일본식 교육훈련을 받았고 일본장교의 지휘하에 1894년 9월 상순에는 청일전쟁의 평양 공성전에 참가하였으며, 같은 해 10월 10일부터는 동학농민전쟁에 출정[108]하였다. 그러나 이는 일본군에게 완전히 지휘권을 넘긴 것이 아니라 합동작전의 형태로 상호협조를 한 것에 지나지 않는다. 실제로 교도중대를 지휘한 것은 1889년 '연무공원'을 우등으로 졸업한 중대장 이진호였다. 이 교도중대가 동학농민전쟁의 임무를 끝내고 1895년 2월 초에 복귀한 후에 해체되어 장위영으로 원복된 것을 고려해 볼 때, 일본군에 의해 그 이용이 계획된 것이라고 보아야 할 것이다.[109] 교도중대의 해체시기 또한 정확히 알기는 어렵지만 몇 가지 사료를 통해 그 시기를 추정해 볼 수 있다.

첫째, 『순무선봉진등록』의 1895년 2월 초初 5일 기사를 보면, 좌선봉진에서 경군京軍과 일본 병사는 철수하여 상경하라는 지시를 받고 교도중대와 일본군 주력부대가 출발하였다고 상급부대에 보고하고 있다. 즉 교도중대가 주둔하고 있던 충청도 감영에서 1월 하순 경에 상경하기 위해 출발한 것이다.

둘째, 동일 기사에 군무아문에서 상경한 부대에게 즉시 성안으로 들어오라는 전령[110]을 보냈는데 이는 교도중대가 2월 초初 5일 이전에 상경하여 성 밖에 대기하

<hr>

107) 육군사관학교 한국군사연구실, 『한국군제사 근세조선후기편』, 육군본부, 1977. 353쪽
108) 동학농민혁명참여자명예회복심의위원회, 『동학농민혁명국역총서 1권)』, 2007.
　　『순무사정보첩』1894년 10월 11일 기사
109) 육군사관학교 한국군사연구실, 『한국군제사 근세조선후기편』, 육군본부, 1977. 352~353쪽

고 있었음을 의미한다.

셋째, 고종 32년(1895년) 3월 24일의 『승정원일기』를 보면 교도소 1개 소대를 죽산부(현재의 경기도 안산시, 용인시 일부지역의 조선시대 행정구역)에 파견하도록 하였으나 임무가 없어 병사를 철수[111]하도록 한 것을 보면 '교도중대'가 그때까지 존재하였던 것으로 보인다. 이상의 사료들을 종합해 볼 때, 대대 규모의 '훈련대'가 1895년 1월 18일 이미 조직되었고, '군무아문'이 '군부'로 4월 1일에 개편되면서 '교도중대'는 자연스럽게 3월 말 경에 해체되어 장위영으로 원복되고 일부 인원은 새로 창설된 '훈련대'로 편성된 것으로 추정된다.

1894년 12월 4일, 고종 칙령 제10호로 〈육군장관직제〉가 선포됨으로써 군의 직제가 공식적으로 근대적인 것으로 정립되었다. 이로써 신분별 계급이 확정되고 각 계급에 해당하는 품계가 정해졌다. 다만 군교(현재의 부사관)에게는 품계가 주어지지 않았다. 이처럼 계급마다 그에 따른 품계가 주어진 것은 문무양반文武兩班의 직위와 품계가 따로 있던 전통적인 직제의 영향이라고 보아야 할 것이다.[112]

- 장관 : 大將(정 · 종1품계), 副將(정2품계), 參將(종2품계)
- 영관 : 正領, 副領, 參領 (3품)
- 위관 : 正尉(3품), 副尉(6품), 參尉(6품)
- 군교 : 正校, 副校, 參校(품계 미부여)

〈표 1-3〉 신분별 계급과 품계(출처 : 관보, 개국503년 12월 4일)

이 〈육군장관직제〉를 조선 전통 군제상의 서반 및 외관직과 비교해 보면, 무관의 관등이 내각의 총리대신과 같은 정 · 종 1품계까지 오를 수 있도록 상향 조정되었음을 알 수 있다. 이는 무관의 위상이 크게 제고된 것을 의미한다.[113]

---

110) 동학농민혁명참여자명예회복심의위원회, 『동학농민혁명국역총서 2권)』, 2007.
　　　『순무선봉진등록』1895년 2월 초5일 기사
111) 이정원 역, 『승정원일기』, 한국고전번역원, 2002. 고종32년 3월 24일 3번째 기사
112) 육군사관학교 한국군사연구실, 『한국군제사 근세조선후기편』, 육군본부, 1977. 350쪽
113) 서인한, 『대한제국의 군사제도』, 혜안, 2000. 41쪽

관 등	품 계	구식군제
대장	정·종1품계	
부장	정2품계	5위도총관
참장	종2품계	부총관, 관찰사, 병마절도사
정·부·참령, 정위	3품계	상호군, 대호군, 수군절도사, 병마절제사, 수군첨사
부위, 참위	6품계	병마절제도위
정교, 부교, 참교	품계 외	

<표 1-4> 신식군제와 구식군제의 계급 및 품계 (출처 : 『대한제국의 군사제도』)

무관의 계급체계가 將 - 領 - 尉 - 校로 정립됐다는 것은 근대 계급체계로 과거의 것과 전적으로 다른 것은 사실이지만, 그 신분별 명칭은 전혀 새로운 것이 아니라 우리나라 군제에 있어서 오랜 전통을 갖고 있는 용어들을 정립하여 반영한 것이라고 할 수 있다. 신분별 명칭인 장군, 장교(領, 尉), 군교, 군사(兵, 卒) 등은 천 년 이상의 오랜 역사를 갖고 있다. 현재의 부사관인 '군교'에 대해서는 뒤에서 다시 세부적으로 기술할 것이다.

새로 정립된 <육군장관직제>에 따라 같은 해 12월 7일에 군무대신이 참령 1명, 정위 3명, 부위 5명, 참위 4명에 대한 임명을 고종에게 처음 건의한 기록이 있는데 참고로 참령은 신태휴로 신설된 '훈련대'의 초대 훈련대장으로 보직되었다.[114]

이후 조선정부는 지속적으로 군제개혁을 단행하여 많은 부대들이 창설, 개편, 해체되었지만 <육군장관직제>는 그대로 유지되었다. 그러나 품계의 고저에 관계없이 장교의 임명 및 승진이 이루어진 것을 보면 이후 품계는 실제 잘 적용되지 않은 것 같다. 그 예로 개국504년(1895년) 4월 3일의 장교 임명을 보면 3품계 2명을 부령, 3~4품 6명을 참령, 4~6품 4명을 정위, 3~6품 7명을 부위, 6~9품 4명을 참위로 임명하여 4월 1일부로 개칭된 '군부'에 보직하였다.[115]

초대 훈련대장으로 신태휴 참령이 보직된 '훈련대'는 1895년 1월 18일에 편성되었다. '훈련대' 창설은 친4군영(親四軍營, 통위영·장위영·총어영·경리청을 말함.) 체제는 노약한 병사들이 혼합되어 있고 군복도 병사 각자가 집에서 제작하였으므로 통일성이 없을 뿐만 아니라 병사 중에도 전국의 지방관에 속해 있는 수군과 육군이 혼재 되어 있어 우선 개혁하는 것이 급선무라는 당시 조선 일본공사 이노우에 가오루井上馨의 건

---

114) 「관보」, 개국503년 12월 7일 기사
115) 「관보 제3호」, 개국504년 4월 3일 기사

의[116]에 따른 것이었다. 그러다 보니 당연이 일본식 군제를 따를 수밖에 없었다.

'훈련대' 초기에는 1개 대대 규모로 2개 중대형이었다. 개국504년(1895년) 3월 25일자 「관보」를 보면, 초대 훈련대장 참령 신태휴가 참령 신응희로 교체되는데 이 때 직책이 '제1훈련대장'이었다.[117] 이는 '훈련대'가 '제1훈련대'로 개칭되었음을 의미한다. 이어서 서울에 '제2훈련대'가 조직되었으며 편성인원이 제1훈련대는 총 492명, 제2훈련대는 총 481명이었다. 이후 5월 1일부 훈련 제3대대(평양), 7월 1일부 훈련 제4대대, 9월 1일부 훈련 제5대대, 11월 1일부 훈련 제6대대 신설을 계획하였다.[118] 부대 신설 과정에서 부대 명칭이 혼재되어 동일 부대가 제1훈련대, 훈련 제1대, 훈련 제1대대 등으로 불리었다. 본 책에서는 이후 '훈련 제○대대'로 통일하여 기술하였다.

'훈련 제3대대를 평양에 설치하는 건'을 1895년 4월 27일 고종으로부터 결재를 받고 5월 1일부로 훈련 3대대가 설치[119]된 반면, 훈련 제4대대의 신설부터는 당초 계획대로 제대로 진행되지 못하였다. 7월 1일부로 '훈련 제4대대'를 청주군에 신설하기로 하였다가[120] 같은 해 8월 16일 전주군으로 다시 이전하여 설치하는 것으로 변경되었는데,[121] 이는 공병·마병의 '신설대新設隊'를 설치할 경비를 마련하기 위한 것이었으며 '훈련 제5, 6대대' 신설 또한 1895년도에는 설치하지 않기로 계획이 수정되었다. 게다가 훈련 제4대대마저도 8월 20일에 을미사변[122]이 일어남으로써 설치되지 못하였다.[123]

같은 해 윤5월 25일에 훈련대 초대 연대장으로 부령 홍계훈이 보직[124]되었으며 동년 7월 23일 칙령 제149호로 '훈련 제1연대'의 편제가 확정되었다. 즉 훈련 제1, 2대대로 '훈련 제1연대'를 편성하되 대대부에 속한 기관(旗官, 부대기 및 각종 군기를 관리하던 장교)을 폐지하고 연대본부의 편성을 확정하였던 것이다.[125] 본 편제는 다음에 편성되는 '시위대'에도 동일하게 적용되었다.

---

116) 육군사관학교 한국군사연구실, 『한국군제사 근세조선후기편』, 육군본부, 1977. 354쪽
117) 「관보」, 개국504년 3월 25일 기사
118) 「관보 제19호」, 개국504년 4월 21일 기사
119) 「관보 제27호」, 개국504년 5월 1일 기사
120) 「관보 제66호」, 개국504년 윤5월 17일 기사
121) 「관보 제139호」, 개국504년 8월 16일 기사
122) 1895년 8월 20일 일본수비대원과 일본 깡패들이 훈련대와 합세하여 대원군을 앞세우고 궁궐을 점령하여 민비를 살해한 사건을 말한다.
123) 육군사관학교 한국군사연구실, 『한국군제사 근세조선후기편』, 육군본부, 1977. 355쪽
124) 「관보 제75호」, 개국504년 윤5월 27일 기사
125) 「관보 제121호」, 개국504년 7월 26일 기사

직 책	관 등	인원(명)
연대장	정령 또는 부령	1
연대부관(聯隊副官)[126]	정위	1
무기주관(武器主管)[127]	부위 또는 참위	1
연대기수(聯隊旗手)[128]	참위	1
본부하사(本部下士)	정교, 부교, 참교	각 1

〈표 1-5〉 훈련 제1연대 본부 편성(출처 : 관보 제121호, 개국504년 7월 26일)

'훈련 제1연대'는 1895년 8월 22일 칙령 제157호에 의거 '시위대'가 편입[129]되면서 인원이 증가하게 된다. 이에 따라 같은 해 8월 25일 칙령 제158호로 '훈련 제1연대'가 개편되는데 연대본부와 2개 대대, 각 대대는 대대본부와 4개 중대, 각 중대는 3개 소대로 편성되어 연대 정원은 총 1,773명이[130] 되었다. 이후 훈련 제1연대는 을미사변에 연루되면서 국민여론의 비난을 받아 1895년 9월 13일 칙령 제169호에 의거 폐지되었다.

구 분	직 명	관 명	정원(명)
연대 본부	연대장	정령 또는 부령	1
	부관(副官)	정위	1
	무기주관(武器主管)	부위 또는 참위	1
	기관(旗官)	참위	1
	서기(書記)	정교, 부교, 참교	각 1
1개 대대 본부	대대장	참령	1
	향관(餉官)[131]	1·2·3등 군사	1
	부관	부위	1
	중대장	정위	4
	소대장	부·참위	12
	하사관	징교	4
1개 중대	하사관	부·참교	16
	병졸		200

〈표 1-6〉 훈련 제1연대 편성(출처 : 관보 제147호 호외, 개국504년 8월 26일)

---

126) 지휘관을 보좌하고 신변보호, 사무연락 등 개인참모 역할을 하던 장교로 현재의 인사장교에 해당된다.
127) 병기와 탄약을 담당하던 장교로 현재의 병기장교에 해당한다.
128) 부대기 및 부대를 지휘하기 위한 각종 신호기를 관리하는 장교를 말한다.
129) 「관보 제145호」, 개국504년 8월 23일 기사
130) 「관보 제147호 호외」, 개국504년 8월 26일 기사
131) 회계를 맡아보던 현재의 재정병과 장교로 칙령 119호(1895. 윤5. 24.) 〈육군회계관구분령〉에 따라 7등급(감독장, 1·2·3等監督, 1·2·3等軍司)으로 구분하였다.
　　감독장은 참장급, 감독은 영관급, 군사는 위관급이다. (1895. 3. 30, 칙령 68호 〈武官並相當官俸給令〉)

앞에서 언급된 '신설대'는 훈련대를 편성하고 남은 구식군대의 병력으로 1895년 5월 21일 칙령 제107호인 〈신설대 편제에 관한 건〉에 의거 12개의 대대급 규모로 편성되었는데 5월 1일부로 소급 적용[132]되었다. 신설대는 작전지원을 위한 부대로서 주로 공병工兵, 치중병輜重兵 그리고 마병馬兵의 3병종으로 구성되었다. 치중병은 군수물자의 수송을 담당한 병종으로 2개 대대 규모의 800명이었으나 별도의 부대로 편성되지 않고 공병 8개 대대에 각 100명씩 배속되었으며 마병은 기병과 같은 역할을 하였다. 같은 해 윤5월 7일 각 부대에 대한 지휘자 및 참모들이 보직되었으며, 후에 신설대 중에서 공병 2개 대대는 신설된 '시위대'로 편성되었고 나머지 부대는 을미사변 후 신편된 '친위대'로 흡수되었다.

병 종	부대수(개)	편성(명)							
		참령	정위	부위	참위	정교	부교	참교	병졸
공병	8	8	16	32	32	16	128	112	3,200
치중병	2								800
마병	2	2	4	8	8	4	32	28	800

〈표 1-7〉 신설대 편성 (출처 : 관보 제52호, 개국504년 5월 30일)

'시위대'는 일본세력을 견제하고자 하는 의도에서 신설된 왕실 호위부대다. '훈련대'가 처음 창설될 때에 일본 측에서 이들로 하여금 조선 왕실의 호위를 맡게 하려고 하였으나, 고종은 자기를 위압적인 태도로 대하는 일본에게 궁중 호위의 임무를 맡기고 싶지 않았다. 일본세력을 견제하고자 신설된 '시위대'는 1895년 윤5월 25일 칙령 120호에 의거 미국인 군사교관들에 의하여 훈련을 받았던 구병舊兵이 주축이 되어 연대규모로 편성되었다.

'시위대'는 신설대의 공병 2개 부대가 개편되어 2개 대대로 편성되었고 1개 대대에는 2개 중대, 각 중대에는 3개 소대씩 있었으며 연대에 최초로 군악대가 부설되었다. 군악대는 원래 있던 내취(內吹, 선전관청에 딸린 취타수)를 개칭하여 2패로 편성하였으며 각 패는 38명으로 조직되었다.[133] '시위대'의 임무는 군부대신의 감독하에 궁내의 시위를 전담하는 것으로 2개 대대로 하여금 각 3일씩 교대로 근무하게 하였다.[134] 나중에 훈련대에 흡수되어 폐지되었다.

---

132) 「관보 제52호」, 개국504년 5월 30일 기사
133) 육군사관학교 한국군사연구실, 『한국군제사 근세조선후기편』, 육군본부, 1977. 357~358쪽

직 책	관 등	인원(명)
연대장	부령	1
대대장	참령	2
부관(副官)	부위	2
향관(餉官)	정위	2
중대장 / 소대장	정위 / 부위·참위	4 / 14

〈표 1-8〉 시위연대 주요직위자 편성(출처 : 관보 제75호, 개국504년 윤5월 27일)

같은 해 9월 13일에 칙령 제170호인 〈육군편제강령〉이 공포되었다. 즉 육군을 '친위'와 '진위'로 나누고 '친위'는 서울에 주둔하여 왕성수비를 전담하며 '진위'는 중요한 지방에 주둔하여 치안유지와 변경수비를 전담하게 하되 대대를 전술단위로 하여 각 대대를 4개 중대로 편성한다는 칙령이었다.[135] 이에 따라 '친위대親衛隊'와 '진위대鎭衛隊'가 창설되었다.

'친위대'는 중앙군으로서 1895년 9월 23일 칙령 제171호에 의거하여 '친위 1, 2대대'로 편성되었다.[136] 친위대대의 편제 및 정원은 같은 해 10월 6일 칙령 제175호로 확정되었는데 대대본부와 4개 중대, 각 중대는 3개 소대씩 편성되었으며 1개 대대 총원은 884명으로 현재의 대대인원보다 많았다.[137] 중대에는 정교 1명과 부·참교 15명이 편성되었는데 현재의 중대행정보급관, 부소대장 또는 분대장 직책을 수행한 것으로 추정된다.

구 분	직 책	관 등	인원(명)	소 계
대대본부	대대장	참령	1	4명
	향 관	1·2·3등 군사(軍司)	1	
	부 관	부위	1	
	무기주관	참위	1	
1개 중대	중대장	정위	1	220명 × 4개 중대 = 880명
	소대장	부·참위	3	
		정교 / 부·참교	1 / 15	
		병졸	200	

〈표 1-9〉 친위대대 편성(출처 : 관보 제183호, 개국504년 10월 9일)

---

134) 「관보 제75호」, 개국504년 윤5월 27일 기사
135) 「관보 제162호 호외」, 개국504년 9월 14일 기사. 본 기사는 『관보 제161호 호외』였으나, 『관보 제180호』에 의거 『관보 제162호 호외』로 정정되었음.
136) 「관보 제162호」, 개국504년 9월 14일 기사
137) 「관보 제183호」, 개국504년 10월 9일 기사

친위대대가 계속하여 증설되는데 1896년 1월 27일에는 칙령 제12호에 의거 기존의 '공병대'에서 선발하여 '친위 제3대대'가 신편되었으며[138] 3월 4일에는 칙령 제15호로 '친위 제4, 5대대'가 창설되어 제3·4·5대대장의 보직이 3월 21일부로 됨에 따라 각 대대의 편성이 완료되었다.[139]

같은 해 4월 22일에는 칙령 제21호로 '친위 제1연대'가 창설되었다. 연대 편성은 연대본부와 예하에 3개 대대로 편성하되 1·2·3대대의 '무기주관' 직위가 삭제되고 4·5대대는 독립대대로 유지되었다.[140] 초대연대장에는 중추원 1등 의관議官인 윤웅렬이 부령으로 임명되어 4월 24일부로 보직되었다.[141] 초대 연대장인 윤웅렬 부령은 5월 6일에 참장으로 진급하여 군부협판(현재의 국방부 차관)이 되었다.[142] 연대에 처음으로 군의관이 편제되었다.

직 책	관 등	인 원
연대장	정령 또는 부령	1
연대부관(聯隊副官)	정위	1
무기주관(武器主管)	부위 또는 참위	1
연대기관(聯隊旗官)	참위	1
의관(醫官)[143]	1, 2, 3등 군의	1
본부하사(本部下士)	정교, 부교, 참교	각 1인

〈표 1-10〉 친위연대 본부 편성(출처 : 관보 제308호, 건양원년 4월 24일)

6월 8일의 칙령 제24호로 마병 2개 대대가 폐지되고 '친위기병 1중대'가 임시로 편성되었으며, 칙령 제25호로 '치중마병' 100명을 선발하여 군부 마정과馬政課에서 관할하여 군수물자의 운송을 책임지게 하되 군교 2명(부교1, 참교1)에게 지휘·감독하게 하였다.[144]

친위대와 함께 창설된 '진위대'는 칙령 제172호에 의거 1895년 9월 13일에 평양

---

138) 국사편찬위원회 역, 『고종 34권』, 한국사테이터베이스, 고종33년 1월 27일 2번째 기사 고종 조칙으로 건양원년(1896년)부터는 태양력을 사용하였으므로 그 이전의 기사는 음력으로, 이후 기사는 양력으로 기록되었다. 관보 발행 날짜도 동일하다.
139) 「관보 제279호 호외」, 건양원년 3월 22일 기사
140) 「관보 제308호」, 건양원년 4월 24일 기사
141) 「관보 제310호」, 건양원년 4월 27일 기사
142) 「관보 제319호 호외」, 건양원년 5월 7일 기사
143) 현재의 군의관으로 1등군의(정위급), 2등군의(부위급), 3등군의(참위급)로 구분하였다.(1895. 3. 30. 칙령 제68호 〈武官並相當官俸給令〉)
144) 「관보 제348호」, 건양원년 6월 10일 기사

부와 전주부에 각 1개 대대씩 신설된 지방군으로서 지방의 치안유지와 변경수비를 전담하기 위한 부대였다. 신설되면서 장병들이 우선 보충되었지만, 편제는 같은 해 10월 6일에 '친위대대'와 같이 확정되었는데 '진위대대'는 '친위대대'와는 달리 대대 본부와 2개 중대, 1개 중대는 각 3개 소대로 편성되었으며 대대 총원은 '친위대대'의 절반 수준인 444명이었다.[145]

구 분	직 책	관 등	인 원	소 계
대대본부	대대장	참령	1	4명
	향 관	1, 2, 3등 군사	1	
	부 관	부위	1	
	무기주관	참위	1	
중 대	중대장	정위	1	220명 × 2개 중대 = 440명
	소대장	부·참위	3	
		정교 / 부교·참교	1 / 15	
		병졸	200	

〈표 1-11〉 진위대대 편성(출처 : 관보 제183호, 개국504년 10월 9일)

지방군으로는 평양과 전주에 설치한 '진위대대' 외에 칙령 제23호인 〈각 지방 구액병 편제〉로 1896년 5월 30일에 9개의 '지방대'가 증설되었는데 위치한 지방명을 따서 '○○지방대'라고 불리었다. 각 지방대의 병력은 지방에 잔존하던 구舊 지방군으로 편성되었으며 간부의 편성과 장병의 급료는 '친위대대'에 비해 낮게 책정되었다. 또한 지방대대의 지휘관을 해당 지역 관찰사 또는 군수가 겸임할 수도 있었다.[146] 9개 지방대대는 간부 95명, 병 2,300명으로 편성되었으며 각 지방대별 세부 편제인원 및 계급별 월 봉액은 〈표 1-12〉와 같다.

(단위 : 명)

구분	참령	부위	참위	정교	부교	참교	병졸
계	8	10	13	10	23	23	2,300
통영	1	2	2	2	4	4	400
대구	1	1	2	1	3	3	300
강화	1	1	2	1	3	3	300

---

145) 「관보 제183호」, 개국504년 10월 9일 기사
146) 「관보 제345호」, 건양원년 6월 6일 기사

구분	참령	부위	참위	정교	부교	참교	병졸
청주	1	1	1	1	2	2	200
공주	1	1	1	1	2	2	200
해주	1	1	1	1	2	2	200
북청	1	2	2	2	4	4	400
춘천	1	1	1	1	2	2	200
강계	0	0	1	0	1	1	100
봉급	77원 35전	34원	28원 5전	7원	6원	5원	3원

<표 1-12> 지방대 인원 및 월 급료(출처 : 관보 제345호, 건양원년 6월 6일)

이러한 지방대는 칙령 제26호로 '통영지방대'가 '고성지방대'로 6월 8일부로 변경되었고,[147] 칙령 제41호에 의거 같은 해 8월 5일 '강계지방대'를 제외하고 정위가 각 1명씩 추가 편제(급료 46원 75전)되었으며, 지휘관을 해당 각 지방 관찰사나 군수가 겸임할 수 있었던 조항이 삭제되었다.[148] 또한 국모시해사건인 을미사변 및 건양개혁의 일환으로 시행된 1895년 11월 15일의 <단발령>이 직접적인 원인이 되어 각 지방에서 의병義兵들이 봉기함에 따라 그 진압을 위해 지방대의 추가적인 증설이 이루어졌다.

즉 칙령 제59호로 같은 해 8월 26일에 충주, 홍주, 상주, 원주 등의 4개 각 지방대에 참령·정위·부위·참위 각 1명, 정교 1명, 부교·참교 각 1명, 병졸 150명으로 추가 편성되었다가[149] 의병활동이 대체로 진압되자 칙령 제63호로 공주·춘천·강계·충주·홍주·상주·원주지방대 등 7개 지방대를 9월 24일에 폐지시켰다.[150]

1897년 6월 14일 칙령 제22호인 <각 도 지방병 증치>에 의거 각 도에 위치한 역사驛士와 폐지된 각 영·읍(營·邑)에 주둔한 진보鎭堡 소속의 포병 등으로 중요지역에 8개의 지방대를 추가하여 설치하였는데 친위대 및 진위대의 편제를 준용하도록 했다. 신설된 지방대는 수원·원주·공주·안동·광주·황주·안주·종성지방대이다. 편제 인원은 대대장인 참령 1명, 정위 2명, 부위 3명, 참위 4명, 향관인 3등군사 1명, 정교 3명, 부교 8명, 참교 17명, 병졸 600명으로 각 지방대가 동일하게 편성되었으며 대대원은 총 639명이었다.[151]

---

147) 「관보 제348호」, 건양원년 6월 10일 기사
148) 「관보 제398호」, 건양원년 8월 7일 기사
149) 「관보 제415호」, 건양원년 8월 28일 기사
150) 「관보 제458호」, 건양원년 10월 19일 기사
151) 「관보 제664호」, 건양2년 6월 16일 기사

이로써 조선의 지방대는 고성·대구·강화·청주·해주·북청·수원·원주·공주·안동·광주·황주·안주·종성지방대로 총 14개 대대가 되었다. 신설된 지방대의 월 급료는 기존의 지방대보다 장교들은 다소 적었고 군교는 많았다. 특이한 것은 병졸의 급료를 쌀을 수확할 수 있는 논으로 주었는데 월 쌀 1가마 수준이다.

구분	참령	정위	부위	참위, 3등군사	정교	부교	참교	병졸
기존	77원 35전	46원 75전	34원	28원 5전	7원	6원	5원	3원
신설	77원	46원	34원	28원	9원	7월	5원	畓1石落

〈표 1-13〉 신·구 지방대 월 급료(출처 : 관보 제664호, 건양2년 6월 16일)

각 지방에서 봉기한 의병들을 진압하기 위해 일본의 영향력하에 있던 친위대대의 일부를 지방에 파견할 수밖에 없었고 그에 따라 궁중수비가 소홀하게 되었다. 또한 대원군과 친일파 그리고 일본인들이 고종 폐위를 음모한다는 정보가 전해지자 고종은 1896년 2월 11일 새벽에 러시아공사관으로 이동하게 된다. 이 사건이 '아관파천'인데 이후부터 러시아와 조선 내의 친러파가 득세함에 따라 조선군대 또한 러시아의 영향을 받게 되었다.

실제적으로 1896년 10월 중순경에 러시아의 푸챠야Putiata 대령이 위관 2명과 1명의 군의관, 10명의 하사관을 대동하고 서울에 도착하였다. 이들은 서울에 도착하여 1896년 말부터 러시아군 편제에 따라 친위대 5개 대대로부터 1,070명을 선발하여 1개 중대를 200명으로 편성한 5개 중대로 구성된 '시위대侍衛隊' 1개 대대를 편성하였다. 궁중 시위가 주임무인 '시위대'의 편제는 1897년 3월 29일 완성되었는데 대대본부와 5개 중대, 각 중대는 4개 소대로 총 1,008명으로 편성되었다. 러시아식 군사교육을 받은 이들은 새로 지은 경운궁의 주위에 설치된 36개소의 초소에서 교대로 근무하게 되었다.152)

이는 1개 대대를 4개 중대, 1개 중대를 3개 소대로 편성한 일본식 군제와는 달리 1개 대대가 5개 중대, 1개 중대가 4개 소대인 러시아식 군제에 따라 개편된 것이다. 또한 '친위대'와 달리 예산 및 보급을 담당하는 향관이 2명 편성되었고 대대본부에 군교를 편성하여 행정업무를 수행하게 하였다.

---

152) 육군사관학교 한국군사연구실, 『한국군제사 근세조선후기편』, 육군본부, 1977. 373~376쪽

구분	직책	관등	인원	소계
대대본부	대대장	참령	1	8명
	향관	1·2·3등 군사	2	
	부관	부위	1	
		정교	1	
		부교	3	
1개 중대	중대장	정위	1	200명
	소대장	부·참위	4	
		정교	1	
		부교, 참교	14	
		병졸	180	

〈표 1-14〉 시위대대 편성(출처 : 『한국군제사 근세조선후기편』)

신편된 '시위대대'에 대한 보직은 편제가 완성되기 이전인 3월 21일에 이루어졌는데 편제에는 없으나 '대대기관大隊旗官'으로 '참위'가 보직되었다.[153] 이후에 신설되는 '시위 제2대대'에도 보직된 것으로 보아 이는 의결된 사항이 보직하는 과정에서 수정되어 『관보』에 게재된 것이 아닌가 생각된다. 또한 중대장보中隊長補로 대리임무를 수행하던 중대장 2개 직위는 기존의 대리보직자를 정위로 승진시켜 6월 19일 보직되었다.[154] '시위대대'의 총원은 '대대기관'을 포함하여 1,009명으로 장교들의 보직현황은 다음과 같았다.

구분	직책	보직자 (1897. 3. 21.)
대대 본부	대대장	참령 장기렴
	향관	1등군사 정태석, 신창희
	부관	부위 홍병진
	기관	참위 이동휘
중대	중대장	정위 조복희, 이석훈, 전우기
	중대장補	부위 김용삼, 조성원 ＊6월 19일 정위로 승진하여 중대장 보직
	소대장	부위 이인팔, 조봉득, 김흥기, 이계희, 이수봉, 이재흡, 박유태, 김인수, 장일원, 이창근, 정춘원, 참위 김학수, 최봉규, 김병도, 박규환, 김성근, 최재익, 심상윤, 박흥화, 목영석

〈표 1-15〉 시위 제1대대 장교 보직(출처 : 관보 제592호, 건양2년 3월 24일)

---

153) 『관보 제592호』, 건양2년 3월 24일 기사
154) 『관보 제670호』, 건양2년 6월 23일 기사

1897년 3월에 '시위 제1대대'가 신편되었고, 이어 같은 해 9월에 '시위 제2대대'가 신편되어 9월 30일에 대대장을 비롯한 장교들의 보직이 이루어졌다.[155]

러시아식 교육과 훈련을 받은 장병들로 시위대대가 편성이 되고 아울러 각도의 지방대와 진위대대에도 러시아식 교육훈련이 실시되었다. 1897년 9월에 군부에서 각도의 지방대 대대장에게 훈령하여 지방대 병정 중 건장한 자를 선발하여 러시아식 훈련을 시키기 위해 시위대대에서 러시아식 훈련을 받은 군교 100명을 각 도로 파견하였다. 각 지방대의 교육을 시킨 지 반 년이 지난 1898년 5월 말경에는 앞으로 더 뽑은 병정을 교육시키는 것은 이미 훈련된 각 지방대의 군사들이 담당할 수 있다고 하여 각 도에 파견된 군교들을 모두 시위대대로 원복시켰다.[156]

구분	직책	보직자 (1897. 9. 30.)
대대 본부	대대장	참령 신성균
	항관	1등군사 이승필, 장석조
	부관	부위 심홍택
	기관	참위 김창준
중대	중대장	정위 이용한, 홍진길, 강한준, 이덕순, 신태근
	소대장	부위 이민회, 이한창, 서영조, 이기표, 김창석, 김도현, 이연시, 임한상 참위 양재호, 유기원, 황중식, 김기건, 심의운, 홍병수, 문희선, 전성권, 류기선, 김준모, 이민직, 송학수

〈표 1-16〉 시위 제2대대 장교 보직(출처 : 관보 제761호, 광무원년 10월 7일)

구식군대가 신식구대로 점차적으로 전환되면서 신편된 친위대, 진위대, 지방대, 시위대 등은 대한제국시대에도 주로 일본의 영향력이 작용하여 계속 개편되면서 증·창설 및 감편·해체가 이루어지고 교육훈련 및 각종 군사제도가 변경되게 된다.

 대한제국의 국군

1897년 10월 12일 고종황제 즉위식이 원구단에서 거행되고, 13일에 국왕이 제위에 오른 것과 국호를 '대한제국'으로 정하였음을 선포함으로써 대한제국이 시작되었다. 대한제국의 국군은 근세조선 말기의 군사제도 변천과 연속선상에 있기 때문

---

155) 「관보 제761호」, 광무원년 10월 7일 기사
156) 육군사관학교 한국군사연구실, 『한국군제사 근세조선후기편』, 육군본부, 1977. 377~378쪽

에 명확히 어느 시기로 한정하기에는 어려움이 있다. 특정 왕조가 끝나고 새로운 왕조가 들어선 것이 아니라 동일 왕조 속에서 국가의 명칭만 변경되었을 뿐 군사제 도도 그대로 존속되었기 때문이다.

대한제국이 시작되고 한 달 정도 지난 1897년 11월 14일 일종의 황실 경호부대인 '호위군扈衛軍'이 '호위대扈衛隊'로 개칭되었다. '호위대'의 주임무는 황실 '가마'를 호위하는 것으로 궁내부 시종원 소속으로서 군부대신이 호위총관을 겸임했다. 특이한 것은 장교들은 보직 임명 시 계급 앞에 '호위'라는 명칭을 붙이고 군교들의 계급 호칭이 정·부·참교가 아니라 정·부·참군관이라고 호칭되었다는 사실이다.[157] 호위대는 1905년에 '호위국'으로 다시 개칭되었다.

구 분	정 원
총관	1인
정위 / 부위	2인 / 4인
향관	1인
정군관 / 부군관 / 참군관	6인 / 6인 / 12인
상등병 / 병졸	16명 / 584명
계	632인[158]

〈표 1-17〉 호위대 편성 (출처 : 관보 제799호, 광무원년 11월 20일)

군의 정비가 계속되면서 각각 독립대대로 있던 '시위 제1, 2대대'가 칙령 제13호인 〈시위 제1연대 편제〉에 의거 1898년 5월 27일부로 '시위 제1연대'로 편성되었으며[159] 초대 연대장은 조동윤 부령이 같은 해 6월 2일 임명되었다.

직 책	관 등	인 원
연대장	정령 또는 부령	1
연대부관	정위	1
무기주관	부위 또는 참위	1
연대기관	참위	1
본부부 하사	정교, 부교, 참교	각 1인

〈표 1-18〉 시위 제1연대 본부 편성(출처 : 관보 제962호, 광무2년 5월 30일)

---

157) 「관보 제799호」, 광무원년 11월 20일 기사
158) 「관보 제972호」, 광무2년 6월 10일 기사, 병졸 584명은 684명으로, 계 632인은 732인으로 정정되었다.
159) 「관보 제962호」, 광무2년 5월 30일 기사

이 시위 제1연대에 같은 해 7월 2일 칙령 제23호인 〈포병 거행 건〉으로 보병 중에서 차출하여 '포병 1개 중대'가 창설되어 배속되었다. 이는 '대隊'로 완편되기 전까지의 임시편제로 대대장인 참령은 포병과장이 겸하며 중대장 정위 1명, 소대장 부·참위 4명, 군교 15명(정교 2, 부교 4, 참교 8), 병졸 185명 등 총 205명으로 편성되었다.[160]

시위연대에 배속된 이 포병 1개 중대는 칙령 제56호인 〈포병대대 설치하는 건〉에 의거 1900년 12월 19일 2개 포병대대로 증편되었다. 1개 포병대대는 산포山砲 2개 중대와 야포野砲 1개 중대로 편성되었다.[161]

대대본부(9명)	1개 산포중대(111명)	야포중대(95명)
대대장 참령 1, 부관 부위 1, 군의 1, 수의 1, 향관 군사 1, 서기 부·참교 4	중대장 정위 1, 소대장 부·참위 3, 정교 1, 부교 4, 참교 6, 상등병 14, 일·이등병 78, 나팔수 4	중대장 정위 1, 소대장 부·참위 3, 정교 1, 부교 4, 참교 6, 상등병 12, 일·이등병 64, 나팔수 4

〈표 1-19〉 포병대대 및 중대 편성(출처 : 관보 제1,764호, 광무4년 12월 22일)

또한 '시위기병대대'가 독립부대로 창설되어 원수부에 예속되었는데 대대의 총병력은 424명으로 4개 중대, 1개 중대는 4개 소대로 편성되었다.[162]

대대본부(16명)	1개 중대(102명)
대대장 참령 1, 향관 1·2·3등 군사 2, 부관 부위 1, 정교 1, 부교 2, 참교 9	중대장 정위 1, 소대장 부·참위 각 2, 정교 1, 부교 5, 참교 9, 병졸 82

〈표 1-20〉 시위기병대대 편성(출처 : 관보 제1,761호, 광무4년 12월 19일)

칙령 제59호인 〈군악대 설치하는 건〉으로 군악대 2개 부대가 신설되어 '시위연대'와 '시위기병대대'에 1900년 12월 19일부로 각각 1개 부대씩 배속되었다. 각 군악대장은 1등 군악장이 맡았으며 부장에는 2등 군악장(정교 상당) 1, 1등 군악수인 부·참교 3, 2등 군악수인 상등병 6, 악수樂手 및 악공樂工에는 병졸 39, 서기에는 참교 1명 등으로 편성되었다.[163] 시위연대 군악대의 군악교사로 1901년 초빙된 독일

---

160) 「관보 제993호」, 광무2년 7월 5일 기사
161) 「관보 제1,764호」, 광무4년 12월 22일 기사
162) 「관보 제1,761호」, 광무4년 12월 19일 기사.

인 '프란츠 에케르트(Franz Eckert, 1852~1916)'가 1902년 8월 15일에 홍문관 예문관의 제학인 '문임'이 작사한 대한제국 애국가를 작곡함에 따라 애국가가 공식 제정되었다.[164]

이렇게 '시위 제1연대'는 점진적으로 보병 2개 대대와 포병 2개 대대 그리고 군악 1개 소대를 갖춘 총병력 3,750여 명의 연대 전투단聯隊 戰鬪團으로 편성되었다. 이는 지금까지의 군대편제가 보병 소총부대 위주의 편성에서 강한 지원화력을 보유한 부대로 발전한 것을 의미한다.

2개 시위대대를 친위대대에서 차출하여 편성함에 따라 각 친위대대의 편제 조정이 불가피해졌다. 따라서 칙령 제22호인 〈친위 각대 편제 개정〉에 근거하여 시위대대의 편제에 준해 1898년 7월 2일부로 친위 제1연대의 각 대대가 개편되었다. 대대별로 5개 중대, 1개 중대는 4개 소대로 편성되었으며, 대대에는 부교가 곡호대장인 21명의 '곡호대(曲號隊, 군악대)'가 신편되어 대대는 총 1,029명이 되었다.[165] 시위대대로 차출되고 남은 친위 제4, 5대대의 병력은 친위 제1, 2, 3대대로 전환되었다.

대대본부(8명)	1개 중대(200명)	곡호대(21명)
대대장 참령 1, 부관 부위 1, 향관 군사 2, 정교 1, 부교 3	중대장 정위 1. 소대장 부·참위 4, 정교 1, 부·참교 14, 병졸 180	부교 1, 곡호수 10, 고수 10

〈표 1-21〉 각 친위대대 편성(출처 : 관보 제993호, 광무2년 7월 5일)

친위대대 개편 이후 시위 제1연대가 증강되면서 동시에 친위 제1연대도 편제에 있어서 변화를 가져왔다. 시위 제1연대에 2개 포병대대와 군악대가 배속되던 날, '친위 제1연대'에는 공병 1개 중대와 군수물자 수송을 담당하는 치중병 1개 중대가 배속되어 작전지속능력을 향상시켰다. 이로써 친위 제1연대의 총병력은 공병중대 175명, 치중병중대 198명을 포함하여 3,460여 명이 되었다.

이에 따라 1896년 칙령 제24호에 근거한 '마병대'가 폐지되고, 〈친위기병대를 설

---

163) 「관보 제1,764호」, 광무4년 12월 22일 기사.
164) 1910년 한·일합방으로 금지곡이 되었고 일본국가인 '기미가요'가 공식 국가가 되었다.
　　아이러니 한 것은 일본 국가인 '기미가요'도 프란츠 에케르트가 작곡했다는 것이다.
165) 「관보 제993호」, 광무2년 7월 5일 기사.

치하는 건〉과 같은 해 칙령 25호 〈치중마병을 설치하는 건〉이 함께 폐지되었다. 공병중대와 치중병중대는 각 3개 소대로 편성되었다.[166]

공병중대(175명)	치중병중대(198명)
중대장 정위 1, 소대장 부·참위 3, 정교 1, 부교 7, 참교 6, 상등병 24, 1·2등병 129, 나팔수 4	중대장 정위 1. 소대장 부·참위 3, 정교 1, 부교 5, 참교 5, 상등병 18, 1·2등병 69, 윤졸(輪卒, 운전병) 92, 나팔수 4

〈표 1-22〉 공병·치중병 중대 편성(출처 : 관보 제1,764호, 광무4년 12월 22일)

전투부대로서 기틀을 잡아가던 시위 및 친위연대에 각각 1개 대대씩이 증편되면서 동시에 연대도 개편되는데, 1902년 10월 30일 칙령 제16호인 〈시위연대와 친위연대를 갱위 편제하는 건〉에 의해서다. 이에 따라 각 연대를 2개 대대씩 편성하여 시위 제1, 2연대와 친위 제1, 2연대를 편성한 것이다. 각 연대 본부에는 '군의관' 1명이 추가 편제되었고 '연대기관'이 '참위'에서 '부위 또는 참위'로 조정되었다.[167] 예하 대대급 이하부대의 편제 조정은 없었다.

다만 시위연대 및 시위기병대대에 편제되어 있던 소대규모의 군악대는 칙령 제6호인 〈군악 1개 중대 설치 건〉에 따라 1904년 3월 12일 폐지되고 신설된 군악중대는 2개 소대로 편성되어 시위 제1연대에 배속되었다.[168]

군악중대(104명)
중대장 1등 군악장 1, 소대장 2·3등 군악장 2, 정교 1, 1등 군악수 부·참교 8, 2등 군악수 상등병 12, 악수(樂手) 54, 악공(樂工) 24, 서기 참교 2

〈표 1-23〉 군악중대 편성(출처 : 관보 제2,774호, 광무8년 3월 15일)

서울에 주둔한 중앙군의 편성이 어느 정도 기틀이 잡혀가자 1899년 1월 15일 칙령 제2호인 〈진위대·지방대 편제 개정 건〉에 의거하여 지방군에 대한 러시아식 편제 개편이 또한 이루어지게 되었다. 진위대와 지방대의 주둔 위치를 확정하고 전술단위를 '대대'로 하여 5개 중대로 편성하되 우선 2개 중대로 하였으며 각 중대를 4개

---

166) 「관보 제1,764호」, 광무4년 12월 22일 기사.
167) 「관보 제2,346호」, 광무6년 11월 1일 기사.
168) 「관보 제2,774호」, 광무8년 3월 15일 기사.

소대로 편성하였다. 각 대대에서 필요 시에는 중요지역에 소파견지를 선정하여 주 둔할 수 있도록 하였다.[169]

대대본부(4명)	1개 중대(200명)	곡호대(7명)
대대장 참령 1, 향관 2·3등 군사 1, 부관 부위 1, 부교 1	중대장 정위 1. 소대장 부위2, 참위 2, 정교 1, 부교5, 참교 9, 병졸 180	부교 1, 곡호수 4, 고수 4

〈표 1-24〉 진위대 · 지방대 편성(출처 : 관보 제 1,160호, 광무3년 1월 17일)

아울러 부대의 위치도 정해졌는데 평양과 진주에는 진위대대를, 수원·강화·청주·공주·광주·대구·안동·경남 고성·해주·황주·안주·원주·북청·종성에는 지방대대를 주둔시켰다. 이때부터 지방군도 중앙군과 똑같은 봉급을 받게 되었다. 같은 해 9월 4일에는 강원도 고성에 임시로 2개 소대로 편성된 '고성지방대'가 창설되었다. '고성지방대'의 소대장 1명은 부위, 1명은 참위로 하되 그 중 1명은 해당 군수郡守가 겸임하도록 하였으며 부교 2명, 참교 3명, 병졸 100명 등 총 107명으로 편성되었다.[170]

또한 관서지방의 요충지에 주둔한 '평양진위대대'가 2개 중대에서 5개 중대로 증편되면서 1900년 5월 16일에 대대장이, 27일에는 중·소대장 및 참모들이 보직되었다.[171]

대대본부(9명)	1개 중대(200명)	곡호대(21명)
대대장 참령 1, 향관 1·2·3등 군사 1, 부관 부위 1, 무기주관 부·참위 1, 정교 1, 부교 3	중대장 정위 1. 소대장 부·참위 4, 정교 1, 부·참교 14, 병졸 180	부교 1, 곡호수 10, 고수 10

〈표 1-25〉 평양진위대대 편성(출처 : 관보 제1,586호, 광무4년 5월 29일)

1900년 6월 30일부로 칙령 제22호인 〈평안남도와 함경남·북도에 진위대대 설치건〉에 따라 북청과 종성지방대대가 폐지되고 의주·강계·북청·종성진위대대가 설치되었다. 신설 진위대대의 편제는 평양진위대대와 동일하였다.

---

169) 「관보 제1,160호」, 광무3년 1월 17일 기사.
170) 「관보 제1,361호」, 광무3년 9월 8일 기사.
171) 「관보 제1,586호」, 광무4년 5월 29일 기사.

진위대대와 지방대대의 수가 증가함에 따라 칙령 제26호인 〈진위연대 편제 건〉에 의거하여 1900년 7월 25일부로 전국의 지방군을 5개의 진위연대로 개편하여 3개 대대씩을 예하부대로 편성하였다. 각 대대의 편제인원은 대대장(참령) 1명, 향관(1·2·3등 군사) 2명, 부관(부위) 1명, 중대장(정위) 5명, 소대장(부·참위) 20명, 정교 6명, 부·참교 73명, 병졸 900명, 곡호대의 부교 1명과 곡호수 및 고수 각 10명 등 총 1,029명이다. 이에 따라 1899년 1월의 칙령 제2호인 〈진위대·지방대 편제 개정 건〉과 1900년 6월의 칙령 제22호인 〈평안북도와 함경남·북도에 진위대대 설치 건〉은 폐지되었다.172)

진위연대 본부(7명)
연대장 정령 또는 부령 1, 연대부관 정위 1, 무기주관 부·참위 1, 연대기관 부·참위 1, 연대본부 하사 정·부·참교 각 1인

〈표 1-26〉 진위연대 본부 편성(출처 : 관보 제1,637호, 광무4년 7월 27일)

구 분	연대본부	제1대대	제2대대	제3대대
제1연대	경기 강화	강화	인천	황해도 황주(1900. 9. 11.부로 개성으로 이전)
제2연대	경기 수원	수원	충북 청주	전북 전주
제3연대	경북 대구	대구	제2대대 : 경남 진남 (1902. 1. 9.부로 진주로 이전) 제3대대 : 경남 마산 (1902. 1. 9.부로 경주로 이전)	
제4연대	평남 평양	평양	평북 의주	강계
제5연대	함남 북청	덕원	북청	함북 종성

〈표 1-27〉 진위연대 본부 및 각 대대 위치(출처 : 관보 제1,637호, 광무4년 7월 27일)

이후 1900년 9월 18일에 칙령 제32호인 〈평안남도 평양부에 진위 1대대를 증설하는 건〉에 의거하여 '평양진위대대'가 평양에 추가 설치되었으며173), 칙령 제49호인 〈전라남도 제주목에 진위 1대대를 설치하는 건〉에 따라 12월 19일 '제주진위대대'가 신설되었다.174)

1901년 2월 4일부로 평양에 1개 대대를 또 추가 증설하고 이미 만든 대대와 합쳐 연대를 편성하라는 조칙에 따라175), 이미 신설된 '평양진위대대'의 병력이 '진위 제

---

172) 「관보 제1,637호」, 광무4년 7월 27일 기사.
173) 「관보 제1,763호」, 광무4년 12월 21일 기사.
174) 「관보 제1,685호」, 광무4년 9월 21일 기사.

4연대 2·3대대'로, 진위 제4연대 제2·3대대는 '진위 제6연대 1, 2대대'로 1901년 3월 1일부로 전환되어 지방대인 진위연대는 모두 6개 연대가 되었다.[176] 이리하여 제1 연대부터 제5연대까지는 3개 대대로, 제6연대는 2개 대대로 편성되어 전국의 진위 대는 6개 연대의 17개 대대에 '제주진위대대'를 포함하여 총 18개 대대로 확장되었 으며 편제상 총병력이 18,000여 명이 되었다.

아울러 각 지방의 중요해안에 있는 해구海口를 방호하기 위해 1901년 3월 8일 공 포된 칙령 제7호인 〈연해지방에 포대 설치 건〉에 근거하여 28개 장소의 해안지형 을 따라 포대 1개 또는 2개를 설치하게 하였다가[177] 후에 3개 장소가 추가되어 해 안포대는 총 31개가 되었다.

그간의 노력으로 중앙군과 지방군의 편제가 정비되어 신식군대는 30여 개 대대 규모에 달하였다. 아울러 연해지역에 대한 해안포대 설치를 계획하여 치안유지와 국토방위를 위해 시도되었던 군비강화가 어느 정도 이루어져 대한제국의 전투병력 규모가 당시에 거의 최대치에 다다르게 되었다.

1902년 3월 20일에 고종 즉위 40주년 기념 관병식을 거행하라는 지시에 따라 같 은 해 8월 25일 칙령 제15호에 의거하여 보병 2개 연대와 기병 및 포병 각 1개 중대 로 '임시혼성여단'이 편성되었다. 여단장은 참장이 맡았고 정·부위로 부관 1명, 서 기로 정·부·참교 각 1명씩이 여단본부에 편제되었다.[178] 각 부대에서 선발하여 같 은 해 8월 30일과 9월 6일에 겸무보직으로 편제 인원에 대한 보직명령이 발령되었 다가 9월 20일부로 모두 해임되었다.[179] 즉 '관병식'을 위해 설치한 '임시혼성여단' 이 해체된 것이다.

'임시혼성여단'의 해체 배경에 대해서는 당시 일본특명전권공사였던 하야시 곤노 스케林權助가 1902년 9월 13일에 본국에 보고한 문서에 의거하여 짐작 할 수 있다. 보 고 내용을 보면 을미사변으로 민비閔妃가 죽고 나서 순비淳妃 엄씨嚴氏의 승후(陞后, 皇后 로 책봉하는 것) 문제가 거론되는데, 찬성파와 반대파 간의 알력이 발생하면서 '관병식'

---

175) 국사편찬위원회 역, 『고종 41권』, 한국사데이터베이스, 고종 38년 2월 4일 2번째 기사
176) 「관보 제1,825호」, 광무5년 3월 5일 기사.
177) 「관보 제1,831호」, 광무5년 3월 11일 기사.
178) 「관보 제2,259호 호외」, 광무6년 7월 23일 기사.
179) 「관보 제2,296호」, 광무6년 9월 4일 기사. 「관보 제2,302호」, 광무6년 9월 11일 기사.
　　「관보 제2,315호」, 광무6년 9월 26일 기사.

에까지 여파가 미치게 되었다. 즉 원수부 네 명의 총장 중 민영환과 이종건이 '관병식'에서 민비 소생의 황태자를 옹립하려 한다는 밀고가 있었다. 때마침 군인과 경찰관들에 대한 단발령이 하달되었는데, 위의 두 사람이 단발령에 반대하는 상소를 올림에 따라 고종황제가 격노하여 9월 7일에 원수부 총장(군무국총장, 회계국총장, 기록국총장, 검사국총장) 4명을 모두 해임하고 새로 임명하였다는 것이다. 이러한 상황을 하야시 곤노스케에게 알려준 사람은 같은 날에 헌병사령관으로 임명된 이지용이다.[180]

이후 1903년 2월 20일 관병식 때의 '임시혼성여단'을 다시 편성하라는 조칙이 내려짐에 따라[181] 칙령 제5호인 〈임시혼성여단 편제에 관한 건〉에 근거하여 같은 해 2월 28일 전과 동일 규모로 다시 편성되어[182] 3월 3일에 지휘관 및 참모들이 보직되었다. 각 연대는 3개 대대, 각 대대는 4개 중대로 구성되었다. '관병식'은 구식 군제에서 신식 군제로 개편되고 처음 실시하는 것으로 1903년 5월 1일 경희궁에서 실시되었으며 '관병식'이 끝나고 '임시혼성여단'의 겸무보직자들은 5월 20일부로 해임 및 휴직되었다.[183]

1903년 2월 10일에 칙령 제2호인 〈육군위생원 관제〉로 '육군위생원'이 신설되어 육군군대의 의무를 책임지게 되었다. 의관은 2명으로 시위·친위연대의 의관이 겸무하고 1·2·3등 조호장(調護長, 현재의 간호부사관)은 정·부·참교 대우로 각 1인씩 두었으며 조호수(調護手, 현재의 위생병)는 8인을 두어 총 13명으로 편제되었다. 육군위생원의 의관들은 시위·친위연대장의 지휘·감독을 받으면서 각 부대에 속한 군의보軍醫補를 감독하고, 조호장 및 조호병에게는 병원 내의 사무관리와 일반원무一般院務를 담당하게 하였다.[184]

1904년 7월 6일에는 칙령 제18호인 〈군기창관제〉에 따라 '군기창軍器廠'이 창설되었다. '군기창'은 군부대신이 관할하면서 각 병과의 무기와 탄약의 제조 및 수리를 담당하는 곳이다. 지휘관인 '제리提理'는 창 내의 사무를 관리하고 소속직원을 지휘감독하며 '부관'은 '제리'를 보좌하여 창 내의 사무를 정리하는 직무를 수행한다. '주

---

180) 국사편찬위원회, 『주한일본공사관기록 18권』, 1997년. 순비의 승후 문제와 재정문제에 관한 보고
　　　(1902. 9. 13.), 「관보 제2,299호 호외」, 광무6년 9월 8일 기사.
181) 국사편찬위원회 역, 『고종 43권』, 한국사데이터베이스, 고종 40년 2월 20일 1번째 기사
182) 「관보 제2,450호」, 광무7년 3월 3일 기사.
183) 「관보 제2,520호」, 광무7년 5월 23일 기사.
184) 「관보 제2,441호」, 광무7년 2월 20일 기사.

계主計'는 창 내의 회계사무를 관장하며 '주사主事'는 상관의 지휘를 받아 서무업무를 담당하였다. '기사技士'는 '제리'의 명령을 받아 기술에 관한 사무를 수행하고 '기수技手'는 '기사'의 지휘를 받았다. 구성원은 총 17명이었다. [185]

군기창(17명)
제리 참장 또는 정·부령 1, 부관 참령 또는 정위 1, 주계 군사 1, 주사 판임 2, 기사 주사 5, 기수 판임 7인

〈표 1-28〉 군기창 편성(출처 : 관보 제2,873호, 광무8년 7월 8일)

이러한 〈군기창 관제〉는 '군제의정소'의 건의에 따라 같은 해 9월 27일 보강되어 총포제조소, 탄환제조소, 화약제조소, 제혁소, 직조소 등 제 기능을 갖춘 총 55명의 종합 군기창으로 변모하였다. [186] 그러나 일제의 대한제국 군대 감축의 음모로 증편된 지 약 5개월 만인 1905년 3월 1일부로 다시 축소되어 총포탄환제조소, 화약제조소 기능만 가진 17명으로 감편되었다. [187]

고종은 1904년 8월 23일 조칙을 내려 신식 군사제도를 보완해서 개정하도록 하였다. 부국강병을 꿈꾸며 우리의 옛 법을 고찰하고 열강의 선진 군사제도를 도입하고자 했던 것이다.

> 나라를 다스리자면 군사가 있어야 하고 군사가 정예精銳해진 다음에야 나라가 강해지는 법이다. 우리나라에서 신식 군사를 양성한 것이 한 해가 지났지만 그 제도를 보면 완비되었다고는 할 수 없어서 오늘날 애써 개정을 해서 정리하지 않을 수 없다. 군제의정관軍制議政官으로 장관과 영관 중 12명을 선발 임용하고 날마다 회의하여 역대 선조의 옛 법들을 거슬러 올라가 자세히 고찰하고 열강들의 훌륭한 제도를 널리 채용하여 서로 참작해서 제도를 정하여 나라의 법으로 세우고 이 취지대로 시행하라. [188]

'군제의정관'으로는 육군부장 민영환 등 5명, 육군참장 박제순 등 4명, 육군참령 이병무 등 2명과 군부고문관 일본군 장교 노즈 시즈타케野津鎭武 등 12명이 임명되었다. [189] 같은 해 8월 31일 민영환의 건의에 따라 군제의정소 위원으로 정위 5명과

---

185) 「관보 제2,873호」, 광무8년 7월 8일 기사
186) 「관보 제2,942호 호외」, 광무8년 9월 27일 기사.
187) 「관보 제3,078호」, 광무9년 3월 4일 기사.
188) 국사편찬위원회 역, 『고종 44권』, 한국사데이터베이스, 고종 41년 8월 23일 1번째 기사

부위 3명이 추가 임명되어 총 20명이 되었다.[190] 일본 군사고문관의 지원 하에 '군제의정소'는 약 2개월간의 활동 결과로 원수부 관제, 시종무관부 관제, 동궁배종무관부 관제, 군부 관제, 참모부 관제, 육군 참모부 조례, 교육부 관제, 육군무관학교 관제, 육군연성학교 관제, 육군유년학교 관제, 군기창 관제, 육·해군장교 분한령, 육군 군대검열 조례 등을 정비하거나 신설하여 9월 24일 공포하였다.[191]

군부고문관인 노즈 시즈타케가 군제의정소의 위원으로 보직되었기 때문에 관제의 개편과 각종 군사제도에 일제의 의도와 군사제도가 당연이 반영될 수밖에 없었을 것이다. 노즈 시즈타케는 후에 고종을 설득하여 '원수부'를 해체하고 대한제국 군대의 강제해산을 주도한 인물로 고양이에게 생선을 맡겼다고나 할까?

근대조선 후기부터 대한제국 시기의 군의 근대화는 청, 미국, 일본, 러시아의 군사제도 및 군사교리의 영향을 받으면서 추진되었다. 1882년 임오군란 이후로는 청국식 훈련을 실시하였으나 동학농민전쟁으로 인해 일본의 한반도 진출에 빌미를 주면서 일본군제의 영향을 받은 1개 소대 규모의 실험적 근대 군대인 '교련병대'가 신설되었다. 1887년 간부양성을 위한 '연무공원'이 설치되어 미국 군사교관을 초빙하면서 미군식 군사제도와 교리가 도입되었다.

이 시기의 대한제국 정부는 군의 근대화를 통해 부국강병을 이루려 했다. 갑오개혁 이후부터는 일본 군제에 따라, 아관파천 이후부터는 러시아 군제를 기반으로 하여 중앙군과 지방군을 개편하였다. 구식군대를 신식군대로 개편하면서 근대식 군제에 의한 전투부대와 전투지원부대 그리고 전투근무지원부대 등을 창설하였다. 또한 근대식 상관·영관·위관·부사관·병의 계급체계를 도입하였고 보병·기병·포병·재정·군악·의무·법무·헌병·병기 등 일부 병과제도 및 병과기능이 도입되었다. 이에 따른 간부 교육기관의 설립, 군인복제, 군법 및 업무규정, 훈장제도, 인사관리 등 각종 군사제도가 정립되었다.

대한제국은 자주적으로 군대를 편성하고 유지하기 위해 노력했으나 일본, 청, 러시아 등의 외세에 의해 영향을 받는 군사조직이었기 때문에 한 국가의 안전보장을

---

189) 「관보 제2,917호」, 광무8년 8월 29일 기사.
190) 「관보 제2,929호」, 광무8년 9월 12일 기사.
191) 「관보 제2,942호 호외」, 광무8년 9월 27일 기사.

책임질 수 있는 역량을 갖추기에는 역부족이었다. 특히 일제가 러·일 전쟁을 일으켜 한반도에 대한 주도권을 쥐게 되면서 대한제국은 일제의 〈대한제국 경영방침〉에 따라 좌지우지되고, 결국은 대한제국의 군대는 감축의 수순을 거쳐 군대해산이라는 비극을 맞았고 대한제국은 망국亡國의 길을 가게 되었다.

일제의 음모, 대한제국 군대의 해산[192]

일제가 대한제국의 군대를 감축하는 문제에 대해 공식적으로 문제를 제기한 것은 1904년 5월 일제의 대한제국에 대한 경영방침인 〈대한시설요강 對韓施設要綱〉에서다. 즉 세 번째 조항인 '3. 재정을 감독할 것.'에서 대한제국의 재정문제를 언급하면서부터 비롯되었다. 1904년 2월 23일에 체결된 〈한일의정서〉의 제3조인 "대일본 제국 정부는 대한제국의 독립과 영토보전을 확실히 보증한다."[193] 에 따라 일제가 장래 한국의 방비防備를 담당할 것이므로 재정압박을 해소하기 위해 한국 군대는 '친위대'를 제외하고 점차로 그 수를 줄여야 한다는 것이다.

당시 대한제국은 인력확보 및 재정 문제로 편제 병력을 확보하지 못한 16,000여 명 수준이었고, 1903년 기준으로 군사비용은 세출 총액의 38% 수준이었다. 그러나 이는 하나의 명분으로서 이를 계기로 하여 대한제국의 군대를 해산시켜 무력화시킨 후에 자신들의 식민지로 삼겠다는 목적을 가지고 모든 여타의 것을 명분으로 내세운 것에 불과하였다. 이러한 의도는 위의 〈대한시설요강對韓施設要綱〉의 첫 번째 '1. 방비防備를 완수할 것.'에 다음과 같이 서술되어 있다.

> 한국 내에 우리 군대를 주둔케 함은 다만 우리 국방에만 필요할 뿐만 아니라, 제국 정부는 한·일의정서 제3조에 의하여 한국의 방어 및 안녕 유지의 책임을 부담한 까닭에 평화 극복 후라 하여도 상당한 군대를 그 나라의 중요 지역에 주둔시켜 내외 불의의 변에 대비하고자 한다. 이것이 가장 필요하며 평상시에도 한국의 위아래 국민들에 대한 우리의 세력을 유지하기 위해서도 가장 유용한 것이다.

---

192) 서인한 저, 『대한제국의 군사제도』, 혜안, 2000년. 243~280쪽을 참고하였다.
193) 국사편찬위원회 역, 『고종 44권』, 한국사데이터베이스, 고종 41년 2월 23일 1번째 기사

아울러 일제는 〈대한시설요강對韓施設要綱〉을 세부적으로 실행하기 위하여 작성한 〈대한시설세목對韓施設細目〉에서도 한국 군대를 점차 감원하여 그 비용을 절약하라는 내용을 포함하고 있다.[194]

또한 일제는 1904년 6월의 〈한국에 있어서 군사적 경영 요령〉에서 한국의 거의 전부全部는 이미 우리 세력 하로 들어와 그 정부는 우리 의도와 같이 조정할 수 있는 시기에 있으니 우리 경영 특히 군사적 경영은 차제에 빨리 착수함을 가장 긴급으로 한다고 하면서 '3. 병제개혁을 단행하는 조처'에 대해 구체적으로 서술하고 있다. 즉 병제개혁兵制改革을 명분으로 하여 현재의 한국 군대를 모두 해산하고 겨우 궁중을 호위하여 황제로 하여금 안도하기에 족할 약간의 병력을 갖추도록 함으로써 한국으로 하여금 전적으로 일제의 무력을 신뢰하도록 하는 데 지금이 호기라는 것이다. 또한 오늘에 있어서 군사상 각종 시설에 착수하여 적당한 명분하에 한국 군대를 해산시키고 일제의 병력을 각 지방에 주둔시키는 것이 장차 이민移民을 진척시키고 경영하는 것에 대단한 효과가 있는 일임을 의심하지 않는다고 기술하고 있다.[195]

결국은 모든 것이 대한제국 정부의 재정문제를 해결하기 위한 것이라는 명분을 갖고 있지만, 〈대한시설요강對韓施設要綱〉 및 〈한국에 있어서 군사적 경영 요령〉에 구체화되어 있듯이 그 이면에는 대한제국을 무력화시키고 자신들의 식민지로 삼으려는 음모가 이미 짙게 깔려 있었던 것이다.

이러한 구체적인 목적과 세부행동요강에 따라 일제는 군대해산 음모를 우회적 방법으로 실천하기 위하여 1904년 10월 8일에 〈군정시행에 관한 내훈〉13개 항을 발표하였다. 이는 러·일 전쟁으로 일본군의 작전지역이 된 함경도가 러시아의 연해주에 인접해 있을 뿐만 아니라, 전통적으로 주민들이 친러시아적 성향이 농후하여 일본군의 작전을 방해한다는 표면적인 이유 때문이다.

〈군정시행에 관한 내훈〉에 따르면 일본군대에 대해 불이익의 행동을 하거나 부적임으로 인정되는 현지의 한국관리가 있으면 임지에서 퇴거를 명하거나 처벌하고, 한국군대를 군정軍政 상으로 이용할 필요가 없을 때에는 이를 그 지휘관에게 요

---

194) 국사편찬위원회, 『주한일본공사관기록 22권』, 1997년.
　　일본 정부의 대한시설방침 훈령 시달 건(1904. 7. 8.)
195) 국사편찬위원회, 『주한일본공사관기록 21권』, 1997년.
　　한국에서의 군사적 경영 요령 송부 건(1904. 6. 14.)

구하여 필요 시에는 즉시 이에 명령을 내릴 수 있게 하였다. 게다가 〈군정시행에 관한 함경남북도민에의 고시문〉을 공포하여 군정지역에서 일제의 군사행동을 방해하거나 러시아군에게 편의를 제공하거나 군사보안에 해가 되고 군사명령에 위반하는 자는 군율에 의거 처분한다고 하였다.[196]

이렇게 해서 1904년 10월 18일부로 함경도에 실시된 일제의 군정은 이 지역에 설치된 진위 제5연대 2대대인 '북청진위대대'와 3대대인 '종성진위대대'를 같은 해 12월에 폐지하는 명분이 되었을 뿐만 아니라, 결국 대한제국의 군대를 해산시키는 시발점이 되었다. 양개 대대를 해산하는 문제가 표면화된 것은 같은 해 11월 5일에 한국주차일본군사령관 하세가와 요시미치長谷川好道가 대한제국 군부대신인 육군부장 이윤용에게 조회문照會文을 보내면서부터다.

즉 북관지방의 진위 제5연대의 2대대와 3대대가 러시아병이 남하하였을 때, 이에 대적행위를 취하지 않았고 무기의 중요부품과 탄약을 탈취당하였으며 러시아군의 동정에 대해 일제에 통보하지 않았다는 것이다. 이는 일제가 한국 보전을 위해 수십만의 대군을 보내어 거액의 비용과 수만의 희생을 돌보지 않고 적극적으로 러시아 정벌이라는 대사업에 종사하고 있으며, 같은 해 2월에 협정한 한·일의정서의 정신에 위배된다는 내용으로 조속하고 상세한 회답을 요구한다는 내용이었다.[197]

이에 대하여 대한제국 군부대신 이윤용, 참모부 총장서리인 참모부 부부장 윤웅렬, 교육부 총감 이지용 등이 같은 해 11월 28일에 2대대장 육군보병참령 심횡택과 3대대장 육군보병참령 김명환을 파면하고 육군법원에서 붙잡아 징계 처분할 것과 2개 대대의 위치와 운영 문제를 고종에게 건의하였다.[198] 결국 2개 대대장은 당일 면관되었고[199] 양 개 대대의 존치문제는 충분히 의논하여 보고하라는 고종의 지시에 따라 12월 3일 재차 건의하여 북청 및 종성진위대대의 폐지가 결정되었다. 양 개 진위대대가 본연의 임무를 제대로 수행하지 못하고 군량과 비용만 허비한다는 명분이었다.[200]

---

196) 국사편찬위원회, 『주한일본공사관기록 21권』, 1997년.
　　　군정시행에 관한 내훈, 군정시행에 관한 함경남북민에의 포고문
197) 국사편찬위원회, 『주한일본공사관기록 21권』, 1997년.
　　　북관지방의 한국군 배치 및 행동에 관한 건(1904. 11. 5)
198) 국사편찬위원회 역, 『고종 44권』, 한국사데이터베이스, 고종 41년 11월 28일 3번째 기사
199) 「관보 제2,998호」, 광무8년 12월 1일 기사.

참고적으로 위의 2개 대대 해산을 건의한 당시 군부대신 이윤용은 이완용의 이복형으로 일본에 적극적으로 협력한 공으로 일본국 훈1등 욱일대수장과 욱일동화대수장을 받았고 국권피탈 이후 일제로부터 '남작'의 칭호를 받았다. 참모부 부부장 윤웅렬은 국권피탈 이후 일본정부가 황실·황족에 대한 대우와 친일인사들에 대한 행상을 실시할 때 '남작'의 작위를 받았다. 교육부 총감 이지용은 1904년 2월 23일 외무대신 임시서리 육군참장으로 일제의 특명전권공사 하야시 곤노스케林權助와 〈한일의정서〉를 체결한 장본인으로 후에 일제로부터 '백작'의 작위를 받고 조선총독부 충추원 고문에 임명된 친일파이자 민족 반역자다.[201]

당시 교육부 총감이었던 이지용李址鎔의 행적에 대해 자세히 살펴볼 필요가 있다. 자신의 부귀영달을 위해 나라를 망하게 한 중요한 역할을 한 인물이기 때문이다. 일제는 사도세자의 5대손으로 고종의 5촌 조카인 이지용에게 대단한 공을 들인다. 1903년 12월 30일에 일본공사인 하야시 곤노스케가 본국에 보고한 문서를 보면, 이지용이 아직 외무대신에 임명을 받지는 못했지만 머지않아 취임될 것이고 그러면 우리의 행동에 다소의 편의가 있을 것이라 믿고 이지용이 궁중에서 세력을 유지할 수 있도록 돈을 제공하겠다고 비밀리에 이야기했다고 기술하고 있다.[202] 이지용은 실제로 같은 해 12월 23일 외무대신 임시서리에 임명되었고[203] 12월 31일 하야시 곤노스케에게 취임을 통지하였다.[204]

외무대신 임시서리가 된 이지용은 계속해서 궁중에서 세력을 확장하고 이를 유지하려면 한국 황제를 가까이에서 모시는 자들을 조정할 필요가 있다고 하면서 1만 원을 히야시 곤노스케에게 요청함에 따라[205] 하야시 곤노스케는 본국에 요청하여 1만 원을 송금 받아 1904년 1월 11일 이지용에게 건네준다.[206] 아울러 한·일밀약

200) 국사편찬위원회 역, 『고종 44권』, 한국사데이터베이스, 고종 41년 12월 3일 3번째 기사
201) 한국정신문화연구원, 『한국인물대사전』, 중앙M&B, 1999년. 1704~1705쪽, 1416쪽, 1784쪽
202) 국사편찬위원회, 『주한일본공사관기록 18권』, 1997년. 韓廷 高官과의 연락 건(1903. 12. 30.)
203) 국사편찬위원회 역, 『고종 43권』, 한국사데이터베이스, 고종 40년 12월 23일 4번째 기사
204) 국사편찬위원회, 『주한일본공사관기록 18권』, 1997년.
    이지용 외무대신서리 취임 건(1903. 12. 31.)
205) 국사편찬위원회, 『주한일본공사관기록 18권』, 1997년.
    망명자 처분 및 한일밀약 체결에 관한 이 외무대신 제의 건(1904. 1. 4.)
206) 국사편찬위원회, 『주한일본공사관기록 18권』, 1997년.
    한일밀약 체결 예상 및 韓廷 회유상황 등 보고 건(1904. 1. 11.)

이 조인만 되면 한 발짝 더 나아가 궁중 안의 인심을 우리에게 끌어들이기 위해 이지용의 세력을 계속 유지시킬 필요가 있으며, 이지용도 은연중에 그러한 의향을 내비치고 있으므로 밀약 체결과 동시에 이지용에게 다시 운동비 1만 원을 주었으면 한다고 하야시 곤노스케는 본국에 요청하였다.[207]

이지용은 '도박중독자'였다. 1876년 개항開港 이후 일본 상인에 의해 도입된 '화투'에 빠져 수많은 재산을 날렸으며 〈한일의정서〉를 조인한 대가로 받은 1만 원도 대부분 화투판에서 날렸다. 화투로 끊임없이 물의를 일으켰지만, 이지용은 '한일합방'에 기여한 공로로 강제합방 이후 일본으로부터 백작 작위와 은사금 10만 원을 받았다. 그 후에도 그는 화투를 끊지 못하고 1912년 '지여땅'이라는 화투를 치다가 체포돼 재판을 받고 귀족 예우가 정지되는 수모를 겪었다. 부패하고 무책임한 왕족의 전형이었다.[208]

결국은 1904년 2월 23일에 이지용과 하야시 곤노스께林權助 간에 〈한일의정서〉가 체결되었고 3월 8일에 체결 결과가 대한제국 「관보」에 게재되었다. 한·일밀약을 추진하면서 다른 열강과 반대파들의 영향을 고려하여 비밀리에 추진하였지만 체결된 이후에는 이 사실을 「관보」에 게재함으로써 대·내외에 모든 것을 공식화하고 기정사실화하려는 의도였을 것이다.

일제는 대한제국 식민지화를 위한 치밀한 전략에 따라 이지용을 이용하여 〈한일의정서〉 체결 → 〈대한시설요강對韓施設要綱〉 → 〈한국에 있어서 군사적 경영 요령〉 → 〈군정시행에 관한 내훈〉 → '진위 제5연대 2·3대대 폐지'로 이어져 온 것이다. 그 중심에 이지용이 서 있었고, 후에 내부대신 자격으로 〈을사늑약〉을 체결한 '을사5적'의 한 사람이 되었다.

일제의 대한제국 군대해산을 위한 다음 수순에 따라 주차일본군사령관 하세가와 요시미치長谷川好道는 같은 해 12월 26일에 〈한국의 군제개정에 관한 의견〉을 고종에게 상주한다.

---

207) 국사편찬위원회, 『주한일본공사관기록 18권』, 1997년.
　　　한일밀약 협정 촉진과 운동비 요청 건(1904. 1. 21.)
208) 조선일보(2010. 3. 11), "나라 판 돈 화투판에서 날린 이지용"

제1. 군비의 정도는 국가의 재정과 필요의 완급에 따라 짐작되는데 유럽 각국의
　　　　경우 세입과 군사비와의 비가 4분의 1을 초과하는 것이 없다. 그런데 한국에
　　　　있어서는 세입의 3분의 1이 넘게 비생산적인 군사비를 사용하고 있다. 따라서
　　　　다수의 약병弱兵을 기르기보다는 차라리 소수의 정병精兵을 기르는 것이 유리
　　　　하다. 따라서 일대 영단으로써 군제 개혁을 실시하지 않으면 안 될 것이다.
　　　1. 보병은 독립의 8개 대대로 하여 팔도에 나누어 배치하고, 유능한 장교가
　　　　　병졸을 엄선하여 친위 2개 대대를 편제하여 궁궐을 수비함. 각 보병대대
　　　　　는 4개 중대로 함.
　　　2. 기·포·공병과 같은 경우는 내란의 진압 상 조금도 필요가 없음. 그러나 기병
　　　　　은 각종 의·제식에 있어서 그 행렬을 장엄하게 하여 황실의 존엄을 증가시키
　　　　　는 것이므로 적절한 병력을 존치하는 것이 좋음. 또 공·포병은 장차 군비확장
　　　　　을 대비하여 필요하니 기·포·공병은 다 같이 각 1개 중대씩 편성하면 됨.
　　　3. 헌병은 군인·군속의 군기와 기풍을 감시하는 군사경찰을 장악하는 것이므로 지
　　　　　금과 같이 경성에만 둘 것이 아니라 각 보병대대의 소재지에 나누어 배치함.
　　　4. 호위대와 같은 구식군대는 폐지를 요함.
　　　5. 치중병은 편제에 둘 필요가 없음. 필요 시 신설하면 됨.
제2. 참모부와 교육부를 군부의 1국 1과로 편입하면 됨.
제3. 장교의 보충진급의 규정을 확립하여 무능한 장교를 도태시킬 것.
　　　진급의 규정이 확립되지 않으면 군규軍規를 파괴시켜 질서를 문란하게 함.
제4. 무관학교, 연성학교의 개설·실시는 조속함을 요함.
제5. 군대의 위생관리를 위해 미리 인물을 양성하는 것이 필요. 군기재료 등의 제작
　　　도 후일 필요하게 될 것이므로 재정의 여유가 생기면 서서히 준비함을 요함.[209]

　　하세가와의 건의 내용은 결국 재징문제를 빌미로 대한제국군대를 감축하자는 것
이었다. 전투부대와 전투지원부대를 대폭 줄이고 일부 전투근무지원부대를 유지하
되 호위대와 치중대를 폐지하며 참모부를 군부로 편제하여 '군령권'을 군부로 이관
하라는 것이었다. 군부는 '군정권'만 있기 때문에 일제의 군부고문관이 영향력을 행
사할 수 없기 때문이었다. 고종은 이러한 하세가와의 교묘한 의도를 숨긴 건의에
따라 군부의 편제를 먼저 정한 다음, 1905년 2월 21일에 조령詔令을 내려 의정부와 각
부의 관제를 차례로 정리하도록 하였다. 『고종실록』에 다음과 같이 기록되어 있다.

---

209) 국사편찬위원회, 『주한일본공사관기록 21권』, 1997년. 한국황제에게 상주한 사본 송부 건(1904.
　　　12. 30.)

의정부와 각 부의 관제를 지금 차례차례 정리하게 하였는데 군부의 관제는 이미
군제이정소軍制釐正所에서 의논하여 정하였다. 먼저 해당 안을 가지고 며칠 내로 토
의를 거쳐 아뢰어 결재를 받아 시행하라. 참모부, 교육부의 사무를 군부에서 일체
관할하도록 신관제에 편입하라.[210]

위에서 언급된 대로 군부관제는 이미 '군제이정소'에서 정하였기 때문에 다음날
인 2월 22일 바로 칙령 제6호로 〈군부관제〉가 공포되었다. 하세가와의 건의에 따
라 군무·참모·교육·경리 등 4개 국局이 '군부'로 편성됨에 따라 '군령권'이 군부로 이
관되었다.[211] 결국 일제 군사고문관의 조종을 받는 군부가 이후의 군제개혁을 주도
하게 여건이 마련된 것이다.

먼저 군부대신의 관할하에 있던 '군기창'이 칙령 제26호에 의거 3월 1일부로 축소되
었다. 앞에서 서술하였듯이 55명의 종합군기창에서 17명으로 다시 축소된 군기창이
되었으며, 지휘관의 계급도 참장·정령에서 포병 부·참령으로 하향 조정되었다.[212]

	1904년 9월 24일(총 55명)		1905년 3월 1일(총 17명)
관리(管理)	참장·정령 1명	창장	포병 부·참령 1명
부관리	포병 정·부령 1명		삭제
부관	포병 참령·정위 1명	부관	포병 정·부위 1명
검사관	포병 참령·정위 2명		삭제
향관	2·3등 사계 1명 / 1·2등 군사 1명	향관	1·2등 군사 1명
군의	1·2·3등 군의 1명	군의	1·2등 군의 1명
주사	판임 문관 3명	주사	판임 3명
제조소장	각 병과 참령·정위·기사 5명	제조소장	포병 참령·정위·기사 2명
기사	주임 8명	기사	주임 2명
기수	판임 31명	기수	판임 6인

〈표 1-29〉 군기창 편성 변화(출처 : 관보 제3,708호, 광무9년 3월 4일)

이어서 4월 12일에 고종이 "군제를 제정한 지가 여러 해가 되어 그간 여러 차례
개정하였으나 끝내 진선盡善하게는 되지 못했으므로 때에 따라 적당히 조절하지 않
을 수 없으니, 군제의정소로 하여금 편제를 다시 정하여 아뢰어 재가를 받아 시행

---

210) 국사편찬위원회 역, 『고종 45권』, 한국사데이터베이스, 고종 42년 2월 21일 1번째 기사
211) 「관보 제3,705호 호외」, 광무9년 3월 1일 기사.
212) 「관보 제3,708호」, 광무9년 3월 4일 기사.

하게 하라."는 조령詔令을 내리자[213] 기다렸다는 듯이 이틀만인 4월 14일에 대한제
국군대를 대폭 감축하는 조치를 취하게 된다. 일제의 시나리오에 의해 군대해산을
위한 구체적인 방안이 시행된 것이다.

칙 령	개편 전	개편 후(1905. 4. 14)
제27호	시위 2개 연대	시위보병 제1연대로 축소
	친위 2개 연대(치중대 편제)	연대 폐지, 치중병대는 유지
제28호	공병 1개 중대(친위연대 편제)	독립 1개 중대로 재편
제29호	헌병대를 본부 및 4개 중대 편성	• 헌병대를 본부 및 6개 구대 편성 • 각 보병대대에 헌병파주소 설치
제30호	시위기병 1개 대대	기병 1개 중대로 축소
제31호	포병 2개 대대(시위연대 편제)	독립 1개 중대로 축소
제32호	6개 진위보병연대, 제주진위대대	8도에 1개 진위보병대대로 축소

〈표 1-30〉 주요부대 개편 현황(출처 : 관보 제3,120호 호외, 광무9년 4월 22일)

칙령 제27호로 시위연대는 2개 연대에서 1개 연대로 감축되었다. '시위보병 제1
연대'는 3개 대대, 1개 대대는 4개 중대, 1개 중대는 4개 소대로 편성된 총 2,513명
이 되었다. 이는 이전의 보병 4개 대대 4,000여 명에서 절반 수준으로 감축된 것이
다. 친위 2개 연대는 같은 칙령 부칙에 따라 폐지되었다.[214]

연대본부(11명)	대대본부(10명)	1개 중대(208명)
연대장 정·부령 1, 부(附) 참령 또는 정위 1, 부관 정위 1, 기관 참위 1, 향관 1등 군사 1, 의관 1등 군의 1, 정·부·참교 각 1, 계수 1, 조호장 1	대대장 참령 1, 부관 부위 1, 향관 2·3등 군사 1, 의관 2·3등 군의 1, 정교 1, 부·참교 3 (무기하사 1, 나팔장 1 포함), 계수 1, 조호징 1	중대장 정위 1. 소대장 부위 2, 참위 2, 특무정교 1, 정교 1, 부·참교 13, 병졸 186

〈표 1-31〉 시위연대 / 대대 본부, 중대 편성(출처 : 관보 제3,120호 호외, 광무9년 4월 22일)

---

213) 국사편찬위원회 역, 『고종 45권』, 고종 42년 4월 12일 1번째 기사
214) 「관보 제3,120호 호외」, 광무9년 4월 22일 기사.

칙령 제28호는 친위연대가 칙령 제27호로 폐지됨에 따라 공병대를 독립 1개 중대 규모로 재편하는 것으로 3개 소대에서 4개 소대로 총 208명이 되어 33명이 증편되었다.

공병대(208명)
중대장 참령 또는 정위 1, 소대장 부위 2, 참위 2, 향관 2·3등 군사 1, 의관 2·3등 군의 1, 특무정교 1, 정교 1, 부·참교 16(나팔장 1, 목공장 1, 재료하사 1 포함), 2·3등 계수 1, 상등병 33(조호수 1 포함), 일·이등병 149(나팔수 4, 고수 2, 단공 2, 목공 6, 봉공 2, 혁공 2)

〈표 1-32〉 공병대 편성(출처 : 관보 제3120호 호외, 광무9년 4월 22일)

칙령 제29호는 〈헌병규례〉로서 헌병사령관은 군부대신의 관할을 받으며 헌병의 직무를 군사·행정·사법경찰로 규정하고 병기를 사용할 수 있는 경우 및 편제 그리고 직무와 봉급에 관해 기술하고 있다. 헌병사령부는 헌병대본부와 그 예하의 6개 구대區隊로 편성된 총 264명으로 보병 각 대대의 주둔지마다 '헌병파주소憲兵派駐所'를 설치하도록 하였다. 이는 382명에서 118명이 줄어든 것이다.

헌병사령부(7명)	헌병대 본부(11명)	헌병구대(41명)
사령관 참장 또는 정령 1, 부관 참령 또는 정위 1, 정교 1, 부·참교 4	대장 부·참령 1, 부관 정·부위 1, 향관 군사 1, 의관 군의·수의 각 1 정교 1, 부·참교 3(무기하사 1), 계수 1, 조호장 1	구대장 정·부위 1, 부(附) 정·부위 1, 정교 1, 부·참교 3, 상등병 35

〈표 1-33〉 개편된 헌병부대 편성(출처 : 관보 제3,120호 호외, 광무9년 4월 22일)

참고로 헌병사령부는 1900년 6월 30일에 칙령 제23호인 〈육군헌병조례〉에 근거하여 신설되었다. 헌병사령부를 경성에 설치하여 원수부에 예속시켰고 지방에 '헌병대'를 설치하여 본부와 2개 중대를 두었다. 1개 헌병중대는 2개 소대, 1개 소대는 4개 분대, 1개 분대는 하사 1명과 상등병 10명으로 편성되었다.[215] 1901년 6월 1일부로 헌병중대가 2개에서 4개로 증편되어 총 382명이 되었다.[216]

칙령 제30호는 원수부에 예속되어 있던 '시위기병대대'를 1개 중대 규모로 감편된 139명의 '기병중대'로 편성하는 것으로 기존의 편성인원 424명에서 285명이 줄어든 것이다. 전투부대로서 역할보다는 궁중 의·제식의 의전용으로 전락된 것이다.

---

215) 「관보 제1,616호」, 광무4년 7월 10일 기사.
216) 「관보 제1,904호」, 광무5년 6월 4일 기사.

구분	편성
헌병사령부 (7명)	사령관 장관 (장관 또는 정령 1904. 7. 16. 수정) 1, 부관 정위(참령 또는 정위 1904. 7. 14. 수정) 1, 향관 1·2·3등 군사(또는 부관이 겸무) 1, 서기 정교 1, 부교 1, 참교 2
헌병대 본부 (5~7명)	대장 영관 1, 부관 부위 1, 향관 1·2·3등 군사(또는 부관이 겸무) 1, 서기 부교 1→2(1901. 8. 21. 수정), 참교 1, 정교 1, 부교 2, 참교 1(1901. 7. 24. 수정)
헌병중대 (92명)	중대장 정·부위 1, 소대장 부·참위 2, 서기 정교 1, 분대장 부·참교 8, 상등병 80

〈표 1-34〉 헌병부대 최초 편성(출처 : 관보 제1,616호, 광무4년 7월 10일)

기병중대(139명)
중대장 참령 또는 정위 1, 소대장 부위 2, 참위 2, 향관 2·3등 군사 1, 의관 2·3등 군의·수의 각 1, 특무정교 1, 정교 1, 부·참교 16(제철공장 1, 나팔장 1), 2·3등 계수 1, 상등병 20(조호수 1), 일·이등병 92(나팔수 4, 안공 2, 제철공 2, 화공 2, 단공 2, 목공 2, 봉공 2)

〈표 1-35〉 감축된 기병중대 편성(출처 : 관보 제3,120호 호외, 광무9년 4월 22일)

칙령 제31호는 '시위연대'에 배속[217]되어 있던 2개 포병대대를 1개 포병중대 규모로 감축하는 것으로 3개 소대로 편성된 168명이다. 포병이 652명에서 무려 484명이 줄어든 것이다. [218]

포병중대(168명)
중대장 참령 또는 정위 1, 소대장 부위 2, 참위 1, 향관 2·3등 군사 1, 의관 2·3등 군의·수의 각 1, 특무정교 1, 정교 1, 부·참교 14(나팔장 1 포함), 2·3등 계수 1, 상등병 16(조호수 1 포함), 일·이등병 128(나팔수 4, 안공 2, 제철공 2, 화공 2, 단공 2, 목공 2, 봉공 2 포함)

〈표 1-36〉 김축된 포병중대 편성(출처 : 관보 제3,120호 호외, 광무9년 4월 22일)

칙령 제32호는 각 지방에 주둔하고 있던 6개 진위연대와 제주진위대대를 8개 '진위보병대대'로 감축시켜 각 도의 중요지역인 수원, 청주, 대구, 광주, 원주, 황주, 평양, 북청 등 8개 도시에 1개 대대씩을 배치하는 것이다. 각 대대는 4개 중대, 1개 중

---

217) 제철蹄鐵 : 편자, 말굽에 대어 붙이는 'U'자 모양의 쇠조각217) 제철蹄鐵 : 편자, 말굽에 대어 붙이는 'U'자 모양의 쇠조각
218) 안공鞍工 : 말안장을 고치는 군사, 제철공蹄鐵工 : 말편자를 만드는 군사,
화공靴工 : 구두를 만드는 군사, 단공鍛工 : 금속을 단련하는 군사
목공木工 : 목수 일을 하는 군사, 봉공縫工 : 바느질을 맡아 하던 군사

대는 4개 소대로 편성되어 총 634명으로 8개 대대 4,438명이다. 지방군이 18,000여 명에서 15,500여 명이 줄어든 것이다.

대대본부(10명)	1개 중대(156명)
대대장 참령 1, 부관 부위 1, 향관 2·3등 군사 1, 의관 2·3등 군의 1, 정교 1, 부·참교 3(무기하사 1, 나팔장 1 포함), 계수 1, 조호장 1	중대장 정위 1. 소대장 부위 2, 참위 2, 특무정교 1, 정교 1, 부·참교 13, 상등병 33(조호수 1명 포함) 일·이등병 103(나팔수 3, 고수 2, 봉공 1, 화공 1 포함)

〈표 1-37〉 감축된 시위보병대대 본부 및 중대 편성(출처 : 관보 제3,120호 호외, 광무9년 4월 22일)

따라서 대한제국의 근대식 군대는 편제 기준으로 전투부대 및 전투지원부대인 중앙군은 시위 제1연대 2,513명, 공병중대 208명, 기병중대 138명, 포병중대 168명으로 3,000여 명 수준으로 축소되었고 지방군은 4,400여 명 수준으로 줄어들었다. 총 7,400여 명으로 국가를 방호하는 군대라기보다는 국내 치안유지와 의전을 위한 국군으로서 형식상의 명맥만 유지하게 되었다.

전투근무지원부대인 헌병사령부도 감축되었으나 군악중대와 치중병대는 그대로 편제를 유지하였다. 특히 친위연대가 해체되었음에도 소속부대였던 '치중병대'는 유지가 되었다. 이에 대한 근거로 1906년 5월 5일에 반포된 칙령 제23호인 〈하사·졸 급료 개정 건〉을 보면 '치중마대' 소속의 정교부터 이등병까지 급료가 명시되어 있으며[219] 1906년 11월에 편성한 광무 11년도(1907년) 군부소관 예산편성에도 '치중병대' 예산으로 6,051원이 편성되어 있다는 점을 들 수 있다.[220]

이러한 대한제국 군대는 2년 후에 다시 전반적인 편제의 변동을 겪게 되는데 1907년 4월 22일에 반포되어 5월 1일부로 시행된 칙령 제22호부터 27호에 의해서다.[221]

칙령 제22호는 〈시위혼성여단사령부관제〉로서 군부대신에게 예속된 '시위혼성여단'을 사령부와 2개 보병연대, 1개 기병대, 1개 야전포병대, 1개 공병대로 편성하는 것이다. 여단의 주요임무는 황실수위皇室守衛로서 초대 여단장으로 양성환 육군참장이 같은 해 4월 30일 임명되었다.

---

219) 「관보 제3,448호」, 광무10년 5월 9일 기사.
220) 「관보 제3,617호 부록」, 광무10년 11월 22일 기사.
221) 「관보 제3,749호」, 광무11년 4월 25일 기사.

시위혼성여단 사령부 편성(10명)

여단장 참장 1, 참모관 참령 또는 정위 1, 부관 정위 및 부위 각 1명, 서기 정교 1 및 부·참교 5

〈표 1-38〉 시위혼성여단사령부 편성(출처 : 관보 제3,749호, 광무11년 4월 25일)

칙령 제23호는 〈시위보병연대 편제 건〉으로 '시위보병 제1, 2연대'를 편성하는 것이다. 1개 연대 인원은 연대본부와 3개 대대, 1개 대대는 대대본부와 4개 중대로 편성된 1,852명이다. 연대본부는 이전의 편제와 비교 시 향관과 의관 그에 따른 계수와 조호장 편제가 삭감되었다. 대대본부의 편제는 크게 변동이 없으나 특이한 것은 '취반하사炊飯下士'가 처음으로 편제되었다는 것이다. 중대의 경우에는 부·참교 2명과 병 53명이 줄었다.

직 책	관 등	1905. 4. 14. 편제	1907. 5. 1. 편제
연대장	정령 또는 부령	1명	
연대부(聯隊府)	참령 또는 정위	1명	
부 관	정 위	1명	
기관(旗官)	참 위	1명	
향 관	1등 군사	1명	·
의 관	1등 군의	1명	·
·	정·부·참교	각 1명	정교 1, 부·참교 2명
	계수 / 조호장	1명 / 1명	·

〈표 1-39〉 개편된 시위연대본부 편성(출처 : 관보 제3,749호, 광무11년 4월 25일)

직 책	관 등	1905. 4. 14. 편제	1907. 5. 1. 편제
대대장	참령	1명	
부 관	부위	1명	
향 관	2·3등 군사	1명	1·2·3등 군사 1명
의 관	2·3등 군의	1명	1·2·3등 군의 1명
·	정교	1명	
	부·참교	3 명(무기하사 1, 나팔장 1)	4명(무기하사 1, 나팔장 1, 취반하사[222] 1)
	계수 / 조호장	1명 / 1명	

〈표 1-40〉 개편된 시위대대본부 편성(출처 : 관보 제3,749호, 광무11년 4월 25일)

---

222) 취반하사(炊飯下士) : 현재의 취사반장

직 책	관 등	1905. 4. 14. 편제	1907. 5. 1. 편제
중대장	정위	1명	
중대부	부위 / 참위	2 / 2명	
	특무정교	1명	
	정교	1명	
	부·참교	13명	11명
·	병 졸	186명	상등병 25명(조호수 1)
			일·이등병 108명 (나팔수 3, 고수 2, 봉공 2, 혁공 1)

〈표 1-41〉 개편된 시위중대 편성(출처 : 관보 제3,749호, 광무11년 4월 25일)

칙령 제24호는 〈시위기병대 편제 건〉으로 기존의 '기병중대'에서 편제의 변화는
크게 없으나 '시위기병대'로 부대명이 바뀌었고 장교 1명이 증가하였으며 조호수가
조호장으로 병에서 하사관으로 신분이 바뀌었다. 또한 말 139마리가 편제표 상에
처음 명시되었다.

직 책	관 등	1905. 4. 14. 편제	1907. 5. 1. 편제
중대장	참령·정위	1명	대장(隊長) 참령 1명
기병대부		·	정위 또는 부위 1명
소대장	부위 / 참위	2 / 2명	
향 관	2·3등 군사	1명	1·2·3등 군사 1명
의 관	2·3등 군의	1명	1·2·3등 군의 1명
	2·3등 수의	1명	
	특무정교	1명	
	정교 / 부·참교	1 명 / 16명(제철공장 1, 나팔장 1)	
	2·3등 계수	1명	1·2·3등 계수 1명
·	조호장	·	1명
	상등병	20명(조호수 1)	19명
	일·이등병	92명(나팔수 4, 안공 2, 제철공 2, 화공 2, 단공 2, 목공 2, 봉공 2)	

〈표 1-42〉 개편된 시위기병대 편성(출처 : 관보 제3,749호, 광무11년 4월 25일)

칙령 제25호는 〈시위야전포병대 편제 건〉으로 기존의 '포병중대'에서 편제의 변
화는 크게 없으나, '시위야전포병대'로 부대명이 바뀌었고 인원이 168명에서 165명
으로 3명 줄었으며 말 85마리가 편제표에 반영되었다.

직 책	관 등	1905. 4. 14. 편제	1907. 5. 1. 편제
중대장	참령·정위	1명	대장(隊長) 참령 1명
포병대부	정·부위	·	1명
소대장	부위 / 참위	2 / 1명	
향 관	2·3등 군사	1명	1·2·3등 군사 1명
의 관	2·3등 군의	1명	1·2·3등 군의 1명
	2·3등 수의	1명	
	특무정교	1명	
	정교 / 부·참교	1 / 14명(나팔장 1, 제철공장 1)	
	조호장	·	1명
	2·3등 계수	1명	1·2·3등 계수 1명
·	상등병	16명(조호수 1)	15명
	일·이등병	128명 (나팔수 4, 안공 2, 제철공 2, 화공 2, 단공 2, 목공 2, 봉공 2)	124명 (나팔수 3, 안공 2, 제철공 2, 화공 2, 단공 2, 목공 2, 봉공 2)

〈표 1-43〉 개편된 시위야전포병대 편성(출처 : 관보 제3,749호, 광무11년 4월 25일)

칙령 제26호는 〈시위공병대 편제 건〉으로 기존의 '공병중대'에서 편제의 변화는 크게 없으나, '시위공병대'로 부대명이 바뀌었고 인원이 208명에서 206명으로 2명 줄었다.

직 책	관 등	1905. 4. 14. 편제	1907. 5. 1. 편제
중대장	참령·정위	1명	대장(隊長) 참령 1명
공병대부	정·부위	·	1명
소대장	부위 / 참위	2 / 2명	
향 관	2·3등 군사	1명	1·2·3등 군사 1명
의 관	2·3등 군의	1명	1·2·3등 군의 1명
	특무정교 / 정교	1 / 1명	
	부·참교	16명 (나팔장 1, 목공장 1, 재료하사 1)	16명 (나팔장 1, 목공장 1, 재료장 1)
	조호장	·	1명
·	2·3등 계수	1명	1·2·3등 계수 1명
	상등병	33명(조호수 1)	28명
	일·이등병	149명 (나팔수 4, 고수 2, 단공 2, 목공 6, 봉공 2, 혁공 2)	158명 (나팔수 3, 고수 2, 단공 2, 목공 6, 봉공 2, 혁공 2)

〈표 1-44〉 개편된 공병대 편성(출처 : 관보 제3,749호, 광무11년 4월 25일)

이와 같이 개편된 편제의 특징은 중앙군의 경우 지휘·통제가 용이하도록 단일 부대인 '시위혼성여단'의 예하부대로 모든 부대를 편성하여 지휘체계를 단순화하였으며, 모든 부대에 '시위' 명칭을 붙여 궁정수비가 주임무임을 명확히 하였다. 이는 일제의 대한제국군대에 대한 원활한 통제를 도모하고 임무 및 역할을 궁정수비로 제한한 것이다. 또한 병과별 중대를 대隊로 편성하고 지휘관을 참령·정위에서 참령으로 단일화하였다. 지방군인 '진위보병대대'도 시위보병대대의 편제를 준용하도록 하여 각 대대의 인원이 634명에서 615명으로 변경되어 19명이 줄어들었다. 아울러 광무 9년의 칙령 제32호인 〈진위보병대대 편제 건〉이 폐지되었다.

1907년 5월 22일 당시 통감이던 이토 히로부미伊藤博文가 고종을 알현하고 건의한 대로 이완용이 참정대신 겸 농상공부대신 서리에 임명되면서 친일내각이 성립된다. 이는 일제의 의도대로 친일주의親日主義, 즉 한·일간의 제휴를 한층 더 현실화하는 데 목적을 둔 조직이었다.[223] 이후 6월 14일 칙령 제35호로 〈의정부 관제〉가 폐지되고 〈내각 관제〉로 시행되면서 이완용은 다시 '총리대신'이 되어 고종황제를 보필하여 나라의 정사를 맡아 다스리는 중책을 맡게 된다.[224] 일제의 사주를 받는 이완용 '친일내각'에 권력이 집중되고 고종황제는 유명무실한 존재가 된 것이다.

이런 와중에 '헤이그 특사 사건'이[225] 6월에 국내에 알려지면서 이토 히로부미는 총리대신인 이완용을 통해 고종황제를 겁박하고 이완용은 이토 히로부미와 고종황제의 양위讓位문제를 거론하게 된다. 또한 이 사건을 빌미로 일제는 세권稅權, 병권兵權, 재판권을 강탈할 수 있는 좋은 기회로 삼았다.[226] 결국 '군대해산'의 명분을 찾은 것이다. 이토 히로부미가 같은 해 7월 7일 일제의 본국에 보고한 문서인 「밀사의 헤이그 파견에 대한 한국 황제에게 엄중 경고, 대한정책對韓政策 강경 품청稟請」에 그 내용이 잘 나타나 있다.[227]

---

223) 국사편찬위원회, 『통감부문서 4권』, 한국 신내각 조직에 관한 건(1907. 5. 23.)
224) 국사편찬위원회 역, 『고종 48권』, 한국사데이터베이스, 고종 44년 6월 14일 1, 2, 3번째 기사
225) 헤이그 특사사건 : 1907년 4월 일제 침략의 부당성을 알리기 위해 이준, 이상설, 이위종 등 3명을
    네덜란드 헤이그에서 열리는 '만국평화회의'에 파견한 사건으로 4월 23일 부산항을 출발하여 6월
    25일 헤이그에 도착했다.
226) 국사편찬위원회, 『통감부문서 4권』, 헤이그에서 운동 중인 한국인 3명의 신원 및 배후관계 등 조사
    지시(1907. 7. 3.)
227) 국사편찬위원회, 『통감부문서 4권』, 밀사의 헤이그 파견에 대해 한국 황제에게 엄중 경고, 대한정
    책 강경 품청(1907. 7. 7.)

본관(이토 히로부미)은 황제에게 그 책임이 완전히 폐하 본인에게 돌아가는 것임
을 선언하고, 아울러 그 행위는 일본에 대한 공공연한 적의를 발표하고 협약 위반
임을 면치 못할 것이므로 일본은 한국에 대하여 선전宣戰의 권리가 있다는 것을 총
리대신(이완용)에게 말하게 한 것임. (중략) 어제 총리대신이 본관을 방문해 자문
하여 선후책을 어떻게 할 것인가를 상의했음. 한국정부도 사태가 중대하다는 것을
구체적으로 양지하고 있고 내밀히 본관에게 말한 바에 의하면 일이 이렇게 된 이상
국가와 국민을 온전히 잘 지켜나가면 족함. 황제 신상에 이르러서는 돌볼 시간이 없
다고 하는데 아마도 양위讓位를 의미하는 듯함. 이 기회에 우리 정부가 취해야 할 수
단과 방법(예컨대 더 이상 한 걸음을 더 나간 조약을 체결하여 우리에게 내정 상의
어떤 권리를 양여시키는 것 같은)은 조정회의를 다하시고 유시 있으시길 바람.

결국은 일제의 바람대로 7월 18일 고종황제는 조칙을 내려 양위讓位를 밝히고[228]
20일 오전 8시에 '양위식'이 거행되었다. 이에 앞서 19일 오후 16시 30분경에 고종
퇴위에 반대하는 대한제국군인 약 1개 중대 규모가 병영을 뛰쳐나가 일제 경찰 4명
을 사살하고 30여 명에게 부상을 입힌 사건이 발생하였다. 또한 양위를 반대하는
시위대 일부가 궁중에 진입하여 일제에 동조하는 각 군무대신들을 살해하고 양위
를 저지하려 하였으나 이를 눈치챈 군부대신 이병무와 법무대신 조중응이 궁중을
탈출하여 23:00시경에 이토 히로부미에게 알림에 따라 23:58분경에 일본군이 배치
되어 실패하고 말았다.[229] 양위식이 있던 20일 당일에는 성난 군중이 이완용의 집
을 불태웠다.[230]

양위와 관련된 이러한 사건으로 인해 경무사 김재풍, 군부 군무국장 육군참장 이
희두, 시종무관부 무관 포병정령 어담, 시위보병 제1연대 제3대대장 보병정위 임재
덕 등이 7월 21일 면직되거나 정직되고 육군법원에 체포되었다.[231] 이는 총리대신
이완용, 법무대신 조중응, 학부대신 이재곤 등이 순종에게 건의한 결과다.[232]

일제는 고종황제의 양위에 이어 배일적排日的인 인사들을 제거하고 위에서 언급한

---

228) 국사편찬위원회 역, 『고종 48권』, 한국사데이터베이스, 고종 44년 7월 18일 1번째 기사

229) 국사편찬위원회, 『통감부문서 4권』, 한국 황제 양위에 따른 한국군대의 동요와 일본군의 조치 건
　　(1907. 7. 20.), 양위 후의 한국 정세 및 대한정책 품신 건(1907. 7. 22.)

230) 국사편찬위원회, 『통감부문서 4권』, 총리대신 이완용가 방화사건 보고(1907. 7. 20.)

231) 「관보 제3,829호」, 광무11년 7월 23일 기사.

232) 국사편찬위원회, 『통감부문서 4권』, 선제의 음모 배척을 위한 각신들의 대책에 관한 건(1907. 7. 22.)

강경한 대한정책對韓政策, 즉 '더 이상 한 걸음을 더 나간 조약을 체결하여 우리에게 내정 상의 어떤 권리를 양여시키는 것 같은'을 실행하기 위한 조치를 취하게 된다. 이토 히로부미가 7월 24일 오전 본국에 보고한 「한국 내정간섭 8개 조항에 관한 통감統監의 의견」을 제시하면서 일본군(혼성 1개 여단 규모)의 한국 출병을 독촉한 것이다.[233]

> (1) 한국 황제폐하의 조칙은 미리 통감에게 의견을 물어 의논한다.
> (2) 한국정부는 시정개선에 관하여 통감의 지도를 받는다.
> (3) 한국정부의 법령 제정과 중요한 행정상의 처분은 미리 통감의 승인을 거친다.
> (4) 한국의 사법사무는 보통 행정사무와 이를 구분한다.
> (5) 한국 관리의 임면任免은 통감의 동의를 거쳐 이를 행한다.
> (6) 한국정부는 통감이 추천하는 일본인을 한국 관리로 임명한다.
> (7) 한국정부는 통감의 동의 없이 외국인을 용빙傭聘하지 않는다.
> (8) 1904년 8월 22일 조인한 한·일조약 제1항은 이것을 폐기한다.[234]

같은 날 오후 보고서를 보면 "협상 담판이 개시되었고, 현재 경성에는 한국군 약 6,000여 명이 있어 언제 봉기할지도 알 수 없으므로 그 무기를 압수함을 요한다."고 일본군의 한국 출병을 다시금 독촉하였다.[235] 결국은 '한국 내정 간섭 8개 조항' 중 '(1)항'이 삭제된 7개 조항의 이른바 〈정미7조약〉이 총리대신 이완용과 이토 히로부미 간에 체결되고 순종의 재가를 받아 7월 25일 「관보 호외」에 게재되었다.[236]

> 일본국정부와 한국정부는 속히 한국의 부강을 도모하고 한국민의 행복을 증진 하고자 하는 목적으로 다음 조관을 약정함.
> 제1조 한국정부는 시정개선에 관하여 통감의 지도를 받는다.
> 제2조 한국정부의 법령 제정과 중요한 행정상의 처분은 미리 통감의 승인을 거친다.
> 제3조 한국의 사법사무는 보통 행정사무와 이를 구분한다.

---

233) 국사편찬위원회, 『통감부문서 4권』, 한국 내정간섭 8개 조항에 관한 통감의 의견(1907. 7. 24.)
234) 외부대신서리 윤치호와 특명전권공사 하야시 곤노스케 사이에 맺은 조약
　　"제1항 대한 정부는 대일본 정부가 추천한 일본인 1명을 재정 고문으로 삼아 대한정부에 용빙傭聘하여 재무에 관한 사항은 일체 그의 의견을 물어서 시행한다."
　　한국정부의 모든 부문에 일본인을 한국 관리로 임명할 수 있기 때문에 이 조항은 더 이상 필요가 없어졌기 때문이다.
235) 국사편찬위원회, 『통감부문서 4권』, 한국의 질서유지를 위한 일본군 파한派韓 품신 건(1907. 7. 24.)
236) 「관보 제3,827호 호외」, 광무11년 7월 25일 기사.

제4조 한국 고등관리의 임면任免은 통감의 동의를 거쳐 이를 행한다.
제5조 한국정부는 통감이 추천하는 일본인을 한국 관리로 임명한다.
제6조 한국정부는 통감의 동의 없이 외국인을 용빙傭聘하지 않는다.
제7조 1904년 8월 22일 조인한 한·일조약 제1항을 폐기한다.

이 〈정미7조약〉이 체결됨에 따라 일제가 입법·사법·행정 분야의 내정을 장악하는 계기가 되었으며 일본인이 고문관이 아닌 대한제국의 정식관리로 임용될 수 있게 되었다. 일제는 1905년 11월 〈을사늑약〉으로 외교권을 강탈하고 이 조약으로 내정의 중요 권한마저 빼앗은 것이다. 게다가 이 조약의 실행에 관한 또 하나의 비밀각서가 이완용과 이토 히로부미 간에 조인되었는데[237] 그 내용 중 하나가 "한국 군대는 황궁의 경비를 위하여 1개 대대만 남기고 전부 이를 해산시킨다."는 것이다. 한국군대 해산 순서와 방법에 대해서도 구체적으로 언급하는 치밀함을 보였다.[238]

별지 1. 한국군대의 해산 순서
제1. 군대해산 이유의 조칙을 발표함.
제2. 조칙과 동시에 정부는 해산 후의 군인 처분에 대해 포고하고, 이 포고 중에는
　　다음 사항을 명시함.
　　1. 시위보병 1개 대대를 둠.
　　2. 시종무관 약간 명을 둠.
　　3. 무관학교 및 유년학교를 둠.
　　4. 해산 때 장교 이하에게 일시금을 급여함. 그 금액은 장교에게는 대략 봉급의
　　　 1년 6개월에 상당하는 금액, 하사 이하에게는 대략 1년에 상당한 금액임.
　　　 단 1년 이상 병역에 복무한 자에 해당함.
　　5. 장교 및 하사로서 군사학에 소양이 있고 체력이 강건하고 장래가 유망한 자
　　　 는 1·2·3호의 직원 또는 일본 군대에 부속되게 함. 단 하사는 일본 군대에
　　　 부속되지 않음.
　　6. 장교 및 하사로서 군사학에 소양이 없다 하더라도 보통의 학식을 가진 자는
　　　 채용함.
　　7. 병기와 탄약을 반납시킴.

---

237) 국사편찬위원회, 『통감부문서 4권』, 한· 일협약 실행에 대한 각서 조인 건(1907. 7. 25.)
238) 국사편찬위원회, 『통감부문서 3권』, 한국군 해산에 관한 건(1907. 7. 28.)

별지 2. 군대해산 방법

제1. 군부대신은 군부의 주요 직원 및 헌병사령관·여단장·보병연대장, 기·포·공
　　　병대장을 소집하여 조칙을 전하고, 또 해산순서 제2항의 포고를 시달함.

제2. 전항 제관은 곧 각각 그 부하에게 대신이 전해온 조칙과 포고를 전달함.
　　　이때 각 대장과 함께 일본병 약 2개 중대를 동행시키고 필요하다면 병력을 사
　　　용함.

비고 : 제1항 보병대대장 중에는 지방의 대장도 포함됨.

이러한 비밀각서에 따라 군대해산의 첫 단계로 군대에 대한 금족령을 내려 시위대 병력의 이동을 금지시키고 주요 탄약고 등을 장악함으로써 만약의 사태를 대비하는 신속한 대응태세를 취하였다. 이미 주둔하고 있던 일본군 제13사단의 주요 부대들이 경성으로 집결하는 가운데, 추가로 요청한 보병 제12여단이 도착하여 대구·대전·용산·평양의 주요 거점지역과 15개 부속지역에 배치되었다. 아울러 통감이 요청한 총기 6만 정도 속속 도착하였으며 인천 앞바다에는 일본해군의 구축함 4척이 대기하고 제2함대가 연안 해역을 초계함으로써 만반의 준비를 7월 30일까지 갖추게 되었다.[239]

이완용은 〈병제개혁에 관한 조칙〉 승인을 이토 히로부미에게 요청[240]하고, 군대해산을 위한 만반의 준비를 갖춘 일본군 사령관 하세가와 대장은 7월 31일 밤 총리대신 이완용, 군부대신 이병무와 함께 순종을 방문하여 미리 준비해 간 〈군대해산 조칙〉을 재가 받았다.[241]

짐이 생각하건대 국사가 다난한 때를 만났으므로 쓸데없는 비용을 극히 절약하여
이용후생의 일에 응용함이 오늘의 급선무다. 가만히 생각하면 현재 우리 군대는 용
병으로 조직되었으므로 상하가 일치하여 나라의 완전한 방위를 하기에는 부족 하
다. 짐은 이제부터 군사제도를 쇄신할 생각 아래 사관을 양성하는 데에 전력하고뒷
날에 징병법을 발포하여 공고한 병력을 구비하려고 한다. 짐은 이제 유사有司에게명
하여 황실을 호위하는 데에 필요한 사람들을 뽑아두고 그밖에는 일시 해산시킨다.
짐은 너희들 장수와 군졸의 오랫동안 쌓인 노고를 생각하여 특히 계급에 따라 은금恩金

239) 서인한 저, 『대한제국의 군사제도』, 혜안, 2000년. 265쪽
240) 국사편찬위원회, 『통감부문서 3권』, 병제개혁에 관한 조칙 승인 요청 건(1907. 7. 31.)
241) 국사편찬위원회, 『순종 1권』, 한국사데이터베이스, 순종 즉위년 7월 31일 1번째 기사

숲을 나누어 주니, 장교, 하사, 군졸들은 짐의 뜻을 잘 본받아 각기 자기 업무에 나아
가 허물이 없도록 꾀하라. 군대를 해산할 때 인심이 동요되지 않도록 예방하고
혹시 칙령을 어기고 폭동을 일으킨 자는 진압할 것을 통감에게 의뢰하라.

이 '조칙'의 내용은 일제의 계획된 음모의 명분이 된 재정문제와 일제가 상부에
보고한 '군대해산 순서와 방법' 등을 대부분 포함하고 있다. 이는 위 조칙이 순종의
뜻이 아닌 일제의 짜여진 각본에 따라 강요된 '조칙'임을 반증하는 것이다.

운명의 날인 8월 1일 날이 밝고 비가 지척지척 내렸다. 오전 7시에 군부대신 이병
무는 각 대장隊長을 하세가와 일본군 사령관 관저인 대관정大觀亭에 모이게 하여 조
칙을 전하였고, 이때 시위 제1연대 제1대대장인 박승환 보병참령은 병病을 이유로
참석하지 않았다. 오전 8시가 지나서 일본군 교관이 남대문 내의 병영에 있던 시위
제1연대 제1대대를 정렬시켜 훈련원의 군대 해산장으로 유도하려는 때에 박승환
보병참령이 자결하였다는 소식을 들은 1대대 병력들이 격분하여 무기고를 습격하
여 빼앗겼던 무기를 다시 찾아서 일본군 교관에게 총격을 가하자 인접대대인 시위
2연대 1대대에서도 이에 동조하여 합류하였다.

2개 대대는 무기와 탄약을 탈취하여 경계 중이던 일본군을 사살하고 영외로 진출
하였다. 이때가 09:30경이다. 일본군 51연대 제1·2·3대대의 일부 병력과 계속 전투
를 벌인 시위대 장병들은 결국 탄약 부족으로 각자 민가로 산개하거나 평양 방향으
로 탈출하였다. 이 전투로 일본군에게 25명의 전사·상을 입혔으나 대한제국군도 장
교 11명242)을 포함하여 168명의 전사·상자가 발생하였고 516명이 체포되었다.243)

구분	일본군(25명)			대한제국군(168명)		
	소계	장교	부사관·병	소계	장교	준·부사관·병
계	25	2	23	168		168
전사	4	1	3	68	11	57
전상	21	1	20	100		100

〈표 1-45〉 군대해산일 피·아 피해 현황

---

242) 시위보병 2연대 1대대 장교 11명, 특무정교 2명이 전사한 사항이 융희원년 9월 21일 『관보 제3877
호』의 '관청사항'란에 게재되어 있음.
243) 국사편찬위원회, 『통감부문서 3권』, 남대문 부근 전투보고 건(1907. 8. 3.) 피·아 전사·상자와 관
련하여 문헌마다 다소 차이가 있다.

나머지 경성 주둔군은 10:15경에 훈련원에 집합하여 소나기가 퍼붓는 가운데 해산되었고, 지방대는 8월 3일 청주의 진위보병 2대대부터 시작하여 9월 3일에 북청의 진위보병 제8대대가 마지막으로 해산되었다.[244] 해산 당시의 중앙군은 군관 336명과 사병 9,640명이었으며 각지의 진위대 관병은 약 4,670여 명으로 15,000여 명에 불과 했었다.[245]

대한제국의 군대가 해산된 이후 후속조치로 칙령 제13호인 〈군부소관 관청관제 및 조규의 폐지에 관한 건〉이 8월 26일에 공포됨에 따라 다음과 같은 총 15건의 군 관련 관제 및 조규가 일괄 폐지되었다.[246]

제정년도	칙령 및 조칙	관제 및 규정	
광무4년(1900년)	제34호	· 육군감옥관관제	
	제58호	· 치중보병설치 건	
광무5년(1901년)	제2호	· 육군법원처무규칙	
	제3호	· 육군감옥규칙	
광무8년(1904년)	조칙	· 육군연성학교관제	· 육군유년학교관제
		· 육군군대검열조례	· 육군법원관제
광무9년(1905년)	제26호	· 군기창관제	
	제29호	· 헌병조례	
	제48호	· 육군위생원관제	
광무10년(1906년)	제57호	· 위무조례	
	제58호	· 경성위무사령부조례	
광무11년(1907년)	제18호	· 육군 각 병과 참위 견습에 관한 건	
	제30호	· 헌병경찰상여규칙	

〈표 1-46〉 1차 폐지된 관제 및 규정(출처 : 관보 제3,856호, 융희원년 8월 28일)

아울러 같은 날 〈군부관제〉가 칙령 제14호로 개정되어 군부의 역할 및 편제가 축소되고, 칙령 제16호 〈근위보병대편제건〉이 공포되면서 황실 의장과 수비로 제한된 임무를 수행하는 대대본부와 4개 중대인 총 644명이 편성되었다. 초대 근위보병 대대장으로 왕유식 보병부령이 보직되었다.

---

244) 동아일보(1959. 4. 20.), "위국항일의사 열전 안중근(15회)"
245) 국사편찬위원회, 『대한민국임시정부자료집 11권 한국광복군 II』, 한국사데이터베이스, 2005, 「한국광복군소사(1943. 3. 1)」
246) 「관보 제3,856호」, 광무11년 8월 28일 기사.

구 분	본부(16명)	1개 중대(157명)
영 관	대대장 1	
정위	부관 2	
부위 / 참위	4	2(급양1) / 2
특무정교 / 정교		1 / 1
부교 / 참교	5(무기1, 취사1, 고수1, 서기2)	7 / 6
상등병		24
일등병 / 이등병		37 / 74
1·2·3등 군의 / 군사	1 / 1	
조호장 / 조호수 / 계수	1 / 0 / 1	0 / 2

〈표 1-47〉 근위보병대 편성(출처 : 관보 제3,856호, 융희원년 8월 28일)

이에 따라 1907년 4월 22일에 공포된 칙령 제22호 〈시위혼성여단사령부관제〉, 제23호 〈시위보병연대편제건〉, 제24호 〈시위기병대편제건〉, 제25호 〈시위야전포병대편제건〉, 제26호 〈시위공병대편제건〉, 제27호 〈진위보병대대편제건〉 등이 폐지되었다.[247] 일제가 의도한 대로 전투부대는 황실호위를 위한 근위보병 1개 대대만 남게 된 것이다.

이어서 8월 30일 군제 개편에 따라 무관 중 황족 외에 현재 무보직 인원인 장군·영관·위관을 모두 해임하라는 조칙에 따라[248] 9월 3일 1,212명이 군문을 떠나게 되었다.[249] 이들 중 일부 인원이 자기 고향으로 돌아가 의병활동에 참가하여 게릴라전을 수행함에 따라 의병활동의 획기적인 전환기를 맞는 계기가 되었다. 해산된 군대가 참여한 의병활동은 생기를 얻어 전투다운 전투를 할 수 있게 되었고 1907~1909년까지 한국 민족운동에 있어서 가장 활발한 의병운동을 일으키게 되었다.[250] 의병활동과 독립군 그리고 광복군 활동에 대해서는 뒤에 세부적으로 기술되어 있다.

---

247) 「관보 제3,856호」, 광무11년 8월 28일 기사.
248) 「관보 제3,860호」, 융희원년 9월 2일 기사.
249) 「관보 제3,871호 부록」, 융희원년 9월 14일 기사.
250) 육군사관학교 한국군사연구실, 『한국군제사 근세조선후기편』, 육군본부, 1977. 428-429쪽

구분	계(명)	인원(명)
계		1,212명
장군	49	부장 17, 참장 23,
영관	165	정령 10, 부령 30, 참령 125
위관	885	정위 213, 부위 206, 참위 466
감독	7	2등감독 1, 3등감독 5
사계	8	2등사계 3, 3등사계 5
군사	43	1등군사 26, 2등군사 14, 3등군사 3
군의·수의	46	3등군의장 2, 1등군의 5, 2등군의 9, 3등군의 25, 3등수의 5
약제관	7	1등약제관 1, 3등약제관 6
군악장	2	1등군악장 1, 3등군악장 1

〈표 1-48〉 면직된 장교 현황(출처 : 관보 제3,871호 부록, 융희원년 9월 14일)

9월 4일에 2차로 〈군부소관 관청관제 및 규정의 폐지하는 건〉이 칙령 제20호로 공포됨에 따라 군 관련 6개의 관제 및 규정이 동시에 폐지되었다.[251]

제정년도	칙령	관제 및 규정
광무8년(1904년)	제6호	· 군악대설치 건
광무9년(1905년)	제7호	· 장관(將官)회의소 규정
	제59호	· 육군 견습참위 봉급에 관한 건
광무11년(1907년)	제4호	· 육군위생원관제 개정 건
	제40호	· 군악대 편제중 개정 건
	제47호	· 육군위생원관제 개정 건

〈표 1-49〉 2차 폐지된 관제 및 규정(출처 : 관보 제3,865호, 융희원년 9월 7일)

황실 의장儀仗을 위해 '근위기병대'가 칙령 제58호에 의거 12월 20일부로 정위가 지휘하는 총 92명과 승마 63필로 편성되었다. 대한제국의 군대가 그야말로 국가와 국민을 위해 국가를 보위하는 군대가 아닌 오로지 황실만을 위한 군대로 전락하고 만 것이다.

---

251) 「관보 제3,865호」, 융희원년 9월 7일 기사.

<table>
<tr><td colspan="2" align="center">근위기병대 편성(92명)</td></tr>
<tr><td colspan="2">중대장 정위 1, 소대장 부·참위 2
2·3등 군의 및 수의 각 1, 조호장 및 조호수 각 1, 2·3등 군사 및 계수 각 1,
제철공장 1, 특무정교 1, 정교 1, 부교 4, 참교 3,
상등병 10, 일등병 21, 이등병 42</td></tr>
</table>

〈표 1-50〉 근위기병대 편성(출처 : 관보 제3,958호, 융희원년 12월 25일)

결국은 1907년 8월 1일부로 군대가 해산된 지 2년 만인 1909년 7월 30일에 칙령 제68호 〈군부 폐지 친위부 신설 및 이에 부대(附帶, 기본이 되는 것에 곁달아서 덧붙임)한 건〉으로 군부가 폐지되고 궁내부 포달 제3호로 궁중에 총 9명의 '친위부'가 설치됨에 따라 임무와 조직은 더욱 축소되었다. 군인의 범죄에 관한 사법권은 한국주차일본군 군사법원으로 넘어갔다. 그리고 병기·탄약의 관리와 처분, 군의 인사, 군의 중요한 행동, 군 관련 각종 법규의 제정 등은 한국주차일본군사령관의 승인을 받게 되었으며 친위부에도 일본군 장교를 고문관으로 앉히게 되어 감시와 감독을 받아야만 되었다.

또한 같은 날 칙령 제69호로 군 관련 관제가 3차로 폐지되었으며 궁내부 포달로 일부 관제가 다시금 신편되었다.[252] 이는 모든 군 조직이 황실을 위한 조직으로 변하다 보니 군 조직에 관한 업무가 궁내부 업무로 전환되어 황제의 '칙령'이 아닌 '포달(布達, 궁내부에서 백성들에게 널리 알리던 통지)로 바뀐 것이다.

제정년도	폐지된 관제		신편된 관제	
	칙령		포달	
융희원년(1907년)	제11호	• 시종무관부관제	제4호	• 시종무관부관제
	제17호	• 친왕부무관관제		·
	제16호	• 근위보병대편제건	제6호	• 근위보병대편제건
	제58호	• 근위기병대편제건	제7호	• 근위기병대편제건
융희2년(1908년)	제16호	• 동궁무관부관제	제5호	• 동궁무관부관제

〈표 1-51〉 3차 폐지 및 신편된 관제(출처 : 관보 제4,443호, 융희3년 7월 31일)

칙령에 근거한 각종 관제가 폐지되고 궁내부 포달로 바뀌면서 '근위기병대' 및 '근위보병대'에도 일본군 장교를 고문관으로 앉히게 되어 이 또한 일제의 감시와 감

---

252) 「관보 제4,443호」, 융희3년 7월 31일 기사.

독하에 놓이게 되었다. 이로써 대한제국의 군대는 국가방위를 위한 존재가 아닌 황실 경호와 의장만을 위한 조직이 되고 말았다. 그나마 왕궁 호위를 위해 해산에서 제외되었던 시위보병 1개 대대와 기병 1개 중대도 1931년 4월 1일 해산되었다.[253]

군대 없는 대한제국은 1910년 8월 22일 대한제국과 일본제국 간에 강제로 체결된 〈한·일합방늑약〉이 8월 29일 공포됨에 따라 '대한제국'은 일제에 의해 국호가 '조선'으로 변경되어 역사의 뒤안길로 사라지게 되었다. 망국亡國의 군인은 일제 칙령 제323호인 〈구한국군인舊韓國軍人에 관한 건〉에 따라 일본군에 편입되었다.

朝鮮總督府를 設置ᄒᄂ 時의 韓國軍人의 取扱은 陸軍軍人에 準ᄒ고 其 官等과 階級과 任免과 分限과 及 給與 等에 關ᄒ야ᄂ 當時 內ᄂ 從前의 規定에 依ᄒ이라. 前項의 軍人 中에 現職에 在ᄒᄂ 者ᄂ 駐劄軍司令部나 惑 駐劄憲兵隊司令部府로 ᄒ이라.(조선총독부를 설치하는 시의 한국군인의 취급은 육군군인에 준하고 그 관등과 계급과 임면과 분한과 그에 따른 급여 등에 관하여는 당시 내부의 종전 규정에 의한다. 전항의 군인 중에 현직에 있는 자는 주차군사령부나 주차헌병대사령부로 한다.)[254]

한국광복군 제2지대에서 1943년 3월 1일에 작성한 『한국광복군소사韓國光復軍小史』에 따르면 일본이 대한제국을 멸망시키게 된 발판으로 네 가지를 들고 있다.

일본이 한국을 멸망시키게 된 발판은 네 가지를 들 수 있습니다. 첫째는 마관조약[255]이고 둘째는 포츠머스조약[256], 셋째는 을사보호늑약, 넷째가 한국국방군 해산입니다. 마관조약의 제1조는 중국은 조선의 독립을 인정하고, 조선은 중국의 속박을 벗어나 완전한 독립국의 지위를 누린다."고 되어 있습니다. 여기서 말하는 이른바 '독립'은 45년이 지난 지금 저들이 말하는 소위 '대동아공영권'. '신질서' 등과 완전한 자매편이라 말할 수 있습니다. 일구(日寇, 왜구)가 가장 의기양양한 사탕발림을 한 독약毒藥인 것입니다.

---

253) 육군본부, 『創軍前史』, 1980, 50~51쪽
254) 「조선총독부 관보 제1호」, 명치43년(1910년) 8월 29일 기사.
255) '시모노세키(馬關) 조약이라고도 하며 청· 일 전쟁에서 승리한 일본이 청국과 1895년 4월 17일에 체결한 조약.
256) 1905년 9월 5일에 러· 일전쟁을 끝내기 위해 미국의 군항도시 포츠머스(Portsmouth)에서 미국 대통령 루스벨트의 중재로 러· 일간에 맺은 강화조약. 이 조약으로 미국· 영국뿐만 아니라 패전국 러시아도 일본의 한국 지배를 승인함으로써 일제의 한국 지배가 국제적으로 확인되었으며 이후 한국은 일제 식민지의 길로 들어서게 되었다.

포츠머스조약의 제2조는 "러시아제국정부는 일본제국이 한국에서 정치상, 군사
상 및 경제상의 탁월한 이익을 갖는다는 것을 인정하고, 일본제국정부가 한국에서
필요하다고 인정하는 지도 보호 및 감리의 조치를 취하는 데 이를 저지하거나 간섭
하지 않을 것을 약정한다."고[257] 하였습니다. 이로써 독약을 감싸고 있던 달콤한
외피가 벗겨지고 독약이 제 모습을 드러내었습니다.

1905년 체결된 을사보호늑약 5조 가운데에는 일본이 한국에 통감을 설치할 수 있
으며, 한국의 외교를 처리할 전권全權을 갖고 한국 황실의 안전과 존엄을 유지한다
고 규정하였습니다. 이때 한국은 이름만 남았을 뿐 실제로는 멸망한 것이나 다름
없습니다. 완전히 일본의 부용(附庸, 작은 나라가 큰 나라에 부속함)이 되고 만 것입니
다. 그러나 일구日寇는 여기에서 만족하지 않고 한국은 완전히 자기 것으로 만들려
는 욕심을 더해갔습니다. 그리하여 1907년 한국 황제를 강박하여 양위토록 하고
한국국방군을 해산시켰습니다. 1910년 한일합병을 기다릴 것도 없이 이때 한국주
권은 이미 운명을 다한 것입니다. 마지막 남은 숨결마저도 목 졸림을 당하고 말았
던 것입니다.[258]

일제는 청·일전쟁에 승리함으로써 조선에 대한 정치적·군사적·경제적 지배권을
확립할 가능성을 가지게 되었고, 러·일전쟁을 통해 한국지배를 국제적으로 확인하
였으며, 1904년 〈한일의정서〉 체결로 통감부를 설치함과 아울러 1905년 〈을사늑
약〉으로 대한제국의 외교권을 박탈하였다. 이를 바탕으로 대한제국의 '재정문제'를
명분으로 삼아 〈대한시설요강對韓施設要綱〉 → 〈한국에 있어서 군사적 경영 요령〉 →
〈군정시행에 관한 내훈〉 → '진위 제5연대 2·3대대 폐지'한 것을 필두로 한 군대해산
과 1910년 〈한일합방늑약〉 체결로 망국에 이르기까지 일제의 치밀한 음모는 이렇
게 완성되었다. 그 중심에 이지용과 이완용이 서 있었다.

대한제국군대의 해산 이후 한국의 군사제도는 완전한 공백기였으며 따라서 1945
년 해방 이후의 새로운 군편제가 있을 때까지 한국 군제사는 완전한 단절을 가져왔
다. 그러나 일제 강점기에도 한국군의 군대활동과 군대정신은 만주에 설립된 각종
군관학교를 통하여 계승되었고 3·1운동 이후의 광복군의 조직을 통하여 계승되었

---

257) 『한국광복군소사』의 문맥이 다소 맞지 않아 포츠머스조약 제2조의 원문 내용으로 수정하였다.
258) 국사편찬위원회, 『대한민국임시정부자료집 11권 한국광복군 II』, 한국사데이터베이스, 2005, 「한
　　국광복군소사(1943. 3. 1)」

다.[259] 한국광복군은 군대가 해산된 1907년 8월 1일이 '한국독립전쟁기념일'이자
'한국광복군'이 정식으로 탄생한 날이라고 하였다.[260]

항일 의병전쟁

한말 의병전쟁은 국권을 수호하기 위하여 일제의 침략에 무력항쟁한 민족운동을
말한다. 갑오변란과 청·일전쟁을 전후하여 일제의 군사적 위협은 노골화되어 나타
난다. 이에 따라 1894년 이후 조선인들은 반침략을 시대적 과제로 인식하게 되었으
며 의병을 조직하여 국가와 민족을 수호하기 위한 피의 항쟁을 전개한 것이다. 따
라서 의병전쟁은 한민족의 일제에 대한 반침략투쟁이며 아울러 일제의 국권침탈
이후 독립전쟁을 일으키게 한 정신적·인적 토대가 된 점에서 그 역사적 의의는 실
로 크다.[261]

한말 의병전쟁은 크게 전기, 중기, 후기의병으로 구분된다. 전기의병은 1894~
1896년에 전개된 의병전쟁으로 갑오변란,[262] 명성왕후를 시해한 을미사변, 단발령
과 변복령[263] 등이 주요인으로 작용하였다.[264] 국왕의 체통을 세우고 민족을 보전
하고자 1894년 7월의 안동에서 시작된 '서상철부대'의 봉기를 기점으로[265] 전국으
로 확대되어 평안도 상원, 유성, 이천, 제천, 홍주(홍성), 춘천, 강릉, 안동, 진주, 나주
등에서 궐기함에 따라 위정자와 일제 침략군에게 큰 위협을 주었다. 단발령은 철회
되었으며 고종은 아관파천을 단행하여 일제의 침략행위에 대한 반대의사를 행동으
로 보여주었다.[266]

---

259) 육군사관학교 한국군사연구실,『한국군제사 근세조선후기편』, 육군본부, 1977. 429쪽
260) 국사편찬위원회,『대한민국임시정부자료집 11권 한국광복군 Ⅱ』, 한국사데이터베이스, 2005,
　　　「한국광복군소사(1943. 3. 1)」
261) 김상기,『한말 전기의병』, 독립기념관 한국독립운동사연구소, 2009. 3쪽
262) 일제가 1894년 6월 21일(음력) 경복궁을 무력으로 침범한 사건으로 조선왕궁을 장악한 뒤 친일적
　　　인 김홍집내각을 수립한 다음 개혁을 추진하게 하였으며 곧이어 청일전쟁을 도발하였다.
263) 조선 말 의복제도는 수차에 걸친 개정을 거쳐 점차 서양식 복제로 바뀌어 갔다. 수구적 지식인들은
　　　정체성의 위기로 받아 들였다.
264) 김상기,『한말 전기의병』, 독립기념관 한국독립운동사연구소, 2009. 11쪽
265) 김상기,『한말 전기의병』, 독립기념관 한국독립운동사연구소, 2009. 81쪽
266) 김상기,『한말 전기의병』, 독립기념관 한국독립운동사연구소, 2009. 329쪽

전기의병은 아관파천 직후인 1896년 봄에 그 세력이 급격히 위축되었고, 그해 가을에 이르러 활동이 거의 종료되었다. 국왕이 조칙을 내려 해산을 명하게 되자, 여기에 항거할 명분이 없었을 뿐만 아니라 관군이 각지로 파견되어 의병들을 압박한 까닭에 더 이상 활동이 불가능해졌던 것이다.[267] 전기의병은 표면적으로 해산되었지만 다수의 의병장들은 1905년 〈을사늑약〉을 전후하여 의병의 기치를 다시 세우고 민족수호를 위한 항일투쟁을 재개하였다.[268] 전기의병전쟁은 외적에 대하여 맨 처음 선전포고를 하여 독립전쟁을 개시했다는 데 그 의의가 있다.[269]

중기의병이 재기하게 된 시대적 배경은 1904년 일제가 도발한 러·일 전쟁이다. 중기의병은 1904~1907년 전반기에 걸쳐 봉기하여 활동한 의병을 가리킨다.[270] 대한제국 정부가 중립을 선언하였음에도 불구하고 인천, 남양, 원산, 군산 등지에 침략군을 상륙시킨 일제는 대한제국의 내정에 깊이 간섭하기 시작했다. 1904년 8월 강원도 원주에서 일어난 '원용팔 의병'을 필두로 하여 1905년 11월 17일의 〈을사늑약〉 체결을 계기로 중부지방에서는 주천·단양·홍주(홍성), 남부지방에서는 태인·남원·광주·영천, 영해, 북부지방에서는 연안·평산·장연·송화·신천·용천 등 전국에서 분연히 일어나 일본군에 대항하였다.[271]

중기의병은 일제 군경에 비해 여전히 화력 면에서 절대 열세에 놓여 있어 큰 전과를 올릴 수는 없었으나, 1907년 8월 군대해산 이후 전력을 한층 강화하여 활동의 폭을 넓혀 전국적으로 확대 발전되어 가는 의병전쟁의 초석을 다져놓았다.[272] 안타까운 것은 구국을 위해 분연히 일어선 의병을 진압한 것이 주로 일본군 있었지만 대한제국의 시방군인 진위대가 포함되어 동족 간에 총을 겨누어야 했다는 사실이다.

후기의병은 1907년 8월 1일 대한제국의 군대해산이 도화선이 되어 의거하였다. 군대가 해산되던 날 시위1연대 1대대장인 박승환 보병참령이 "군인으로서 나라를 지키지 못하고 신하로서 충성을 다하지 못하면 만 번 죽어도 아까울 것이 없다."란 유서를 남기고 자결하였다. 이 소식을 들은 시위1연대 1대대와 시위2연대 1대대의

---

267) 박민영, 『한말 중기의병』, 독립기념관 한국독립운동사연구소, 2009. 23쪽
268) 김상기, 『한말 전기의병』, 독립기념관 한국독립운동사연구소, 2009. 329쪽
269) 박성수 등, 『현대사 속의 국군, 군의 정통성』, 전쟁기념사업회, 1990. 35쪽
270) 박민영, 『한말 중기의병』, 독립기념관 한국독립운동사연구소, 2009. 23쪽
271) 박성수 등, 『현대사 속의 국군, 군의 정통성』, 전쟁기념사업회, 1990. 48~57쪽
272) 박민영, 『한말 중기의병』, 독립기념관 한국독립운동사연구소, 2009. 290쪽

장졸들이 비분하여 병영을 접수하러 온 일본군과 접전하여 병영을 사수하다가 병영이 일본군에 탈취당하자 시가전을 벌여 항전하였으나 중과부적으로 많은 사상자를 내고 패하고 말았다.[273]

지방에서는 8월 5일에 원주진위대가 해산을 거부하면서 대대장 대리 김덕제와 특무정교 민긍호의 지휘 아래 시민들과 함께 봉기하여 원주읍을 점령하였다. 아울러 우체국·경찰서·군청 등을 습격하여 무기고를 열어서 무장을 강화하여 의병부대로 전환하였다. 또한 여주분견대도 해산을 거부하고 봉기하여 원주분견대에 합류하였다. 이들은 두 부대로 나누어 일본군 수비대를 격파하면서 치열한 의병전쟁을 전개하기 시작했다. 뒤이어 차례로 수원진위대 소속의 강화분견대, 홍주분견대, 진주분견대, 안동분견대, 북청진위대 군인들이 의병부대에 합류하여 의병으로 전환하였다.

일제에 의해 강제로 해산당한 군인들이 의병에 합류함에 따라 대한제국 국군이 완전히 소멸된 것이 아니라 민군民軍 즉 의병군義兵軍으로 재조직되어 되살아났다.[274] 그간의 의병이 민병대 성격이었다면 해산된 군대가 참여한 의병활동은 전투다운 전투를 할 수 있는 군대다운 면모를 갖추게 되었다. 대한제국 국군과 의병이 합류함으로써 명실 공히 의병이 국군으로 탈바꿈하게 된 것이다

최초로 편성된 전국적인 연합의병군인 '13도 창의군'은 서울 탈환을 위해 1907년 11월 하순부터 서울로 진격하여 동대문을 공격목표 삼아 1908년 2월 2일 공격을 개시하였다. 13도 창의군은 1만여 명으로 대한제국의 국군장병들이 그 주축을 이루었다. 또 이들은 대외적으로 의병군이 독립군임과 동시에 국제법상의 교전단체임을 선언하였다.[275] 일부 지방 의병군의 도착 지연으로 실패하고 말았으나 군사장으로 총대장 대리임무를 수행하던 왕산旺山 허위는 탈출하여 같은 해 4월에 13도 창의군을 재소집하고 5월에 고종의 복위, 외교권의 반환, 통감부의 폐지 등 30여개 항의 요구 조건을 일제에 제시하였다.

애석하게도 왕산 허위는 6월 11일 경기도 양평에서 체포되어 그의 꿈이 이루어지

---

273) 박성수 등, 『현대사 속의 국군, 군의 정통성』, 전쟁기념사업회, 1990. 58~65쪽
274) 김홍 편저, 『한국의 군제사』, 학연문화사, 2003. 209쪽
275) 김홍 편저, 『한국의 군제사』, 학연문화사, 2003. 209쪽

지 못하고 10월 21일 교수형을 받아 경성감옥(서대문 형무소의 전신) 최초의 순국자가 되었다. 그의 뜻을 기리기 위해 서울의 동대문에서 청량리까지의 길을 '왕산로旺山路'[276)라 부르고 있다.[277) 비록 13도 창의군의 서울 탈환 대작전은 실패했으나 전국적으로 의병전쟁을 더욱 가열시키는 계기가 되었다.

참고로 왕산 허위는 1896년 김천에서 의병을 일으켜 참모장을 맡았으며, 1907년에는 의병장이 되어 경기도 일대에서 의병을 모집하여 400~500명의 의병을 편성했다. 그 후 그는 김규식과 연기우·이종협·황재호 등이 이끄는 의병부대를 끌어들임으로써 연합의병의 전력을 크게 향상시켰다. 김규식과 연기우 등은 부교로 전역한 하사관 출신이다. 군대해산으로 전투역량이 뛰어난 장교와 하사관, 병졸 등이 많이 참여하였다.[278)

대한의군 참모중장 안중근 장군은 왕산 허위 군사장에 대해 "우리 2천만 동포에게 허위 선생과 같은 진충갈력盡忠竭力 용맹의 기상이 있었던들 오늘과 같은 굴욕을 당하지 않았을 것이다. 본시 고관高官이란 제 몸만 알고 나라는 모르는 법이지만 허위 선생은 그러지 않았다. 따라서 허위 선생은 관계官界 제일 충신이라고 할 것이다."라고 칭송하였다. 1962년 건국훈장 대한민국장이 추서되었다. '왕산허위선생기념관'이 경북 구미에 있으며 '13도 창의군 기념탑'이 서울 망우공원에 있다. 독립기념관에 당시의 전투 상황을 묘사한 디오라마(diorama, 그림 배경에 입체 소형모형을 합성한 것)가 있다.

호남지역 의병 중에는 보성에서 1908년 4월 의병을 일으킨 머슴 출신의 안규홍이 유명하였는데 일명 '담살이'[279)라고 불렸으며 그의 부대를 '안담살이 부대'라 불렀다. 너무나 신출귀몰하는 날렴 때문에 일본군은 '안비장安飛將'이라 불렀다.[280) 안규홍은 1909년 9월 1일부터 10월 25일까지 실시한 호남의병에 대한 일본군의 소위 '남한 대토벌작전(1909년 호남의병 대학살사건)'으로 9월 25일 체포되어 1911년 5월 5일

---

276) 동대문구 신설동 로타리에서 시조사 3거리까지 3.15km로서 1966년 11월 26일(서울특별시 고시 제1093호)에 의거 '왕산로'로 명명되었다.
277) 박성수 등, 『현대사 속의 국군, 군의 정통성』, 전쟁기념사업회, 1990. 66~73쪽
278) 박민영, 『한말 중기의병』, 독립기념관 한국독립운동사연구소, 2009. 71~72쪽
279) 허영만의 만화 '각시탈'을 극화한 KBS 2 TV의 수·목 드라마(2012. 5. 30~2012. 9. 6))에서 각시탈 이강토가 사랑한 목단의 아버지가 '담살이'이다. '담살이'란 전라도 말로 '나이어린 머슴'을 뜻한다. 물론 드라마 내용과 역사적 사실은 차이가 있다.
280) 박성수 등, 『현대사 속의 국군, 군의 정통성』, 전쟁기념사업회, 1990. 77쪽

대구감옥 형장에서 순국하였다.

일본군의 발표에 따르면 이 작전으로 103명의 의병장과 4,138명의 의병이 체포 또는 사살되었다. 일제는 의병전쟁의 중요 거점이었던 경상북도와 충청북도 일대에 대한 토벌작전을 1910년에 실시하였으며, 같은 해 9월 하순에는 황해도 대토벌 작전을 감행했다.[281] 대한제국 보병부교 출신으로 경기·황해·강원·평안·함경도에서 1915년 7월까지 항일운동을 전개한 의병장 채응언이 국내에서 최후까지 활동한 마지막 의병장이라고 할 수 있다.[282] 이후에도 1919년 3.1운동이 일어나기 직전까지 산발적인 소규모 의병들의 항쟁은 계속되었다.[283]

대한제국의 군대해산이 도화선이 된 후기 의병전쟁에는 1907. 8월~1911. 6월까지 2,850회의 교전에 140,800여 명의 의병이 참가하였다.[284] 전기 및 중기 의병전쟁이 대한제국 국군이 참가하지 않은 민간만의 의병전쟁으로 국민전쟁이었다면, 후기 의병전쟁부터는 대한제국 국군이 참가한 일본과 대한제국 간의 국제전쟁으로 전쟁의 성격이 바뀌는 중요한 의의를 갖는다.[285]

군대해산 이후부터 1910년까지 집계한 의병장의 수는 모두 430명인데 그 중에 군인출신 의병장은 87명으로서 전체 의병장의 20%를 차지한다.[286] 이중 장교출신은 20명, 부사관 출신은 31명, 병졸 출신은 36명이었다.

군대해산으로 대한제국 국군이 합류되었으나 무기와 탄약 그리고 병참물자의 부족, 일본군의 대대적인 토벌작전과 1910년 한일합병 이후에 국내에서 의병들의 항전이 어렵게 되자 점차적으로 국내 의병활동이 쇠퇴하면서 의병들은 중국, 만주, 간도, 연해주 등으로 옮겨가 의병활동을 계속하였다. 국내에서 의병전쟁에 참여하였다가 국외로 탈출한 사람들이 모여 국내 진공작전을 감행하였는데 대표적인 것이 노령 연해주의 의병군이었다. 안중근 부대가 포함된 의병의 국내 진공작전은 1908년 4월과 7월에 2차에 거쳐 이루어졌으나 일본군의 기습을 받아 실패하였다.

---

281) 박성수 등, 『현대사 속의 국군, 군의 정통성』, 전쟁기념사업회, 1990. 79~81쪽
282) 박성수 등, 『현대사 속의 국군, 군의 정통성』, 전쟁기념사업회, 1990. 284쪽
　　 이만열, 『한국독립운동의 연표』, 독립기념관 한국독립운동사연구소, 2009. 157쪽
283) 박성수 등, 『현대사 속의 국군, 군의 정통성』, 전쟁기념사업회, 1990. 79~81쪽
284) 육군본부, 『創軍前史』, 1980. 52쪽
285) 박성수 등, 『현대사 속의 국군, 군의 정통성』, 전쟁기념사업회, 1990. 58쪽
286) 임재찬, 『구한말 육군무관학교 연구』, 제일문화사, 1992. 123쪽

활동도별	군인출신 신분별 의병장 (명)			
	계	장교	부사관	병졸
계	87	20	31	36
충청	16	3	4	9
함경	11	3	1	7
전라	8	3	3	2
경기	20	4	11	5
강원	13	4	5	4
경상	8	2	2	4
황해	5	1	1	3
평안	6	·	4	2

〈표 1-52〉 군인출신 의병장(출처 :『구한말 육군무관학교 연구』)[287]

1909년 10월 26일 대한의군 참모중장 안중근 장군이 하얼빈 역에서 일제 침략의 원흉 이토 히로부미를 처단하자 1910년 6월 21일에 연해주에서 '13도 의군義軍'이 조직되어 조국광복의 의지를 천명하였다. 연해주 지역으로 망명해 오는 의병이 늘

〈그림 1-8〉 하얼빈 역에서 이토 히로부미를 처단하고 체포되는 안중근 장군

안중근 장군은 1909년 10월 26일 09:30경 하얼빈 역에서 이토 히로부미를 총살, 응징하였다. 안중근 장군은 일제의 공판장에서 "나는 의병의 참모중장으로 독립전쟁을 했으며, 또 참모중장의 지격으로 그를 총살했으므로 국제법상 전쟁포로로 예우되어야 한다. 따라서 이 재판은 무효다"라고 주장하였다. 이 선언 역시 우리 국군이 일제의 강제해산에도 불구하고 여전히 실존하고 있었다는 사실, 그리고 의병으로서의 임무를 수행하고 있다는 사실을 입증한 것이라고 할 수 있다.

---

287) 임재찬, 『구한말 육군무관학교 연구』, 제일문화사, 1992. 124쪽
'표3'을 신분별로 구분하되 '향관'은 장교, 병솔(兵率)은 부사관 현황에 반영하였다.

어나자 마침내 1914년 블라디보스토크에서 이상설, 이동휘를 정·부통령으로 하는 최초의 망명정부 '대한광복군정부'가 수립되었다. 이 정부의 수립은 의병전쟁의 소산이며 뒷날 임시정부 수립의 기초가 되었다.[288]

이러한 끊임없는 의병전쟁은 고려 국군의 '저항정신'을 이어받은 정신적 유산으로, 나라가 망했음에도 '의병정신'의 기치를 높이 들어 우리 국군의 핏속에 흐르는 불굴의 의지를 보여 준 것이다. 이러한 정신은 그대로 독립군으로 맥이 이어져 내려갔다.[289]

독립군

일제가 한일합방을 한 1910년의 경술국치(한일합방늑약)를 전후하여 의병의 주도세력을 비롯한 그 밖의 많은 애국지사들이 국경을 넘어 만주와 연해주로 망명하여 새로운 독립군 기지를 건설하였다. 독립군들은 1910년대에는 주로 만주와 연해주에 근거를 두고 압록강과 두만강을 넘어 국내로 들어와서 일제의 군·경 공격, 일제통치기관의 파괴, 일제 요인 저격, 친일세력의 숙청, 군자금 모금 등이었다.[290] 대부분의 독립군 지도자들은 대한제국군 출신이거나 중국 혹은 일본에서 군사교육을 받은 인물들이었다. 의병에서 독립전쟁으로 그 맥이 이어지는 데에는 대한제국군 출신들이 가교가 되었으며 이후에 전개되는 독립전쟁은 한국군 출신 장병들에 의하여 주도되었다.[291]

1910년 12월, 학술과 군사훈련을 겸하여 조국광복의 역군이 될 인재를 양성하고자 유하현 삼원보에 '신흥강습소'가 설립되었다. 이는 1913년 5월에 통화현 합리하 지역에 교사를 신축하여 이전하면서 '신흥학교'로 개칭되었으며 1914년에 통화현 팔리초의 소북대 지역에 분교인 '백서농장'이 설치되었다.

1919년 5월 3일 유하현 고산자로 학교가 이전하면서 '신흥무관학교'로 개칭되었

---

288) 박성수 등, 『현대사 속의 국군, 군의 정통성』, 전쟁기념사업회, 1990. 82~85쪽
289) 김홍 편저, 『한국의 군제사』, 학연문화사, 2003. 210쪽
290) 박성수 등, 『현대사 속의 국군, 군의 정통성』, 전쟁기념사업회, 1990. 89~90쪽
291) 박성수 등, 『현대사 속의 국군, 군의 정통성』, 전쟁기념사업회, 1990. 94~95쪽

다. 신흥무관학교는 무관과정 6개월, 하사관과정 3개월, 특별과정(일반인 속성병) 1개월 등을 두었다. 신흥무관학교는 1911년 4월 제1기 졸업생을 배출한 이래 1920년 8월 일본군의 공격으로 폐교될 때까지 독립군 양성의 중추적인 역할을 하여 총 3,500여 명의 독립군 기간요원을 길러냈다. 그리하여 그 후 독립전쟁은 신흥무관학교 출신자들에 의해 주도되었다.[292]

1920년대 초에는 서간도지역에서 '대한독립단'의 대일 전투가 각지에서 전개되었고, 서로군정서西路軍政署에서도 대일 투쟁을 계속하였다. 그런가하면 북간도지역의 삼둔자전투, 홍범도의 대한독립군에 의해 수행된 봉오동전투 등에서는 큰 승리를 거둬 일본군 400여 명을 사살하기도 하였다. 1920년 10월에는 김좌진의 북로군정서군과 홍범도의 대한독립군 그리고 최진동의 도독부군都督府軍 등이 '청산리전투'에서 일본군 3,300여 명을 사상시켰다.[293]

〈그림 1-9〉 '청산리 대첩'에 쓰였던 독립군 소총, 탄약 등 무기류
좌측 하단에 '의군義軍'이라고 쓴 표식이 있다.[294]

---

292) 박성수 등, 『현대사 속의 국군, 군의 정통성』, 전쟁기념사업회, 1990. 97~98쪽
　　육군본부, 『創軍前史』, 1980. 71~77쪽
　　윤병석, 『1910년대 국외항일운동 I - 만주·러시아』, 독립기념관 한국독립운동사연구소, 2009. 81~95쪽
293) 박성수 등, 『현대사 속의 국군, 군의 정통성』, 전쟁기념사업회, 1990. 90~91쪽
　　청산리 독립전쟁의 일본군 사상자 수는 북로군정서가 임시정부에 제출한 보고서에는 1,257명,
　　독립신문은 1,200여 명, 당시 중국신문인 요동일일신문은 2,000명으로 보도하였다.
　　이 전투를 지휘한 이범석은 그의 회고록「우등불」에서 3,300명이라고 기술하고 있다.(위의 책 132쪽)

　　1920년대 후반기의 독립운동은 초기에 비해 소규모로 전개되었는데, 정의부正義府의 의용대와 참의부參議府 독립군 및 신민부新民府 독립군의 독립전쟁을 들 수 있다. 일제가 만주지역을 강점하자 우리 독립군은 1931년 3월에서 1933년까지 한·중 연합작전으로 경박호전투, 영릉가전투, 쌍성보전투, 아성현전투, 대전자령독립전쟁 등을 실시하였다. 그 후 일본군이 공군까지 동원함에 따라 만주지역에서 독립전쟁을 수행할 수 없게 되자 중국본토로 이동하여 광복군 창설의 모체가 되었다.[295]

　　이처럼 우리 독립군은 종전의 의병군처럼 정식 국군은 아니었으나 나라가 없고 국군이 없을 때 낯선 이국땅을 무대로 혹은 소련군과 혹은 중국 유격대와 연합하여 일제를 대상으로 독립전쟁을 수행하였다. 비록 각 독립군의 이름과 소속은 달랐지만 그 실체는 모두 대한민국 독립을 위한 것이었다.[296]

광복군

　　1919년 4월 11일 중국 상해에서 수립된 대한민국임시정부[297]는 수립 초기부터 무력을 통한 독립전쟁을 준비하였다. 수립 초기 임시정부가 추진한 군사정책의 기본 골격은 1919년 12월 18일에 발표된 〈대한민국 육군임시군제〉, 〈대한민국 육군 임시군구제〉, 〈임시육군무관학교조례〉 등이었다. 〈육군임시군제〉에 따르면 임시정부는 13,000~30,000여 명 수준의 군단을 목표로 한 군대편성을 계획하였다. 이 임시군제는 실행에 옮겨지지는 못했지만 임시정부의 기본적인 군사정책으로 유지됨으로써 1940년 한국광복군을 창설하는 데 모태가 되었다.[298]

　　상해에서 수립된 임시정부는 수차례의 이동을 거쳐 1939년 5월 중국의 임시수도

294) 반병률,『1920년대 전반 만주·러시아지역 항일무장투쟁』, 독립기념관 한국독립운동사연구소, 2009. 243쪽
295) 박성수 등,『현대사 속의 국군, 군의 정통성』, 전쟁기념사업회, 1990. 91~93쪽
296) 김홍 편저,『한국의 군제사』, 학연문화사, 2003. 213쪽
297) 3·1운동 이후 국내외의 독립운동 세력은 여러 임시정부를 수립하였다. 만주와 소련령에서는 '대한국민의회'가 세워졌고, 국내에서도 13도 대표의 '국민회의'를 거쳐 '한성임시정부'가 세워졌으며, 상해에서는 '대한민국임시정부'가 수립되었다. 상해임시정부의 내무총장 안창호의 주도로 이들 세 임시정부가 1919년 9월 11일에 하나로 통합되었다.
298) 김광재,『한국광복군』, 독립기념관 한국독립운동사연구소, 2007. 3~4쪽

인 중경과 100여 리밖에 떨어지지 않은 기강에 도착하였다. 1940년 9월 임시정부는 청사를 기강에서 중경으로 이전하고, 1940년 9월 15일에 임시정부는 〈한국광복군 선언문〉을 통하여 국내·외 동포에게 광복군 총사령부의 창설을 알렸다. 〈한국광복군 선언문〉에서 한국광복군은 "중화민국 국민과 합작하여 우리 두 나라의 독립을 회복하고자 공동의 적敵인 일본 제국주의자들을 타도하기 위하여 연합군의 일원으로 항정을 계속한다."고 천명하였다. 아울러 "우리들은 한중연합전선에서 우리 스스로 계속 불단不斷한 투쟁을 감행하여 극동 및 아시아 인민중人民衆에서 자유 평등을 쟁취할 것을 약속한다."고 하였다.[299] 임시정부의 정부군으로서 광복군을 창설한 것이다.

한국광복군의 주된 임무는 크게 '파괴를 위한 임무'와 '건설을 위한 임무'로 구분된다. '파괴를 위한 임무'는 국내의 적들이 가지고 있는 모든 침략적 정치·경제·문화·교통 등 기구를 파괴하고, 국내 한인들이 지니고 있는 모든 봉건적 악습, 반혁명 세력 및 적들에 의부하려는 각종 악렬한 요소들을 파괴하며, 모든 한국혁명역량을 총동원하여 국제우방이 일체의 침략집단과 침략세력을 타도하는 데 협조하는 것이다. '건설을 위한 임무'는 대한민국의 건국방침에 입각하여 정치·경제·교육의 균등 제도를 수립하고, 민족과 민족, 나라와 나라 간의 평등 이상을 실현하며 우리를 평등하게 대하는 민족과 손잡고 세계평화와 인류행복을 촉진하기 위하여 협력하는 것이다.[300]

이러한 임무를 띤 '한국광복군총사령부성립전례'가 1940년 9월 17일에 중국 중경 重慶에 있는 가릉빈관嘉陵賓館에서 거행되었다. 식장 정문에는 태극기와 청천백일기가 교립交立되어 펄럭이고, 식장 좌우에는 "초나라가 비록 세 집만 남았어도 진나라를 멸망시킬 수 있다.(楚雖三戶可亡秦)"라는 표어와 "단군의 자손은 끝내 고국에 돌아가고야 말 것이다.(終見檀民還故土)"라는 표어가 붙어 있었다.[301]

광복군은 법제적 근원을 대한제국의 국군, 인적 맥락은 만주의 독립군에 두고 창

---

299) 국사편찬위원회, 『대한민국임시정부자료집 10권 한국광복군 I』, 한국사데이터베이스, 2005, 22. 한국광복군선언문(1940. 9. 15)
300) 국사편찬위원회, 『대한민국임시정부자료집 11권 한국광복군 II』, 한국사데이터베이스, 2005, 한국광복군소사(1943. 3. 1)
301) 육군본부, 『국군의 맥』, 1992. 322쪽

설되었다. 총사령부 성립예식에서 발표된 '총사령부성립보고'에서 "한국광복군은 일찌감치 1907년 8월 1일 군대해산 시에 곧 이어 성립한 것이다. 바꾸어 말하면 적인敵人이 우리 국군을 해산하던 날이 곧 우리 광복군의 창설의 때인 것이다"라고 대내외에 천명하였다. 광복군이 대한제국 국군의 후신으로 의병과 독립군의 항일 투쟁을 계승한 정통 무장단체라는 것이다. 광복군이 대한제국 국군의 계승을 천명한 것은 민족사의 군맥軍脈이 단절되지 않고 계승되었다는 자주의식의 표현이며 동시에 광복군이 민족사의 맥락을 이은 민족의 군대임을 강조한 것이다.[302]

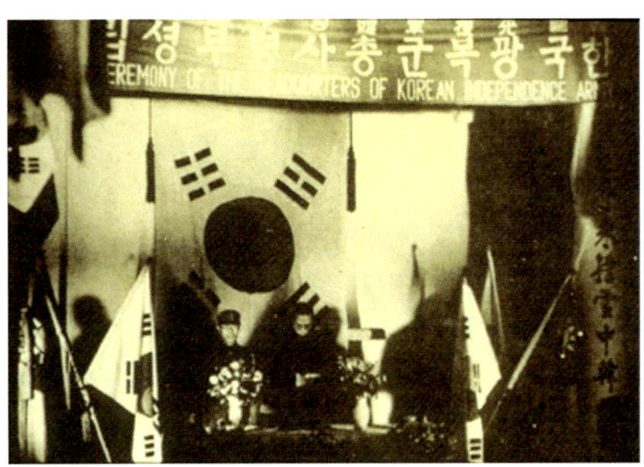

〈그림 1-10〉 한국광복군총사령부 창설식장면(출처 : 『한국광복군 전사』) 단상에 임시정부 김구 주석(우)과 이청천총사령관(좌) 모습이 보인다.

광복군 총사령부의 부대편성은 소대, 중대, 대대, 연대, 여단, 사단의 6단계로 부대를 구성하되 2년 내에 3개 사단 규모로 확장 발전시킬 계획이었다. 그러나 응모자가 부족하여 3개 지대를 편성하고 각 지대[303] 아래 각기 3개의 구대[304]를 두며, 각 구대에는 3개의 분대[305]를 편성하였다.[306] 1941년 1월 1일 '한국청년전지공작대'가 광복군에 편입하여 제5지대가 됨으로써 모두 4개 지대가 편성되었다.[307]

광복군은 창설 당시 대한제국 군대에서 사용하던 계급을 사용하였으나 '중국군사위원회' 통제를 받으면서 중국식 복제와 계급을 사용하였다가 임시정부가 다시 지휘하면서 편제의 개편과 함께 '표지'와 '복제' 등을 독자적으로 규정하였다. 계급 구조도 장관(정장, 부장, 참장), 영관(정령, 부령, 참령), 위관(정위, 부위, 참위), 하사관(특무정사, 정사, 부사, 참사), 병(상등병, 일등병, 이등병)이라는 광복군 본래의 계급을 다시 사용하게 되었다.[308]

302) 김광재, 『한국광복군』, 독립기념관 한국독립운동사연구소, 2007. 298~299쪽
303) 지대장은 중국식 계급 '상교'로 대한제국의 '정령'에 해당되며 1942년 5월 이후 소장으로 격상되었다.
304) 구대장은 중국식 계급 '소교'로 대한제국의 '참령'에 해당된다.
305) 분대장은 중국식 계급 '상위'로 대한제국의 '정위'에 해당된다.
306) 이상준 편, 『광복군 전사』, 대한민국재향군인회, 1993. 199쪽
307) 김광재, 『한국광복군』, 독립기념관 한국독립운동사연구소, 2007. 127쪽

임시정부는 1941년 12월 8일, 일제가 하와이 진주만의 미국 해군기지를 기습 공격함으로써 태평양전쟁을 도발하자 대한민국 임시정부는 대일선전성명서를 12월 9일 발표하여 정식으로 일본에 선전포고를 하고 미·영·일·소 4개국에 포고문을 발송하였다.

〈그림 1-11〉 광복군의 전투복, 전투모, 군화 (출처 :『육군복제사』)

대한민국임시정부의 〈대일선전성명서〉

吾人은 三千萬 韓國人民과 政府를 代表하여 삼가 中, 英, 美, 加, 濠, 和, 墺, 其他 諸國의 對日宣戰이 일본을 격파케 하고 東亞를 재건하는 가장 유효한 수단이 됨을 축복하여 玆에 특히 다음과 같이 성명한다.

1) 韓國全人民은 현재 이미 反侵略戰線에 참가하였으며 한 개의 전투단위로서 樞軸國에 宣戰한다.

2) 1910年의 合邦條約 및 一切의 不平等條約의 무효를 거듭 선포하며 아울러 反侵略國家의 한국에 있어서의 합리적 旣得權益을 존중한다.

3) 韓國, 中國 및 西太平洋으로부터 倭寇를 완전히 驅逐하기 위하여 최후의 승리를 얻을 때까지 血戰한다.

4) 일본세력 하에 조성된 長春, 南京政權을 절대로 승인하지 않는다.

5) 루즈벨트 처칠宣言의 各條를 堅決히 주장하며 한국독립을 실현키 위하여 이것을 적용하며 민주진영의 최후승리를 願祝한다.

대한민국23년 12월 9일
대한민국임시정부
성명서 1941년 12월 9일

〈표 1-53〉 대한민국임시정부의 〈대일선전성명서〉 (출처 :『자료대한민국사 제1권』)

임시정부는 포고문에서 대일 선전포고는 이미 22년 전(3.1민족해방과 임시정부의 수립)에 포고된 것이며 임시정부는 3천만 한인을 대표하는 기관으로서 독립 전투단위를 구성하여 전 세계 반일전선의 대일 총공세에 적극 참가하여 공동으로 항일전을 전개할 것을 원한다고 주장하였다.[309] 같은 해 11월 28일에 〈한국광복군 공

---

308) 김광재,『한국광복군』, 독립기념관 한국독립운동사연구소, 2007. 124~125쪽
309) 이상준 편,『광복군 전사』, 대한민국재향군인회, 1993. 203쪽

약)과 〈한국광복군 서약〉을 공포하였다. 1942년 10월 29일에는 '국가'와 '광복군 군가'를 제정하였다.[310]

1943년 8월에는 인도 영국총사령부의 요청으로 '인도 영국군 동남아 전구사령부'에 광복군 한지성 등 10명의 '인면전구공작대'를 인도에 파견하여 영국군의 대일전을 지원하였다. 공작대의 임무는 일본군의 전·후방에서 대적선무공작, 적정수집, 일본군 포로신문, 노획문서의 번역 등으로 인도 뉴델리와 캘커타에서 각종 특수훈련을 받고 활동을 전개하였다.

파견대장이었던 한지성의 기록에 따르면, 본래 1942년 겨울에 '조선민족혁명당' 총서기인 김약산은 인도 영국 총사령부의 요청에 의해 최성호, 주세민 등 두 명을 인도에 파견하여 영국 측이 수행하는 대일對日 공작을 협조하여 주었다. 영국 측은 그 성과에 만족하여 '대적 선전대'를 특설하고 '조선민족혁명당'은 '선전공작 연락대'를 파견하여 영국 측의 대일對日 작전을 원조함과 아울러 조선 독립을 촉성促成하기로 합의하였다. 이에 따라 김약산과 영국군 대표 맥킨지Colin Mackenzie 간에 1943년 5월에 협약을 체결하였다. 그러나 한·중·영 사이의 복잡한 문제로 중국 군사위원회의 권유에 따라 광복군 총사령부에서 공작대를 파견하게 되어[311] 1943년 6월에 한국광복군총사령관 이청천 장군과 영국군 동남아전구총사령부 대표 맥킨지 사이에 전문 12조의 〈한영군사상호협정〉을 체결하고[312] 파견하게 되었다.

임무를 수행한 지 얼마 되지 않아 일본군 '기무라' 소위 등 27명이 귀순해 왔고, 특히 버마(현재의 미얀마) 서쪽 벌판에서의 영국군 1개 사단병력이 완전 포위되어 전멸의 위기에 빠졌을 때, 일본군한테서 빼앗은 문서로 적정을 판단한 결과를 영국군에게 제공함으로써 사단병력이 포위망을 빠져나와 위기를 모면할 수 있었다.[313]

광복군의 인면전구공작대는 1943년 8월에 인도에 파견된 이래, 1945년 7월 활동을 종료할 때까지 2년 동안 인도·버마전선에서 활약했던 최초 파견대원들은 일본이 항복한 후 9월 10일 중경의 광복군총사령부로 복귀하였다. 이러한 활동은 일본

---

310) 김광재, 『한국광복군』, 독립기념관 한국독립운동사연구소, 2007. 186~187쪽
311) 국사편찬위원회, 『대한민국임시정부자료집 제12권, 한국광복군Ⅲ』, 한국사데이터베이스, 한지성, '인도공작대에 관하야'
312) 육군본부, 『국군의 맥』, 1992. 360쪽
313) 육군본부, 『創軍前史』, 1980. 244~245쪽

〈그림 1-12〉 인면전구공작대 대원 일동(출처 : 『한국광복군』)

군에게 심리적으로 큰 영향을 주었음은 물론, 영국군이 대일작전을 하는 데도 커다
란 도움을 주었다. 아울러 '인면전구공작대'는 광복군 최초의 해외파병으로 국제적
지위를 향상시켜 주는 데 크게 기여함은 물론 한국독립운동의 영역을 확대하였다
는 측면에서 그 의의가 크다.[314]

또한 광복군은 1945년 2월에 미국의 OSS(Office of Strategic Services, 미국전략첩보국)와
연합하여 한국인을 첩보원으로 활용한다는 '독수리 작전'을 계획하였다. '독수리 작
전'안은 1945년 2월 14일 중국전구 OSS의 비밀첩보과가 처음 작성한 것으로 2월 27
일 워싱턴 OSS본부에 보고된 후 승인되었다. 그 후 OSS 총수 도노반William J. Donovan
과 중국주둔 미군총사령관의 최종적인 승인을 얻어 실행에 옮겨지게 되었다. '독수
리 작전' 계획서에 의하면 60명의 대원을 선발하여 3개월간 첩보·통신훈련을 실시
한 다음 한반도의 5대 전략지점인 서울·부산·평양·신의주·청진 등지에 침투시킨다
는 것이었다.[315]

이들의 주요 임무는 해군기지·병참선·비행장을 비롯한 군사시설·산업시설·교통
망 등에 대한 정보수집이었다. 아울러 이들은 구축한 첩보망이 뿌리를 내리고, 연
합군의 북상이 한반도나 일본에 육박할 경우에는 일반적인 정보수집 외에도 지하

---

314) 김광재, 『한국광복군』, 독립기념관 한국독립운동사연구소, 2007. 226~227쪽
315) 김광재, 『한국광복군』, 독립기념관 한국독립운동사연구소, 2007. 240~241쪽

운동의 규모와 활동 및 한국인의 의식 등에 대한 정보를 수집하고 한국인의 대중봉기를 지원하는 것으로 계획되었다.[316]

'독수리작전'을 위한 훈련기지로 광복군 제2지대의 본부가 선정되었다. 광복군과 OSS는 광복군 제2제대 본부에 '한미합동지휘본부'를 설치하고 제1기 훈련에 광복군 50명을 선발하여 5월 21일부터 '첩보훈련반'과 '통신반'으로 나뉘어 정규훈련을 실시하였다. 그리고 12명으로 구성된 '무기훈련반'이 별도로 편성되어 실시되었는데 목적은 독수리기지 주변의 중국인 마을 및 외부 침입자를 막고 독수리훈련에 대한 보안을 유지하기 위한 경계병 훈련이었다.[317]

광복군의 OSS훈련은 8월 4일 종료되어 50명 중 38명이 수료하였으며 야전작전에 투입되는 것이 승인되었다. 1945년 7월 7일 제3지대 대원 22명이 안휘성 입황 부근의 다른 OSS기지에서 훈련을 실시하였으나 일제의 패망으로 훈련이 중지되고 말았다. 광복군 제2지대 소속의 OSS요원도 일본의 항복으로 국내진입작전이 실행되지 못하였다.[318] 따라서 광복군의 군사활동은 정규전의 작전형태보다 일본군의 정보통신 탐지와 정보수집에 많은 공을 세웠다고 할 수 있다.

일제가 항복하자 임시정부는 이범석 장군을 광복군국내정진군 총사령관으로 임명하여 미국 OSS 대원들(바튼 대령, 서전트 소령, 한국계 미군 정운수 대위)과 8월 18일 여의도 비행장에 도착, 일본군사령관으로부터 항복을 접수하려 했으나 일본군의 완강한 거부로 되돌아 갈 수밖에 없었다.[319]

광복군은 대한제국의 국군과 독립군을 계승하고, 30여 년에 걸친 항일무장투쟁의 전통을 기반으로 하여 창설되었다는 점에서 민족사의 맥락을 이어갈 민족의 자주독립군이었다. 나아가 민족혁명과 사회혁명을 수행하는 혁명군이자 새로운 국가의 건설이라는 건국군의 임무도 띠고 있었다고 할 수 있다.

---

316) 김광재, 『한국광복군』, 독립기념관 한국독립운동사연구소, 2007. 241쪽
317) 김광재, 『한국광복군』, 독립기념관 한국독립운동사연구소, 2007. 248~252쪽
318) 김광재, 『한국광복군』, 독립기념관 한국독립운동사연구소, 2007. 259~273쪽
319) 육군본부, 『국군의 맥』, 1992. 371쪽

대한민국 국군의 건군

한국광복군은 일찌감치 1907년 8월 1일 군대 해산 시에 곧 이어 성립한 것이다. 바꾸어 말하면 적인敵人이 우리 국방군을 해산하던 날이 곧 우리 광복군의 창설의 때인 것이다.
- 한국광복군총사령부 창설식 발표문(1940. 9. 17.)-

1907년 8월 1일에 일제에 의해 대한제국의 군대가 강제로 해산되고, 그로부터 3년 후인 1910년 8월 22일 대한제국과 일본제국 간에 강제로 이루어진 〈한일합방 늑약〉이 8월 29일 공포됨에 따라 대한제국이 일본제국에 편입되었다. 군대가 없는 나라는 존재할 수 없었고, 나라를 잃은 우리민족은 군대를 가질 수가 없었다. 그러나 일제 치하에서도 나라를 다시 찾겠다는 결사적인 항전은 나라 안팎 도처에서 끊이질 않았다.

비록 독립국가로서 자주적인 군대는 없었지만 의병군, 독립군 그리고 광복군은 민족의 정통성을 지키고 빼앗긴 국권을 되찾겠다는 사명감과 역사의식을 가지고 이슬처럼 자신의 목숨을 조국의 산하에 뿌렸다. 그리하여 일제 치하에서 국권이 상실되고 군권軍權이 단절되긴 했어도 오늘날 국군 탄생의 배경에는 그때의 광복군을 직접 계승했다고 볼 수 있으며, 광복군은 독립군과 의병군 그리고 대한제국의 국군을 계승한 것으로 그들은 모두 훗날 국군 창설의 모태요 정신적 지주가 되었다.[320]

---

320) 국방군사연구소, 『건군 50년사』, 1998. 4쪽

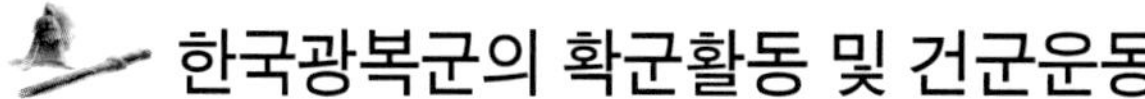# 한국광복군의 확군활동 및 건군운동

1945년 8월 15일, 드디어 해방을 맞았다. 일제 치하의 암울했던 역사적 수난기를 넘어온 우리 한민족은 조국광복을 맞아 다시는 나라 없는 설움을 겪지 않겠다는 일념하에 국방·군사조직의 건설에 힘을 모았다. 과거 국내·외에서 독립운동을 했거나 활동을 한 인재들이 자원하여 독립국가의 군대를 육성하고자 노력하였는데, 이를 이른바 '건군운동'이라 부른다.[321]

해방이 되자 광복군은 새로운 정부의 국군으로 전환을 본격화하였다. 일제 패망 후 김구가 이끄는 한국독립당(이하 한독당)의 당면전략은 대한민국임시정부가 연합국의 승인을 받고, 임정요인들이 조기에 귀국하는 것이었다. 그와 아울러 강제 징병되어 중국에 와 있던 수만 명의 일본군 소속 조선인 장병들을 받아들여 한국광복군을 확대하여 귀국하는 일이었다.[322]

한국광복군은 일본군내 '한적사병韓籍士兵'의 인원을 10만으로 추산하고, 이미 설치된 3개 지대 외에 7개의 '잠편지대暫編支隊'를 증설해 총 10개 지대로 광복군을 확장한다는 계획을 수립하였다.[323] 1945년 8월 28일 한독당은 제5차 임시전당대회를 통해, "적국(敵國, 일본) 한국사병을 국방군으로 개편한다."고 선언하고, "국방군을 편성하기 위하여 의무병역을 실시한다."는 입장을 표명하였다. 그리고 같은 해 9월 3일 김구는 임시정부 주석 자격으로 국내외의 동포에게 밝힌 임정 당면정책 13항에서, 일본군에 의해 학병, 징병으로 강제로 끌려갔던 '한적사병韓籍士兵'을 광복군으로 편입할 것을 천명하였다.

한국광복군은 각 지대에서 일본 점령지역에 군사특파원을 파견하는 동시에 1945년 10월 중순부터 중국 관내에 있던 청년동포와 일본 내의 한적사병을 접수하여 '잠편지대暫編支隊'를 한구, 남경, 항주, 상해, 북평, 광동과 광복군국내지대 등 7개 지역에 설치하고자 하였다. 이러한 '확군활동擴軍活動'을 통해 중국 각지에 있는 한인청

---

321) 국방부 군사편찬연구소, 『건군사』, 2002. 25쪽
322) 국사편찬위원회, 『재외동포사 총서13, 중국 한인의 역사(상)』, 한국사데이터베이스, 2011.
　　「중국국민당 통치지구의 조선인 사회 -한국독립당의 한국광복군 확군 운동-」
323) 한국사학회, 『사학연구 제55, 56합집호』, 1998, 877쪽.
　　정병준, 「1945~48년 대한민국임시정부의 중국 내 조직과 활동」

년들을 광복군으로 흡수 편입하여 광복군의 조직과 세력을 확대하고 국내에 들어가 이를 기반으로 국군을 건설하려 하였던 것이다.

그러나 임시정부 및 대한광복군은 국내외 사정으로 인해 그 뜻을 이루지는 못했다. 가장 큰 이유는 연합국의 전후 한반도 처리방침에 따라 임시정부가 독립운동단체 중 하나라는 이유로 승인되지 않았고, 이 연장선 상에서 한국광복군 역시 인정되지 않았기 때문이다. 한편 중국 국민당 측도 자국 영토 내에서 타국의 군사활동 내지 군대육성을 달가워하지 않았다.

중국측의 이러한 한국광복군 처리방침은 이미 1945년 말에 확정된 것이었다. 종전 직후 중국측은 한인교포와 한적병사처리문제에 관한 법률 〈한교한부처리판법韓僑韓俘處理辦法〉을 제정하였다. 이 법률은 한인교포와 한적사병을 일본교포·일본사병과 마찬가지로 일정지역에 집중하여 관리한 후 본국으로 송환한다는 내용인 것으로 보인다. 보다 상세한 처리방안은 1945년 12월 22일자 중국 군사위원회의 영2궁令二宮 제1,655호의 판법辦法으로 이는 종전의 〈한교한부처리판법〉을 수정한 것이다.

그 핵심은 일본군 내 한적사병을 한국광복군에 편입시키지 않고 중국군 내에 특별부서를 설치하여 관리한다는 것이었다. 즉 일본패망 이전 중국의 승인을 받은 한국광복군만을 승인하고, 한국교포와 한적사병은 모두 집중 관리하여 본국으로 송환하며, 한적사병의 편입 등을 통한 한국광복군의 확군擴軍을 금지한다는 것이었다. 중국 측이 이러한 조치를 내리게 된 주된 이유는 일본군 무장해제와 본국송환이라는 연합국의 일반적인 전쟁포로 처리방침과 대한민국임시정부와 한국광복군 불승인정책에 기인한 것으로 보인다.[324]

결국은 대한민국임시정부는 1945년 11월 1일 '대한민국임시정부 주화대표단駐華代表團'을 출범시켜 상주시키고 요인들은 개인자격으로 제1진과 제2진으로 나누어 환국하였다. 또한 더 이상 중국 관내에서 한국광복군을 유지할 수 없게 된 한국광복군총사령부 측도 한국광복군과 교포들의 수송이 완료된 다음에 최종 배편으로 귀국하기로 결심하였고 한국광복군 역시 조직체가 아닌 개인의 자격으로 귀국한다

---

324) 한국사학회, 『사학연구 제55, 56합집호』, 1998, 881~882쪽.
　　정병준, 「1945~48년 대한민국임시정부의 중국 내 조직과 활동」

는 태도를 취하였다.

한국광복군총사령관 이청천 장군은 주화대표단의 군무처장으로 남아 잠편지대의 편성작업을 계속 추진하였다. 그러나 '모스크바 3상회의' 직후 장개석 총통이 3상회의의 결정을 추인하면서 〈한국광복군복원령〉을 선포하였고, 미군정에서도 1946년 1월 21일에 '광복군국내지대'를 군사단체 해산령에 의해 해체시켰을 뿐만 아니라 한국광복군의 국군자격으로의 입국을 불허하자 35,000여 명을 편성한 선에서 '잠편지대'를 폐지하였다.

그리고 이청천 장군은 1946년 5월 16일에 '한국광복군복원선언'을 하고 광복군의 주력을 개인자격으로 환국시켰다.[325] 결국 한국광복군은 해방 직후 곧바로 귀국하지 못하고, 1946년 6월경에 한독당의 지휘 아래 대오를 형성하여 귀국한 사람은 500여 명에 불과하였다.[326] 그러다 보니 해방 이후 남한사회에서 전개된 건군활동에 조직적으로 직접 참여하는 것이 제한되었다.[327]

미군정美軍政하에서 건군운동이 계기가 되어 출발한 국군의 건설작업은 그렇게 순탄한 과정이 아니었다. 한국광복군의 확군과 환국이 제한되고 건군작업에 참여한 인사들은 처음에 출신과 이념적인 성향에 따라 군사단체를 조직함으로써 수많은 사설 군사단체[328]가 난립하는 양상을 초래하였다. 해방직후 국내에서 조직된 30여 개의 군사단체는 크게 우파적 군사단체, 좌파적 군사단체, 일본군 출신의 군사단체 등이 있었다. 이들 단체들의 규모는 차이가 있지만 대부분 자생적으로 조직된 단체라는 점에서 공통점이 있으나 '광복군국내지대'는 임시정부의 조직으로 출발했다는 점에서 차이가 있다.

임시정부는 환국하기 이전에 확군활동의 일환으로 오광선吳光鮮을 임명하여 국내에 '광복군국내지대'를 설치하였다. 만주에서 독립군으로 활동하던 오광선은 1945

---

325) 육군본부, 『국군의 맥』, 1992. 372쪽
326) 국사편찬위원회, 『재외동포사 총서13, 중국 한인의 역사(상)』, 한국사데이터베이스, 2011.
  「중국국민당 통치지구의 조선인 사회 -한국독립당의 한국광복군 확군 운동-」
327) 국방부 군사편찬연구소, 『군사 제88호』, 2013. 37쪽.
  이강수, 「해방 직후 대한민국 國軍의 창군과 그 역사성」
328) 주요 사설 군사단체 : 우파의 조선임시군사위원회, 학병단, 대한무관학교, 한국장교단 군사준비위,
  광복군국내지대, 육·해·공군 출신 동지회 등이 있으며, 좌파로는 조선국군준비대, 학병동맹, 조선
  국군학교, 육군사관예비학교 등이 있었다. (『국군의 맥』, 385~386쪽)

년 8월 하순부터 한국광복군을 국군자격으로 입국할 수 있도록 준비하고 있었다. 그러나 미국이 임시정부를 불승인하자 1945년 11월 1일 우선 '대한국군준비위원회'를 결성하고 '대한민국임시정부 절대지지'라는 표어 아래 광복군국내지대 조직을 착수하였다. 그리고 같은 해 11월 6일 한국광복군총사령관 이청천의 명령을 받고 '대한국군준비위원회'는 '광복군국내지대'로 정식 인가를 받았다. '광복군국내지대'는 오광선을 사령, 이승만·김승학을 고문으로 하고, 참모부 및 고급참모, 부관부, 교통부, 군의부, 헌무부, 선전부 등을 두었다.[329]

이와 같이 해방 직후 만들어진 군사단체들은 11월부터 통합운동이 추진되었고 12월 말 신탁통치 파동을 계기로 본격화되었다. 국가와 민족의 위기 속에서 '일정당—政黨 혹은 일정부—政府', 즉 특정정치단체의 군대가 아닌 '불편부당不偏不黨의 국민의 군대'로 나아가고자 하였다.[330]

그러나 미군정 당국은 국내외의 군사단체를 승인하지 않았고 남한에 진주한 직후부터 재편정책을 일관되게 추진하였다. 결국 건실한 군대를 육성하기 위한 자각과 염려하에 뜻있는 사람들이 모여 미군정청에 군대의 창설을 적극 건의하는 한편, 미군정청도 주변 정세와 사설단체의 난립에 따른 혼란 등을 극복하고 장차 독립정부의 군대로서 육성될 수 있는 국방군 건설계획을 추진하기에 이르렀다. 1945년 11월 13일 미군정법령 제28호로 〈국방사령부의 설치, 군무국의 창설 및 육·해군부의 설치, 경찰·군사기관의 금지〉를 발표하였다.[331]

〈미군정법령 제28호〉

제1조 조선의 종국의 독립을 준비하며, 세계국가에 오伍하야 조선의 주권主權과 대권大權의 보호, 안전에 필요한 병력兵力을 급속急速히 준비하며, 민간 안녕의 유지와 무질서에 대하야 민권民權을 엄호掩護하는 민간 경찰 기관의 보조 및 종교·언론의 자유, 재산권을 유지하며, 필요한 육·해군의 소집, 조직, 훈련, 준비를 시작하며, 국민의 정부혁명을 보호키 위하야 자玆에 조선군정청

---

329) 국방부 군사편찬연구소, 『군사 제88호』, 2013. 40~41쪽.
　　　이강수, 「해방 직후 대한민국 國軍의 창군과 그 역사성」
330) 국방부 군사편찬연구소, 『군사 제88호』, 2013. 43쪽.
　　　이강수, 「해방 직후 대한민국 國軍의 창군과 그 역사성」
331) 「미군정관보」, 1945년 11월 13일 기사

국방사령부를 설치함.

제2조 조선정부군무국을 정부의 국局으로서 창설함. 군무국내에 육군부, 해군부
　　　 를 설치함. 현재 경무국, 군무국은 국방군사령부의 감독·지휘하에 치함.

제3조 여하한 자와 단체라도 여하한 종류의 경찰, 육해군 군사활동의 소집, 훈련,
　　　 조직, 준비 및 경무, 군무국의 관할에 속하는 행동을 행사하지 못함. 단 국방
　　　 사령관 혹은 국방사령관이 인정한 기他 권리부여대행기관의 서면 인가를
　　　 득한 시는 제외함.

제4조 본령의 법규에 위반한 자는 군정재판에 의하야 처벌함.

제5조 본령은 1945년 11월 13일 오전 영시부터 유효함.

1945년 11월 13일

재조선미국육군사령관의 지령에 의하야

조선군정장관

미국육군소장 에·비·아놀드

이러한 건군운동은 민족의 자주적 노력이었으며 일제의 항복으로 인해 야기된 정치적 혼란과 행정의 공백을 수습하고 사회질서와 치안을 유지하는 데 기여하였으며 건국과 건군에 이바지할 수 있는 토대를 마련하였다. 또한 군사단체들은 대부분 건군운동 전개과정에서 "광복군을 모체로 국군을 편성해야 한다."는 합의된 인식을 하고 있었으며 이를 행동으로 실증하였다. 좌파계열의 군사단체들도 대부분 광복군의 편에 섰다.[332]

건군운동의 결과 '국방사령부'가 설치되고 그 예하로 1946년 1월 15일 '조선국방경비대'가 창설되면서 같은 해 1월 28일 '조선국방경비대'를 제외한 모든 군사단체의 해산을 명령받게 되어 광복군국내지대도 유명무실해졌다. 광복군국내지대는 해체하는 동시에 대원의 대다수는 국방경비대, 해안경비대에 편입하였고, 기타 대원들은 회사, 공장, 농장 등에서 건국에 이바지하기로 하였다.[333]

---

332) 육군본부, 『국군의 맥』, 1992. 392~394쪽
333) 동아일보(1946. 3. 4.), "해산 광복군 다수 국방 · 해안경비대로 편입"

 ## 조선경찰예비대(=남조선국방경비대), 조선경비대 창설

여러 가지 우여곡절 끝에 미군정청은 1946년 1월 15일에 미군정청국방사령부 산하에 '조선경찰예비대'를 창설하고, 1월 28일 국내 모든 군사단체를 '사설' 군사단체로 규정하여 '조선경찰예비대'를 제외한 모든 군사단체의 해산을 명령하였다. 한국측에서는 장차 독립된 국가의 국군으로 사명을 다한다는 긍지를 갖고 명칭을 '경찰' 대신에 '국방'을 삽입하여 '남조선국방경비대'라 호칭하였다. 경비대 창설요원은 1945년 12월 5일 개설된 '군사영어학교' 출신과 1946년 1월 24일 미 제40사단이 해체되면서 전입된 위관장교 18명이 주축을 이루었다.[334]

남조선국방경비대가 창설된 곳은 '태능'으로 일본군 지원병훈련소 자리였으며 현재의 육군사관학교가 있는 지역이다. 이곳에서 같은 해 1월 15일부터 제1연대 제1대대 A중대의 입대가 시작되었다. 같은 날에 최초로 20명의 장교들이 새롭게 편성된 경비대의 제1연대 간부요원으로 임명되었다.[335] 제1연대가 창설된 것이다. 1907년 8월 1일 일제에 의해 강제 해산되던 날로부터 38여 년 만에 맞이하는 우리 군대의 새로운 탄생인 것이다.[336] 여담이지만 필자의 육사 생도시절에 일본군 건물을 학교본부로 사용하다가 학교본부 건물을 새로 짓고, 철거한 그 자리에 연못과 도서관을 신축하였다. 이를 계기로 육군사관학교에서 일본식 건물이 모두 사라지게 되었다. 훗날 연못은 안전을 이유로 메꾸어졌다.

부대편성은 보병중대로부터 대대, 연대순으로 확대 편성하되 중대는 미군 보병 중대에 쥰하여 장교 6명, 하사관 및 병 225명으로 하였다. 제1연대를 필두로 하여 제8연대가 1946년 4월 1일 춘천에서 창설되었으며 제주도가 도道로 승격됨에 따라 1946년 11월 16일 제주도에 9연대가 창설되었다. 미국식에 의해 교육훈련을 실시하되 기본훈련 및 소총의 사용법과 폭동진압훈련에 중점을 두었다.[337]

1946년 4월 5일 미군정청 군사국에 의해 미국 육군의 군사제도를 수용하게 되었다. 그 후 국군 건군 시 체계 및 기구와 제반 운영문제를 전부 미국식으로 개선하기

---

334) 김홍 편저, 『한국의 군제사』, 학연문화사, 2003. 231쪽
335) 국방부 군사편찬연구소, 『건군사』, 2002. 25쪽
336) 김홍 편저, 『한국의 군제사』, 학연문화사, 2003. 232쪽
337) 육군본부, 『국군의 맥』, 1992. 398~401쪽

로 결정했으나 실제적으로 편제 및 교육제도는 미군의 것을, 병영생활 체계는 일본군의 것을 주로 수용하였는데 이것은 당시 대부분의 장교와 하사관들이 일본군대를 경험했기 때문이었다.

이로 인하여 우리 군에 일본군대의 악습이 여전히 화인火印처럼 일부 남아 있는데 이는 일본군대가 천황제하에서 장병들의 자발적인 애국심에 기반을 두기보다는 무조건적인 군기확립을 통해 운용되는 군대였기 때문이다. 일본군은 군기를 유지하는 방법으로 폭력을 주로 활용했다. 예를 들면, "모자를 삐딱하게 썼다, 병기손질이 불량하다, 청소상태가 불량하다, 규정집을 암기하지 않았다, 대답이 느리다, 동작이 둔하다, 소리가 작다, 태도가 건방지다."는 것들이 모두 폭력의 대상이 되었다. 그 결과 생활관은 고함소리, 욕설, 구타, 공포가 만연하였다고 한다. 폭력은 일본군의 체질이며, '사적제재'는 고난을 견디는 강한 군대를 만들기 위한 필수의 수단이라는 사고방식이 일본군 내에서 강했다고 한다.

그러나 아이러니하게도 러일전쟁 이후 일본군대가 직면한 최대의 문제는 군기강의 문란이었고, 중·일전쟁 이후에는 군기강 문란현상이 더욱 심해져서 군기 위반범 및 대상관 범죄가 증가하였으며 민간인에 대한 약탈·방화·강간·잔인한 학살과 포로학대 등 전쟁범죄를 야기하였다.[338] 이는 군기강 확립의 방법론에 있어서, 인류의 보편적 가치와 고유의 민족정신을 토대로 한 장병들의 자발적인 자유의사에 의한 것이 아니라, 욕설과 폭력에 의지하여 유지되는 것에 대해 역사가 주는 교훈일 것이다.

1946년 6월 15일 미군정법령 제86호가 반포됨에 따라 '남조선국방경비대'가 '조선경비대'로 개칭되었다. 1946년 9월 11일 지휘권이 한국군 장교로 일원화되었으며, 9월 28일 초대 경비대 총사령관대리에 이형근(대한민국 국군 군번 1번) 참령이 임명되었다. 이후 조선경비대는 1948년 8월 15일 대한민국 정부가 수립될 때까지 5개 여단 15개 연대로 확장되었다.

---

338) 국방부 군사편찬연구소, 『군사 제82호』, 2012. 234~236쪽.
　　박안서, 「군형법 제정의 역사적 배경과 관련 문제점」

<〈그림 1-13〉 국군의 전신인 '남조선국방경비대' (출처 : 『건군 50년사』)

경비대 간부의 양성

미군지휘관의 통역관 양성 및 군의 간부요원 확보를 위해 1945년 12월 5일 설치된 '군사영어학교'는 1946년 4월 30일 해체될 때까지 200명이 입교하여 110명이 임관하였다. 군사영어학교가 해체되자 1946년 5월 1일 태능에 '조선경비대훈련소'를 설치하여 본격적으로 경비대 장교를 양성했으며 한국측에서는 '경비사관학교' 또는 '육군사관학교'라 표기하였다. 조선경비사관학교는 1948년 9월 1일 조선경비대가 정식으로 대한민국 국군으로 편입되면서 '육군사관학교'로 개칭될 때까지 제1기생부터 6기생까지 1,254명을 배출하였다.[339]

당시 사관후보생 모집 대상을 보면, 제1기생은 고급하사관 이상, 제2기생은 군경력자 및 민간인, 제3기생은 대부분 경비대 하사관에서 추천, 제4기생은 경비대하사관에서 추천, 제5기생은 민간인, 제6기생들은 각 연대에서 우수한 하사관 및 병을 대상으로 모집하였다.[340] 초기 사관후보생의 주축이 경비대 출신 하사관이었다는 사실에 주목할 필요가 있으며, 이들은 6·25전쟁 시 중대장, 대대장, 연대장 또는 제대별 참모로서 그 소임을 다하여 국난극복의 최일선에 섰다.

특히 제6기생은 1948년 5월 5일에 282명이 입교하여 3개월간의 교육을 마치고

---

339) 육군본부, 『국군의 맥』, 1992. 406~409쪽
340) 육군사관학교, 『육군사관학교 50년사』, 1996. 48쪽

조선경비대 총사령부 특명 제104호(1949. 7. 27)에 의하여 7월 28일 235명이 임관하였다. 이들은 미군 군복이 아닌 최초의 국산 군복을 지급받은 사관생도였다. 임관 후 여수·순천, 지리산, 제주도, 오대산 지구 등에서 공비토벌의 제일선 지휘관으로 참전하여 혁혁한 전공을 세웠다. 특히 여순 공비토벌작전 때에는 비록 계급은 소위였으나 중대장직을 맡아 진두지휘하다가 전사한 동기생이 10여 명이나 되었다.

또한 6·25전쟁 때에는 중대장 및 대대장으로 참전하여 빛나는 전공을 세웠으나, 임관 이후 휴전이 될 때까지 전사 57명, 실종 37명 등 막대한 희생을 치러야 했다.341) 이는 임관자의 40%로 조선경비사관학교 출신 기수 중에서 가장 높은 비율로 전사한 기수이다. 임관자 중에서 21명이 장군으로 진급하였다.342)

남조선국방경비대의 계급호칭과 계급장은 1946년 1월 15일 남조선국방경비대 창설과 동시에 제정되어 사용하였으며, 같은 해 4월 5일에는 하사관 계급장도 제정하였다. 당시, 이에 대한 구체적인 제도는 없었으나, 입대와 동시에 이등병 계급을 부여하되 이를 최하 계급으로 정하고, 장교는 반드시 사관학교를 졸업해야 한다고 규정하였다. 계급호칭은 장교는 참위, 부위, 정위, 참령, 부령, 정령이라고 하였고 장군 계급은 없었다. 하사관은 참교, 부교, 특무부교, 특무정교, 대특무정교라 하였으며 병사는 이등병과 일등병이었다. 창군 당시의 국군은 모병제로 하사관은 대부분 병에서 진급시켜 충원시켰다. 신체검사와 자격조사를 통하여 건전한 사상과 건강한 신체의 소유자를 선발하였다.343)

🖋 국군 및 육군의 창설

'국군'이란 명칭은 제헌헌법 초안을 만들 때 정해졌다. 제헌국회 헌법제정회의록에 따르면 헌법학자 유진오 박사는 건국 헌법 초안에 대한민국의 군대를 '국방군'으로 명명하였다. 한국광복군에서 '국방군'이란 용어를 사용하였고 그에 따라 국방군

---

341) 육군사관학교, 『육군사관학교 50년사』, 1996. 77쪽
342) 육군사관학교, 『육군사관학교 50년사』, 1996. 52쪽
343) 육군3사관학교, 『논문집 제77집 1권(인문·사회과학편)』, 2013. 190~191쪽.
　　　서영남, 「부사관의 충원과 교육훈련 : 해방~6·25전쟁의 중심으로」

이라는 말이 일반적으로 쓰였던 것으로 보이는데, 이는 '국방부', '국방경비법', '남조선국방경비대' 등과 같이 건군 초기에 사용된 군 관련 각종 명칭에 포함된 '국방'이란 용어가 사용된 것으로 짐작할 수 있다.

1948년 7월 12일, 이승만 국회의장의 사회로 진행된 헌법초안 제3독회에서 대구 출신 윤치영 의원이 제6조 "대한민국은 모든 침략적인 전쟁을 부인한다. 국방군은 국토방위의 신성한 의무를 수행함을 사명으로 한다."에서 '국방군' 대신 '국군'으로 명칭을 변경했으면 좋겠다는 제안을 했다. 그 이유는 다음과 같다. "국군이라고 할 것 같으면 우리 군사에 대한 총칭입니다. 그러므로 국방군이라는 이름을 쓴다면 이 다음 총사령관이 지휘할 때 대내외적으로 좁은 것이 되고 국군 안에 자연 국방군이 포함되는 것입니다. 그러므로 글자 하나 고친다고 하는 것은 특별한 이유가 없고 국방군을 그만두고 국군이라고 하면 여러 가지 참고가 생기게 됩니다. 그런 의미에서 이것을 고치자고 제안합니다." 이 제안에 대한 거수투표가 실시됐다. 결과는 제적의원 161명 중 찬성 125명, 반대 12명으로 대한민국 군대의 이름을 '국군'으로 확정됐다. 그 후 국군의 조직과 관련해 〈국군조직법〉이 제정돼 대한민국의 군대는 헌법과 법률에 의해 그 명칭이 '국군'으로 정해지게 되었다.[344]

사실 이러한 '국군'이란 용어가 새로운 것은 아니다. 대한제국 시대인 1905년 10월 24일에 공표된 칙령 제44호인 〈의정부관제중개정건〉과 제46호인 〈중추원관재중개정건〉을 보면 '국군'이란 용어를 사용하고 있다. 칙령 제44호는 의정부관제에 "의정부에서 경의經議한 국군 주요사항과 법률·칙령의 제정 및 폐지 또는 개정에 관한 사항은 중추원에 자순諮詢하여 협의한 후에 상주함."이란 조항을 추가하라는 내용이다. 칙령 제46호는 중추원관제에 "국군 중요사항과"란 문구를 추가하라는 내용이다.[345]

또한 해방 직후 건군운동 시에 설립된 '대한국군준비위원회', '조선국군준비대', '조선국군학교' 등과 같이 다수의 군사단체에서도 '국군'이란 용어를 좌·우파의 성향을 떠나 사용하였다.

이상의 내용에서 본다면 '국군'이란 용어가 대한민국이 건국되고 군대가 건군되

---

344) 국방일보(2006. 10. 2.), "국군 이름의 유래" 기사를 보완하였다.
345) 「관보 제3,282호」, 광무9년 10월 28일 기사

면서 처음 사용된 용어가 아니라 이전부터 사용되어온 용어로 대한제국의 국군, 의병, 독립군, 광복군을 거친 정통성과 역사를 갖고 있는 용어임을 알 수 있다.

1948년 7월 17일 대한민국헌법이 공포된 같은 날에 법률 제1호로 공포된 〈정부조직법〉에 따라 '국방부'가 설치되었고, 1948년 8월 15일 대한민국 건국과 더불어 미군정이 종식되자 통위부의 행정이 국방부로 이양되었다. 8월 15일 13:30경, 대한민국 건국을 축하하기 위한 군의 사열식이 거행되었다. 군 사열식은 훗날 〈국군조직법〉에 의한 공식적인 국군 창설이란 법적 절차가 남아 있었지만, 사실상 국군의 출범을 알리는 신고식이나 다름없었다.[346]

8월 16일, 초대 국방부장관으로 취임한 이범석 장군은 같은 날 하달한 국방부 훈령 제1호인 〈국군장병에게 보내는 훈령〉을 통해 "금일부터 우리 육·해군 각급 장병은 대한민국의 국방군으로 편성되는 명예를 획득하게 되었다."고 공포하였으며 국군을 육성시킴에 있어 광복군의 독립투쟁정신을 계승토록 하겠다고 하였다.

그 후 1948년 9월 1일 '조선경비대'와 '조선해안경비대'의 국군 편입이 이루어졌고, 그 명칭도 9월 5일 각각 '육군'과 '해군'으로 개칭되었다. 그러나 이 같은 잠정적인 명칭은 같은 해 11월 30일 법률 제9호인 〈국군조직법〉이 공포되고, 12월 7일 대통령령 제37호로 〈국방부직제령〉이 제정됨으로써 1948년 12월 15일부터 통위부가 국방부로, 조선경비대와 조선해안경비대가 각각 대한민국 육군과 해군으로 정식 편입되고 법제화되었다.[347]

 제12조 육군은 정규군과 호국군으로써 조직한다.

육군 정규군이라 함은 평시, 전시를 막론하고 법률에 의하여 항상 존재하는 상비군을 말한다.

육군의 병종은 보병, 기병, 포병, 공병, 기갑병, 항공병, 방공병, 통신병과 헌병 등으로써 구성한다.

육군에 참모, 부관, 감찰, 법무, 병참, 경리, 군의와 병기 기타의 부문을 둔다.

육군 호국군이라 함은 법률에 의하여 일정한 군사훈련을 받은 자와 기타로써 조직하는 예비군을 말한다.

〈표 1-54〉 〈국군 조직법〉 제12조(출처 : 관보 제17호, 1948년 11월 30일)

---

346) 국방부 군사편찬연구소, 『건군사』, 2002. 160쪽
347) 육군본부, 『국군의 맥』, 1992. 420~421쪽

<국방부직제령>에 따라 '조선경비대총사령부'는 '육군총사령부'로 개칭되었으며, 12월 15일에 다시 '육군본부'로 개칭되었고 '육군총사령관'을 '육군참모총장(초대 이응준 준장)'으로 불렀다. 1948년 9월 5일 기준으로 예하부대로는 보병 5개 여단(15개 연대)과 1개 지원부대로 편성되었고, 병력은 장교 1,403명, 사병 49,087명으로 총 50,490명이었다.[348]

〈그림 1-14〉 육군 창설 당시 사용된 최초의 육군기(출처 : 육군박물관)

육군은 국방태세 강화의 일환으로 연대의 증설이 순조롭게 진행되자 1949년 5월 21일 <국군조직법>에 의거하여 육본일반명령 제15호로 각 여단을 사단으로 승격 개편하였으며, 1949년 6월 20일 기준 육군은 총 8개의 사단 22개 연대를 보유하게 되었다. 사단은 3개 보병연대 및 1개 포병대내와 지원부대로 편성되었으며 병력은 장교 625명, 사병 9,936명으로 합계 10,561명이었으나 38선의 경비임무를 담당한 사단에만 적용되었고, 후방사단은 통상 지원부대도 제대로 갖추지 못했을 뿐만 아니라 2~3개 연대 규모로 편성된 것에 불과하였다.[349] 1년 후 6·25전쟁이 발발했고 당시 육군은 겨우 중대훈련을 마친 수준이었다.

348) 국방부 군사편찬연구소, 『건군사』, 2002. 162~163쪽
      육군본부, 『국군의 맥』, 1992. 427~428쪽
349) 육군본부, 『국군의 맥』, 1992. 430~431쪽

국군의 정통성

우리 군의 역사는 우리 겨레의 기원과 함께 시작되었다. 배달국을 건국한 한웅천왕桓雄天王의 풍백, 우사, 운사를 지휘자로 하는 3,000명의 무리로부터 시작된 것이다. 이로부터 이어지는 국군은 단군조선을 거쳐 고구려·백제·신라로 이어졌으며 고려를 지나 조선시대를 거쳐 대한제국의 국군으로 이어졌다. 그리고 일제 강압에 의한 군대의 해산과 대한제국의 몰락, 이어진 국가 주권의 상실로 일제의 암흑기가 시작되었다.

1945년 8월 15일 광복을 맞이하여 많은 사설단체에 의한 '건군운동'이 있었으나 1948년 8월 15일 대한민국이 건국이 되고, 1948년 8월 16일의 국방부 훈령 제1호에 의거 1948년 9월 1일 '조선경비대'와 '조선해안경비대'의 국군 편입이 이루어졌고 명칭도 9월 5일 각각 '육군'과 '해군'으로 개칭되었다. 이 같은 잠정적인 명칭은 그 후 〈국군조직법〉이 공포되고, 〈국방부직제령〉이 제정됨으로써 12월 15일부터 대한민국 육군과 해군으로 정식 편입되고 법제화되었다.

이상의 내용만 본다면 우리나라의 국군의 맥이 일제 암흑기 동안 단절되지 않았나 하는 의구심과 국군의 정통성에 대한 문제가 대두된다. 정통성이란 그 사회의 정치체제, 정치권력, 전통 등을 올바르다고 인정하는 일반적인 관념을 말한다. 대한민국의 헌법 전문에서 대한민국 임시정부의 법통을 계승한다고 천명하고 있어 정통성을 확보하고 있으므로 이와 연계하여 국군의 건군에 대한 전통성도 함께 부여받은 것이다.

즉 이미 앞에서 살펴보았듯이, 1894년 시작된 민병 성격의 의병활동이 1907년 8월 1일 대한제국 국군이 해산되고 해산된 대한제국의 국군이 의병과 합세하면서 국군의 성격을 띠게 되었다. 이 의병이 후에 독립군으로 발전하는 모체가 되고 독립군은 광복군의 초석이 되었다.

안중근 장군은 1909년 10월 26일 09:30경 하얼빈 역에서 이토 히로부미를 총살로 응징하고 일제의 공판장에서 "나는 의병의 참모중장으로 독립전쟁을 했으며, 또 참모중장의 자격으로 그를 총살했으므로 국제법상 전쟁포로로 예우되어야 한다. 따라서 이 재판은 무효다."라고 주장하였다. 이는 우리 국군이 일제의 강제해산에도 불구하고 여전히 실존하고 있었다는 사실, 그리고 의병으로서의 임무를 수행하고 있다는 사실을 입증한 것이다.

1940년 9월 15일에 임시정부는 광복군 총사령부의 창설을 국내·외에 알리고 9월 17일에 '한국광복군총사령부 창설식'을 거행하였다. 이때 발표된 '총사령부 성립보고'에서 "한국광복군은 일찌감치 1907년 8월 1일 군대 해산 시에 곧 이어 성립한 것이다. 바꾸어 말하면 적인敵人이 우리 국방군을 해산하던 날이 곧 우리 광복군의 창설의 때인 것이다."라고 천명하였다. 이는 대한민국 임시정부의 국군인 광복군이 대한제국 국군의 후신으로 의병과 독립군의 항일 투쟁을 계승한 정통 무장단체임을 강조한 것이라고 할 수 있다.

또한 광복 이후 건군과정에서 대부분의 사설 군사단체들은 "광복군을 모체로 국군을 편성해야 한다."는 합의된 인식을 하고 있었으며 행동으로 구체화하였다. 1948년 8월 16일, 대한민국의 초대 국방부장관으로 취임한 이범석 장관350)은 국군을 육성시킴에 있어 광복군의 독립투쟁정신을 계승토록 하겠다고 하였다. 이렇듯 우리 국군은 일제의 암흑기에도 그 정체성을 잃지 않고 의병 → 독립군 → 광복군으

〈그림 1-15〉 '사랑의 학교' 하굣길에서 어린이들을 인솔하고 있는 상록수부대원

유엔 평화유지활동(PKO)을 위해 아프리카 소말리아에 상록수부대를 파병한 것은 건국 후 월남전·걸프전에 이어 세 번째 해외파병이다. 상록수부대는 1993년 6월 30일 선발대가, 7월 31일에 본대가 소말리아 발라드에 도착하여 내전의 장기화로 기아와 절망에 허덕이고 있던 소말리아에 사랑과 평화를 심고, 소말리아 평화 정착과 대한민국의 국위선양에 크게 기여하였다.

---

350) 이범석 장관은 광복군 2지대장을 역임하였고 '청산리전투'를 지휘하였으며 광복군 참모장이자 중국 육군 제55군사령부 참모장 대리를 수행한 경력을 갖고 있다.(건군사, 266~272쪽)

로 그 맥을 이어 왔으며 광복 후 국군을 건군함에 있어서도 광복군의 독립투쟁정신을 계승함으로써 그 정통성을 이어오고 있다.

세계사 속에서 수많은 국가와 군대들이 운명을 같이하며 명멸明滅하였지만 대한민국 국군은 배달국의 천군天軍으로부터 역사 속에서 면면히 이어져 오늘에 이르고 있다. 현재의 대한민국 국군은 국가수호뿐만 아니라 세계의 분쟁지역에서 평화유지군으로 세계평화에 기여하고 있다.

육·해·공군의 창설기념일과 국군의 날 제정

육군은 우리 군의 전신인 '남조선국방경비대'가 창설된 1946년 1월 15일을 육군의 창설기념일로 삼아 1947년 1월 15일에 조선경비대 창설 1주년 기념식을 거행하였다. 1948년 대한민국 건국 이후에는 '육군창설 기념행사'로 개칭되어, 1955년 1월 15일에 육군창설 제9주년 기념행사를 시행하기까지 육군 자체적으로 창설기념행사를 하였다.

해군은 1945년 11월 11일 미 군정청의 승인하에 조선해사협회본부에서 창설요원 70여명이 모인 가운데 '해방병단' 결단식을 가졌고 1945년 11월 14일 진해 기지에서 시무식을 거행하였다. 이후 해군은 11월 11일을 해군창설 기념일로 정하고 1954년 11월 11일에 해군창설 제9주년 기념식까지 창설기념행사를 거행하였다.

공군은 〈국군조직법〉제23조인 "육군에 속한 항공병은 필요한 때 독립된 공군으로 조직할 수 있다."는 데 근거하여 1949년 10월 1일 대통령령 제254호로 창설되었다. 육군항공사령부 1,600명의 병력과 20대의 연락기를 가지고 육군에서 분리되어 독립된 공군을 창설한 것이다. 공군은 10월 1일을 공군창설 기념일로 정하고 1955년까지 제7회 항공일 기념행사를 자체적으로 거행하였다.

해병대는 여수·순천사건 진압과정에서 바다에서 육지로 진입하는 상륙부대인 해병대의 필요성을 절감하여 1949년 4월 15일 진해 덕산비행장에서 380명이 모인 가운데 창설식을 거행하였다. 1949년 5월 5일 대통령령 제88호인 〈해병대령〉 제1조에 "해군에 해병대를 둔다."고 공포함으로써 해병대 창설이 추인되었다.351) 그 후

해병대는 4월 15일에 자체적으로 창설기념일행사를 실시하였다.[352]

육군, 해군, 공군, 해병대 등 각 군이 자체적으로 창설기념일을 정하고 기념행사를 거행해 오던 중 1955년 8월 30일 국무회의 의결을 거쳐 대통령령 제1,084호인 〈육·해·공군 기념일에 관한 건〉이 공포되어 육군은 10월 2일, 해군은 11월 11일, 공군은 10월 1일, 해병대는 4월 15일로 각각 제정되었다.[353] 다른 군들은 기념일이 변화가 없었지만 육군 기념일이 1월 15일에서 10월 2일로 바뀐 것은 6·25전쟁 시 육군에서 38선을 최초로 돌파한 날을 기념하기 위해서였다.

국무회의 심의 시에 38선 돌파일의 기준을 설정함에 있어서 ① 10월 1일 이전 중대급 이하 부대의 38선 돌파, ② 10월 1일 3사단 23연대 3대대의 38선 돌파, ③ 10월 1일 이후(10월 2일) 사단급 사령부의 38선 돌파 중에서 사단급 사령부의 38선 돌파를 기준으로 삼았기 때문이다. 38선 돌파는 10월 1일 이전에는 소규모의 병력을 수색 목적으로 투입하였고, 10월 1일에 제3사단 23연대가 양양을 목표로 북진하여 3대대 2개 중대를 선두로 38선을 돌파하여 양양으로 진입하였으며, 10월 2일 제3사단 및 수도사단 사령부가 38선을 돌파하여 양양에 지휘소를 개설하였다.

이처럼 각 군별로 실시된 기념일이 물적·시간적 낭비를 초래하여 개선할 필요가

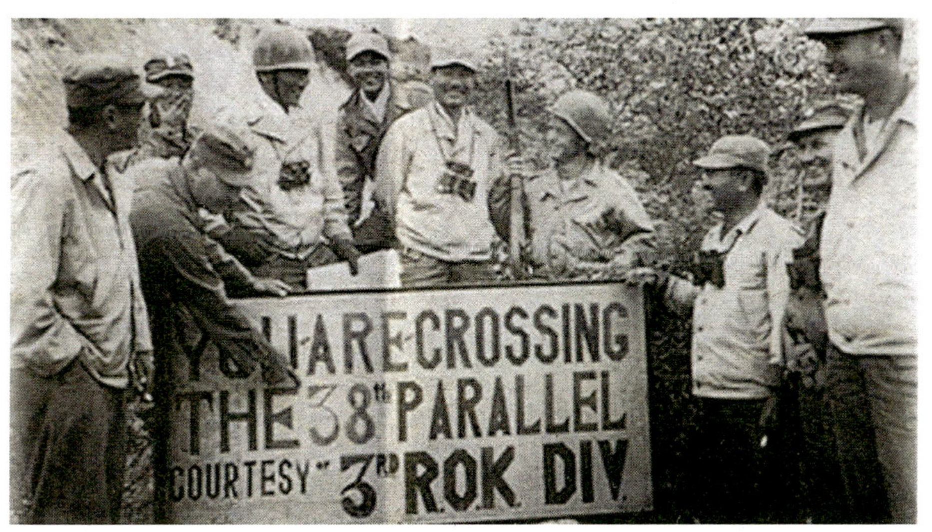

〈그림 1-16〉 1950년 10월 1일 38선 돌파를 기뻐하는 한·미 장병들 (출처 : 『국군의 맥』)

---

351) 『관보 제84호』, 1949년 5월 5일 기사
352) 육군본부, 『국군의 맥』, 1992. 520~523쪽. 세부적인 사항은 『건군사』129~219쪽 참조
353) 『관보 제1,393호』, 1955년 8월 30일 기사

있었고 대한민국 국군으로서 일체감을 조성하여 확고한 국방태세를 다지고자 1956
년 9월 21일 대통령령 제1,173호 〈국군의 날에 관한 건〉에[354] 의거하여 제3사단 23
연대 3대대가 최초로 38선을 돌파한 10월 1일을 '국군의 날'로 제정하여 공포하면서
각 군별 기념일이 폐지되었다.[355] 1976년 10월 1일부터 국군의 날이 국가 공휴일로
지정되어 온 국민이 경축해 왔으나, 1995년부터 국가 공휴일에서 제외되었다.

---

354) 「관보 제1,645호」, 1956년 9월 21일 기사
355) 육군본부, 『국군의 맥』, 1992. 523~530쪽.

국군의 가치 체계 형성

> 한국광복을 위여 헌신하고 일체를 희생하겠음.
> 대한민국의 건국강령을 절실히 수행하겠음.
> 임시정부를 적극 옹호하고 법령을 절대 준수하겠음.
> - 〈한국광복군 서약〉 중에서(1941. 12. 28.)-

현대를 살아가는 대부분의 사람들은 하나 또는 그 이상의 조직 구성원으로 활동하고 있으며, 설혹 프리랜서라 할지라도 어떤 형태로든 주변의 많은 조직과 연관을 맺고 있다. 우리가 어떤 조직에 속해 있든 우리는 조직이 추구하는 방향에 따라 행동하게 되며, 이러한 조직에 속함으로써 우리의 삶을 보장받고자 한다. 조직이란 어떤 공동목표를 향하여 함께 활동함으로써 이익을 얻을 수 있다는 것을 아는 둘 이상의 사람들로 구성된 집단으로 목표를 가지고 있으며 그러한 목표를 달성하기 위해 계획을 세우고 필요한 자원을 획득하여 할당한다.

조직은 상호작용을 통해 사회적·문화적 환경으로부터 많은 가치를 받아들여서 조직의 목표 및 가치 체계를 구성하며 전체 사회체제의 목표 및 가치에 영향을 미친다. 모든 조직은 하나의 실체로서 추구하는 핵심이념이 있고 사회로부터 부여받은 사명과 그 조직이 추구하는 목표가 있다. 이러한 사명과 목표에 따라 조직의 활동범위와 방향이 설정되고 핵심가치에 따라 구성원의 행동이 규제된다.

'핵심이념'이란 조직의 존재이유이고 궁극적인 목적으로 조직이 지향하는 바가 무엇인지를 담고 있다. '사명'이란 조직이 나아갈 길을 제시하는 근본적인 존재이유이다. '핵심가치'는 조직의 필수적이고 영속적인 신념으로 특수한 문화나 운영지침과는 다르다.356) '목표'란 조직이 미래에 달성하고자 하는 것을 의미한다.

사명과 목표를 얼마나 잘 구현하느냐 하는 것은 그 조직이나 집단의 유효성의 문제로서 유효성이 높을수록 그 존재 의의도 높아지며 그 조직에 대한 신뢰가 제고된다. 따라서 모든 조직이나 집단은 부여된 사명이나 목표를 달성하기 위한 노력을 통하여 조직의 유효성을 증가시키고자 한다. 유효성이 있는 조직 또는 집단이란 외부로부터의 요청을 만족하게 처리하면서 내부적으로 강인하고 자기 목표를 향하여 전진할 수 있는 조직이나 집단을 말한다.

물론 군조직도 예외는 아니다. 우리 군도 유효성이 높은 조직이 되기 위해 변화하는 국가와 국민의 요구에 부응하도록 이념과 사명 그리고 목표를 설정하고 핵심가치를 추구하면서 발전적 진화를 거듭해 왔다.

국군의 이념이란 대한민국 군대가 지향해야 할 방향과 목적을 제공해 주는 신념체계이다. 국군의 이념은 국군의 존재 의의, 또는 존재 목적에 의해서 결정되며 국군의 기본성격을 규정한다.357) 이러한 국군의 이념은 자유민주주의와 국제평화주의를 천명한 대한민국의 건국이념을 바탕으로 민족사와 더불어 면면히 내려온 국군의 정기를 계승하는 한편, 의병·독립군·광복군의 자주독립정신과 건군 과정에서 이념대립의 현실에 따른 반공정신을 토대로 하는 군의 사상적 지표였다. 이 이념은 미군정하에서 경비대가 자주독립정신과 반공·민주정신으로 일체화하면서 정규 국군으로 성장하는 과정에서 형성되었다.358)

〈한국광복군 공약〉과 〈한국광복군 서약〉

1940년 9월 15일, 임시정부는 광복군 총사령부의 창설하고 9월 17일에 '한국광복군총사령부' 창설식을 거행하였다. 창설식에서 광복군의 임무를 "일제의 잔재를 파괴하고 민주사회를 건설"하는 것으로 규정하고, 이에 부합하도록 1941년 11월 28일

---

356) 육사 화랑대연구소, 『육군의 임무·목표·역할·비전의 상호연계성 및 적절성 연구』, 2010. 4~11쪽
357) 국방부, 『정신교육기본교재』, 1989. 598쪽
358) 국방부 군사편찬연구소, 『건군사』, 2002. 49쪽

〈한국광복군 공약〉과 〈한국광복군 서약〉을 제정하였다.

〈한국광복군 공약〉과 〈한국광복군 서약〉의 제정은 광복군을 임시정부의 군대로 발전시키고 대한민국 건국강령을 이념으로 한 독립군으로 편성하여 민족주의 독립군으로 발전시키려는 임시정부의 확고한 결의를 보인 것이라고 할 수 있다.[359]

제1조 : 무장적 행동으로의 적의 침탈세력을 박멸하려는 한국남녀는 그 주의(主義) 사상(思想)의 여하를 막론하고 한국광복군의 군인 될 의무와 권리가 유함.

제2조 : 한국광복군의 군인 된 자는 대한민국 건국강령과 한국광복군 지도정신에 위배되는 주의를 군 내·외에 선전하여 조직함을 부득함.

제3조 : 대한민국의 건국강령과 한국광복군 지도정신에 부합되는 당의·당강·당책을 가진 당은 군내에 선전하고 조직함을 득함.

제4조 : 한국광복군의 정신과 행동을 통일하기 위하야 군내에 일종 이상의 정치조직을 치함을 불허함.

〈표 1-55〉 〈한국광복군 공약〉(출처 : 『대한민국임시정부자료집 11권 한국광복군Ⅱ』)

본인은 적성(赤誠)으로써 좌열 각 항을 준수하옵고 만일 배신하는 행위가 유하면 군의 엄중한 처분을 감수할 것을 이에 선서하나이다.
1) 한국광복을 위하야 헌신하는 일체를 희생하겠음.
2) 대한민국의 건국강령을 절실히 준행하겠음.
3) 임시정부를 적극 옹호하고 법령을 절대 준수하겠음.
4) 광복군 공약과 기율을 엄수하고 장관 명령에 절대 복종하겠음.
5) 건국강령과 지도정신에 위배되는 선전이나 정치조직을 군·내외에서 행치 않겠음.

〈표 1-56〉 〈한국광복군 서약〉(출처 : 『대한민국임시정부자료집 11권 한국광복군Ⅱ』)

〈한국광복군 공약〉 제2조에 한국광복군의 군인 된 자는 대한민국 건국강령과 한국광복군 지도정신에 위배되는 일체의 것을 금지하고 있다. 또한 한국광복군 서약에서는 한국광복을 위해 헌신하고 대한민국의 건국강령을 철저히 수행하며 임시정부를 적극 옹호하고 법령을 절대 준수하도록 강조하고 있다.

제헌헌법 전문에 표방된 건국정신인 자주독립정신과 민주국가에 대한 확신은 한국광복군의 임무에 그 뿌리를 두고 있다. 대한민국 국군이 건군되자 이범석 초대 국방장관은 건군의 방향을 설정함에 있어 "군의 정신은 광복군과 독립투쟁정신을 계승한다."고 천명하여 건국이념의 토대인 독립투쟁정신과 자주독립국가에 대한

---

359) 이상준 편, 『광복군 전사』, 대한민국재향군인회, 1993. 211~212쪽

민족적 자각과 소명의식을 건군의 정신으로 삼아 계승하고자 하였다. 이러한 정신적 계승의 노력은 〈국방부 훈령 제1호〉와 〈국군 3대선서〉 그리고 〈국군맹세〉 등을 통해 더욱 구체화되었다.[360]

국방부 훈령 제1호 〈국군장병에게 보내는 훈령〉

1948년 7월 12일 제정되어 7월 17일 공포한 제헌헌법의 제6조에서 규정한 국군의 사명은 '국토방위의 신성한 의무를 수행'하는 것이었다. 이에 따라 대한민국 초대 국방부장관에 취임한 이범석 장관은 국방부 훈령 제1호를 통해 건군목표와 정신을 명시화하였다. 훈령에서는 국군의 성격을 '국방군'으로 규정하는 한편, 모든 장병에게 실천을 당부하며 내건 정신적 요체는 진충보국盡忠報國, 군기엄수軍紀嚴守, 친애협동親愛協同, 미덕발양美德發揚, 근면충실勤勉忠實, 정성단결精誠團結 등이었다. 아울러 당시 국군을 청년국군이라고 하면서 전 국민의 애호愛好를 받고 국민의 생명을 보호해야 한다는 점을 군의 사명으로 제시하였다.[361] 대한민국의 국군이 "국민을 위한 국민의 군대'라는 성격을 분명히 한 것이다.[362]

국방부장관이 제시한 건군이념은 국방정책을 수행하는 과정에서 건군 지도지침으로서 정병양성을 위한 사병제일주의士兵第一主義로 제시되었다. 광복군의 지휘관으로 33년간에 걸쳐 조국의 독립을 위해 싸운 경험을 토대로 정병주의精兵主義에 입각하여 군인 개개인의 자질을 조속히 향상시켜 국군의 질적 수준을 평준화시킴으로써 선진 민주국가의 우수한 군대와 대등한 자질을 가지게 한다는 것이었다. 이는 국방의 핵심을 인재양성에 두었음을 의미한다.[363]

훈령과는 별도로 국방부의 채병덕 초대 국방참모총장은 1948년 10월에 언론을 통해 건군의 기본이념과 국군의 사명을 발표한 바가 있다. 채병덕 참모총장은 건군의 기본이념을 '모든 침략전쟁을 부인하며 국토와 민족을 보위하는 정당한 권위를

---

360) 국방부 군사편찬연구소, 『건군사』, 2002. 50~51쪽
361) 국방부 군사편찬연구소, 『건군사』, 2002. 51~52쪽
362) 국방부, 『정신교육기본교재』, 1989. 585쪽
363) 국방부, 『정신교육기본교재』, 1989. 586쪽

보유하는 국방군을 창설'하는 것이라고 하였다. 아울러 국군의 사명을 "국토와 민족 방위, 즉 국방은 외국의 내침에 대하여 국토를 방위하고 민족을 보위하며 주권을 옹호하는 3대 조항을 의미한다."고 하였다.364)

이러한 국방부장관 및 국방참모총장의 건군과 국군의 사명에 대한 생각은 향후 국군의 제 가치 형성에 있어서 신조信條의 기초를 이루고 있으며, 1966년 3월 15일 제정된 〈군인복무규율〉에 종합적으로 투영되었다.

〈국군3대선서〉와 〈국군맹서〉제정

국방경비대원을 모집함에 있어서 공산분자들이 경비대에 침투할 것에 대비하여 신원조사를 실시하자고 1945년 1월 4일에 국방사령부장 고문인 이응준이 미군정 당국에 제의하였다. 그러나 우익·좌익세력 어느 편에도 치우치지 않는다는 미군정 당국의 불편부당不偏不黨의 원칙365) 때문에 미군정 3년간 공산주의자들이 정부의 각 주요기관 또는 경비대에 아무런 제한도 받지 않고 채용되거나 입대할 수 있었 다. 이로 인하여 경비대 내부에도 공산분자들이 침투하여 동조세력을 규합하여 확 대해 나갔다. 이들의 암약은 국군에 편입된 후에도 계속되어 군의 기강확립과 안전 유지에 심각한 위협을 초래하게 되었다.

이러한 상황을 감안하여 이범석 국방부장관은 군 내부의 사상통일이 시급함을 절감하여 '사상통일'과 '반공정신 함양'을 지도방침으로 정하고 정훈활동을 적극 추 진하였다. 광복군의 독립투쟁정신을 계승하여 '투철한 애국정신'과 '반공정신'으로 무장된 이른바 사상전사思想戰士로서의 기본을 갖추는 데 그 기본이 있었다. 이에 따 라 국군의 이념을 밝히고 '반공민주정신'을 전담하는 본격적인 정훈활동을 전개하 도록 하였다.366) 이는 한국광복군 공약 제4조인 '한국광복군의 정신과 행동을 통일 하기 위하여 군내에 일종一種 이상의 정치조직을 불허'한 정신을 대한민국 국군의

---

364) 국방부 군사편찬연구소, 『건군사』, 2002. 65쪽
365) 국방부 군사연구소, 『건군 50년사』, 1998. 62쪽
366) 국방부, 『정신교육기본교재』, 1989. 587쪽

건군과정에서 계승한 것으로, 국군의 사상통일을 '반공민주정신'으로 확고히 한 것이라고 할 수 있다.

이러한 반공민주정신은 1948년 10월 19일에 발생한 여·순사건과 11월 2일에 일어난 대구폭동사건 등 군 내의 공산주의자들의 반란사건을 계기로 가시화되었다. 군 내부에 침투한 용공분자 색출과 이들의 척결을 위하여 1948년 10월부터 대대적인 군내의 숙군작업을 착수하는 한편, 국군의 정신적 지표를 위한 실천구호를 제정하기에 이르렀다. 1948년 12월 1일, 여수·순천지구 전투에서 전사한 장병들에 대한 합동위령제에서 실천구호로 〈국군3대선서〉를 반포하였다.[367]

〈국군3대선서〉는 대한민국 국군의 정신적 기초를 담은 일종의 복무신조다. 국군의 복무신조는 여·순사건의 진압작전 당시 제정된 사병훈士兵訓이 그 효시로, 당시 제1여단장이던 이응준 대령이 장병들의 전투의지를 고양하고자 제정하였다.[368]

우리는 대한민국의 진정한 군인이 되자. 진정한 군인이 되자면 군기가 엄정하여 상관의 명령에 충심으로 복종할 것이고, 상관을 존경하고 부하를 사랑하며 화목 단결할 것이며, 각자 맡은 책임에 성심성의 사력을 다하여 이것을 완수할 것이며, 나라와 백성을 사랑하며, 그들로부터 신애를 받을 것이며, 공전(公戰)에 용감하고, 사투(私鬪)에 겁내며, 특히 음주폭행을 엄금할 것이며, 정직결백하여 부정행위가 절무할 것이며, 극렬 파괴분자를 단호히 배격하며, 그들의 모략 선동에 엄연 동하지 말 것이다. 이러한 군인이라야 비로소 우리 대한민국의 간성이 될 수 있는 것이며, 우리 동포의 옹호자가 될 수 있을 것이다.[369]

〈표 1-57〉〈사병훈〉(출처 : 『건군사』)

〈사병훈〉의 내용은 이범석 국방부장관의 건군목표와 정신인 국방부훈령 제1호를 구현한 것으로 〈국군3대선서〉에 그대로 투영되었다. 〈국군3대선서〉는 전 국군 장병이 준수해야 할 복무신조로서 민주주의 국가로 발전을 기약하는 국군의 정신적 지표를 제시한 강령이었다.[370]

---

367) 국방부, 『정신교육기본교재』, 1989. 587~588쪽
368) 국방부 군사편찬연구소, 『건군사』, 2002. 58~59쪽
369) 1948년 11월 20일 사병훈을 제정하여 예하 장병들에게 낭독하도록 하였고, 초대 육군총참모장에 취임한 후에는 전 육군 장병에게 군인의 신조로 삼아 낭독하고 숙지하도록 하였다.(건군사, 58쪽)
370) 국방부 군사편찬연구소, 『건군사』, 2002. 59쪽

〈표 1-58〉〈국군 3대선서〉(출처 : 『건군사』)

〈국군3대선서〉는 반공정신을 함양하기 위해 부대 단위별로 매일 아침, 저녁으로 실시하는 점호와 각종 행사시에 선임자의 선창에 따라 전 부대원이 제창하도록 하였다. 〈국군3대선서〉는 1949년 초에 그 내용이 수정되어 〈국군맹서〉로 개정, 공포되었다.[371]

〈표 1-59〉〈국군맹서〉(출처 : 『건군사』)

이러한 〈국군3대선서〉나 〈국군맹서〉 등은 군 내의 사상통일을 실천하는 구체적인 방법이면서 군의 정신적 이념의 핵심내용을 형성하였다. 즉 국군의 강렬한 호국의지와 방공정신, 그리고 국토통일의 결의를 담고 있다. 이는 국군의 기본정신을 항일독립투쟁의 정신과 애국사상, 반공정신으로 체계화한 것으로 오늘날 우리 군의 유전자 속에 뚜렷이 남아 있다.

---

371) 국방부 군사편찬연구소, 『건군사』, 2002. 59쪽
372) '국군맹서'는 1957년 12월 1일 국방부 훈령 제28호로 '군인의 길'로 제정되어 계승되었다. 1973년 8월 30일 제167호로 개정되었고, 1976년 5월 4일 군인의 길을 간결하게 다듬도록 하라는 박정희 대통령의 지시로 개정을 하여 1976년 9월 17일 국방부 훈령 제212호로 현재의 '군인의 길'이 공포되었다.

 # 대통령령 제282호 〈군인복무령〉제정

1950년 2월 28일 대통령령 제282호로 〈군인복무령〉이 전문 18조와 부칙으로 제정되어 군인복무에 관한 정신적 토대가 법제화되었다. 〈군인복무령〉은 군인으로 하여금 국가에 대한 충성심을 가지게 하며, 군인생활의 군기유지, 상호간의 신의와 군인으로서의 무용武勇, 그리고 청렴정신에 뜻을 두도록 군대윤리와 실천강령을 명문화한 것으로 군인의 정치관여를 규제한 내용도 포함되어 있다.[373] 〈군인복무령〉은 1966년 대통령령으로 〈군인복무규율〉이 제정되면서 폐지되고 그 정신이 계승되어 더욱 구체화 되었다.

제1조 본령은 군인의 복무에 관한 근본 기준을 명시하여 군기를 확립하며 헌신 보국의 군인정신을 앙양케 함을 목적으로 한다.

제2조 본령에 있어서 군인이라 함은 현역군인, 군교육기관의 생도, 학생 및 소집 중의 호국병역, 예비병역, 보충병역과 국민병역의 군인을 말한다.

제3조 군인은 대한민국에 대하여 충성을 다하며 그 직책을 완수하여야 한다.

제4조 군인은 군기를 엄수하고 상관의 명령에 절대 복종하며 성실히 법령을 준수하여야 한다.

제5조 군인은 상관을 존경하고 부하를 애호하여 화목단결하여야 한다.

제6조 군인은 청렴검박하고 무용을 숭상하여야 한다.

제7조 군인은 낭비하여 가산을 탕진하고 또는 그 분에 넘치는 부채를 하여서는 아니 된다.

제8조 군인은 신의를 고수하며 명예와 품위를 유지하여야 한다.

제9조 군인은 직무의 내외를 불문하고 권력을 남용하여서는 아니 된다.

제10조 군인은 복장을 단정히 하며 언동을 삼가야 하다.

제11조 군인은 그 직에 있고 없고를 불문하고 군의 비밀을 엄수하여야 하다.

제12조 군인은 직접 간접을 불문하고 본무 이외의 다른 업무에 종사하지 못한다.

제13조 군인은 상관의 허가 없이 그 직장 및 근무지를 떠나지 못한다.

제14조 군인은 정치운동에 참가하거나 군무 이외의 일을 위한 집단적 행동을 하지 못한다.

제15조 군인은 직무에 관하여 위로, 사례 기타 명의의 여하를 불문하고 금품 또는 향응을 받지 못한다.

제16조 군인은 그 소속 부하로부터 증여를 받지 못한다.

제17조 군인은 대통령의 허가 없이 외국 정부로부터 영예 또는 증여를 받지 못한다.

제18조 본령은 군에 복무하는 군속에 준용한다.[374]

〈표 1-60〉〈군인복무령〉(출처 : 관보 292호, 1950년 2월 28일)

---

373) 국방부 군사편찬연구소, 『건군사』, 2002. 60~61쪽
374) 「관보 제292호」, 1950년 2월 28일 기사

 국방부 훈령 제28호 〈군인의 길〉 제정

〈국군맹서〉가 제도적으로 정착되지 못한 데다 6·25전쟁을 치르면서 흐지부지되었다. 이에 육군본부 정훈감실에서 〈군인의 길〉 제정을 착상하여 1954년 11월 5일 노산 이은상 시인에게 초안을 위촉하였다. 12월 15일 초안이 작성됨에 따라 3군 총참모장회의에서 육·해·공군 공통으로 사용하기로 결정되어 1955년 4월 6일 국방부로 업무가 이관되었다.

국방부로 업무가 이관된 후 사계 및 군 전문가의 심의를 거쳐 유진오 박사가 작성한 초안을 1957년 4월에 군 수뇌부와 한글학자 최현배, 김윤경, 이희승 선생의 의견을 참작하여 보완하였다. 5월 초순까지 전문가들의 종합심의를 거쳐 7월 27일에 김정렬 국방부장관 및 각 군 참모총장의 최종심의를 받았다. 8월 1일에 한글에 대한 문교부 편수국의 책임수정을 완료하고, 11월 5일에 대통령의 재가를 받아 12월 1일에 국방부훈령 제28호로 군인의 길이 공포되었다.

 오랜 역사와 전통에 빛나는 우리 조국 대한민국은 자유와 평화를 애호하고 국토를 방위하기 위하여 국민들의 자제로써 이루어진 군대를 가지고 있다. 여러 차례 쳐들어온 적을 끝끝내 물리치고야 만 조상들의 용기와 굴하지 않은 정신은 우리 핏줄 속에 줄기차게 흐르고 있다. 대대로 물려받아 오늘에 이른 아름다운 이 강산을 지키는 것은 국민의 가장 신성한 의무다. 우리는 대한민국 군인이다. 우리는 젊고 씩씩하며 특히 뽑히어 군문에 들어온 것이니 아래의 일곱 조항을 가슴 깊이 간직하여 조국과 함께 영원히 살아나갈 터전을 닦고 복된 자리를 후손에게 물려주어야 한다. 우리의 사명은 이와 같이 거룩하고도 엄숙한 것이니 대열에 들어선 우리 자신을 자랑하며 이에 한없는 기쁨을 느낀다.

하나. 우리는 국토를 지키고 조국의 자유와 **독립**을 위하여 값있고 영광되게 몸과 마음을 바친다. 우리는 한 자 한 치의 땅이라도 남의 것을 탐내지 않는 동시에 우리 것을 남의 발굽 아래 더럽힐 수는 없다. 나를 떠나 조국이 없는 것과 같이 조국을 떠나 나도 없는 것이니 한 몸의 생명을 던져 민족의 생명을 건지는 것은 다시없는 영광이 아니고 무엇이랴. 생사는 이미 초월하였다. 물불을 가리지 않고 뛰어 들어가 우리의 이름을 길이 빛내야 한다.

둘. 우리는 필승의 신념으로 싸움터에 나서며 왕성한 공격정신으로써 최후의 승리를 차지한다. 정의는 영원한 힘이다. 정의가 우리와 함께 있다는 신념은 용기를 북돋아 준다. 어떠한 어려움에 있어서도 끝까지 싸워서 전쟁의 최종 목적을 이루어야 한다. 전쟁의 승패는 최후의 일인 최후의 일각까지의 전의 하나에 달려 있는 것이다. 적의 전의를 빼앗아버리는 것은 이기는 길이요 우리의 전의를 잃어버리는 것은 지는 길이다. 적이 많다 하여 두려워하지 않으며 적이 적다하여 업수이 여기지 말고 침착 대담하게 모든 수단과 정열로써 공격을 계속하여 반드시 이기고 말아야 한다.

셋. 우리는 솔선수범하여 맡은 바 책임을 완수하고 명령에 복종하며 엄정한 군기를 확립한다. 군기는
군대의 명줄이며 군기의 으뜸은 솔선수범과 복종에 있다. 상급자는 언제나 지휘권의 행사를 엄하
게 하여 신상필벌로써 다스리고 하급자는 복종의 지성을 다하여 군기를 바로 세워야 한다.

책임관념의 왕성이란 책임을 두려워하는 것이 아니요 책임을 무겁게 여기며 스스로 책임을 지려
는 데 있는 것이다. 명령이 한번 내리면 곧 실천에 옮겨야 하며 군의 기밀을 보호하고 경계와 감시
를 철저히 하는 등 각자 맡은 바 책임을 다하여야 한다.

넷. 우리는 실전과 같은 훈련을 즐거이 받으며 새로운 전기를 끊임없이 연마하여 강한 전투력을 갖춘
다. 훈련은 곧 실전에 통하는 것이니 우리는 적이 언제라도 공격해 온다는 것을 잊지 말고 이를 물
리칠 수 있는 훈련의 힘과 마음의 준비를 갖추어야 하며 평시에 흘리는 땀으로써 전시의 손실을
막아내야 한다. 오늘의 전쟁은 고도의 과학전이니 양보다 질을 중히 여기는 정병주의로써 군사지
식을 체득하고 군사기술을 연마하는 것이 더욱 필요하게 되었다. 언제나 인력과 물자를 살리어
실전본위의 훈련에서 먼저 적에게 이겨야 한다.

다섯. 우리는 존경과 신애로써 예절을 지키며 공과 사를 가리어 단결을 굳게 하고 생사고락을 같이 한
다. 군대는 지휘관을 중심으로 단결된 힘의 모임이다. 경례를 철저히 함은 참된 군인정신의 나타
남이요, 예절을 지키고 공과 사를 가리어 굳게 뭉치는 것은 정병을 길러내는 바탕이 된다.

윗사람에 대하여서는 스스로 우러나오는 마음으로 존경하여야 하고 아랫사람에 대하여서는 너
그럽고도 엄한 마음으로 신애하여야 한다. 이리하여 같은 이념 아래 정실을 떠나 생사와 이해를
가리지 않는 군인들의 한 가정을 만들어야 한다.

여섯. 우리는 청백한 품성과 검소한 기풍을 가지며 군용시설을 애호하고 군수물자를 선용한다. 예로부
터 청렴결백한 군인은 그 나라의 기둥이 되었고 물욕을 탐내는 군대는 패망의 길을 걸었다. 적과
싸우는 불바다 속에서도 이를 무찌를 수 있는 체력과 기백은 오직 평소에 있어서 화려와 사치를
물리친 강건한 기풍과 검박한 생활에서만이 이루어지는 것이다. 이러한 정신으로 우리는 모든 물
자를 아껴 국민의 짐을 덜고 전투력을 강화하여 싸움에 있어서 이를 중점적으로 살려 써야 한다.

일곱. 우리는 국민의 자제로서 국민을 위하며 자유민의 전우로서 자유민을 위하는 참된 역군이 된다.
모든 군인은 국민의 자제들이니 국민을 떠난 군대는 있을 수 없다. 국민의 한 사람으로서 국민의
도의를 다하고 군인의 한 사람으로서 군인의 본분을 지키어 국민개병의 기초를 굳게 닦아야 한다.

현대전은 군인 만이 아니요 군과 민, 전선과 후방의 일치협력으로써만 승리를 거둘 수 있는 것이
다. 같은 민족이라도 주의와 방향이 다르면 합칠 수 없는 것이며 나라는 비록 다를지언정 이념과
사상이 같으면 뭉칠 수 있는 것이니 집단안전을 위한 오늘의 전쟁에 있어서 운명을 같이 하는 자
유민이야말로 진정한 우리의 전우인 것이다. 그러므로 조국과 민족의 위신을 높이되 이웃나라에
대한 우의를 따뜻이 하여 힘의 협동을 최고로 발휘하여야 한다.

위의 일곱 조항은 우리 군인의 길이며 우리의 몸바침이 국군의 전통, 민족의 운명 그리고 사랑하는 우리
조국의 역사에 통할 수 있는 영광의 길임을 굳게 믿는다. 백의 이론이 하나의 실행만 못하니 알면서 행
하지 않고 공리공론으로 실천이 없으면 어찌 적과 싸워 이길 수 있으랴. 오직 승리만이 우리의 가장 높
은 목표이니 당면의 적, 공산침략의 무리를 비롯한 기타 어떠한 적과의 싸움에 있어서도 반드시 이를
무찌를 수 있는 모든 정성과 노력을 다하여 대한민국의 번영을 이룩하자.[375]

〈표 1-61〉 공포 당시의 〈군인의 길〉(출처 : 관보 1,929호, 1957년 12월 1일)

---

375) 「관보 제1,929호」, 1957년 12월 1일 기사

〈군인의 길〉은 이 후 1973년 8월 30일 국방부 훈령 제167호로 개정되었고, 다시 1976년 5월 4일 〈군인의 길〉을 간결하게 다듬도록 하라는 박정희 대통령의 지시로 개정 작업이 진행되어 1976년 9월 17일 국방부 훈령 제212호로 현재의 〈군인의 길〉이 공포되었다.

하나. 우리는 국가를 지키고, 조국의 자유와 독립을 위하여 값있고 영광되게 몸과 마음을 바친다.
　둘. 우리는 필승의 신념으로써 싸움터에 나서며, 왕성한 공격정신으로써 최후의 승리를 차지한다.
　셋. 우리는 솔선수범하여 맡은 바 책임을 완수하고, 명령에 복종하여 엄정한 군기를 확립한다.
　넷. 우리는 실전과 같은 훈련을 즐거이 받으며, 새로운 전기를 끊임없이 연마하여 강한 전투력을 갖춘다.
다섯. 우리는 존경과 신애로써 예절을 지키며, 공과 사를 가리어 단결을 굳게 하고 생사고락을 같이 한다.
여섯. 우리는 청백한 품성과 검소한 기풍을 가지며, 군용시설을 애호하고 군수물자를 선용한다.
일곱. 우리는 국민의 자제로서 국민을 위하며, 자유민의 전우로서 자유민을 위한 참된 역군이 된다.[376]

〈표 1-62〉 1973년 개정된 〈군인의 길〉(출처 : 관보 6,541호, 1973년 9월 1일)

현재 '군인의 길'은 국방부 '부대관리 훈령' 제20조(군인의 길)에 규정되어 있다.

전문 : 나는 영광스런 대한민국 군인이다.
하나 : 나의 길은 충성에 있다. 조국에 몸과 마음을 바친다.
하나 : 나의 길은 승리에 있다. 불굴의 투지와 전기를 닦는다.
하나 : 나의 길은 통일에 있다. 기필코 공산 적을 쳐부순다.
하나 : 나의 길은 군율에 있다. 엄숙히 예절과 책임을 다한다.
하나 : 나의 길은 단결에 있다. 지휘관을 핵심으로 생사를 같이 한다.[377]

〈표 1-63〉 1976년 개정된 〈군인의 길〉(출처 : 관보 7,451호, 1976년 9월 17일)

국방부 훈령 제27호 〈군진수칙〉 제정

〈군진수칙〉은 군에 복무 중인 군인, 근무 중인 군무원이 국가에 대해 맹세하고, 사명에 입각하여 전투 중 또는 포로가 되었을 경우에 지켜야 하는 것으로 1956년 12월 20일에 국방부 훈령 제27호로 제정되었다.

---

376) 「관보 제6,541호」, 1973년 9월 1일 기사
377) 「관보 제7,451호」, 1976년 9월 17일 기사

〈군진수칙〉은 현재 국방부 〈부대관리 훈령〉에 규정되어 있으며 최초 제정된 내용과 크게 다르지 않다. 1999년 8월에 육군에서는 〈군진수칙〉을 신세대 감각에 맞게 랩 형식의 군가[378)로 제작하여 전군에 보급하였다.

군에 복무 중인 군인, 군속은 국가에 대하여 다음과 같이 맹세하고 명감각심[379)하여 전투 중 또는 포로가 되었을 경우에 이를 엄수 수행하여야 한다.

1. 나는 대한민국 군인이다. 국가와 민족을 위하여 신명을 바치겠다.
1. 나는 죽어도 항복하지 않겠다. 나는 전력을 다하여 끝까지 싸우겠다.
1. 나는 만약에 포로가 되더라도 계속 항거하고 전력을 다하여 탈출하며 전우의 탈출을 돕겠다.
1. 나는 만약에 포로가 되더라도 아국이나 우방에 불리한 여하한 적의 권고나 우대도 거절하여 추호도 적을 돕지 않겠다.
1. 나는 만약에 포로가 되더라도 기밀을 엄수하고 전우를 보호하고 선임자면 후임자를 통솔하고 후임자면 선임자의 명령에 복종하겠다.
1. 나는 만약에 포로가 되어 심문을 받더라도 계급, 성명, 군번, 연령을 제외하고는 진술을 회피하며 아국과 우방에 불리한 성명 기타 여하한 요구에도 응하지 않겠다.
1. 나는 조국에 신명을 바친 대한민국 군인임을 명심하고 나의 행동에 책임을 지겠다.
   나는 조국을 사랑하며 조국은 나를 보호하고 있음을 확신한다.[380)

〈표 1-64〉 제정 당시의 〈군진수칙〉(출처 : 관보 1,689호, 1956년 12월 20일)

군에 복무 중인 군인, 근무 중인 군무원은 국가에 대하여 다음 각 호와 같이 맹세하고, 사명에 입각하여 전투 중 또는 포로가 되었을 경우에도 이를 지켜야 한다.

1. 나는 대한민국 군인(군무원)이다. 국가와 민족을 위하여 신명을 바치겠다.
2. 나는 죽어도 항복하지 않겠다. 나는 전력을 다하여 끝까지 싸우겠다.
3. 나는 만약에 포로가 되더라도 계속 항거하고 전력을 다하여 탈출하며, 전우의 탈출을 돕겠다.
4. 나는 만약에 포로가 되더라도 아국이나 우방에 불리한 여하한 적의 권고나 우대도 거절하며, 추호도 적을 돕지 않겠다.
5. 나는 만약에 포로가 되더라도 기밀을 엄수하고, 전우를 보호하고, 선임자면 후임자를 통솔하고, 후임자면 선임자의 명령에 복종하겠다.
6. 나는 만약에 포로가 되어 심문을 받더라도 계급, 성명, 군번, 연령을 제외하고는 진술을 회피하며, 아국과 우방에 불리한 성명, 그 밖에 여하한 요구에도 응하지 않겠다.
7. 나는 조국에 신명을 바친 대한민국 군인임을 명심하고 나의 행동에 책임을 지겠다. 나는 조국을 사랑하며 조국은 나를 보호하고 있음을 확신한다.[381)

〈표 1-65〉 현재의 〈군진수칙〉(출처 : 〈부대관리훈령〉)

---

378) 가수 박진영 작사, 작곡
379) 명감각심銘鑑刻心 : 깊이 성찰하고 마음에 깊이 새겨둠
380) 「관보 제1,689호」, 1956년 12월 20일 기사
381) 국방부훈령 제1,769호(2015. 1. 9), 〈부대관리훈령〉 제21조

 대통령령 제2,465호 〈군인복무규율〉 제정

〈군인복무규율〉을 제정하여야 한다는 논의가 시작된 것은 1964년으로 건군20주년이 되는 시점이었다. 〈군인복무규율〉을 제정하게 된 배경은 크게 두 가지였다. 첫째는 건군초기에 이미 명문화되고 확립되었어야 할 건군이념이라든가 국군의 사명 그리고 성격 등이 설정되지 않았거나 불명확하였다. 둘째는 정예한 군대를 육성하기 위해 기본이 되는 병영생활과 관련된 제 규정이 각 군 또는 부대별로 심지어는 그 지휘관의 군대경험 배경이나 방침에 따라 각양각색으로 정하여져 실행되고 있는 실정이었다.[382]

이에 따라 군사제도의 정비와 제정을 위해 1964년 12월 2일 국방부 명령 제328호에 의거 '군사제도 연구위원회'가 설치되었고, 초안이 작성되자 일정기간 부대 시험 적용을 거쳐 최종안이 확정됨에 따라 국무회의의 의결과 박정희 대통령의 재가를 받아 1966년 3월 15일 대통령령 제 2,465호로 〈군인복무규율〉이 제정되어 공포되었다.

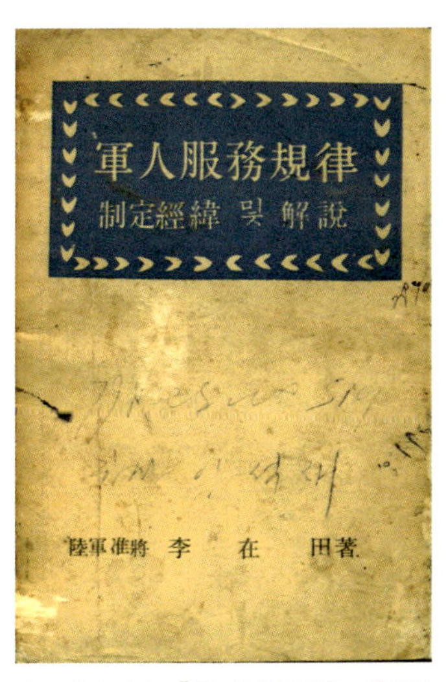

〈그림 1-17〉 『군인복무규율 제정경위 및 해설서』 표지(출처 : 필자 소장)〉

제정된 〈군인복무규율〉은 우리 국군의 건군 초기의 기본정신을 담은 군인복무령, 군인의 길, 군진수칙 등을 계승하고 있다. 〈군인복무규율〉에는 국군의 이념, 국군의 사명, 군인정신, 신분별 책무, 명령 및 복종, 복장 및 복무태도, 내무생활에 관한 전반적인 사항 등을 담고 있다.

우리 군이 지향해야 할 방향과 목적을 제시해주는 '국군의 이념'은 "대한민국 국군은 민주주의를 수호하며, 평화를 유지하고 국가를 방위하기 위하여 국민의 자제로써 이루어진 국민의 군대이다."로 정립되었다. 아울러 '국군의 사명'을 "국군은 대한민국의 헌법을 준수하고 자유와 독립을 보전하며, 국가를 방위하고 국민의

---

382) 이재전, 『군인복무규율 제정경위 및 해설』, 1967. 7쪽

생명과 재산을 보호하며 나아가 국제평화유지에 공헌함을 사명으로 한다."라고 규정하였다.[383] 이러한 국군의 이념과 사명은 그 후 시대적 요청과 국방환경의 변화에 따라 수차례의 개정이 이루어졌다.

1976년 10월 13일에 대통령령 제8,262호인 〈군인복무규율중개정령〉에 따라 국군의 이념이 "대한민국 국군은 국가와 민족사의 정통성을 수호하기 위한 국민의 군대이다."[384]로 개정되었다. 1991년 1월 5일에는 대통령령 제13,240호인 〈군인복무규율중개정령〉으로 "국군은 국민의 군대로서 국가를 방위하고, 자유민주주의를 수호하며 조국의 통일에 이바지함을 그 이념으로 한다."[385]로 수정되면서 국민의 염원인 '조국의 통일에 이바지함'이 국군의 이념에 포함되어 현재에 이르고 있다.

국군의 사명은 1970년 4월 20일에 대통령령 제4,923호인 〈군인복무규율중개정령〉에 따라 "국군은 대한민국의 헌법을 수호하고 자유와 독립을 보전하며 국가를 방위하고 국민의 생명과 재산을 보호하며 나아가 국제평화유지에 공헌함을 사명으로 한다."[386]로 개정되었다. '헌법을 준수하고'가 '헌법을 수호하고'로 '준수'라는 수동적 개념에서 '수호'라는 적극적인 개념으로 바뀐 것이다. 1976년 10월 13일, 대통령령 제8,262호인 〈군인복무규율중개정령〉에 "대한민국 국군은 국가와 민족을 위하여 충성을 다하며, 국토를 방위하고 국민의 생명과 재산을 보호함을 그 사명으로 한다."[387]로 규정되었다. '국가와 민족에 대한 충성'을 강조한 것이다.

현재의 '국군의 사명'은 "국군은 대한민국의 자유와 독립을 보전하고 국토를 방위하며 국민의 생명과 재산을 보호하고 나아가 국제평화의 유지에 이바지함을 그 사명으로 한다."로 1991년 1월 5일, 대통령령 제13,240호인 〈군인복무규율중개정령〉에 의해서다.[388] 국가의 3요소인 주권·국토·국민에 대한 수호의지와 국제사회의 일원으로서 그 임무를 다하겠다는 의지가 담겨 있다. 아울러 헌법 제5조 제2항에 명시된 국군의 사명, 즉 '국군은 국가의 안전보장과 국토방위의 신성한 의무를 수행

---

383) 이재전, 『군인복무규율 제정경위 및 해설』, 1967. 83쪽
　　　「관보 제4,296호」, 1966년 3월 15일 기사
384) 「관보 제7,471호」, 1976년 10월 13일 기사
385) 「관보 제11,715호」, 1991년 1월 5일 기사
386) 「관보 제5,527호」, 1970년 4월 20일 기사
387) 「관보 제7,471호」, 1976년 10월 13일 기사
388) 「관보 제11,715호」, 1991년 1월 5일 기사

함을 사명으로 하며'를 구체화한 것이라고 할 수 있다.

이는 1948년 10월에 채병덕 초대 국방참모총장이 밝힌 국군의 사명인 '국토와 민족방위, 즉 국방은 외국의 내침에 대하여 국토를 방위하고 민족을 보위하며 주권을 옹호하는 것'과 그 맥을 같이 하고 있다고 할 것이다.

〈군인복무규율〉이 제정됨으로써 국군이 지향하여야 할 군대생활의 기본적인 지침과 구체적인 규범을 명시하게 되어 보다 강한 군대조직과 운영의 효율성을 제고하게 되었다. 아울러 각 군의 상이한 내무규정에 대해 통일성이 있도록 체계화한 것에 그 의의가 크다.[389] 현재도 군에서는 장병들에게 '군인복무규율'에 대한 일일교육을 실행하고 강조함으로써 장병들의 복무와 병영생활에 대한 올바른 태도를 견지하도록 하고 있다.

---

389) 이재전, 『군인복무규율 제정경위 및 해설』, 1967. 9쪽

국가방위의 중심군, 육군

> 육군은 지상작전을 주임무로 하고 이를 위하여 편성되고 장비를 갖추며
> 필요한 교육·훈련을 한다.
> - 〈국군조직법〉 제3조 1항(2010. 3. 17.)-

1948년 11월 30일에 반포된 법률 제9호 〈국군조직법〉상에 육군의 임무가 법규화되지는 않았다.[390] 그러나 1956년 2월 20일 제정된 대통령령 제1,129호인 〈육군본부 직제〉의 제1조에 "육군본부는 육군의 편제, 장비, 작전, 교육훈련, 기타 육군에 관한 사항을 관장한다."라고[391] 규정함으로써 〈국군조직법〉상에 육군의 임무가 법규화되지는 않았지만 육군본부가 수행할 직무를 규정하였다.

육군의 임무가 법규화된 것은 법률 제1,343호로 1963년 5월 20일 개정된 〈국군조직법〉이다. 그 3조 ①항에 "육군은 지상작전을 주임무로 하고 이를 위하여 편성·장비되며 필요한 교육·훈련을 한다."로[392] 규정하고 있다. 즉 육군은 지상작전을 주임무로 하며 이를 위해 편성되고 장비를 갖추며 지상작전을 위한 교육훈련을 해야 한다는 것이다.

이러한 육군의 임무가 2010년 3월 17일 개정된 법률 제10,102호에 의거 약간의 문구 변화가 있게 되는데 "육군은 지상작전을 주임무로 하고 이를 위하여 편성되고

---

390) 「관보 제17호」, 1948년 11월 30일 기사
391) 「관보 제1,491호」, 1956년 2월 20일 기사
392) 「관보 제3,447호」, 1963년 5월 20일 기사

장비를 갖추며 필요한 교육·훈련을 한다."로393) 규정되었다. 이는 한글맞춤법에 의거하여 어문 규범을 준수하고 정확하며 자연스러운 법 문장으로 구성한 것으로 내용에는 변화가 없다. 현재에도 〈국군조직법〉에서 규정한 육군의 임무는 변화가 없이 그대로 적용되고 있다.

육군에 부여된 임무에 따른 육군본부의 직무도 다소 변화를 겪는다. 2014년 7월 16일 개정된 〈육군본부 직제〉인 대통령령 제25,461호의 제2조를 보면 "육군본부는 육군의 정책, 군사력 건설의 소요 능력 요청, 육군의 편성, 교육·훈련, 인사, 군수, 동원, 예비군, 작전지원 및 그 밖에 육군의 운영에 관한 사항을 관장한다."라고394) 규정하고 있다. 군령권을 제외한 군정권을 관장하고 있는 것이다.

〈국군조직법〉에서 규율한 육군의 임무와 〈육군본부직제〉상에 명시된 육군본부 직무 그리고 추정된 과업을 포함하여 재진술된 육군의 임무는 정예육군으로 전쟁 억제 및 비군사적 위협에 대비하고 유사시 지상전에서 승리하며 국익 증진 및 국민 편익을 지원하는 것이다.395)

육군은 '국가방위의 중심군'으로서 국민의 생명과 재산의 기반이 되는 영토를 수호하는 중추 전력으로서의 역할을 수행한다. 또한 침략전쟁을 거부한 영토방위가 우리의 군사전략인데 육군은 이러한 우리의 군사전략을 구현하기 위한 전쟁수행의 주체로서 역할을 하며 북한의 대규모 지상군에 대응할 핵심전력이다.

아울러 육군은 국가적 재해·재난 극복지원, 국가적 행사지원 및 국민편익 증진, 국제평화유지 및 평화재건활동 등 전쟁 이외의 군사활동에 있어서 중심적인 역할을 수행한다. 마지막으로 육군은 전시 질서유지와 주민보호 등 안정화작전을 주도하여 국가질서 회복의 중심적 역할을 수행하며 전후에는 국경 경계 및 국가발전 지원으로 평화롭고 부강한 통일한국을 수호하는 역할을 하게 된다.396)

육군은 이러한 임무와 역할을 성공적으로 수행할 수 있도록 〈육군목표〉를 제정하고, 〈육군가치관〉과 〈장교단정신〉 그리고 〈육군복무신조〉를 통해 정신자세 및 태도를 가다듬고 있다.

---

393) 「관보 제17,216호」, 2010년 3월 17일 기사
394) 대통령령 제25,462호(2014. 7. 16.), 〈육군본부 직제〉 제2조
395) 육군 인터넷 홈페이지 http://www.army.mil.kr/
396) 육군본부, 『군무원 복무 길라잡이』, 2015. 16~17쪽

 〈육군목표〉

육군목표는 육군의 존재의의이며 존립목적이다. 육군목표는 〈국군조직법〉 제3조 ①항에 명시된 임무, 즉 "육군은 지상작전을 주임무로 하고 이를 위하여 편성되고 장비를 갖추며 필요한 교육·훈련을 한다."에[397] 그 뿌리를 두고 있다. 아울러 국가안보목표와 국방목표 그리고 재진술된 육군의 임무를 구현하기 위해 육군의 모든 역량을 집중하여 이루고자 하는 지향점인 것이다.

육군은 1976년 제 21대 육군참모총장 이세호 대장 재임 시 최초로 '초전필승'이라는 육군목표를 설정하였지만, 이는 국가 주력군으로서의 육군의 이념과 사명을 함축하기에는 부족하였으며 '전투작전적 구호'의 성격을 벗어나지 못했다는 여론이 있었다.

이에 따라 1981년 "모든 지상전투에서 승리를 기한다."라는 목표를 새로 제정하였다. 그러나 육군의 사명을 전투적 임무에만 한정하고 당시의 시대적 여건과 상황 속에서 국가가 필요로 하는 육군의 위상과 비전Vision을 모두 표현하지 못했다는 평가와 아울러 육군 장병들의 자부심과 긍지를 고취시킬 수 있는 목표로서는 부족함이 있다는 의견들이 있었다.

이를 보완하기 위해 1982년 황영시 참모총장 재임 시 육군목표를 전면 재검토하여 1차 개정을 통해 육군의 이상과 비전Vision, 긍지 등을 포함하는 육군목표를 설정하였다.

대한민국 육군은 국가보위의 주력으로서 국토를 방위하고 자유민주주의 질서를 수호하며 민족 웅비의 주체로서 조국의 통일과 민족의 번영을 선도한다.
  1. 자주적인 전쟁 억제력 확보
  2. 유사시 모든 지상전투에서 승리
  3. 국가이익과 정책의 옹호 및 증진

〈표 1-66〉 1982년 개정된 〈육군목표〉(1982. 4. 1.)

---

397) 법률 제10,821호(2011. 7. 14.), 〈국군조직법〉 제3조

그러나 '민족 웅비의 주체'라는 표현에서 보듯 육군의 이상적 가치와 비전을 너무 광범위하게 설정되었다. 또한 '조국의 통일과 민족의 번영을 선도'한다는 표현에 있어서, 일부 국민들로부터 권위적이고 지나치게 선도적이라는 비판과 국민의 군대로서의 역할에 부적절하다는 평가를 받았다.

2차 개정은 육군의 이상과 비전 그리고 긍지는 살리되 문제가 제기된 '민족 웅비의 주체, 선도, 옹호 및 증진' 등을 일부 수정하거나 삭제한 것이다.

대한민국 육군은 국가보위의 주력으로서 국토를 방위하고 자유민주주의 질서를 수호하며 조국의 통일과 민족의 번영을 뒷받침한다.
1. 자주적인 전쟁 억제
2. 모든 지상전투에서 승리
3. 국익 증진 및 정책 지원

〈표 1-67〉 1989년 개정된 〈육군목표〉(1989. 8월)

2차 개정 또한 육군목표가 국군의 이념 및 사명과 중복되고 육군이 합동군의 일원임을 간과하고 있으며 연합방위체계와 상이하다는 비판을 받았다. 아울러 시대변화와 상존하는 도전에 적극적으로 대처하기 위해서는 새로운 육군목표를 정립해야 한다는 필요성이 대두되었다.

1999년 3차 개정은 11가지 고려 요소를 토대로 육군사관학교 교수진에 의해서 연구되고 작성되었다. 즉 목적과 목표의 개념구분, 육군 목표분석 및 재정립 방향, 국가 목표, 국방 목표, 국군 조직법상 육군 임무, 국군의 이념과 사명, 외국군 및 타군 목표, 과거 육군 목표, 역대 참모총장 지휘목표, 육군의 교리와 임무, 미래전 양상 및 전망 분석 등을 토대로 논리성과 타당성을 갖는 육군 목표를 설정하였다.[398]

이에 따라 3차 개정에서는 국군의 이념 및 사명과 중복되는 부분인 '국토를 방위하고 자유민주주의 질서를 수호하며 조국의 통일과 민족의 번영을 뒷받침한다.'는 부분을 삭제하고 합동군의 일원으로서 '국가방위의 주력'이라는 표현을 사용하였다.

---

398) 화랑대연구소, 『육군 목표 재정립 연구』, 육군사관학교, 1999. 8쪽

〈표 1-68〉 1999년 개정된 〈육군목표〉(1999. 10. 1.)

3차 개정 또한 육군 역할의 중요성 및 전력증강 필요성에 대한 설득력이 부족하고, 육군의 정체성 및 차별성을 부각시키는 효과가 미약하다는 지적이 있었다. 이러한 이유로 2007년 11월 22일 육군정책회의를 거쳐 2007년 12월 10일 육군본부 연말주요지휘관회의에서 현재의 육군목표를 공포하였다. '국가방위의 주력'을 '국가방위의 중심군'으로 수정한 것이다.[399]

〈표 1-69〉 2007년 개정된 〈육군목표〉(2007. 12. 10.)

"대한민국 육군"은 대한민국 국방을 책임진 주체라는 정체성의 표현이며, '국가방위'는 '헌법을 수호하고 국민의 생명과 재산을 보호하며 국토를 방위한다.'는 군의 본질적 임무를 함축적으로 표현한 것이다. 이러한 군의 본질적 임무인 '국가방위의 중심군'이라는 표현은 육군의 자긍심을 표방한 것이다.

"전쟁억제에 기여한다."는 육군이 인류의 보편적 가치인 평화주의 철학을 담고 있다. 군의 존재 목적이 궁극적으로 전쟁에서 승리하여 국가를 보전하는 일이지만 승자에게도 많은 피해가 따르기 때문에 싸우지 않고 이기는 것이 최선이다. 그것은 철저한 군사대비태세를 확립함으로써 전쟁을 미연에 방지하는 일이다. 전쟁이 발발하지 않도록 억제하고 평화를 추구하는 것, 즉 평화주의가 우리 육군의 최대목표일 것이다.

---

399) 화랑대연구소, 『육군의 임무 · 목표 · 역할 · 비전의 상호연계성 및 적절성 연구』, 육군사관학교, 2010. 27~28쪽

"지상전에서 승리한다."는 전쟁억제에 실패하여 평화주의 이념이 실현되지 못했을 때에 우리 육군이 추구해야 할 유일한 목표인 군사필요성의 원칙에 따라 싸워 이기는 것을 의미한다. 육군의 임무에 부합되는 군사필요성의 원칙은 '최소의 희생으로 단기간에 전쟁을 종결하는' 지상전에서의 승리인 것이다.

"국민편익을 증진한다."는 대한민국 국군을 건군할 때에 표방된 국군의 성격인 국민의 군대라는 오래된 철학이 반영된 것이다. 국가가 전쟁 이외의 천재지변과 같은 재난을 당했을 때, 국민의 편익을 위해 육군은 도움을 제공해야 한다는 정신이다. 군의 궁극적 기반은 국민이다. 군은 국민의 자제들로 구성되었으며, 오직 국민을 위해 존재하기 때문이다. 따라서 이 표현은 각종 재해·재난 시 육군이 국민을 위해 적극적으로 봉사해야 하는 국민의 군대상을 담고 있다.

"정예강군을 육성한다."는 첨단과학전과 정보전이 될 미래의 하이테크 전쟁양상에 대비하기 위해 항상 '선진화·정예화'되어야 한다는 육군의 비전을 담고 있다. 무한경쟁시대에서 생존과 승리를 위해서는 늘 유비무환有備無患의 정신으로 예상되는 변화와 위협에 능동적으로 대처해야만 한다. 따라서 군사전문성의 극대화를 통한 최강의 상태를 유지하고, '작지만 강한 육군' 혹은 '양적 감축, 질적으로 정예화된 육군'을 추구하여 자강불식自强不息하겠다는 육군 발전과 혁신의 의지를 반영한 것이다.[400)]

현재의 육군목표는 국가목표, 국방목표, 국군의 이념 및 사명 등과 표현상 중복되지는 않는다. 또한 국군 조직법에 명시된 육군의 임무에 충실한 한편 국가목표와 국방목표에 반영된 이념에서 추정된 임무에 육군이 최선을 다 한다는 육군 본연의 정체성이 명확히 표현되어 있다.

또한 육군의 자긍심을 표출하고 있지만, 육군의 주도성만을 내세우지 않으면서 연합 및 합동작전의 필요성에 대한 강조를 함축하고 있어 21C 장차전 양상에 부합하고 있다. 그리고 평화주의, 군사적 필요성, 국민의 군대, 미래의 비전 등 우리 육군의 기반이 되는 네 가지 철학적 이념을 반영하고 있다.[401)]

---

400) 육군 인터넷 홈페이지 http://www.army.mil.kr/
   화랑대연구소, 『육군 목표 재정립 연구』, 육군사관학교, 1999. 27~28쪽
   육군본부, 『군무원 복무 길라잡이』, 2015. 16~17쪽
401) 화랑대연구소, 『육군의 임무·목표·역할·비전의 상호연계성 및 적절성 연구』, 육군사관학교, 2010. 34쪽

육군은 1946년 '남조선국방경비대' 창설 이래로 국가발전에 헌신하면서 비약적인 발전을 이루었지만 육군의 역량을 한데 모아 조직의 유효성을 증대시킬 수 있는 독자적인 육군목표를 설정하게 된 것은 아쉽게도 육군 창설 이후 상당한 기간이 지나고 나서다. 그러나 그동안 육군은 다양한 모습으로 건군 목표와 정신을 묵묵히 수행하여 왔으며 국민의 군대로서 제 가치를 성실히 이행하여 왔다.

육군은 최초 육군목표를 설정한 이후에는 끊임없는 노력을 통해 현재의 육군목표를 재정립하였다. 이는 육군이 결코 한 곳에 머물지 않고 쉼 없는 자기 혁신과 변화를 통해 앞으로 나아가고 있음을 의미한다. 물론 앞으로도 시대적 요구와 국방환경의 변화를 수용할 수 있도록 육군목표는 계속적으로 발전적으로 진화해 나갈 것이라 생각한다.

〈육군 가치관〉 : 충성, 용기, 책임, 존중, 창의

육군은 '국가방위의 중심군'으로서 한국전쟁 등 수많은 위협으로부터 자유 민주주의체제를 수호해 왔으며, 각종 재해·재난 시 헌신적으로 국민의 생명과 재산을 보호해 왔을 뿐만 아니라 국민교육의 도장으로서 건전한 민주시민을 육성하는 데 크게 기여하여 왔다.

또한 육군은 현존 및 미래의 불특정 위협과 안보환경의 변화에 능동적으로 대처하고 정보화·과학화된 기술집약형의 군 정예화를 통한 '정예 강군 육성'에 최선을 다하고 있다. 이 정예 강군 육성을 위한 힘의 원천은 바로 '사람'이며 군의 주인인 장병들이다.

따라서 육군에게는 '군심을 하나로 결집할 수 있는 구심력과 육군목표를 향해 함께 나아갈 수 있는 정신적 원동력'이 있어야 하고 이를 위해 장병들의 사고와 행동의 지표를 제공해 줄 수 있는 올바른 가치관을 정립할 필요성이 대두되었다.[402]

'가치관'이란 '가치를 중심으로 세상을 평가하고 대처하는 관점' 또는 '특정 행동

---

402) 육군본부, 『육군가치관, 교육용 프로그램』, 2002. 8쪽

양식이 다른 행동양식보다 더 낫다고 생각하는 개인적인 혹은 사회공동체의 근본적인 확신'을 말한다. 따라서 사람은 어떤 가치관을 갖느냐에 따라 그 사람의 행동양식이 달라질 수 있다.[403]

이에 따라 육군은 1998년 9월 무형전투력 극대화를 위한 육군가치 연구를 착수하여 2001년 10월 5일에 〈육군가치관〉 선정 및 구현방안이 정책회의에서 의결됨에 따라 2002년 1월 2일 〈육군가치관〉 선포식을 가졌다.

〈육군가치관〉이란 "무엇을 위해 복무해야 하고, 어떤 군인이 되어야 하며 어떤 행동을 하여야 하는가"를 결정해 주는 것이다. 이는 육군의 전 장병이 육군의 목표를 달성하고 더 나아가 참된 군인이자 민주시민으로서 사고와 행동방향을 올바르게 결정할 수 있도록 가장 기본이 되는 기준이자 규범이다. 육군은 충성, 용기, 책임, 존중, 창의 등 다섯 가지를 〈육군가치관〉으로 선정하여 추진하고 있다.[404]

'충성'이란 국가와 국민, 상관에 대하여 마음에서 진정으로 우러나오는 희생과 봉사정신으로 정성을 다하는 것이다. 충성은 우리 민족의 전통 윤리 중 최고의 가치로 국민으로서 반드시 갖추어야 할 국민의 윤리이며 기강이다. 국가와 국민에 대한 충성은 국민의 한 사람으로서 당연히 해야 하는 의무이므로 육군가치의 핵(核)이 되며, 육군 구성원 모두의 사고와 행동의 지향점이다.[405] 부하들이 충성심을 보인다는 것은 지휘자가 받을 자격이 있을 때 주어지는 선물이다.

'용기'란 스스로의 자제력과 분별력을 가지고 정의감에 따라 자신의 신념대로 행동하는 힘이다. 진정한 용기는 두려우면서도 그것을 억누르고 자기 임무를 완수하는 것이며, 시기와 장소 그리고 대상을 불문하고 항상 명령과 규율 아래에서 발휘하는 용기이다. 용기는 전장에서 공포심을 최소화하고, 전투에서 승리하게 하는 군인정신의 중요한 요소이다.[406] 용기는 두려워하는 것을 실행하는 것이다. 겁나는 일이 없는 한 용기는 발생하지 않는다.

'책임'이란 맡은 바 역할과 임무를 완수하겠다는 마음가짐 및 행위이며 그 결과에 대한 도덕적, 법률적 불이익을 감수하는 것이다. 군에서의 책임은 반드시 수행해야

---

403) 육군본부, 『육군가치관, 교육용 프로그램』, 2002. 7쪽
404) 육군본부, 『육군가치관 및 장교단 정신, 2008년도 실천지침서』, 2008. 14쪽
405) 육군본부, 『육군가치관 및 장교단 정신, 2008년도 실천지침서』, 2008. 15쪽
406) 육군본부, 『육군가치관 및 장교단 정신, 2008년도 실천지침서』, 2008. 21쪽

하는 절대적인 것으로 책임완수 여부는 국가 운명과 직결되기 때문에 자신의 생명까지도 바쳐서 완수해야 한다. 책임은 한 개인의 책임완수가 부대임무의 성패와 직결되기 때문에 연대 책임이며, 직책에 따라 명확한 책임을 부여하고 있다.[407]

'존중'이란 모든 삶의 인간적 존엄성과 그 존재 가치를 인정해 주고 배려하는 것이다. 존중은 부대와 동료를 인격적으로 대우하고 인정과 칭찬을 통해 조직 구성원 모두를 화합단결시키는 가치이다. 존중은 상경하애, 신뢰구축, 화합단결을 촉진하여 군심을 결집시키고 건전한 군대문화 창조와 무형전력 극대화에 기여한다.[408] 전우들에게 표현해야 할 존중을 느끼는 사람은 전우들을 고무시키는 데 실패하지 않으며 전우를 무시하고 경멸하는 사람은 본인 자신에 대한 혐오감을 불러일으키는 데도 결코 실패하지 않을 것이다.

'창의'란 고정관념에서 탈피하여 새로운 생각이나 착상으로 문제점을 찾아 해결하려고 하는 사고력이다. 창의는 정보·과학화된 미래 전장환경에 능동적으로 대처하는 사고력 계발과 일일신 우일신日日新 又日新으로 과거의 잘못된 고정관념과 관행을 혁신하는 데 필요한 가치이다. 지식·정보화 시대를 주도할 수 있는 역량을 배양하는 기초이다.[409]

육군은 이러한 5대 육군가치관을 모범적으로 실천한 장병 및 군무원에 대해서 연 1회 선발하여 '참군인 대상大賞'을 수상하고 있으며 각급부대에서도 '참군인 상賞'을 수시로 수여하여 수범 사례를 전파하고 각종 특전을 부여하고 있다.

참고적으로 미 육군은 핵심가치를 충성Royalty, 책임Duty, 존중Respect, 헌신적인 복무Selfless service, 명예Honor, 성실Integrity, 개인적 용기Personal courage[410] 등으로 설정하고 전 육군 구성원이 내면화하도록 강조하고 있다.

핵심 내용을 살펴보면 '충성'은 미국 헌법, 육군, 부대 및 부하 장병에 대해 진정한 신념과 충성심을 유지하라는 것이고, '의무'는 책임을 완수하라는 것이다. '존중'은 대우받아야 할 만큼 구성원들을 대우하라는 것이고, '헌신적인 복무'는 자신의 복지보다 국가, 육군, 예하부대의 복지에 더 우선순위를 부여하라는 것이다. '명예'

---

407) 육군본부, 『육군가치관 및 장교단 정신, 2008년도 실천지침서』, 2008. 27쪽
408) 육군본부, 『육군가치관 및 장교단 정신, 2008년도 실천지침서』, 2008. 33쪽
409) 육군본부, 『육군가치관 및 장교단 정신, 2008년도 실천지침서』, 2008. 39쪽
410) 김명철 역, 『미 야전교범 6-22, 육군리더십』, 교육사령부, 2007. 18쪽

는 모든 육군의 가치에 기준하여 생활하라는 것이고, '성실'은 법적·도덕적으로 올바른 일을 행하라는 것이다. 마지막으로 '개인적 용기'는 육체적·정신적으로 공포, 위험 또는 역경에 대처하라는 것이다.[411]

〈장교단 정신〉 : 爲國獻身 (조국에 대한 헌신과 봉사)

국가의 궁극적인 목표는 생존과 번영에 있으며 군은 생존을 책임지는 조직으로 국가의 형성과 존립을 보장하는 토대다. 따라서 강한 군대는 강한 국가를 만들고 강한 국가는 국민들의 풍족한 삶과 번영을 보장해 왔다.

강한 군대의 힘의 원천은 '장교단'으로 '장교단'이란 '장교들의 집단'을 말한다. 장교는 군의 기간基幹이며 전투력 창출의 핵심으로서 신체의 두뇌와 같은 역할을 한다. 과거의 역사에서 보듯 군의 핵심인 장교단이 강해야 강한 군대를 육성할 수 있었다. 장교가 부정직하고 부패하여 정신상태가 올바르지 못하면 군대를 약화시키고 국가의 존립마저 위태롭게 할 수 있다. 즉 한 민족이나 국가의 번영과 영광을 뒷받침하는 힘이 그 나라의 국력을 바탕으로 한 군사력이라면 그 중에서도 군사력을 운용하는 근간이 되는 것이 바로 장교단인 것이다.

제1차 세계대전 종료 후 미국의회가 군 장교 감축계획을 발표하자 당시 육군참모총장이었던 맥아더Douglas MacArthur 장군은 "봉급과 의류가 부족하고 주거 환경이 열악해도 견딜 수 있고 장비가 부족해도 괜찮지만, 책임감 높고 능력 있는 장교가 부족하다면 결코 강한 군대가 될 수 없다."고 의원들을 설득하여 의회의 결정을 철회시킨 바 있다.

이렇듯 중요한 육군 장교단의 의식을 개혁하고자 제36대 육군참모총장인 남재준 장군이 〈장교단 정신〉 정립을 추진하였다. 즉 장교단이 〈육군목표〉를 달성하기 위해 본분으로 삼아 실천할 수 있도록 〈장교단 정신〉을 정립하되, 우리 근대사의 군인 중 정신적 지도자의 표상이 될 수 있는 분의 정신에 기초하여 솔선수범하면서

---

411) 김명철 역, 『미 야전교범 6-22, 육군리더십』, 교육사령부, 2007. 51~61쪽

지키기만 하면 될 수 있도록 단순화하라는 지침을 2003년 5월 2일 복무계획에서 밝힌 것이다.

'정신精神'은 '생각이나 감정을 다스리는 마음'으로 생각이나 감정에 의해 이루어지는 행동을 지배하고 있다. 모든 집단은 다양한 정신을 가진 구성원들에게 하나의 통일된 정신을 요구하고 있으며, 통일된 정신이 건강하고 강하면 행동도 올바르고 강력해지는 것이 일반적인 생각이다.

〈장교단 정신〉이란 "장교단이 무엇을 위해 어떻게 살아야 할 것인가?"를 결정지어줄 정신적, 행동적 지표이다. 이런 이유로 동서고금을 막론하고 융성했던 국가에서는 장교단에게 당대의 시대적 정신을 반영한 국민들의 바람을 지침화하여 장교단이 구현할 것을 강조해 왔다.

이에 따라 육군 인사참모부, 육군사관학교 이민수 철학교수와 합동연구로 동서양과 우리나라의 역사적인 사례연구, 설문 등을 통해 〈장교단 정신〉을 무엇으로 할 것인가를 정립하였다. 그 결과인 「장교단 정신 정립 방안」이 2003년 9월 26일 육본 정책회의에서 의결되어 10월 2일 제정되었다. 후속조치로 「장교단 정신 생활화 방안」이 12월 13일 참모총장 승인이 이루어졌고 결재과정에서 〈장교단 정신〉을 교육시킬 수 있는 교재 작성을 지시하였다.

육군의 〈장교단 정신〉은 '위국헌신(爲國獻身, 조국에 대한 헌신과 봉사)'이다. 이는 대한의군 참모중장 신분으로 일제 침략의 원흉인 이토 히로부미를 총살로 처단한 안중근 장군의 '위국헌신 군인본분爲國獻身 軍人本分' 정신을 이어받은 것이다.

아울러 '위국헌신爲國獻身'을 실천규범으로 삼아 부단한 자기성찰을 통하여 내면화·생활화함으로써 달성해야 할 〈바람직한 장교단의 달성목표〉를 '전투적 사고를 견지한 장교, 도덕성이 확립된 장교, 언행일치 하에 솔선수범을 행동으로 실천하는 장교' 등 세 가지를 제시하였다. 이는 〈장교의 책무〉에서 규율하고 있는 것이다. 이 세 가지 달성목표를 구체적으로 실천하기 위해 해마다 행동지침으로 세부과제를 선정하고, 그 실행을 위한 실천지침서를 작성하여 추진하고 있다.

최초의 『장교단 정신 실천지침서』는 인사기획과에 함께 당시 근무하던 한용섭 중령이 작성하였으며 2004년 3월에 발간되었다. 〈바람직한 장교단의 달성목표〉로 제시된 세 가지에 대해 각각 '10개의 행동지표와 지휘관 행동지표'를 포함하여 총

40개 행동지표를 선정하여 당시 참모총장인 남재준 장군의 승인을 받아 소책자 형태로 발간한 것이다. 〈장교단 정신〉을 구현하기 위한 구체적인 행동지표로 모든 장교들이 솔선수범하여 실천하도록 하였다.

또한 「장교단 정신 생활화 방안」으로 대대장급 이상의 지휘봉에 '爲國獻身'문구를 각인하여 수여함으로써 지휘관이 항상 '爲國獻身'의 자세를 견지하도록 하고 있으며 육군의 표창장 문구에 '조국에 대한 헌신과 봉사의 자세로'를 삽입하여 자연스럽게 함양하도록 하고 있다.

특히 군인으로서 영예로운 진급신고 시에 〈진급선서〉를 하도록 하여 진급의 의미를 되새기도록 하고 있다. 즉 국가에 대한 충성심 고취와 장교로서 '조국에 대한 헌신과 봉사'를 재다짐할 수 있는 계기를 마련하고 진급에 따른 권리보다는 더 큰 의무를 부여하고자 하는 의도에서다. 필자가 초안을 작성하여 육군사관학교 철학과 및 국문과 교수들의 자문을 거쳐 완성하였다.

① 육군 ○○(계급) ○○○(성명)는
② 조국 대한민국의 방위와 국민의 보호를 위하여 헌법을 수호하고,
③ 어떠한 시련과 위험 속에서도 조국에 대한 헌신과 봉사의 자세로 부여된 임무를 완수하며,
④ 상관의 명령에 복종할 것을
⑤ 엄숙히 선서합니다.

〈표 1-70〉 진급선서 (출처 : 〈육 방침 제03-51호〉, 2003년 12월 29일)[412]

①항은 선서자의 주체로서 육군과 선서자가 공동운명체라는 사실을 상징적으로 강조하는 것이다.

②항은 복무목표로서 헌법 제5조 2항에 명시된 '국군의 사명'을 완수하기 위한 의지의 표현이다.

③, ④항은 복무자세를 천명하는 것으로,

③항은 '위국헌신爲國獻身'의 자세로 헌법을 기본으로 제반 법규준수를 다짐함으로써 군인복무규율 및 '지휘관 그리고 장교의 책무'에서 강조하고 있는 모든 실천덕목의 이행과 개인 자질향성을 위하여 노력하겠다는 뜻이다.

---

412) 육 방침 제03-51호(2003. 12. 29.), 『장교 진급신고식 시행』. 2004년 1월 1일부로 시행하였다.

④항은 군인으로서 그리고 장교로서 상관의 명령에 솔선수범하여 복종함으로써 군기, 사기, 단결의 핵심核心이 될 것을 다짐하는 것이다.

⑤항은 자유혼을 지닌 자유인으로서 조국과 전우 앞에 결연한 의지를 다짐한다는 의미를 내포하고 있다.

〈장교단 정신〉의 교재는 육군본부에서 발행한 『爲國獻身의 길』이다. 이 책은 인사참모부에 근무한 당시 인사참모부장 윤일영 장군, 인사기획처장 이승우 장군, 인사기획과장 이태우 대령을 비롯한 인사참모부 모든 장교들의 노력의 산물로, 당시 육군은 모든 양성·보수교육기관에서 이 교재로 일정시간 동안 교육하도록 하였다.

2005년 효과측정 결과, 〈장교단 정신〉 정립 이후 그간 육군에서 관행처럼 되어 있던 잘못된 상당 부분이 척결되었다는 평가를 받았다. 한 조직을 책임지는 지휘자의 생각과 결단, 그리고 그 실행이 조직문화를 어떻게 바람직하게 이끌고 가는지를 보여주는 대표적인 사례라 생각한다.

혹자는 왜 "장교단 정신인가?," "부사관이나 병兵의 정신도 있어야 하는 것이 아닌가?" 하는 등의 의문을 제기하기도 한다. 사실 이 문제는 정립 초기부터 제기되었던 사항이다. 그러나 굳이 〈장교단 정신〉으로 한 이유는 장교의 책무에 나와 있듯이 장교는 '군대의 기간基幹'으로서 본질적으로 '자기희생'이라는 속성을 가지고 있는 '복무'를, 타인의 강요나 국민의 의무 때문이 아니고 스스로의 자유의지로 선택한 신분이다. 그래서 장교단 모두는 국가 유사시에 조국을 위해 기꺼이 목숨을 바쳐 희생해야 한다. 또한 군의 기간인 장교가 솔선수범하고 모범을 보이며 희생적인 복무를 한다면 여타의 신분은 이를 본받고 따라오기 때문이다.

또한 한 가정을 예로 들면 아버지 정신, 어머니 정신, 자식들 정신이 따로 있는 것이 아니고 가장이 가훈家訓을 정하고 솔선수범하여 희생적으로 실행하면 나머지 가족들은 자연스럽게 따라가는 것이다. 이것이 가풍家風이다. 즉 바람직한 가풍의 시발점은 가장의 생각과 행동에 달려 있는 것이다. 마찬가지로 장교는 '군의 기간基幹'으로서 한 집안의 가장과 같은 역할을 한다. 이와 같은 이유로 해서 여타 신분의 것을 제정하지 않은 것이다.

그러나 최근 우리 사회에서 나타나고 있는 탈脫이념성향에 따른 안보의식의 변화와 개인 이기주의 성향에 의해 국가에 대한 충성·봉사·희생정신이 약화되고 있으며 부도덕하고 권위주의적인 지휘에 대한 변화와 요구가 표면화되고 있음을 고려하여 육군에서는 전 간부의 정신적 기준과 행동의 지표로 '위국헌신爲國獻身'을 〈올바른 간부像〉으로 하여 그 실천을 강조하고 있다.[413] 장교가 희생적이고 솔선수범함은 물론 전 간부들이 함께 실천하여 시너지효과를 극대화하자는 의도에서다.

 **〈육군 복무신조〉**

육군은 장병들이 지켜야 할 복무규범이나 행동수칙으로 〈군인의 길〉, 〈전투수칙〉, 〈멸공투쟁 3대 지표〉, 〈멸공구호〉등이 사용되고 있었다. 그러나 이들 수칙이나 구호가 시대적 상황에 부적절하거나 중복되는 부분이 있으며, 행동규범도 다양하게 제시되어 있어 장병들이 정확하게 실천할 규범의 초점을 흐리게 하는 문제가 있었다.

이에 따라 육군은 새 위상을 정립하고 이를 실천할 수 있도록 과거에 단편적으로 제정된 각종 수칙이나 구호 등을 전반적으로 재검토하였다. 이를 통해 육군은 장병들의 정신 및 행동지표를 단일화 시킬 '복무신조'를 1990년 3월 1일 제정하여 생활신조로 제시하였다.[414]

 우리는 국가와 국민에게 충성을 다하는 대한민국 육군이다.
　하나, 우리는 자유민주주의를 수호하며 조국통일의 역군이 된다.
　둘, 　우리는 실전과 같은 훈련으로 지상전의 승리자가 된다.
　셋, 　우리는 법규를 준수하고 상관의 명령에 복종한다.
　넷, 　우리는 명예와 신의를 지키며 전우애로 굳게 단결한다.

〈표 1-71〉 〈육군 복무신조(우리의 결의)〉 (1990년 3월 1일)

전문前文은 육군의 본질적 역할과 사명을 분명히 밝히고 있다. 군인은 국민의 군대로서 국토의 방위, 국민의 생명과 재산의 보호라는 사명을 완수할 수 있도록 위국헌신의 정신과 임전무퇴의 기상을 견지하여, 조국을 위해서는 내 한목숨까지 기

---

413) 육군본부, 『육군가치관 및 장교단 정신, 2008년도 실천지침서』, 2008. 64쪽
414) 충성대연구소, 『육군복무신조 개정안 연구』, 육군3사관학교, 2006. 17쪽

꺼이 바칠 각오를 하자는 충성의 다짐이다.

본문本文 하나는 육군이 해야 할 구체적인 실천목표를 제시한 것이다. 군인의 절대사명인 국가와 국민에 대한 충성을 다하기 위해 먼저 국토분단과 군사적 대치 그리고 이념적 대립 속에 있는 조국의 현실을 바로 알고, 투철한 국가관과 확고한 사상으로 무장하여 자유민주주의 체제를 끝까지 수호함은 물론, 다시는 이 땅에 동족상잔의 전쟁이 재발하지 않도록 함으로써 조국의 평화통일과 민족번영에 선도적으로 기여하자는 다짐이다.

본문本文 둘은 교육훈련에 임하는 군인의 자세와 추구할 목표를 제시한 것이다. 군인은 전쟁에서 승리하기 위해 존재하며 이를 위해서는 평소 피나는 훈련을 통해 강인한 체력과 정신력을 바탕으로 전기전술을 연마하여 일단 유사시 전장에 나가서는 임전무퇴臨戰無退의 기상과 공격정신으로 지상전의 승리자가 되어야 함을 강조한 것이다.

본문本文 셋은 민주시민의 일원으로서의 행동방향과 군조직의 특성에 부합되는 구성원으로서의 행동지침을 지시한 것이다. 군의 생명인 군기확립과 사기유지를 위하여 모든 장병이 솔선하여 법규와 군율을 준수하고, 계급과 직책의 존엄성을 중시하여 상관의 명령에 복종해야 함을 강조하고 있다.

본문本文 넷은 진정한 군인으로서의 생활방향 및 조직구성원으로서의 갖추어야 할 정신적 지표를 제시한 것이다. 군인 모두는 군인다운 멋과 외모뿐 아니라 숭고한 가치관을 구비한 진정한 군인이 되어야 한다. 아울러 상호존중과 신뢰 속에 굳게 단결하여 동료와 부하를 위해 몸을 던질 수 있는 숭고한 전우애가 물씬 풍기는 신바람 나는 병영을 가꾸어 나갈 것을 다짐하자는 것이다.415)

육군에서는 장병들은 이를 생활화하기 위한 실천행동으로 아침 점호행사 등을 통해 〈육군복원신조(우리의 결의)〉를 복창하고 각 군사 교육과정 및 지휘관 정신교육에 복무신조를 포함하도록 하고 있다. 구호보다 실행으로 옮기는 행동이 중요한 것이다.

이상에서 기술된 〈육군목표〉, 〈육군가치관〉, 〈장교단 정신(올바른 간부像)〉, 〈육군복무신조〉 등은 육군에 부여된 임무를 완수하여 조직의 유효성을 극대화하고자 하는 가치 체계를 이루고 있는 것으로, 육군 목표는 육군이 도달해야 할 궁극의 목표

---

415) 충성대연구소, 『육군복무신조 개정안 연구』, 육군3사관학교, 2006. 18쪽

이고 육군가치관은 전 장병이, 장교단 정신(올바른 간부像)은 모든 간부가 육군 목표 달성을 위해 내면화·체득화해야 할 덕목이며, 육군 복무신조는 전 장병이 행동화 해야 하는 실천적 지표라 할 수 있다.

육군의 상징 구호와 호국이 캐릭터

육군의 상징구호는 강한 친구 대한민국 육군 PRIDE & TRUST, ROK ARMY이다. 이는 "적에게 강强하고 국민에게는 친구가 된다."는 의미로 'Strong & Open'이라는 육군 지향목표를 의인화한 것이다.

또한 육군의 캐릭터를 제작하여 육군을 홍보하고 있는데, 캐릭터 명칭은 '호국이'다. '호국護國이'는 '호국정신護國精神'과 민족의 영물인 호랑이를 상징적 이미지로 표현한 것으로 대륙을 향해 포효하는 백두산 호랑이의 기상을 한반도 형상으로 나타낸 것이다.

호국이의 역동적 동작은 미래를 지향하는 '최고의 육군'임을 표현하면서 국민으로부터 사랑받는 육군상陸軍像을 상징한 것이다. 육군의 각급부대에서는 '호국이'를 부대의 임무와 전통, 역사 등을 고려하여 응용하여 활용하고 있다.[416]

〈그림 1-18〉 육군 캐릭터 '호국이' 및 엠블럼 (출처 : 『군무원 복무 길라잡이』)

---

416) 육군본부, 『군무원 복무 길라잡이』, 2015. 27쪽

 군에 있어서 '병과兵科'란 군 조직 편성상의 임무와 기능을 수행하기 위해전문화
와 각종 인사관리가 가능하도록 전투기능을 나누어 분류한 관리집단이다.[417) 이러
한 병과 개념은 민간사회든 군인사회든 조직에 최대의 작업능률을 제공한다는 의
미에서 없었던 때가 없다고 볼 수 있으며, 군에서는 특히 전쟁에서 군의 최대능력

〈표 1-19〉 한국광복군의 병과 표식(출처 :『육군복제사』)

417) 육군본부,『군무원 복무 길라잡이』, 2015. 27쪽

을 발휘하도록 고안되었던 것으로 그 역사는 상당히 깊다.[418] 그 역사가 깊다는 것은 병과 명칭이나 주임무가 새로운 무기의 발전이나 전쟁양상의 변화에 따라 변해왔고 또 앞으로도 변해간다는 것을 의미한다.

육군에 있어서 '병과특기'란 육군의 직능에 따라 병종兵種을 세부적으로 구분하여 부여한 특기이며 병과에 따라 교육, 보직 및 진급 관리에 활용하며 병과특기별로 독립적인 인사관리를 원칙으로 하고 있다.[419] 이러한 병과는 기본병과와 특수병과로 구분되며 기본병과는 다시 전투병과, 기술병과, 행정병과로 나뉜다. 전투병과는 전투를 주임무로 하는 병과이고 기술병과는 주로 군수분야를 담당하며 행정병과는 군에서 필요로 하는 제반 행정업무를 지원한다.

구 분		종 류
기본병과	전투병과	보병, 기갑, 포병, 방공, 정보, 공병, 정보통신, 항공병과
	기술병과	화학, 병기, 병참, 수송, 군수병과
	행정병과	인사행정, 헌병, 재정, 정훈병과
특수병과		의무(군의, 치의, 수의, 의정, 간호), 법무, 군종병과

〈표 1-72〉 육군 병과의 종류 (출처 : 〈장교인사관리규정〉)

보병병과는 가장 오래된 '전투병과의 왕'으로 고대로부터 최후의 결전을 수행하여 승리를 거두는 병과란 뜻에서 '전장의 꽃', '전장의 여왕gueen of battle' 또는 '궁극병기ultimate weapon'라고 불렀다고 한다.[420] 육군의 보병병과는 전투병과 중 가장 많은 인원이 복무하는 지상전투 수행의 주체자이다. 적 부대를 격멸하고 중요지형을 탈취 및 확보하여 전투에서 최종적인 승리를 달성하는 병과다. 이러한 보병은 다시 기계화보병, 일반보병, 수색 및 특공보병 등으로 세분화되기도 한다.[421] "나를 따르라."는 보병병과 창설기념일은 1월 15일이다. '남조선국방경비대' 창설일이 1946년 1월 15일이다.

---

418) 양희완 편저, 『재미가 솔솔 붙는 군대문화 이야기』, 연경문화사, 1998. 33쪽
419) 육군규정 110(2015. 3. 30.), 『장교인사관리규정』, 10쪽
420) 양희완 편저, 『재미가 솔솔 붙는 군대문화 이야기』, 연경문화사, 1998. 34쪽
421) 육군본부, 『군무원 복무 길라잡이』, 2015. 35쪽

기갑병과는 16세기 기동전을 수행하던 기병대가 현대에 와서 대체된 병과다. 기동전을 수행할 수 있도록 기병의 체계를 갖춘 사람은 스웨덴의 국왕이자 '근대전의 아버지'라 불리 우는 구스타프 아돌프스(Gustavus Adolphus, 1594~1632)[422]이다. 초기의 기병대원은 갑옷을 착용하지도 않았고 장비도 없었으나 점진적으로 머리부터 보호하기 위한 목적으로 투구를 사용하다가 상반신 가슴 보호용 갑옷을 착용하기 시작했다. 이 갑옷의 색깔이 초기에는 검은 색이었는데 이들의 용맹성이 널리 알려지자 유럽에서 '흑기사Black Riders'란 이름이 생겨났으며, 흑기사들은 권총과 검을 주요 무기로 장비하고 있었다.[423]

1차 세계대전 당시 기갑의 상징인 탱크tank란 말이 처음 등장하였다. 영국군이 장갑차를 실험하기 위하여 비밀리에 전선에 배치하고 방수 천으로 덮은 다음 괴물 같은 장갑차를 '물저장 탱크' 또는 '메소포타미아의 물탱크' 등으로 위장했던 데서 '탱크'란 말이 시작되었으며 사실상 1916년 9월 '솜므Somme 전투'에 탱크가 참전함으로서 최초의 실전 무기가 되었다.[424]

육군의 기갑병과는 육군의 핵심전력으로서 전차와 장갑차의 우수한 기동력, 화력, 충격력을 바탕으로 적 부대를 심리적으로 마비시켜 전투의지를 조기에 말살시키는 병과이다.[425] 통상 '지상의 왕자'라고 부른다. "번개와 같이, 내 생명 전차와 함께."라는 기갑병과 창설기념일은 10월 5일이다. 최초의 기갑 전투부대인 제51독립전차중대 창설일이 1951년 10월 5일이다.

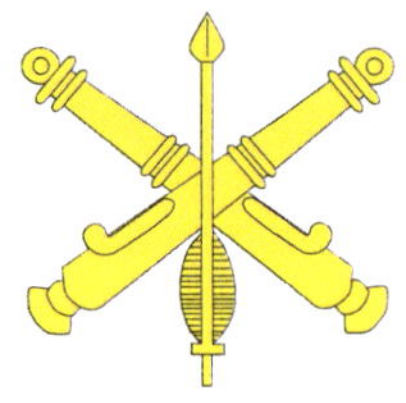

포병병과도 오랜 역사를 갖고 있지만 17세기 이전까지도 독립된 병과가 아니었다. 대포는 보병부대에 종속된 야전 전술대형의 일부에 불과하였다. 구스타프 아돌프스가 등장해서야 포병은 비로소 전장에서 정당한 위치를 차지하게 된다. 아

---

422) 신교도로서 페르디난트 2세를 도와 '30년 전쟁'에 투신하였다. 최초의 국민군 창설, 화력과 기동성을 고려한 전술체계 개발, 강인한 훈련을 통한 보병·기병·포병의 질을 향상, 통일된 군복을 지급하고 계급에 따르는 견장을 도입하여 군기유지 및 사기앙양 대책을 강구하는 등을 통해 북유럽을 장악한 그는 유럽 최강의 군대를 만든 근대전의 아버지다.

423) 양희완 편저, 『재미가 솔솔 붙는 군대문화 이야기』, 연경문화사, 1998. 39쪽

424) 양희완 편저, 『재미가 솔솔 붙는 군대문화 이야기』, 연경문화사, 1998. 40쪽

425) 육군본부, 『군무원 복무 길라잡이』, 2015. 35쪽

돌프스는 포탄의 무게를 12파운드 이내로 제한하고, 단 1발의 탄알과 장약을 탄피 속에 넣어 사격하게 함으로써 사격속도를 증가시켰을 뿐만 아니라 여러 문의 포를 모아 포대砲隊를 형성하여 화력의 집중운영을 꾀하였다. 그리하여 현대 포병의 중요 요소인 화력과 기동, 그리고 집중 등의 개념을 처음으로 확립해 놓았다.[426)

육군의 포병은 가장 강력한 화력으로 원거리에 있는 적을 타격하고, 보병 및 기갑부대 등 아군의 전투기동을 지원한다. 관측, 사격, 측지, 사격통제 등으로 나누어 임무를 수행한다.[427) '초탄명중'의 포병병과의 창설기념일은 10월 25일이다. 육군 야전포병단이 1948년 10월 25일 창설되었다.

방공병과는 포병의 일부로 편성되었다가 독립된 병과다. 육군의 방공병과 대부분이 공군으로 전군轉軍되어 육군에 잔류한 방공병과 인원들이 한 때는 보병과 통합되기도 하였다. 방공병과는 적의 항공기, 미사일 등 공중공격으로부터 아군을 방호하는 병과이다. 레이더를 이용하여 적의 공중공격을 사전에 탐지하여 전파하고 방공무기를 이용하여 적을 제압한다.[428) '초탄필추'의 방공병과의 창설기념일은 9월 1일이다.

역사적으로 적에 관한 첩보 또는 정보업무는 군대의 시작과 더불어 존속해왔다고 보는 것이 타당할 것이다. 그러나 **정보병과**의 창설은 그 유효성에 비해 빠르지가 않다. 2차 세계대전이 시작될 무렵 미군에 의해서 정보병과가 신설되고 모든 관련 인력들이 받아들여졌기 때문이다. 정보병과의 주기능은 정보의 수집, 분석, 생산 및 전파 등으로 이를 위하여 적의 전략과 전술에 관한 광범위한 지식을 가지고 있어야 한다. 또한 아군의 정보를 보호하는 보안업무 수행과 상대의 심리적 마비를 유발하기 위한 심리전활동 등의 업무도 수행한다. "적을 먼저 찾아라."는 정보병과의 창설기념일은 7월 1일이다. 1983년 7월 1일에 정보학교가 창설되고 정보병과 휘장이 수여되었다.

---

426) 양희완 편저, 『재미가 술술 붙는 군대문화 이야기』, 연경문화사, 1998. 42~43쪽
427) 육군본부, 『군무원 복무 길라잡이』, 2015. 35쪽
428) 육군본부, 『군무원 복무 길라잡이』, 2015. 36쪽

**야전공병** 또는 **전투공병**의 시초는 기원전 3세기 마케도니아의 필립 II세(Philip II)와 그의 아들 알렉산더 대왕Alexander, 그리고 그들의 부하들이 공성攻城전투에서 새로운 기술을 개발하였을 때 시작된 것으로 보인다. 고도로 조직된 마케도니아의 공병단은 공성포열siege train을 담당했고 도하를 위한 가교종렬(架橋縱列, bridge train)도 책임지면서 중요한 군사장비나 건설자재들을 마차나 동물에 싣고 운반하여 필요한 현장에서 조립하였다. 징기스칸 또한 몽고군 공병단engineer corps을 조직하여 운용하였다. 아돌프스가 공병 임무를 전문적으로 수행하는 조직체계를 세워 현대적인 공병 운영방안을 구체화 시켰다.[429]

공병병과는 전장에서 아군의 기동을 보장하고 지뢰 및 철조망 설치, 교량폭파 등을 통해 적의 기동을 저지하는 임무를 수행한다. 수행하는 임무에 따라 전투부대의 기동지원 임무를 주로 하는 전투공병, 시설물 보호 및 복구를 주로 하는 시설공병, 각종 공병장비를 운용 및 정비하는 공병장비 운용 / 정비 등으로 구분된다. 또한 군사지도 제작, 디지털화된 지형분석 자료를 생산 및 제공하는 임무도 수행한다.[430] "First In, Last Out의 희생적 정신"인 공병병과 창설기념일은 3월 1일이다. 육군 제1공병정비중대 창설일이 1948년 3월 1일이다.

**정보통신병과**의 기원 역시 기원전 3세기경으로 거슬러 올라간다. 마케도니아 군대에서 트럼펫이나 창의 끝을 움직이는 동작 또는 육성으로 부대를 지휘한 것 외에도, 장거리 통신을 위하여 주간에는 연막신호를, 야간에는 봉화를 사용했던 것을 보면 전자장비의 발전 이전에 사용했던 통신수단의 역사는 사실상 동서고금을 막론하고 인류 전쟁역사의 시작과 그 역사를 함께 하고 그 수단도 유사했다고 할 수 있다.

미군의 통신병과는 1860년 마이어Albert J. Meyer 소령이 귀머거리와 함께 근무하다가 수기신호가 효과적임을 알고 신호체계를 세우게 된 것이 계기가 되어 1863년 정식으로 만들어졌다. 1898년 스페인과의 전쟁 때에 전투사진사의 필요성이 대두

---

429) 양희완 편저, 『재미가 솔솔 붙는 군대문화 이야기』, 연경문화사, 1998. 45~46쪽
430) 육군본부, 『군무원 복무 길라잡이』, 2015. 36쪽

되어 통신병과에 사진병이 추가되었다.[431]

　육군의 경우 통신병과로 출발하였다가 전산체계가 발전하면서 별도로 있던 전산병과와 특기를 통합하여 정보통신병과가 되었다. 정보통신병과는 부대 간의 소통을 지원하는 병과다. 이를 위해 유·무선, 위성 등의 각종 통신수단을 통합하고 네트워크를 구축하여 소통을 보장함으로써 실시간 지휘와 통제가 가능하도록 지원하는 임무를 수행한다. 각종 유·무선 장비운용 및 정비를 담당하는 전술통신운용분야, 레이더·암호장비 및 위성운용 등을 담당하는 특수통신운용분야, 전산장비운용 및 네트워크 구축·운용, 사이버전 수행 등을 담당하는 정보체계운용분야 등과 부대의 해킹방지를 위한 전산업무도 수행한다.[432] “통通하라.”는 정보통신병과의 창설기념일은 6월 15일이다. 조선경비대 총사령부에 ‘통신과’가 설치된 것이 1946년 6월 15일이다.

　육군의 **항공병과**는 헬기를 이용한 공중기동을 통하여 목표에 대한 정확한 타격, 인원을 헬기에 탑승시켜 적 지역으로 이동하여 공격하는 공중강습작전, 항공지원 및 대민지원 등의 임무를 수행한다. 이를 위하여 헬기의 이·착륙 및 운항을 조정하는 항공운항분야, 각종 헬기의 정비, 무장, 통신 및 전자장비 등을 정비하는 항공정비분야 등의 업무를 수행한다.[433] 국산헬기인 ‘수리온’이 전력화되어 운용되고 있다. ‘완전무결 전투항공을 지향’하는 항공병과의 창설기념일은 10월 1일이다. 육군본부 작전교육국 ‘항공과’가 창설된 날이 1950년 10월 1일이다.

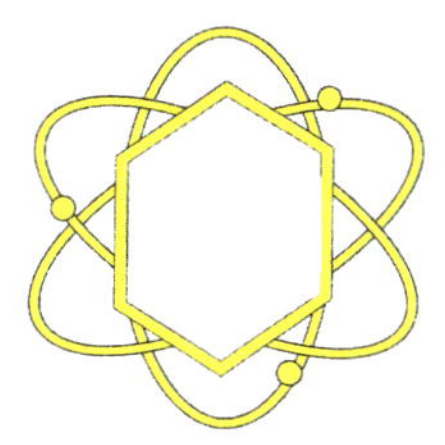

　전투지원을 담당하는 병과로서 가장 최근에 빛을 보게 된 것이 **화학병과**이다. 1915년 4월, 벨기에 이프레스Ypres에서 현대적인 가스전쟁이 처음 시작되었지만 이미 가스전 준비를 갖추고 있던 미군은 이를 신속히 분석 대처한 일이 있다. 그러나 이때에 화학병과가 있었던 것은 아니고 다른 병과에

---

431) 양희완 편저, 『재미가 솔솔 붙는 군대문화 이야기』, 연경문화사, 1998. 46~47쪽
432) 육군본부, 『군무원 복무 길라잡이』, 2015. 37쪽
433) 육군본부, 『군무원 복무 길라잡이』, 2015. 37쪽

서 그 임무를 대행해 주었다. 미 공병단에서는 공격용 가스에 대비하여 훈련까지 해 놓고 있었으며 의무병과에서는 제독처리, 병기병과에서는 전술적 사용이 가능한 가스 제작에도 손을 쓰고 있었다. 1차 세계대전 중에 미군 유럽원정군은 가스병과를 창설하여 해외에서 협조체제를 구축하고 1918년에 화학전병과를 창설했다. 핵시대에 돌입하면서 화학병과에 부여된 새로운 두 가지의 임무는 방사능과 미생물을 이용한 공격에 대비하는 것이었다. 그 결과 화생방전은 화학병과의 대명사처럼 사용되기 시작하였다.[434]

육군의 화학병과는 적의 화학 및 생물학, 핵무기 공격과 불순분자에 의한 독가스 및 세균 살포 등에 대비하는 병과다. 즉 화생방 정찰을 통해 적의 화생방 공격을 조기에 탐지 및 전파하고, 오염된 각종 장비와 지역을 깨끗하게 정화하는 임무를 수행하며 아군부대가 은밀히 이동하도록 연막을 지원한다.[435] "알아야 산다."는 화학병과의 창설기념일은 9월 20일이다.

병기병과의 역사는 무기 발달사와 맞먹어 대단히 오래지만 현대 군의 독립된 병기병과로서의 발전 역사는 그리 길지가 않다. 미군의 경우 1775년 식민지 의회의 조치로 미군에 무기와 기타 전쟁 물자 보급과 관련된 연구를 하고 계획하는 연구위원회가 설치되었고, 이 조치에 따라 워싱턴 장군은 포병물자를 취급하는 물자감(Commissary General)격으로 치버(Ezekel Cheever)를 임명하였는데 그가 곧 초대 병기감이 되었다.[436]

육군의 병기병과는 장비의 수급과 정비, 탄약지원을 담당하는 병과이다. 장비의 수급과 정비 분야는 모든 종류의 전투용 장비를 획득하여 저장 및 관리하고 보급 및 정비지원업무를 담당한다. 탄약지원분야는 전투임무에 소요되는 모든 탄약을 저장시설에 저장 및 관리하다가 필요부대에 적시에 보급하고, 노후된 탄약은 회수하여 정비하거나 폐기 처리한다.[437] '기술강군 전승보장'의 병기병과 창설기념일은 7월 1일이다. 통위부 군수국내 '병기과'가 설치된 날이 1946년 7월 1일이다.

---

434) 양희완 편저, 『재미가 솔솔 붙는 군대문화 이야기』, 연경문화사, 1998. 47~48쪽
435) 육군본부, 『군무원 복무 길라잡이』, 2015. 37쪽
436) 양희완 편저, 『재미가 솔솔 붙는 군대문화 이야기』, 연경문화사, 1998. 59~60쪽
437) 육군본부, 『군무원 복무 길라잡이』, 2015. 38쪽

부대의 병력수가 증가하면서 해결하기 어려운 문제가 병참 및 군수문제란 것을 누구나 이해할 수 있다. 전사를 보면 군수문제로 인해 전투나 전쟁에서 패배한 사례를 찾아보는 것은 어려운 일이 아니다. 이러한 군수 문제를 해결하기 위해 역사적으로 동서양에서 많은 제도가 시행되었지만, **병참병과**로서 제도적인 발전을 보게 된 것은 16세기에 들어와서 독일 기병대에 병참장교가 편성되면서 부터다. 병참장교는 장병들의 숙식처인 막사의 획득과 할당, 창고의 출납, 식량·무기·피복 등의 조달업무를 수행하기 위한 수색과 정찰 임무까지 담당하였다. 2차 대전 중에 미군 병참병과 장병들은 전투지역에 근무하면서 필요시에는 전투임무도 수행하여야 했는데, 수송과 건설 등의 임무를 각각 수송병과와 공병에 인계하는 것이 더 효과적임을 알게 되어 두 개의 기능을 인계하고 병참병과는 전적으로 보급물자 획득과 보급근무에만 전념하게 되었다.[438]

육군의 병참병과는 군의 의·식·주 및 물자 지원을 담당하는 병과이다. 급양관리, 식량, 연료, 탄약·무기·축성자재 등의 보급과 손괴損壞된 각종 물자를 회수하고 다른 병과부대의 전투력 유지와 증대시키기 위해 목욕, 세탁 등의 지원임무도 수행한다. 이를 위해 각종 물자를 보급 관리하는 물자보급분야와 전투장비의 수리부속품을 지원하는 장비수리부속보급분야, 전 장병의 급식과 영양을 관리하는 조리분야 등의 업무를 수행한다.[439] '적시 적량 보급'의 병참병과 창설기념일은 7월 10일이다. 조선경비대 총사령부에 '병참처'가 설치된 것이 1948년 7월 10일이다.

수송병과는 군대의 발전과 확대에 따라 전문적이고도 집중적인 통제의 필요성이 대두되면서 1940년~1942년 어간에 병과로 독립되었다. 미군에서 2차 대전 중에 몇 백만의 병력 수송, 수많은 보급품의 이동 등의 문제가 대두되면서 민간 수송분야에서 전문인력을 모집하여 장교로 임관시켜 성공적인 작전을 수행하게 되었다. 모든 종류의 수송수단이 동원된 2차 대전에서 수송병과는 부동의 위치를 굳히고 전투근무지원부대로 인정을 받았던 것이다.[440]

---

438) 양희완 편저, 『재미가 솔솔 붙는 군대문화 이야기』, 연경문화사, 1998. 57~58쪽
439) 육군본부, 『군무원 복무 길라잡이』, 2015. 38쪽

육군의 수송병과는 육로, 철도, 항공, 수로 등의 제 수송수단을 이용하여 인원, 장비, 물자를 적시적소에 이동시켜주는 수단과 방법을 제공하며, 이를 위해 각종 수송수단 운영분야, 공항·항만·철도의 터미널 운용분야, 도로 및 철도에 대한 이동관리 지원분야 등의 업무를 수행한다. 또한, 각급부대 수송수단 운용을 위해 필요한 운전병 양성교육을 주도적으로 담당하는 병과이다. '수송은 필승의 동맥'인 수송병과의 창설기념일은 4월 16일이다. 1951년 4월 16일 국일명 제35호로 수송병과가 창설되었다.

군수전문가들에 의하면 이미 5만 명 정도의 야전군을 보유했던 기원전 7세기의 앗시리아군에서 이 문제가 처음 거론되었던 것을 보면 군수제도가 이미 존재했을 것으로 추측할 수 있다. 사람이 있는 곳에 의·식·주 문제는 항시 존재하기 때문이다. 그러나 고대전쟁에 관한 전사를 보면 군수물자의 조달 방법은 원시적일 수밖에 없었고 약탈에 의한 현지조달이 될 수밖에 없었다. 오직하면 손자(孫子)도 "전쟁을 잘하는 자는 장병을 두 번이나 징집하지 아니하고 군량을 세 번이나 실어 나르지 아니하며 적국에서 획득해서 쓰고 적에게서 양식을 구한다. (善用兵者 役不再籍 糧不三載 取用於國 因糧於敵)"고[441] 하였을까? 16세기에 들어오면서 프랑스에서는 군수담당관 제도를 두고, 오늘날의 인사, 정보, 작전 및 교육, 군수참모들이 수행하는 제 전문기능이 통합된 일반참모 역할을 수행하도록 하였다. 1870년에 프러시아 군에서도 몰트케 장군보다 차 하위급 장교가 이와 같은 일반참모로서 병참참모Quatermaster General 역할을 하도록 하였다.[442]

육군의 **군수병과**는 군사목표를 달성하기 위하여 장비, 물자, 예산, 시설, 용역 등 필요한 자원을 획득, 관리 및 운용함으로써 전·평시 모든 군사소요에 대한 군수지원을 보장하는 작전지속지원을 하는 병과이다. 군수병과는 군수정책 및 제도 발전, 소요산정 및 조달, 종합군수지원업무 통제분야, 군수예산 편성 및 운용, 군수지원능력 판단 및 자원확보분야, 보급·정비·수송·근무 등 다기능 통합지원 계획 수립 및

---

440) 양희완 편저, 『재미가 솔솔 붙는 군대문화 이야기』, 연경문화사, 1998. 59쪽
441) 제1야전군사령부, 『군사적 관점에서 본 손자병법 해설』, 2005, 18쪽
442) 양희완 편저, 『재미가 솔솔 붙는 군대문화 이야기』, 연경문화사, 1998. 56~57쪽

시행분야, 작전지속지원 소요제기, 전력지원체계 연구개발 및 획득분야 등의 업무를 수행한다.[443] 이러한 군수 관련 제 병과의 통합업무를 수행하며 '적시適時, 적소適所, 적량適量, 정밀精密, 지원支援'하는 군수병과는 2014년 9월 12일 창설되었다.

인사행정병과의 전신은 부관병과이다. 역사적으로 부관참모는 언제나 지휘관의 참모 중에서 강력한 위치를 차지해 왔다. 로마 군단에서 사용한 '부관'을 뜻하는 'Adjutant'란 말은 라틴어 동사 'adjutate' 즉 '보좌한다', '돕는다'라는 의미로 시작되었다. 부관감Adjutant General이란 용어는 프랑스인들이 최초로 사용했으며, 16~17세기 중에는 부관이 군사조직가로 인식되었고 실제로 장군을 돕는 사람으로서 'Aid to general'이란 말을 써 왔다. 이러한 표현에서 보듯이 부관의 본래 기능은 지휘관을 보좌하는 것이었다. 이러한 프랑스의 용어를 처음으로 채택하여 부관감 직제를 창설한 것은 17세기 영국군이었다. 부관감은 작전이나 군수 등과는 관계가 없는 일상적인 군대의 행정업무와 인사업무를 관장하였다.[444]

육군의 인사행정병과는 육군의 인사행정업무 전 분야를 담당하는 병과이다. 전신분의 군인 및 군무원에 대한 임관(입대)부터 전역까지의 인사관리와 획득업무, 포상·부대행사·인쇄지원 등의 행정지원업무를 수행한다. 또한 군에서 생산하는 공문서 등 각종 기록물 보존관리와 장병 자기개발을 위한 국가기술자격검정 및 병영도서관 운영 등의 업무를 수행하기도 한다.[445] '창의·책임·봉사'의 인사행정병과는 군수병과와 마찬가지로 2014년 9월 12일 창설되었으며 기존의 부관병과가 인사행정병과로 개칭된 것이다.

1740년 프란다스지방[446]에서 전쟁에 막대한 사상자를 내고 손실병력을 보충하기 위하여 마구잡이로 신병을 징집하자, 징집대상자는 물론 일반 국민의 화가 머리끝까지 치밀어 닥치는 대로 장교들을 붙잡아 구타함으로써 울분을 풀려고

---

443) 육군본부, 『군무원 복무 길라잡이』, 2015. 39쪽
444) 양희완 편저, 『재미가 솔솔 붙는 군대문화 이야기』, 연경문화사, 1998. 51~52쪽
445) 육군본부, 『군무원 복무 길라잡이』, 2015. 39쪽.
446) 중세기에 유럽에 있던 나라로 지금의 벨기에 서부, 그에 인접한 프랑스 북부지방, 네덜란드 서남부를 포함하는 지역임.

했다. 이에 맞서 군대에서는 장교숙소를 경비하고 출퇴근 시에 노상에서의 매복 공격에도 대비하기 위하여 장교 경호임무를 담당할 건장하고 신원이 확실한 젊은이들을 선발한 것이 **헌병병과**의 효시라 한다. 그 뒤에 약 1세기가 지나, 상황이 호전되고 더 이상 장교보호의 임무가 필요 없게 되자 이들 경호원들이 재편되면서 오늘날과 같은 헌병임무를 부여받게 되었다고 한다. 이때 헌병장교provost제도가 창설되고 오늘날과 유사한 헌병병과를 조직하게 되었다. 또 다른 오늘날과 비슷한 헌병활동은 노르만족의 영국정복시기에 영국왕실에서 왕실의 이해관계를 보호하고 기율문제를 취급하게 하여 사회질서와 평화를 유지하게 했다는 것이다.[447]

육군의 헌병병과는 육군의 경찰역할을 하는 병과로 사건·사고 수사 및 예방, 장병 군기확립을 위한 헌병순찰, 영창과 교도소 운용 및 수감자 관리, 주요인사 경호, 군내 강력범 발생 시 진압 및 체포, 대테러작전, 각종 행사 및 작전차량 이동 시 교통통제와 호송지원 등의 임무를 수행한다. 전시에는 전장 군기순찰, 치안질서 유지, 전쟁 포로관리와 전장순환 통제 등 전투부대의 작전지원 임무를 수행한다.[448] '명예·솔선·봉사'의 헌병병과 창설기념일은 3월 11일이다. 조선경비대 군기사령부 창설일이 1948년 3월 11일이다.

봉급 액수의 다과多寡나 급여 방법의 차이는 있을지 몰라도 군인을 무보수로 운영하는 나라는 없다. 약탈하던 방식으로부터 정기적인 봉급제로 변천해 오면서 급료의 지불을 위한 근무의 필요성이 대두됨에 따라 돈을 계산하고 관리하며 그 업무를 감독할 장교단의 구성이 필요하게 되었다. 미군에서는 독립전쟁 시 경리병과가 창설되었는데, 1775년 워싱턴 장군 휘하의 군에 경리감 Paymaster General 제도를 신설하여 봉급의 지급과 관리를 맡겼다. 1912년 병참병과에 통합된 일도 있었으나 1920년에 다시 분리되어 독립된 병과가 되었다[449].

육군의 **재정병과**는 경영과 관리를 지칭하는 것으로 필요한 예산의 편성 및 집행, 재무제표 생성 등 결산서 유지, 장병 급여 및 퇴직금 지급, 시설공사 물품구매·용역

---

447) 양희완 편저, 『재미가 솔솔 붙는 군대문화 이야기』, 연경문화사, 1998. 48~49쪽.
448) 육군본부, 『군무원 복무 길라잡이』, 2015. 39쪽.
449) 양희완 편저, 『재미가 솔솔 붙는 군대문화 이야기』, 연경문화사, 1998. 60~61쪽.

등의 심사, 계약체결, 정산업무 등을 수행한다. 또한 장병 복지 증진을 위한 금융경제교실 운영, 재무컨설팅 등 재정의 전 분야를 총괄한다.[450] 2012년 12월 18일에 기존의 경리병과가 재정병과로 개칭되었으며, '성실·공정·봉사'의 재정병과의 창설기념일은 9월 14일이다.

군은 군대에 맡겨진 국가안보 문제에 관하여 군사기밀을 제외하고는 성실하게 사실에 입각하여 국민에게 알려줄 책임과 부대원들에게도 군의 목표, 정책을 설명하고 외부의 뉴스 등을 제공해 줄 필요성을 가지고 있다. 이러한 책임과 기능을 다하기 위하여 군이 대민홍보 및 교육업무를 통합하여 '정훈政訓'으로 체계화시킨 역사는 타 병과에 비해 상대적으로 그다지 오래지 않다. 미군은 스페인과의 전쟁 당시를 군 공보 역사의 시발로 보고 있다. 당시 육군성에서는 통신원 1명을 부관감에게 파견하여 그로 하여금 군 관련 정보를 육군성 게시판에 게시하게 함으로써 일반기자들에게 정보를 제공하였다.[451]

육군의 **정훈병과**는 육군의 정신교육 및 홍보활동을 담당하는 병과이다. 국가관과 안보관, 군인정신으로 무장한 육군 장병을 육성하기 위한 정신교육분야, 장병들의 정서함양을 위한 문화예술분야, 언론매체를 통하여 육군의 참모습을 국민들에게 알리기 위한 홍보업무분야 등을 담당한다. 이를 위해 정신교육자료 제작 및 교육지원, 공연지원, 동영상 제작, 언론 취재지원, 홍보자료 작성, 언론섭외 등의 업무를 수행한다.[452] '명예·정의·단결'의 정훈병과 창설기념일은 5월 12일이다. 육군본부 정훈감실이 발족된 날이 1949년 5월 12일이다.

기원전 3세기에 마케도니아 군대에서는 이미 외과의가 배속되었으며, 야전병원 근무제도가 있었음에도 역사적으로 기록을 찾기는 어렵다. 기록에 따르면 600~1071년 기간에 비잔틴 군대에도 의무분견대가 있어서 내과의사 1명과 외과의사 1명, 그리고 의무병 8-10명이 대대에 배속되어 봉급을 받고 근무한 일이 있었다. 미군의 경우 1775

---

450) 육군본부, 『군무원 복무 길라잡이』, 2015. 40쪽.
451) 양희완 편저, 『재미가 솔솔 붙는 군대문화 이야기』, 연경문화사, 1998. 64~65쪽.
452) 육군본부, 『군무원 복무 길라잡이』, 2015. 40쪽.

년 7월 군부대에 최초로 주치의를 임명하여 의무병을 통제하도록 한 것이 제도적으로 발전된 것이었다. 미군 의무병과의 대표적인 상징인 병과 마크는 신의 사자 mercury의 임무를 지녔다는 두 마리 뱀이 감고 꼭대기에는 날개가 달린 지팡이인 커듀서스caduceus를 본 떠 만든 것이다. 의술에서 뱀은 예방과 치료약을 의미한다고 하여 의무병과의 상징으로 삼았다.[453]

육군의 **의무병과**는 군의, 치의, 수의, 의정, 간호병과로 구성되어 있으며 모든 장병의 건강과 의료업무를 담당하는 병과이다. 이를 위해 질병예방과 환자치료 업무를 지원하고, 환자후송과 입·퇴원, 재활치료, 원무행정 등을 담당한다. 또한 의무장비 및 약품보급, 의무 장비정비, 방역활동 지원 등의 임무를 수행한다.[454] 또한 국가의료기관으로서 국가에서 부여하는 중요 의무업무를 담당한다. 군의병과 창설기념일은 6월 14일, 치의병과 창설기념일은 11월 28일, 수의병과 창설기념일은 3월 7일, 의정병과 창설기념일은 12월 21일, 간호병과 창설기념일은 8월 26일이다.

역사 기록에 따르면 영국 왕 리챠드 1세Richard Coeur de Lion가 제3차 십자군 원정대 사령관을 하면서 최초로 군종 개념을 만들었다고 한다. 그는 신병들을 기독교 신앙으로 무장시켜 전장에 나서게 하는 데 어려움이 있음을 알고, 성직자들을 기병중대마다 1명씩을 배속하여 '상무尙武는 곧 신앙'이란 정신으로 병사들의 사기를 드높이려고 하였다. 이들이 곧 군종장교의 시초가 되었으며 초기의 군종장교들은 첨병 또는 향도병의 임무와 현대적인 의미의 정훈장교의 임무까지 겸한 역할을 담당하였다고 한다. 15세기에 들어와 이런 식의 군종장교들이 한동안 사라졌으나 크롬웰Oliver Cromwell이 등장하면서 그가 만든 신식군대에 군종제도를 부활시켰다. 그러나 이번에는 부대 선두에서 공격부대를 인도하는 역할 대신에 전상자들을 간호하는 임무를 맡겼다.[455]

---

453) 양희완 편저, 『재미가 솔솔 붙는 군대문화 이야기』, 연경문화사, 1998. 54~55쪽.
454) 육군본부, 『군무원 복무 길라잡이』, 2015. 40쪽.
455) 양희완 편저, 『재미가 솔솔 붙는 군대문화 이야기』, 연경문화사, 1998. 53~54쪽.

육군의 **군종병과**는 군의 신앙전력화 및 올바른 사생관에 대한 지도업무를 담당하는 병과이다. 기독교, 천주교, 불교, 원불교 등의 종교의식을 통한 신앙지도, 상담활동을 통한 인성지도, 선도업무를 통한 군인정신 함양과 사고예방 활동을 수행한다.[456] '진리·봉사·치유'의 군종병과 창설기념일은 2월 7일이다. 육군본부 인사국에 '군승과'가 설치된 날이 1951년 2월 7일이다.

군부대 내부의 군사 및 민사상 법률적인 문제는 전문적으로 훈련을 받은 법무 요원들에 의해서 이루어지기 시작했으며 이들 전문적인 집단은 민간대학에서 법학을 전공한 자들로 장교를 임용하여 특수병과를 형성함으로써 가능하였고 군법무 제도로 발전되었다. 미군에서는 1775년 7월에 법무병과가 창설되었으며 임무는 군기를 유지하고 군기 위반자에 대한 공정한 판결을 하기 위하여 군 검찰기능의 수행은 물론, 부대장의 법률 자문역할을 수행하는 것이었다.[457]

육군의 **법무병과**는 군의 사법업무를 담당하는 병과이다. 군사법원 및 군 검찰의 운영, 군의 형사정책, 법령의 제·개정, 법령의 자문·해석, 법규관리, 소송, 배상, 행정심판, 징계 및 계약안과 조약안의 검토 등을 수행한다. 또한 장병 기본권 보장을 위한 법률상담 및 범죄 예방을 위한 군법교육 등의 업무도 수행하는 병과이다.[458] '성실·공정·청렴·정직'의 법무병과 창설기념일은 5월 1일이다. 1983년 5월 1일에 병과의 날을 제정하였다.

육군에는 이상의 병과 외에도 제 병과에서 파견하여 근무하는 감찰병과와 군악병과가 있다. 감찰병과는 법규 및 하명에 따른 검열, 감사, 조사, 소원수리, 예방감찰 활동, 손망실 처리, 자율기강 및 민원처리 업무 등을 통하여 각급부대의 임무 수행상태를 평가하고, 군기, 사기, 능률 및 회계 등에 관련된 제반사항을 심리하고 분석하여 그 결과를 보고 및 조치함으로써 지휘관을 보좌한다. 감찰병과의 창설기념일은 6월 24일이다. 통위부 감찰총감실로 발족된 날이 1946년 6월 24일이다.

군악병과는 기본병과 간부 중에서 자격기준을 갖춘 자를 심의하여 선발하며, 음

---

456) 육군본부, 『군무원 복무 길라잡이』, 2015. 41쪽.
457) 양희완 편저, 『재미가 술술 붙는 군대문화 이야기』, 연경문화사, 1998. 41쪽.
458) 육군본부, 『군무원 복무 길라잡이』, 2015. 41쪽.

악활동을 통한 장병의 전의고양과 정서함양으로 군 무형전력에 기여하는 병과이다. 또한 군사외교 활동을 지원하기도 한다. 군악병과의 창설기념일은 3월 8일이다.

현재 육군의 각 '병과창설일'이나 '병과의 날'은 통상적으로 광복 이후 건군과정 속에서 해당 병과의 부서나 부대가 창설된 날, 또는 법률적으로 해당 병과의 창설이 규정된 날을 기준으로 하고 있다. 그러다 보니 해당병과의 창설일을 정하는 기준이 다양하고 병과가 법률적으로 창설된 날과 일치하지 않는 경우도 있다. 법률적으로 병과가 규정된 것은 1948년 11월 20일 법률 제9호로 제정된 〈국군조직법〉에서다. 같은 법 제12조에 "육군의 병종(兵種, 병과)은 보병, 기병, 포병, 공병, 기갑병, 항공병, 방공병, 통신병, 헌병 등으로 구성한다. 육군에 참모, 부관, 감찰, 법무, 병참, 경리, 군의와 병기 기타의 부문部門을 둔다."459)라고 규정하였다. 군사제도의 일관성 유지 차원에서 병과 창설일 제정 기준을 설정할 필요가 있다고 생각한다.

아울러 육군의 각 병과 창설 일을 현재처럼 대한민국 국군 건군 이후부터 고려할 것이지, 아니면 광복군, 더 나아가 근세조선 후기에 구식군대가 신식군대로 변모해가는 과정 속에서 각 병과 또는 병과부대들이 창설된 것을 기준으로 할 것인지를 군사제도사적인 측면과 국군의 맥을 잇는다는 것을 함께 고려해 봐야 할 것 같다. 가능하다면 역사란 오랠수록 좋다고 생각한다. 그 속에 역사의 푸른 녹과 함께 자부심과 긍지가 포함되어 있기 때문이다. 근대군제로 변모하면서 현재와 같은 병과 및 부대편성을 갖추게 된 과정에 대해서는 제1장에 상세히 기술되어 있다.

---

459) 「관보 제17호」, 1948년 11월 30일 기사

군인으로 복무한다는 것

> 우리 사회에서 사업가는 보다 많은 소득을 올릴 수 있고, 정치가는 보다 큰 권력을 지배하고
> 있으며 한편, 전문적인 직업인은 보다 많은 존경을 받고 있다.
> - 사무엘 헌팅턴 저 『군인과 국가』 중에서 -

군인은 현행 〈국가공무원법〉상으로 경력직공무원 중 '특정직공무원'에 포함된다. '특정직공무원'이란 법관, 검사, 외무·경찰·소방·교육공무원, 군인, 군무원, 헌법재판소 헌법연구관, 국가정보원의 직원과 특수 분야에 업무를 담당하는 공무원으로서 다른 법률에서 특정직공무원으로 지정하는 공무원을 말한다.[460]

근대 군제에 있어서 군인에 대한 정의가 법규로 정립된 것은 1900년 9월 공포된 법률 제5호인 〈육군법률〉이다. 같은 법률에 따르면 '군인'이란 '군인과 군속을 합쳐서 말한다.'라고 하면서, 군인은 장관·영관·위관 및 상당관相當官과 하사·제졸諸卒이고, 군속은 육군에서 근무하는 문관과 기타 육군에 종사하는 자와 무관학도로 정의하고 있다.[461] 이러한 군인에 대한 정의는 현재의 〈군형법〉으로 이어져 제1조 ②항에 "군인이란 현역에 복무하는 장교, 준사관, 부사관 및 병을 말한다."라고[462] 정의하고 있는데 이는 〈육군법률〉과 마찬가지로 법규 적용 대상자로서 군인을 정의한

---

460) 법률 제12,844호(2014. 11. 19), 〈국가공무원법〉 제2조
461) 「관보 제1,693호 부록」, 광무4년 10월 1일 기사
462) 법률 제12,232호(2014. 1. 14), 〈군형법〉 제1조 ②항

것이지 신분이나 직무의 성격 측면에서 정의한 것은 아닌 것 같다.

또한 1953년 12월 14일에 제정된 〈정규군인신분령〉에서는 "군인은 장교, 준사관 및 하사관으로 한다."라고 정의하고 있는데 이는 현역에 복무하는 정규 군인에 적용하는 인사행정의 근본기준을 규정함을 목적으로 본 영令이 제정되다 보니[463] 이 또한 적용대상으로서의 군인을 정의한 것이다. 같은 법에서 병兵에 대한 언급을 하지 않은 것은 당시 병兵은 1949년 8월 6일 제정된 법률 제41호인 〈병역법〉을 적용받기 때문이라고 생각한다. 현재의 〈군인사법〉은 그 적용 대상을 현역에 복무하는 장교·준사관·부사관·병, 사관생도·사관후보생·부사관후보생, 소집되어 군에 복무하는 예비역 및 보충역 등으로 규정하고 있다.

신분 및 직무의 측면에서 군인을 정의하고 있는 법률은 〈국군조직법〉이다. 본 법은 1948년 11월 30일 법률 제9호로 제정되었는데, 당시 법에는 군인을 따로 정의하지 않고 있다. 군인에 대한 정의가 규정화된 것은 1963년 5월에 개정된 〈국군조직법〉에서다. 같은 법률 제4조에 "군인이라 함은 전시와 평시를 막론하고 군에 복무하는 자를 말한다."[464]라고 정의하고 있다. 이 때 규정된 군인의 정의가 시대 변화에 따라 문구만 다소 변화되었을 뿐 현재의 〈국군조직법〉에서도 그대로 제4조에 "군인이란 전시와 평시를 막론하고 군에 복무하는 사람을 말한다."라고 정의하고 있다.[465]

여기서 우리가 주목해야 할 점은 군인을 법률적으로 '군에 취직한 사람'이라거나 '군에 근무하는 사람'이라고 말하지 않고 '군에 복무하고 있는 사람'으로 표현하고 있다는 것이다. 또한 〈군형법〉 제1조 ②항에서도 본 법의 적용대상으로서 "군인이란 현역에 복무하는 장교, 준사관, 부사관 및 병을 말한다."[466]라고 정의하고 있다. 〈국군조직법〉과 마찬가지로 군인을 정의함에 있어 '현역에 복무하는'이란 표현을 사용하고 있다.

'복무'의 사전적 의미는 '직무를 맡아 봄'[467]을 뜻한다. 그러나 우리는 일상생활에

---

463) 「관보 제1,028호」, 1953년 12월 14일 기사
464) 「관보 제3,447호」, 1963년 5월 20일 기사
465) 법률 제10,821호(2011. 7. 14), 〈국군조직법〉 제4조
466) 법률 제12,232호(2014. 1. 14.), 〈군형법〉 제1조 ②항
467) 민중서림편집국 편, 『민중 엣센스 국어사전』, 민중서림, 1999. 1164쪽

서 복무라는 표현을 '군 복무' 외에는 잘 사용하지 않는다. 이는 '복무'라는 표현이 갖는 특별한 의미 때문이다. 그렇다면 '취직'과 '복무'의 차이는 무엇인가? 한마디로 애기한다면 "자기희생自己犧牲을 전제로 하느냐, 하지 않느냐"하는 것이다.

다음 글은 모 일간지에 실린 아파치헬기 조종사 한국계 미 여군 중위를 인터뷰한 기사로 군인의 '복무'에 대해 명쾌하고 이야기하고 있다.

- 실제 전투를 담당할 자신이 있나요?
  저는 유니폼을 입은 군인이잖아요.
  웨스트포인트 입학식 때 '국가를 위해 복무하겠다.'고 선서를 했어요.
  물론 전선 투입 결정이 나면 좀 예민해지겠지요. 남자친구와 가족과 헤어지게
  되니까요. 하지만 실전 경험 없이 전역한다면 저 자신에게 실망할 것예요.
  군 생활 동안 아무 것도 하지 않은 게 되니까요. 후회하지 않으려면 전선으로
  가야 해요.
- 군인은 '직장을 얻어 돈 버는 것과는 다른 길'이라고 했는데.
  사실 미국 군인은 적지 않은 봉급을 받습니다. 해외파견수당도 있고요.
  또 많은 기회와 혜택이 주어져요. 무엇보다도 국민이 우리를 보면 "생큐 포
  유어 서비스(Thank you for your service!)"라고 감사를 표시합니다.
  이런 대접은 나라가 요구할 때 자신의 목숨을 내놓을 수 있기에 받는 것이지요.
  이런 점에서 군인은 국가를 위해 봉사하는 직업이지요.[468]

일반 회사에 취직한 경우에는 개인의 이익과 집단의 이익이 상충될 경우, 개인과 집단이라는 양자 간의 관계에서 집단의 이익보다 개인의 이익을 우선시 하더라도 법적으로나 도덕적으로나 문제가 되지 않는다. 물론 많은 회사들이 회사를 위해 개인의 이익보다 회사의 이익을 우선시하여 일하기를 바라겠지만, 계약조건 자체가 그러하기 때문이다. 즉 회사의 취직 자체가 개인의 이익을 추구하기 위한 수단이기 때문이다.

그러나 '복무'의 경우는 다르다. 개인의 이익과 집단의 이익이 상충되었을 때, 즉 집단의 이익이 개인의 이익을 희생하도록 요구할 때에 기꺼이 집단의 이익을 우선

---

468) 조선일보(2014. 12. 1), '최보식이 만난 사람'

시한다는 전제조건 하에서 복무하는 사람들이 군인이다. 그것을 우리는 단순한 취직이 아닌 '복무'라고 말한다. 따라서 간부로 임관하는 모든 군인은 반드시 '임관선서'를 한다. 임관선서 내용은 다음과 같다.

(임관계급) ○○○은 대한민국의 장교(부사관)로서 국가와 국민을 위하여 충성을 다하고, 헌법과 법규를 준수하며 부여된 직책과 임무를 성실히 수행할 것을 엄숙히 선서합니다.

〈표 1-73〉 〈임관선서〉 (출처 : 〈군인복무규율〉 제5조)[469]

군의 간부들은 누가 강요한 것이 아니라 자신의 자유의지에 의해서 군 복무를 스스로 택하였고 국가와 국민을 위하여 충성을 다하겠다고 스스로 맹세했다. 따라서 군복무를 스스로 선택한 군의 간부는 책임을 다하여야 하며, 국가와 국민 그리고 군을 위하여 기꺼이 자기 자신을 희생할 수 있어야 한다. 이것이 바로 '복무'의 본질인 것이다.[470] 이와 같이 군인으로서의 '복무'는 단순히 직무를 맡아 보는 의미가 아니다.

군의 간부로서 올바른 복무자세를 견지하기 위해서는 "무엇을, 누구로부터, 어떻게 지킬 것인가"를 올바로 정립하는 것이 무엇보다 중요하다. 다시 말하면 국가와 나의 관계를 바르게 정립하고 역사·이념·정통성에 대한 확신을 바탕으로 긍정적이고 밝은 미래에 대한 비전을 갖는 것이 필요하다. 아울러 확고한 대적관과 안보의식을 확립하여야 하며 군인다운 군인이 되기 위한 군인정신이 충일하여야 한다. 그리고 군인으로서 군인다운 복무태도를 견지하여야 한다.

군대의 구비조건과 특성

인류문명 발달 과정을 보면 수렵채취 생활에서 농경생활로 전환되면서 인간은 정착생활을 하게 되었다. 농경생활을 하게 되었다는 것은 잉여생산물이 발생하였다는 것이고 잉여 농산물의 저장이 필수적이었을 것이다. 이는 직접적인 식량 채취 또

---

469) 대통령령 제24,077호(2012. 9. 1.), 〈군인복무규율〉 제5조(입영 및 임관선서)
470) 육군본부, 『爲國獻身의 길』, 2005. 446~448쪽. 남재준 육군참모총장 지휘기록집에서 발췌

는 생산을 하지 않더라도 식량을 획득할 수 있었음을 의미한다. 다시 말하면 식량생산에 투입할 시간과 노력을 다른 곳에 전환할 수 있는 인력의 여유가 발생한다는 것이다. 즉 각종사회제도와 다양한 신분으로 분화할 수 있는 여건이 마련된 것이다.

농경생활을 할 수 있는 야생식물의 작물화作物化는 '비옥한 초승달 지역(메소포타미아, 지금의 서남아시아 지역)'에서 B.C 8,500년경에 처음 시작되었다고 한다. 이를 근거로 추정해 볼 때 군대의 기원에 관해 언제부터라고 확정하는 것은 불가능하지만 대개 메소포타미아와 이집트의 도시국가에서 생겼으리라고 추측할 수 있다. 전쟁사를 다룰 때 그리스시대부터 취급하지만 그 이전에 군대가 존재했고 전쟁이 있었다는 것은 너무도 명확하다.[471]

이러한 유구한 역사를 가진 조직인 '군대軍隊'를 한 마디로 말하면 '군인의 집단'이다. 그러나 단순히 군인들이 모인 집단이라 해서 모두 군대라 부르기에는 무언가 석연치 않은 점이 있다. 따라서 우리가 군대라 부를 경우에는 국제법규의 관례상 몇 가지의 구비조건을 필요로 한다.

첫째, 군대는 정부의 직접 관리·감독 하에 있어야 한다. 둘째, 책임 있는 대장隊長 밑에서 규율 있게 행동해야 한다. 셋째, 장병은 일정한 표식을 달아야 한다. 넷째, 무력행사에서는 전쟁법규를 지킬 능력이 있어야 한다.[472] 이와 같은 구비조건이 불비하다면 통상적으로 우리가 편의상 '군대'라 부른다 해도 그 대상은 정규군이 아닌 단순한 폭력 또는 테러집단이거나 해적이거나 민병대 수준을 벗어날 수 없을 것이다. 이와 같은 구비조건을 충족한 군대는 일반조직과 다른 몇 가지의 특성을 갖고 있다.

먼저, 군대는 '합법적인 무력사용 기관'이라는 것이다. 〈대한민국 헌법〉 제74조를 보면 "대통령은 헌법과 법률이 정하는 바에 의하여 국군을 통수한다."라고 명시되어 있다. 이를 근거로 대통령은 국가보위를 위해 필요하다고 판단될 경우, 국가의 이름으로 무력을 사용하거나 군인들로 하여금 국가를 위해 헌신하도록 한다. 따라서 군대란 국가로부터 합법적인 무력사용 권한을 위임받아 행사하는 국가안보의 군사적 책임기관이다.

또한 '국가로부터 합법적인 무력사용 권한 위임'이라는 말은 군대는 정부의 통제

---

471) 한용원, 『군사발전론』, 박영사, 1989. 97쪽
472) 한용원, 『군사발전론』, 박영사, 1989. 15~16쪽

에 따라야 한다는 의미를 내포하고 있다. 〈국군조직법〉 제8조에 "국방부장관은 대통령의 명을 받아 군사에 관한 사항을 정리하고 합동참모의 장과 각군 참모총장을 지휘·감독한다."라고 명시되어 있다. 이는 군대가 직·간접적으로 항상 정부의 통제를 따라야 한다는 것을 규정한 것이다.

군대의 두 번째 특성은 '위계질서를 생명으로 하는 조직'이라는 것이다. 군대는 무력 즉 공권력을 행사함으로써 국가에 봉사하기 위한 기관이다. 군대가 그 임무를 성공적으로 수행하기 위해서는 각급부대가 그 하위제대의 즉각적이고도 충실한 복종을 명령할 수 있어야 한다. 그래서 아무리 민주주의가 발달된 나라일지라도 군대만은 엄격한 상명하복上命下服의 위계조직으로 구성되어 있으며, 직책과 계급으로 대표되는 위계적 권위가 군의 내부질서를 유지시키는 주된 기능을 하고 있는 것이다. 이러한 특성을 단적으로 표현한 군사금언이 "민주주의 내에 군대는 있어도 군대 내에 민주주의는 없다."란 맥아더 장군의 말이다.

군대의 위계질서는 '명령'과 '복종'으로 귀결된다. '명령'이란 상관이 부하에게 발하는 직무상의 지시를 말하며, 발령자의 의도와 수명자의 임무가 명확하고 간결하게 표현되어야 한다.473) 부하는 상관의 명령에 '복종'하여야 하며, 명령받은 사항을 신속·정확하게 실행하여야 한다. 부하는 명령의 실행에 관하여 적시에 보고하여야 한다.474)

군대의 세 번째 특성은 '전투를 주임무로 하는 특수한 기관'이라는 것이다. 군인에게 부여된 임무와 책임은 '국가보위'와 '국민보호'에 있다. 따라서 군인은 국가의 명령에 의해 어디든지 투입되어 전투를 수행하여야 한다.475) 즉 군인은 직무에 태만해서는 안 되며 직무수행에 있어서 어떠한 위험이나 어려움이 따르더라도 이를 회피하지 않고 성실하게 그 직무를 수행하여야 한다.476)

따라서 군대란 단순히 군인들의 집단이 아니라 "합법적인 무력을 사용하는 기관으로 엄정한 위계질서를 생명으로 여기며 전투를 주임무로 하는 조직"이라고 재정의 할 수 있다.

---

473) 대통령령 제24,077호(2012. 9. 1.), 〈군인복무규율〉 제19조
474) 대통령령 제24,077호(2012. 9. 1.), 〈군인복무규율〉 제23조
475) 대한민국 국방부, 『정신교육기본교재』, 2010. 319~322쪽
476) 대통령령 제24,077호(2012. 9. 1.), 〈군인복무규율〉 제7조

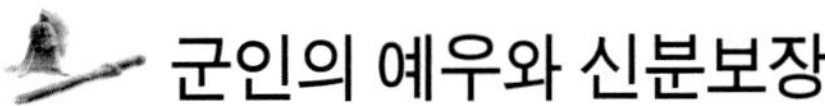 군인의 예우와 신분보장

근세 조선 말기에 구식 군대에서 신식 군대로 가면서 군인에 대한 예우와 신분보장을 법규화한 것은 1895년 4월 27일 제정된 칙령 제83호 〈육군장교분한령陸軍將校分限令〉이다. 제1조에 장교는 종신토록 그 계급을 보유하고 그 제복을 입으며 그 관직에 해당하는 예우를 받도록(將校는 身을 終토록 其官을 保有ᄒ고 其制服을 着ᄒ야 其官에 對ᄒ는 禮遇를 享ᄒ니 此를 將校의 分限이라홈) 되어 있다.[477] 이는 당시 양반사회였고 장교만이 품계가 있었기 때문에 장교로 한정한 것 같다.

이러한 예우와 아울러 진위 및 지방대대장이 군사적軍事的 업무로 지방관地方官과 교섭하는 예절이 칙령 제58호로 1896년 8월 18일 제정되었다. 해당 칙령에 따르면 대대장은 관찰사(觀察使, 현재의 도지사)와는 대등하게 상대하고, 부윤·목사·군수에게는 대대장이 훈령이나 지령을 내리도록 하고 있다. 또한 대대장의 유고有故로 부하 위관장교가 직무대리하거나 위관장교가 임명장을 받고 독립부대로 지방에 출동할 경우에도 동일하게 적용되었다.[478]

그렇다면 군사적 업무를 떠나 무관과 문관 간의 관등에 따른 대우는 어떠했을까? 먼저 문관은 칙임관, 주임관, 판임관 등으로 구분되었다. 1894년 7월 제정된 〈문관수임식文官受任式〉에 따르면 칙임관勅任官 임명은 정1품~종2품 중에서 총리대신이 각 부 대신과 공론하여 3명을 임금에게 건의하면 임금이 1명을 낙점하였다. 주임관奏任官 임명은 3품~6품 중에서 각 부 대신들이 공개 선발하여 관직·성명·연령·거주지·학식·경력 등을 기록하여 총리대신에게 건의하면 가부여부를 결정하여 임금에게 보고한 후에 시행하였으며, 판임관判任官 임명은 7품~9품 중에서 각 부 대신들이 선발하여 전형을 거쳐 임명하였다.[479]

1900년 9월 4일에 법률 제5호인 〈육군법률〉이 제정되면서 〈군형법〉 그리고 타 관등과 군 관등과의 대우가 법규화되었다. 제59조에 따르면 칙임관과 정1품~종2품은 장관將官급 장교 대우, 주임관과 정3품~정5품은 영관·위관 대우, 판임관과 6

---

477) 「관보 제26호」, 개국504년 4월 29일 기사.
478) 「관보 제409호」, 건양원년 8월 20일 기사.
479) 「草記」, 개국503년 7월 1일 기사.

품~9품은 하사관 대우였다.[480] 이를 고종 칙령 제10호인 〈육군장관직제〉와 비교해보면, 부위·참위가 6품이었음을 고려할 때 상대적으로 높은 예우를 받았고 하사관은 비록 품계가 없었지만 판임관 대우를 받았음을 알 수 있다.

구 분		육군장관직제(무관)	육군법률 (무·문관 대우)	문관 수임식
장관	대장	정·종1품	칙임관, 정1품~종2품	칙임관(정1품~종1품)
	부장	정2품		
	참장	종2품		
영관	정령	3품	주임관, 정3품~정5품	주임관(3품~6품)
	부령			
	참령			
위관	정위	3품		
	부위	6품		
	참위			
군교	정·부·참교	품계 미부여	판임관, 6~9품	판임관(7품~9품)

〈표 1-74〉 대한제국의 무관 및 문관 대우 비교

현재와 같은 〈군인에 대한 의전예우 기준지침〉이 마련된 것은 1980년 7월 29일 국무총리훈령 제157호다. 이는 정부기관이 주관하는 행사나 의식 및 회의 등에 참석하는 군인의 사기를 진작시킴과 동시에 의전상의 예우에 있어서 통일을 기하기 위하여 국무총리가 훈령으로[481] 발령한 것이다.

군계급	의전예우기준 (일반직 공무원 직급)	비 고
준장	1급	
대령	2갑	
중령	2을	
소령	3갑	
대위	3을	
중위	3을에 준함	장교의 위신이 손상되어 군의 사기가 저하되는 사례가 없도록 의전상 특별한 대우
소위		
준위	4갑에 준함	
상사	4을에 준함	하사관의 위신이 손상되어 군의 사기가 저하되는 사례가 없도록 의전상 특별한 대우
중사	5갑	
하사	5을	

〈표 1-75〉 〈군인에 대한 의전예우 기준지침〉(출처 : 관보 제8,610호, 1980년 8월 2일)

---

480) 「관보 제1,693호 부록」, 광무4년 10월 1일 기사.
481) 「관보 제8,610호」, 1980년 8월 2일 기사

본 국무총리훈령에 있어서 의전예우 기준은 당시의 〈공무원 임용시험 시행규칙〉의 특별채용 등 관련법령을 근거로 군의 사기문제를 감안하여 정한 것으로 현재의 관점에서 본다면 부사관에 대한 예우를 7~9급의 일반직 공무원과 비견할 수 있을 것이다. 현재 〈공무원임용시험령〉의 '경력경쟁채용 등 예정 계급별 경력기준'을 보면 또한 7~9급으로 규정되어 있다.[482]

공무원	3급	4급	5급	6급	7급	8급	9급
군인	중령	소령	대위	중위	소위, 준위, 원사	상사, 중사	하사
경찰	경무관	총경	경정	경감, 경위	경사	경장	순경

〈표 1-76〉 신분별·계급별 경력기준(출처 : 〈공무원임용시험령〉)

앞으로 부사관의 계급이 추가 신설되면 그 예우를 어떻게 할 것인가는 정부 부처 간의 협의에 의해서 본 영슈이 개정되겠지만, 일부 선행 연구보고서를 보면, 6급에 준하도록 하는 것이 타당할 것이고 소위·준위도 6급으로 검토하는 것이 필요하다는 의견을 제시하고 있다. 신설 계급의 의전예우를 현재의 원사 수준으로 설정한다면 오히려 부사관의 위상이 상대적으로 떨어질 수밖에 없다는 이유에서다.[483]

전시戰時와 평시平時를 막론하고 군에 복무하는 사람으로 규정된 군인의 신분은 법적으로 보장된다. 1895년 4월의 제정된 〈육군장교분한령陸軍將校分限令〉의 제2조에 따르면 장교는 본인이 청원하여 허가를 받아 벼슬을 그만두는 경우, 왕국신민王國臣民된 자격을 상실한 경우, 구류 이상의 처벌을 받는 경우, 무관된 본분을 어겨서 임금의 재가를 받아 파면되는 경우가 아니면 그 신분이 상실되지[484] 않았다.

이러한 신분보장은 건군 이후 제정된 〈정규군인신분령〉제25조에서노 규성하고 있다. 즉 군인은 군법회의의 판결 또는 징계처분에 의하여 파면 또는 불명예 제대 되었을 때, 금고 이상의 형을 받은 때, 대한민국 국적을 상실한 때 등을 제외하고는 그 지위를 상실하지 아니하고 종신終身 그 지위를 보유하며 예우를 받도록[485] 하고

---

482) 대통령령 제24,504호((2013. 4. 22.) 『공무원임용시험령』, 별표 9
483) 한국국방연구원, 『주간국방논단 제1,524호』, 2014. 8쪽
　　　김종탁, 이현지 저, 「신설예정인 부사관 '현사'계급의 예우기준 설정 방향」
484) 「관보 제26호」, 개국504년 4월 29일 기사
485) 「관보 제1,028호」, 1953년 12월 14일 기사

있다. 이는 과거 장교로 한정되었던 것이 모든 군인에게 확대된 것이다.

이후 군 관련 법규들이 체계화되면서 1962년 제정된 법률 제1006호인 〈군인사법〉 제44조에서는 "군인은 제적되었을 경우를 제외하고는 그 계급을 보유하며 예우를 받는다."고 규정함과 동시에 "군인은 본법에 의하지 아니하고는 그 경우에 반하여 현역에서 전역 또는 제적되지 아니한다."라고 하고 있다.[486] 이는 신분·계급 고하를 막론하고 모든 군인의 경우 〈군인사법〉에 저촉되지 않으면 제대 또는 제적되지 않고 계급을 유지하고 예우를 받는다는 것을 의미하는 것이다.

현행 〈군인사법〉 제44조에서도 같은 맥락에서 군인의 신분보장에 대해 규정하고 있다. 즉 군인은 법률에서 정하는 바에 따라 신분이 보장되며, 그 계급에 걸맞는 예우를 받고 이 법에 따른 경우 외에는 그 의사意思에 반하여 휴직되거나 현역에서 전역되거나 제적되지 않는다는[487] 것이다. 본 법에서 말하는 "이 법에 따른 경우"는 제37조(본인의 의사에 따르지 아니한 전역 및 제적)와 제40조(제적)에서 정하고 있다.

제37조	① 심의를 거쳐 현역에서 전역시킬 수 있는 경우
	1. 심신장애로 인하여 현역복무 부적합한 사람
	2. 동일 계급의 진급심사에서 2회 이상 제외된 장교, 소위는 1회
	3. 병력조정으로 전역시킬 필요가 있다고 인정된 사람
	4. 대통령령으로 정하는 사유로 현역복무에 부적합한 사람
	② 제1항1호에 해당하는 사람으로 비전공상인 사람은 제적이 가능
	③ 전투 또는 작전 관련 훈련 중 다른 군인에게 본보기가 될 만한 행위로 인해 신체장애인이 된 사람은 심의에 의거 현역으로 계속복무 가능
제40조	① 다음의 경우 제적
	1. 사망, 실종선고, 파면 등
	2. 대한민국 국적 상실 및 이중국적 보유
	3. 금치산자, 한정치산자, 파산선고 받은 사람
	4. 금고 이상형 선고 후 5년 미경과자, 집행유예 2년 미경과자
	5. 파면이나 해임 처분 후 5년 미경과자
	6. 법률에 따라 자격이 정지된 사람.
	7. 제37조 2항에 따라 제적이 결의 되었을 때
	8. 포로, 행방불명자로서 국방부령으로 정하는 사유에 해당될 때 등

〈표 1-77〉 〈군인사법〉 제37조와 제40조

---

486) 「관보 제3,054호」, 1962년 1월 20일 기사
487) 법률 제12,403호(2014. 3. 11.), 〈군인사법〉 제44조

또한 범죄를 저질러 군인을 체포할 경우에는 일반법이 아닌 별도의 법규에 의거 시행되는데 1900년 9월 제정된 법률 제5호인 〈육군법률〉에서는 칙임관은 먼저 임금에게 보고한 다음 체포하고, 주임관은 체포 후에 임금에게 보고하도록 하고 있다. 아울러 군인을 체포하는 이유를 원수부 군무국총장에게 알려주도록 하고 있다.[488] 이러한 규정은 건군 후 군인 및 군속의 인권을 보호하고 군기를 유지하기 위해 1948년 9월에 제정된 〈군인신체구속잠정규정〉으로 이어졌다. 현재도 군인은 현행 〈군형법〉과 〈군사법원법〉의 적용을 받는다.

군인정신

사무엘 헌팅턴S.P Huntington은 '군인정신'은 군인이라고 하는 전문적인 기능의 수행에 따른 고유의, 그리고 그와 같은 기능으로부터 추정할 수 있는 가치, 태도나 전망으로부터 성립되어 있다고 하였다. 즉 무력의 관리와 국가의 군사적인 안전보장에 대해 책임을 지는 전문적인 군사적 기능에 내재되어 있고, 또한 그러한 기능으로부터 추정할 수 있는 가치, 태도, 그리고 관점으로 형성되는 것이 군인정신이며 직업군인 윤리의 한 부분이라는 것이다.[489]

또한 군인은 개인이기보다는 집단의 중요성을 강조하고 있고 여하한 활동에 있어서의 성공도 개인의사가 집단의사에 복종할 것을 요구하고 있으며 개인적인 이익이나 욕구를 억제해야하기 때문에 군인정신을 포함하는 군 직업윤리를 기본적으로는 정신적 협조성協調性을 의미하며, 근본적으로 반개인수의적反個人主義的이라고 규정하고 있다.[490]

바람직한 군인정신이 중요한 이유는 군 직업윤리의 근간을 이루고 있어 군인을 군인답게 하고, 개인으로서 군인의 됨됨이뿐만 아니라 그가 속한 군대, 그리고 나아가서는 전쟁에서의 궁극적 승패가 모두 그것에 달려 있기 때문이다. 우리 국군은 군인정신에 대해 〈군인복무규율〉 제4조(강령)에 아래와 같이 규정하고 있다.

488) 「관보 제1,693호 부록」, 광무4년 10월 1일 기사
489) S.P 헌팅톤, 강창구/송태균 역, 『군인과 국가』, 병학사, 1982. 64쪽
490) S.P 헌팅톤, 강창구/송태균 역, 『군인과 국가』, 병학사, 1982. 67쪽

군인정신은 전쟁의 승패를 좌우하는 필수적인 요소이다.
그러므로 군인은 명예를 존중하고 투철한 충성심, 진정한 용기, 필승의 신념, 임전무퇴의 기상과 죽음
을 무릅쓰고 책임을 완수하려는 숭고한 애국애족의 정신을 굳게 지녀야 한다.

〈표 1-78〉〈군인정신〉(출처 : 〈군인복무규율〉제4조)[491]

즉 군인정신은 전쟁의 승패를 좌우하는 필수적인 요소임을 강조하면서 그 요소로 6대 덕목을 강조하고 있다. 명예, 충성심, 진정한 용기, 필승의 신념, 임전무퇴臨戰無退의 기상, 애국애족의 정신 등이 그것이다.

'명예'란 외형적으로는 한 인간이 수행한 일의 업적이나 그가 점하고 있는 지위에 대하여 사회로부터 주어지는 존경도尊敬度라 할 수 있으며, 내면적으로는 자신이 수행한 일의 성과에 대해 스스로 만족하고 보람을 느끼는 심리적 태도라 할 수 있다. 군인에게 있어서 명예란 자기본분에 충실하면서 그를 통해 만족과 보람을 얻고 긍지를 갖는 것이다. 이러한 명예심은 전투에서 반드시 승리하겠다는 강한 의지를 갖게 해줌은 물론 패배해서 비굴하게 살아 남기보다는 차라리 용감하게 싸우다 죽겠다는 각오를 갖게 함으로써 불리한 상황하에서도 적극적으로 전투에 임할 수 있는 힘을 부여한다.

'충성'이라는 한자를 분석해 보면 '충忠'은 '가운데의 마음'으로서 신뢰와 믿음을 뜻하며 인간의 근본적인 마음의 바탕을 말한다. 그리고 '성誠'은 '말을 이룬다.'는 것으로 진실을 뜻하며 만물의 조화를 이루는 근본이라고 할 수 있다. 이러한 충성은 군인으로서 자기 자신과 상관, 그리고 국가에 대한 충성으로 집약될 수 있다.

'자기 자신에 대한 충성'이란 자기 스스로에게 진실하고 자기의 언행을 일치시키기 위해 성실을 다하는 것을 말한다. '상관에 대한 충성'은 마음으로부터 우러나와 자기에게 부여된 임무를 능률적이고 성공적으로 수행함으로써 상관을 섬기며, 혹 자신의 언행 때문에 상관의 권위와 위신이 실추되지 않도록 함을 의미한다. 상관에 대한 충성에는 상관의 부하에 대한 사랑과 상관에 대한 부하의 믿음이 중요하게 작용한다. 따라서 상관은 솔선수범으로 부하에게 '신뢰감'를 우선 심어 주어야 한다.

'국가에 대한 충성'은 군인에게 있어서 그 어떤 종류의 충성보다 우선되어야 한

---

491) 대통령령 제24,077호(2012. 9. 1.), 〈군인복무규율〉 제4조

다. 이는 국가에 봉사한다는 희생, 헌신의 정신과 함께 '오직 국가와 민족을 위한다.'
는 애국애족의 정신도 함께 의미한다. 군인의 상관에 대한 충성이나 직업적 규범에
대한 충성도 국가에 대한 충성에 위배되지 않을 경우에 한해서 정당성을 가진다.

'진정한 용기'는 대의나 정의와 불가분의 관계 속에 있다. 분별없는 용기이거나
정의와 상관없는 용기는 만용에 불과하다. 따라서 용기 있는 사람은 자기 자신을
극복할 수 있는 힘으로 불의와 타협하고자 하는 욕망을 누르고 정의를 위해 행동하
고자 하는 의지를 갖고 그렇게 행동하는 사람이라고 말할 수 있다.

군인에게 있어서 '진정한 용기'는 항상 명령과 규율 아래서 발휘되어야 하며, 죽
음을 무릅쓰고 자기의 책임 또는 목표를 달성하는 데서 그 참된 가치가 발휘된다.
죽음의 공포가 엄습하는 전장에서 진정한 용기의 발휘는 공포를 극복하게 할 뿐만
아니라 부대에 힘을 불어 넣음으로써 승리를 가능하게 한다.

'필승의 신념'이란 기필코 이겨야 한다는 굳은 결의와 반드시 이길 수 있다는 신
념을 말한다. 군인은 언제나 있을 수 있는 전쟁 때문에 존재한다. 그러므로 군인은
언젠가는 전투를 해야 하며, 전투에 임하게 되는 한 반드시 이겨야 한다. 그것이 군
인은 존재이유이기 때문이다.

이러한 필승의 신념을 현실화하기 위해서는 노력이 필요하다. 그것이 바로 전쟁
에 대한 만반의 대비이다. 평시에 전투에 대해 끊임없이 연구하고 실전과 같은 훈
련을 통해 전술전기를 연마하여야 한다. 완벽한 전투준비태세 확립, 이것이 바로
군인의 사명이요, 필승의 신념을 굳건히 하는 요체이다.

'임전무퇴臨戰無退'는 전쟁터에 들어서면 죽기를 각오하고 싸워 물러서지 않음을
뜻한다. 임전무퇴의 계율은 신라의 원광법사가 화랑인 귀산과 추항에게 내린 세속
오계世俗五戒에서 유래하였다. 이 가르침은 그 후 화랑들에 의해 전장에서 실제 행동
으로 옮겨졌으며, 신라군이 전투에서 승리하며 마침내 삼국을 통일하는 정신적 지
주가 되었다.

임전무퇴의 정신은 어떠한 최악의 상황 하에서도 희생을 각오하고 맡은 바 책임
을 다하며 불굴의 투지로 승리를 쟁취하는 정신이다. 따라서 임전무퇴의 요건으로
진정한 용기, 강인한 체력과 인내력, 필승의 신념과 의지력이 수반되어야 한다.

군인정신의 마지막인 '애국애족의 정신'은 조국과 민족, 다시 말하면 '국가와 국민

에 대한 사랑'이다. 애국애족의 정신은 모든 군인의 덕목들이 지향해야 할 최고의 덕목이라고 말할 수 있다. 왜냐하면 군인의 충성, 봉사, 명예, 희생, 용기 등 모든 덕목들 속에는 애국애족 정신이 담겨져 있기 때문이다. 애국애족 정신이 아니고는 군인이 추구하는 모든 가치들도 참 의미를 찾기가 어려울 것이다. 실로 애국애족 정신은 군인을 단순한 싸움의 전문가와 구별시켜주는 기준이 된다.

이러한 군인정신의 각 덕목들은 군복을 입고 군인이 되었다고 해서 하루아침에 저절로 형성되는 것이 아니다. 끊임없는 노력과 인내심, 그리고 군인으로서 자신에 대한 성찰이 이루어질 때 서서히 형성되는 것이다. 따라서 군인은 일상생활 속에서 행동화하여 내면화할 수 있도록 부단한 노력을 하여야 한다.[492]

군인정신이 충일할수록 '군인의 이데아Idea'에 가까워질 것이다. 군인정신이 충일하지 못한 군인은 군복을 입고 있는 복제품Copy의 복제품에 불과하며 자신의 유익만을 추구하는 취직한 직장인에 불과하다. 이는 개인에게도, 부대에게도, 국민에게도, 국가에게도 심히 불행한 일이다.

군인의 국가관

군인이 자신과 국가의 관계를 어떻게 설정하는가 하는 문제는 군인으로서의 정체성을 확립하는 것으로 매우 중요하다. 올바른 복무자세가 자신과 국가의 올바른 관계설정에서 비롯되기 때문이다. 군인의 국가관이란 결국은 본인과 국가 간에 올바른 관계를 설정하는 것이다. 군인이 국가와 관계를 맺음에 있어서 일반인들과는 다른 특징을 갖고 있다.

첫 번째 특징은 국가는 군이 존재하는 전제조건이면서 동시에 군 임무수행의 최종적 목표가 된다는 것이다. 즉 군인은 국가에 의해서만 그 존재의의가 있으며 군의 임무수행 목표는 국가 그 자체로서 다른 어떤 것도 국가를 보위한다는 군의 목표를 대체할 없음을 의미한다.

---

492) 국방부, 『정신교육기본교재』, 2010. 345~357쪽

두 번째 특징은 군인은 국가로부터 보호받는 것보다 오히려 국가를 보호하고 지켜야 한다는 것이다. 동서고금을 통해 변함이 없는 국가의 가장 중요한 기능은 '국민의 생명과 재산을 외부위협으로부터 지키는 것'이다. 이러한 국가의 기능을 직접 수행하는 것이 바로 군인인데, 이는 국가가 국민들을 보호하는 가장 강력한 수단인 무력에 대한 합법적 사용권한을 군에게 위임했기 때문이다. 또한 군은 실체로서의 국민들을 보호할 뿐만 아니라, 국가를 존재하게 하는 요소 중의 하나인 주권을 지킴으로써 국가 자체를 보호한다.[493]

이처럼 군과 국가의 관계는 특수하며 운명공동체라고 할 수 있다. 우리 역사에서 살펴보았듯이 군이 패전하면서 국가가 망하였고, 국가의 주권이 없어지면서 군대도 해산되고 결국은 국가도 소멸하였다. 그렇다면 국가를 수호하는 군인으로서 군인은 국가에 대해 어떤 자세를 견지해야 하는가?

먼저 유구한 우리의 역사에 대한 긍지와 자부심을 가져야 한다. 우리 민족은 오랜 역사를 이어오는 동안 부침이 있었지만 민족의 주체성과 정체성을 잃지 않고 독창적인 문화를 발전시켜 왔다. 민족사에 대한 명확한 역사인식이 필요하다. 민족사

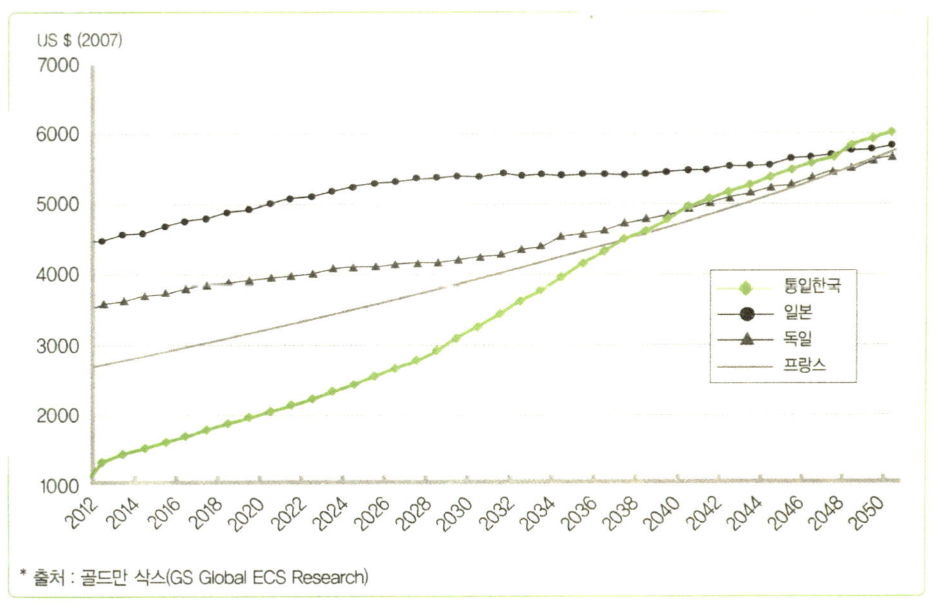

〈표 1-79〉 2050년 통일한국의 경제적 위상 (출처 : 『2012 통일문제 이해』)

493) 국방부, 『정신교육기본교재』, 2010. 23~24쪽

에 대한 명확한 역사의식을 견지하지 않는다면 내가 지키고자 하는 대한민국의 정체성을 제대로 알 수 없을 것이다.

두 번째는 내가 수호해야할 대한민국의 근·현대사에 대한 올바른 인식을 통해 국가의 정통성을 정확하게 이해하여야 한다. 역사적·문화적·정치적·국제적 정통성에 대한 확고한 신념을 견지할 때 조국수호의 의지가 더욱 공고화 될 것이다. 대한민국의 건국과정에서 그리고 국군의 건군과정에서 겪었던 이데올로기의 갈등과 여파는 아직도 남아 있다. 사회 각처에는 대한민국을 전복하고 국군을 와해하려는 세력들이 교언영색과 용어의 혼란을 통해 교묘하게 국민을 속이고 있다. 그들의 실체에 대해 명확하게 인식하고 있어야 한다. 이를 통해 피·아를 확연히 구분하여야 한다.

또한, 오늘날 우리가 누리고 있는 자유민주주의와 시장경제체제에 대한 우월성을 확신하면서 자유민주주의의 수호군으로서의 역할을 다할 수 있도록 정신무장을 철저히 하여야 한다. 내면의 갈등이 있다면 결코 상대를 이길 수 없다. 내가 지키고자 하는 것에 대한 강한 신념만이 나를 강건하게 하고 복무의지를 드높인다.[494]

미국의 투자회사인 골드만 삭스는 통일한국의 경제 규모는 30~40년 후에 이르면 독일과 일본을 능가하여 세계 8위에 도달할 것이라고 전망한 바 있다. 골드만 삭스는 북한은 리스크가 아니라 통일한국의 '자산'이라며 그 근거로 북한의 풍부하고 경쟁력 있는 노동력, 지하자원과 인구 구조의 시너지 효과, 그리고 북한의 높은 성장 잠재력을 들었다.[495]

이러한 노력을 통하여 군인으로서 확고한 국가관을 정립할 수 있고, 그에 따라 우리 대한민국을 지켜 나갈 수 있을 뿐만 아니라 21세기 우리 민족의 최대의 과업인 통일을 준비해 나갈 수 있을 것이다. 물론 그 통일은 자유민주주의와 시장경제체제를 지향해야 한다는 점은 두말할 나위가 없다.

---

494) 국방부, 『정신교육기본교재』, 2010. 24쪽
495) 통일부통일교육원, 『2012 통일문제 이해』, 2012. 170쪽

군인의 안보관

군의 존재가치는 국민의 생명과 재산을 지키고 국토와 주권, 그리고 국익을 보호하는 데 있다. 따라서 군인에게 있어서 안보관은 내가 누구의 위협으로부터 이와 같이 소중한 것을 지킬 것인가 하는 문제이다. 이러한 군인의 안보관은 '국가안보목표'에 그 뿌리를 두고 있다. 국가안보목표는 당면한 안보환경과 가용한 국력에 대한 평가를 기초로 국가의 안전보장을 달성하기 위해 반드시 실현해야 할 목표이다.

우리나라의 국가안보목표는 "한반도의 안정과 평화를 유지하고, 국민안전 및 국가번영의 기반을 구축하며, 국제적 역량 및 위상을 제고"하는 데 있다. 첫째, '한반도의 안정과 평화유지'는 우리 자체의 방위역량과 한미동맹을 바탕으로 한반도의 안정을 유지하고 남북 간 교류협력과 주변국과의 다양한 협력을 통해 한반도의 평화를 보장하는 것이다. 둘째, '국민 안전보장 및 국가번영 기반 구축'은 다양한 안보위협으로부터 국민 생활의 안전을 보장하고, 동시에 국가번영의 기반이 되는 경제·사회적 안전을 확보하는 것이다. 셋째, '국제적 역량 및 위상 제고'는 세계평화, 자유민주주의와 공동번영에 적극적으로 기여하고, 국제사회와 협력을 강화하여 연성강국軟性强國[496]으로 도약하는 것이다.[497]

이러한 국가안보목표의 구현을 위해서는 기본적으로 우리의 안정과 평화에 위협이 되는 요소가 무엇인가를 식별하는 것이 전제조건이 될 것이다. 즉 '적'에 대한 실체를 명확히 하여야 한다.

일반적으로 '적敵'은 "국가의 존립, 안전보장, 자주권 행사, 번영과 발전 등 국가이익에 심대한 위협이 되는 대상 또한 이를 지원·동조하는 세력"으로 정의할 수 있으며, 이는 '현재적인 적'과 '잠재적인 적'으로 구분된다. '현재적인 적'은 상호 무력으로 대치하고 있어 가장 심대한 위협을 주므로 군사훈련, 장비 및 병력 배치, 장병 정신교육 등 군사대비태세에 있어 주 대상이 되는 적을 말한다. '잠재적인 적'은 현실적으로 드러나지 않았으나 위협으로 부각될 수 있는 대상으로 정의할 수 있다.

---

496) 강한 국력을 바탕으로 경제력과 문화력을 겸비한 세계 일류선진국으로서, 한반도 및 동아시아의 안정과 세계평화에 적극 기여하는 부드럽고 강한 나라를 의미한다. (국방부, 『2012 국방백서』, 2012. 35쪽)
497) 국방부, 『2012 국방백서』, 2012. 34~35쪽

따라서 대한민국의 적은 "대한민국을 침략하고 자유와 독립을 박탈하고 자유민주주의를 파괴하고 국민의 생명과 재산을 빼앗으려는 세력"이다. 즉 대한민국의 전복·파괴·적화를 전략목표로 하는 세력, 국내에서 대한민국을 전복·파괴하거나 북한의 대남적화기도를 지원·동조하는 세력, 국제적으로 대한민국을 침략하거나 북한의 대남적화기도를 지원하는 세력으로 규정할 수 있다. 지금 이 순간에도 북한정권과 이를 추종하고 지탱하는 북한군은 우리의 생존과 번영을 위협하는 가장 핵심적인 적으로 존재하고 있다. 따라서 대한민국의 군인은 우리의 생존을 위협하고 평화통일을 가로막는 '현재적인 적'으로 북한군의 실체를 정확히 인식하고 국가수호의 의지를 확고히 하여야 한다.498) 아울러 대한민국의 정통성을 부정하고 북한정권을 맹목적으로 추종하는 체제위협 세력의 실체를 명확히 인식하여 자유민주체제 수호를 위한 확고한 신념을 견지하여야 한다.

군인의 복무태도

군인의 복무태도에는 시대의 변화에 따른 시대적 요구인 제반 가치와 국민의 바람이 담겨 있다. 이는 군이 국민의 생명과 재산을 지키고 국토와 주권, 그리고 국익을 보호하는 첨단에 서 있으면서 최후의 보루이기 때문이다. 따라서 국민들은 통상적으로 그 어떤 직업보다 군인에게 높은 충성심과 도덕성, 그리고 희생·봉사정신을 요구하고 있다.

1894년 7월에 제정된 〈관원복무기율官員服務紀律〉은 총 13개 조로 구성되어 있다. 제1조에는 "관원된 사람은 충실하고 근면하며 성실하게 법률과 명령을 항상 따라 각각 자기 직무를 다하기에 힘써야 한다."라고 규율하고 있다. 아울러 나머지 조항에서는 상관의 명령에 대한 복종, 부정행위 및 권력남용 금지, 기밀누설 금지, 직무상 발송하지 않은 문서에 대한 사사로운 열람금지, 직무유기 및 근무지 이탈금지, 영리행위 및 겸직금지, 외국정부로부터의 영예 및 증여 수수금지, 소속 부하관리로

---

498) 국방부, 『정신교육기본교재』, 2010. 173~175쪽

부터 금품 수수금지, 관마官馬 사적사용 금지 및 무임승선 금지, 징계처분 은폐로 상관 현혹 금지 등을 규율하고 있다.[499] 칙령 제65호로 1895년 3월 19일에 〈관원복무기율〉이 일부 개정되었는데, 관원은 공무질병 및 우환 외에는 정시에 출근하여 집무하여야 하고 정당한 대가 지불 없이 백성의 물건이나 노동력을 사적私的으로 사용함을 금지[500]하고 있다.

앞에서 기술하였듯이 1941년 12월 28일 제정된 광복군 복무태도인 〈한국광복군 서약〉에서도, 한국광복을 위하여 헌신하고 일체를 희생하며 대한민국의 건국강령을 절실히 수행함과 아울러 임시정부를 적극 옹호하고 법령을 절대 준수하겠다고 하고 있다. 또한 광복군 공약과 기율을 엄수하고 장관명령에 절대 복종하겠다고 서약하고 있다. 이러한 내용들은 현재의 군인에게도 공통적으로 적용되는 내용으로 시대를 막론하고 군인에게 요구되는 복무태도는 같다는 것을 알 수 있다

현대적 의미의 군인의 복무태도가 정립된 것은 앞에서 기술한 바와 같이 1950년 2월에 제정된 〈군인복무령〉이다. 〈군인복무령〉이 제정된 목적을 "군인의 복무에 관한 근본 기준을 명시하여 군기를 확립하며 헌신보국의 군인정신을 앙양하고자 함"이라고 제1조에 밝히고 있다.

이 〈군인복무령〉과 앞의 〈관원복무기율官員服務紀律〉, 〈한국광복군 서약〉등을 비교해 볼 때, 그 내용에 있어서 큰 차이가 없다. 다만 시대적 요구와 국민의 바람에 따라 일부 내용이 추가 되었을 뿐이다. 국가에 충성하고 상관의 명령에 복종하며 직무를 통해 습득한 기밀에 대한 엄수를 강조하고 있다. 아울러 군인으로서 품위 유지와 군무 이외의 겸직을 금지하고 있다. 다만 〈군인복무령〉에는 '정치 관여 금지'가 추가되었는데 제14조에 "군인은 정치운동에 참가하거나 군무 이외의 일을 위한 집단적 행동을 하지 못한다."라고 규율한 것이다.

이러한 과거의 규범들을 토대로 1966년 3월 15일에 〈군인복무규율〉이 제정되면서 〈군인복무령〉이 폐지되고 군인의 '복무태도'가 규정되었는데 당시는 7가지였다.

---

499) 「초기(草記)」, 개국503년 7월 16일 기사
500) 「관보 제1호」, 개국504년 4월 1일 기사

제4절 복무태도

제32조 (직무유기 및 근무지 이탈금지) 군인은 직무를 유기하거나 소속 상관의 허가 없이 근무지를 이탈
하여서는 아니 된다.

제33조 (증수행위 금지) 군인은 직무와 관련하여 부당한 사례·증여 또는 향응을 주거나 받아서는 아니 된다.

제34조 (직권남용 금지) 군인은 어떠한 경우에 있어서도 직권을 남용해서는 아니된다.

제35조 (사적제재금지) 군인은 어떠한 경우에 있어서도 사적 제재를 하여서는 아니 된다.

제36조 (영리행위 및 겸직금지) 군인이 군무 이외의 영리를 목적으로 하는 업무에 종사하거나 다른 직무
를 겸직하여서는 아니 된다. 그러나 그 직무가 정치적·반사회적 또는 영리적이 아니며 이를 겸직
하여도 군무에 하등 지장이 없다고 인정되는 직무 중 국방부장관이 허가한 것은 예외로 한다.

제37조 (정치행위 금지) 군인은 법률이 정하는 바에 의한 선거에 있어서 자기의 선거권을 행사하는 것 이
외에 정치에 관여하여서는 아니 된다.

제38조 (집단행위 금지) 군인은 국방부장관이 허가하는 경우를 제외하고 일체의 사회단체에 가입하거나
군무 이외의 집단행위를 하여서는 아니 된다.

제39조 (외국정부의 영예 등을 받을 경우) 군인은 외국정부로부터 영예 또는 증여를 받을 경우에는 대통
령의 허가를 얻어야 한다.

〈표 1-80〉 1966년 제정된 〈군인복무규율〉상의 '복무태도' [501]

　　새로 제정된 〈군인복무규율〉의 '복무태도'는 〈군인복무령〉과 맥을 같이 하고 있
다. 아울러 제35조, 제37조, 제38조 등을 제외한 나머지 조항들은 〈관원복무기율〉
과 맥을 같이 하고 있다. 이러한 〈군인복무규율〉은 수차례의 개정을 거쳐 현재 규
정되어 있는 군인의 복무태도는 모두 17가지이다. 그간의 시대흐름에 따른 사회 패
러다임의 변화와 국민들의 바람이 반영되었기 때문이다. 국군은 국민의 군대로서
국민의 요구를 이행하는 것이 그 무엇보다 중요하다. 군인의 '복무태도'의 세부적인
내용은 다음과 같다.

제3장 복 무

제1절 복무태도

제6조 (충성의 의무)
군인은 국군의 이념과 사명을 자각하여 정치적 중립을 엄정히 지키며 맡은 바 임무를 완수하여 국
가와 국민에게 충성을 다하여야 한다.

제7조 (성실의 의무)
① 군인은 직무에 태만하여서는 아니 되며 직무수행에 있어서 어떠한 위험이나 어려움이 따르더라
도 이를 회피함이 없이 성실하게 그 직무를 수행하여야 한다.
② 군인은 직책과 계급에 따라 업무의 범위나 내용이 다를지라도 지향하는 목표는 같으므로 서로
도와서 업무를 유기적으로 수행하여야 하며, 항상 창의력과 진취성을 발휘하여야 한다.

---

501) 「관보 제4,296호」, 1966년 3월 15일 기사

제7조의2 (국민에 대한 친절의 의무)

군인은 대민업무 수행시 친절·공정·신속하게 업무를 처리하여야 하고, 작전 및 훈련중 대민피해를 방지하도록 노력하여야 하며, 피해가 발생한 때에는 법규에 따라 신속히 조치하여야 한다. [신설 1998. 12. 31.]

제8조 (정직의 의무)

군인은 정직하여야 하며, 명령의 하달이나 전달, 보고 및 통보에는 허위·왜곡·과장 또는 은폐가 있어서는 아니된다.

제9조 (품위유지와 명예존중의 의무)

① 군인은 군의 위신과 군인으로서의 명예를 손상시키는 행동을 하여서는 아니 되며 항상 용모와 복장을 단정히 하여 품위를 유지하여야 한다.

② 군인은 타인의 명예를 존중하여야 하며 이를 손상하는 행위를 하여서는 아니 된다. 정보통신망을 이용하는 경우에도 또한 같다.[신설 2009. 9. 29.]

제10조 (비밀엄수의 의무)

① 군인은 복무 중뿐만 아니라 전역 후에도 직무상 알게 된 비밀을 엄수하여야 한다.

② 군인은 어떠한 경우에도 그가 직무상 알게 된 비밀을 공무 외의 목적으로 사용하여서는 아니된다.

제10조의2 (전쟁법 준수의 의무)

① 군인은 전쟁법을 준수하여야 한다.

② 지휘관은 예하 장병들에게 전쟁법 준수를 위한 교육을 시킬 책무가 있다. [신설 1998. 12. 31.]

제11조 (청렴 및 검소의 의무)

① 군인은 항상 청렴결백하고 검소하게 생활하여야 한다.

② 군인은 직무와 관련하여 직접 또는 간접을 불문하고 사례 · 증여 또는 향응을 주거나 받아서는 아니된다.

③ 군인은 직무상의 관계 여하를 불문하고 그 소속 상관에게 증여하거나 소속부하로부터 증여를 받아서는 아니된다.

제11조의2 (환경보전의 의무)

① 군인은 직무수행시 자연생태계를 보전하고 환경오염을 방지하기 위한 제반대책을 강구하여야 한다.

② 지휘관은 주둔지 시설물의 환경오염물질 배출을 규제 · 감독하여야 하며, 장병이 환경보전 및 전장정리를 생활화하도록 교육 · 지도하여야 한다. [신설 1998.12.31.]

제12조 (직무유기 및 근무지 이탈 금지)

군인은 직무를 유기하거나 소속상관의 허가 없이 근무지를 이탈하여서는 아니된다.

제13조 (집단행위의 금지)

① 군인은 군무 외의 일을 위한 집단행위를 하여서는 아니된다.

② 군인은 국방부장관이 허가하는 경우를 제외하고는 일체의 사회단체에 가입하여서는 아니된다. 그러나 군무에 영향을 주지 아니하는 순수한 친목단체에의 가입이나 친목활동은 예외로 한다.

제14조 (직권남용의 금지)

군인은 어떠한 경우에도 직권을 남용하여서는 아니된다.

제15조 (사적 제재의 금지)

① 군인은 어떠한 경우에도 구타 · 폭언 및 가혹행위 등 사적 제재를 행하여서는 아니되며, 사적 제재를 일으킬 수 있는 행위를 하여서도 아니된다.

② 지휘관 및 상관은 병영생활의 지도 또는 군기확립을 구실로 구타 · 폭언 기타 가혹행위가 발생하지 아니하도록 부하를 지도 · 감독하여야 한다.

제16조 (영리행위 및 겸직금지)

　　군인은 군무 외의 영리를 목적으로 하는 업무에 종사하거나 다른 직무를 겸할 수 없다. 그러나 그 직무가 정치적·반사회적 또는 영리적이 아니며 이를 겸직하여도 군무에 지장이 없다고 인정되어 국방부장관이 허가한 것은 예외로 한다.

제16조의2 (불온 표현물 소지·전파 등의 금지)

　　군인은 불온 유인물·도서·도화 기타 표현물을 제작·복사·소지·운반·전파 또는 취득하여서는 아니되며, 이를 취득한 때에는 즉시 신고하여야 한다. [신설 1998.12.31.]

제17조 (대외발표 및 활동)

　　① 군인이 국방 및 군사에 관한 사항을 군 외부에 발표하거나, 군을 대표하여 또는 군인의 신분으로 대외활동을 하고자 할 때에는 국방부 장관의 허가를 받아야 한다. 그러나 순수한 학술·문화·체육 등의 분야에서 개인적으로 대외활동을 하는 경우로서 일과에 지장이 없는 때에는 예외로 한다.

　　② 국방부장관은 제1항의 규정에 의한 허가권을 각군 참모총장에게 위임할 수 있다.

제18조 (정치적 행위의 제한)

　　군인은 법률이 정하는 바에 의한 선거권 또는 투표권을 행사하는 외에 다음의 행위를 하여서는 아니된다.

　　1. 정당 기타 정치단체에 가입하거나 그 목적을 달성하기 위한 행위
　　2. 특정 정당이나 정치단체를 지지 또는 반대하는 행위
　　3. 법률에 의한 공직선거에 있어서 특정의 후보자를 당선하게 하거나, 낙선하게 하기 위한 행위
　　4. 각종 투표에 있어서 어느 한 쪽에 찬성하거나 반대하도록 영향을 주는 행위
　　5. 기타 정치적 중립성을 해하는 행위

〈표 1-81〉 2012년 개정된 〈군인복무규율〉상의 '복무태도'[502]

군인의 '정치관여 금지'에 관하여 역사적으로 생각해 볼 필요가 있다. 군인의 '정치관여 금지'는 1905년 12월 15일 고종황제의 조령詔令으로 하달되었는데 당시 대한제국의 국내 상황은 복잡하였다. 같은 해 4월에 일제의 군대해산 음모에 따라 대한제국 국군이 대폭 감축되고, 11월에 〈을사늑약〉이 체결함에 따라 이완용 등 '을사 5적' 처단과 조약 파기를 주장하며 의병활동 및 각종 상소와 소요가 빗발치던 상황이었다.

당시 학부대신 이완용은 학부령 제1호로 〈학교 동독(董督, 감시하며 독촉하고 격려함)에 관한 규정〉을 11월 28일 제정하여 교장·교원·학생의 정치관여 금지와 임의 동맹휴학을 금지시켰다.[503] 아울러 법부대신 이하영도 같은 내용으로 법부령 제5호인 〈법관양성소 동독에 관한 규칙〉을 12월 4일 제정하였다.[504] 반면에 궁중에서는

---

502) 대통령령 제24,077호(2012. 9. 1.), 〈군인복무규율〉 제6조~18조
503) 「관보 제3,313호」, 광무9년 12월 4일 기사
504) 「관보 제3,315호」, 광무9년 12월 6일 기사

<을사늑약>에 반대하며 순국한 조병세, 민영환, 홍만식 등에게 나라를 위한 충절을 가상히 여겨 시호를 내리고 치제(致祭, 임금이 제문(祭文)과 제물(祭物)을 보내어 죽은 신하를 제사지내던 일)를 하던 시기였다.[505]

따라서 아래의 조령이 고종황제의 의도가 반영된 자발적인 것이라기보다는 친일파 대신들과 일제의 압력에 의한 결과가 아닌가 하는 생각이 든다. 어쨌든 고종황제의 조령 내용은 다음과 같다.[506]

> 군인이 정치에 관여하는 것을 허락하지 않는 것은 대체로 병서兵書에만 전념하게 함으로써 위급한 때에 쓰려는 것이다. 근래에 군기軍紀가 해이해져서 군인들이 본분을 지키지 않고 망령되게 조정의 잘잘못을 논의하니, 입법의 본의에 크게 어긋난다. 이제부터 정부에 책임 있는 군부대신을 제외하고 안으로는 시종무관, 배종무관으로부터 밖으로는 부대의 장졸에 이르기까지 분쟁을 일으키거나 시비하지 말라. 규례를 위반하고 제멋대로 굴면서 범하는 자가 있으면 나라의 상법常法이 있는 이상 단연코 용서하지 않을 것이니 각기 유념하고 뒤늦게 후회하지 말라.

당시에는 1900년 9월 4일 제정된 근대 <군형법>의 효시인 법률 제5호인 <육군법률>이 있었는데 그 제285조에 군인이 난언亂言을 만들어 정부를 전복하거나 정사를 변경하기를 도모한 자는 15년 유형에 처하고 그로 인해 민심을 선동한 자는 종신 유형에 처하며 난亂에 이르게 한 자는 사형에 처하도록 되어 있었다.[507]

앞서 기술한 <광복군서약>의 제5항은 "건국강령과 지도정신에 위배되는 선전이나 정치조직을 군내외에서 행치 않겠음."이라 명시하고 있어 건국강령과 지도정신에 반하는 정치행위를 금지하고 있다. 바꾸어 이야기 한다면 건국강령이나 지도정신에 부합한다면 정치행위가 가능했다고 볼 수 있다.

1946년 6월 15일 조선경비대 내의 기율유지를 위하여 미군정청법령 제86호에 의하여 <조선경비법>이 공포 시행되었다. 이는 <미 육군전시군법전>[508]을 거의 그대

---

505) 국사편찬위원회 역, 『고종 46권』, 한국사데이터베이스, 고종 42년 12월 13일 3번째 기사, 12월 14일 1번째 기사
506) 국사편찬위원회 역, 『고종 46권』, 고종 42년 12월 15일 1번째 기사
507) 「관보 제1,693호 부록」, 광무4년 10월 1일 기사
508) 1920년 6월 4일에 제정된 『the Article of War』을 말한다.

로 번역한 것으로 당시 미 군정청법률고문으로 1946년 1월 3일 취임한 손성겸 변호사 주도로 법무관 김완룡, 이지형 등이 번역하였다고 한다. 이 법의 연구와 초안 작성에 착수한 지 6개월 만에 완료되었는데, 미 전시군법전을 급히 번역하다 보니 우리나라의 사정이 고려되지 않았고 흠결이 많이 발견되어[509] 일부 보완 후 〈국방경비법〉으로 1948년 7월 5일 공포되고 8월 4일부터 유효하게 되었다.

같은 법의 제43조(정치관여)에 "정부에 대하여 정치에 관한 청원의 제출, 연설 또는 문서에 의한 자기의 정치적 의견 공표 또는 정치에 관여하여 조선경비대 내에 소요를 양성하거나 또는 이로 인하여 조선경비대의 명예를 손상하는 여하한 군법피적용자든지 군법회의 판결에 의하여 처벌함."이라고[510] 규정하여 '군기문란'으로 다루었다.

제43조인 '정치관여죄'는 미 군정당국과 의견을 달리하는 것으로 이러한 조목을 미 군법상에서 찾아볼 수 없는 것이었기 때문이다. 그러나 당시의 국내정치는 좌·우파로 대립되어 특히 공산당이 합법적으로 활동하고 있었던 혼탁한 시기라 군인들의 정치관여를 법으로 금지한 것이다.[511]

1962년 1월 20일 〈군형법〉이 제정되면서 〈국방경비법〉의 일부가 폐기되고, 제94조에 "정치단체에 가입하거나 연설 또는 문서, 기타의 방법으로 정치적 의견을 공표하거나 기타 정치운동을 한 자는 2년 이내의 금고에 처한다."고[512] 규정되었다. 현행 〈군형법〉에도 제94조(정치 관여) ①항에 "정당이나 정치단체에 가입하거나 다음 각 호의 어느 하나에 해당하는 행위를 한 사람은 5년 이하의 징역과 5년 이하의 자격정지에 처한다."라고[513] 명시되어 있다.

1. 정당이나 정치단체의 결성 또는 가입을 지원하거나 방해하는 행위
2. 그 직위를 이용하여 특정 정당이나 특정 정치인에 대하여 지지 또는 반대 의견을 유포하거나, 그러한 여론을 조성할 목적으로 특정 정당이나 특정 정치인에

---

509) 국방부 군사편찬연구소, 『軍史 제82호』, 2012, 217~218쪽
　　박안서 저, '군형법 제정의 역사적 배경과 관련 문제점'
510) 「미군정 관보」, 1948년 7월 5일 기사, 〈국방경비법〉 제43조
511) 육군본부, 『팜플레트70-17-12, 육군제도사 병서연구 제12집』, 1981. 13~14쪽
512) 「관보 제3,054호」, 1962년 1월 20일 기사. 〈군형법〉 제94조
513) 법률 제12,232호(2014. 1. 14.), 〈군형법〉 제94조 ①항

대하여 찬양하거나 비방하는 내용의 의견 또는 사실을 유포하는 행위

3. 특정 정당이나 특정 정치인을 위하여 기부금 모집을 지원하거나 방해하는 행위 또는 국가·지방자치단체 및 「공공기관의 운영에 관한 법률」에 따른 공공기관 의 자금을 이용하거나 이용하게 하는 행위

4. 특정 정당이나 특정인의 정치운동을 하거나 선거 관련 대책회의에 관여하는 행위

5. 「정보통신망 이용촉진 및 정보보호 등에 관한 법률」에 따른 정보통신망을 이용 한 제1호부터 제4호에 해당하는 행위

6. 제1조 제1항부터 제3항까지에 규정된 사람이나 다른 공무원에 대하여 제1호부 터 제5호까지의 행위를 하도록 요구하거나 그 행위와 관련한 보상 또는 보복으 로서 이익 또는 불이익을 주거나 이를 약속 또는 고지하는 행위

우리 〈제헌헌법〉에는 '군인의 정치적 중립'이 법규화되지 않았었다. 우리 헌법에 '군인의 정치적 중립'이 법규화된 것은 1962년 12월 26일 개정된 헌법에서다. 즉 제 6조 ②항에 "공무원의 신분과 정치적 중립성은 법률이 정하는 바에 의하여 보장된 다."라고 규율하고 있다.[514] 군인도 공무원 신분이기 때문에 이 법규를 적용받는다 할 수 있다.

그러나 '군인의 정치적 중립'에 대해 구체적으로 규율된 것은 1987년 10월 29일 제8차 개정 헌법으로 현행 헌법이다. 헌법 제5조에 "국군은 국가의 안전보장과 국 토방위의 신성한 의무를 수행함을 사명으로 하며, 그 정치적 중립성은 준수된다." 로[515] 명시되어 있다. 육군에서도 군인의 정치적 중립 〈행동수칙〉과 〈세부행동기 준〉을 마련하여 관련 법규를 준수하도록 엄히 강조하고 있다.

<hr>

514) 「관보 제3,330호」, 1962년 12월 26일 기사. 〈헌법〉 제6조 ②항
515) 〈대한민국헌법〉(1987. 10. 29.), 제5조 ②항

CHAPTER 2
군 전투력 발휘의 중추, 부사관

부사관은 군 전투력 발휘의 충추적 역할을 수행한다.
따라서 부사관은 군사전문성을 바탕으로 다음과 같은 책무를 진다.

① 전투지휘자로서 전시에는 전투에서 승리할 수 있도록 부하를 이끌며, 평시에는 부하들의 전투기술을 향상시키기 위한 교육훈련을 주도하여야 한다.

② 전투기술자로서 해당 무기체계 및 장비 운용·보수유지의 전문가가 되어야 한다.

③ 기능분야 전문가로서 전투력 발휘 및 유지와 관련된 지원업무를 수행하여야 한다.

④ 부대전통 계승자로서 전투중심의 부대전통을 유지하고 이를 계승·발전시켜야 하다

- 〈부사관의 책무〉중에서 -

부사관의 기원

군인의 첫 번째 자격조건은 극심한 피로와 궁핍한 여건에서도 견딜 수 있는 인내심이다.
용기는 그 다음 요소일 뿐이다.
고난과 궁핍, 그리고 결핍이야말로 군인들에게는 최고의 학교인 것이다.

- 나폴레옹 저 『나폴레옹의 전쟁 금언』 중에서 -

인류문명 발달사적 측면에서 보면, 수렵채취생활에서 야생 동·식물을 가축화·작물화하면서 농경생활이 시작되었다. 이 새로운 농경사회는 인간을 떠돌이생활에서 토지를 기반으로 하는 정착생활로 전환시켰으며 생존의 기본이 되는 식량을 잉여생산하게 하였다. 이러한 정착생활과 잉여 생산물은 해당지역에서의 인구증가와 인구밀도를 조밀하게 하는 촉매제가 되었다.

그로 인해 필연적으로 각종 사회제도가 발달하게 되었고 식량생산에 직접 관여하지 않더라도 식량문제를 해결할 수 있는 다양한 신분과 직업으로 분화할 수 있었다. 국가가 형성되었고 정치·경제·사회·문화적 제도가 도입되었으며 문명발전을 꾀할 수 있었다. 사회적으로는 다양한 직업군이 출현하였다. 식량을 생산하는 농민, 잉여 생산물을 관리하는 관리 또는 상인, 그리고 농경사회를 효율적으로 통치하는 정치가, 구성원과 생산물을 지키는 군인 등등.

국가와 사회의 발전은 군대의 조직화에도 영향을 끼쳐 다양한 신분이 분화되는 계기가 되었다. 통상적으로 군인을 신분별로 구분할 때에는 장교, 준사관, 부사관, 병兵으로 구분한다. 장교는 임무수행에 있어 기획·계획·시행·평가·환류 등 모든 기능을 담당하고 준사관은 통상 전문기술분야의 시행을 담당하며 전문기술적인 조언을 모든 신분에게 한다. 부사관은 주로 시행기능에 주안을 두고 운용되며 함께 시행하는 병兵을 감독하고 지도한다.

부대를 지휘하는 장수와 그의 군사들을 연결하는 중간신분인 부사관 제도는 서양에서는 약 B.C 300년경, 동양에서는 그 이전인 춘추전국시대인 B.C 800년경으로 추정되고 있다. 그러나 르네상스 시대 이후부터 유럽사회에서 확산되기 시작한 개인존중사상으로 인해 동양권보다는 서양의 부사관 제도가 더 발전하게 되었다.[516)

서양의 부사관 기원

서양에서의 부사관 신분의 기원을 더듬어 본다면 기원전 2,000년경의 10명의 수장인 십부장Captain of Tens에서 유래되었다고 한다.[517) 그러나 군조직에 공식적으로 도입된 것은 한참 후에나 이루어졌으며 그들의 사상적 배경은 그리스의 스토아학파에서 비롯되었다.

고대 유럽사회는 엄격한 신분사회여서 지배계층과 피지배 계층 간의 신분격차는 심대했다. 따라서 피지배계층은 지배계층의 잘못된 결정에 따라 명분 없이 각종 부역에 동원되어야 했으며, 덕德이 아닌 힘의 논리에 따르다 보니 사회 곳곳이 부패하기에 이르렀다. 이러한 사회의 부패현상에 대항하는 평민계층이 등장하게 되는데, B.C 3C경 그리스에서 제논Zenon, B.C 340~250에 의해 창시된 '스토아학파'가 그들이다.

당시 부패한 사회현상에 맞서 인격의 당당하고 확고한 존엄성과 무조건적인 도덕적 의무수행을 주장했던 스토아학파의 학설은 로마제국 지도층의 정신적 태도와 긴밀한 관계를 맺게 되었다. 스토아학파의 사상이 그리스에서 창시되었지만, 로마제국의 정복전쟁과 함께 로마문화를 통해 유럽으로 전파되어 유럽철학에 지속적 영향을 남겼다.[518)

---

516) 육군교육사령부, 『팜플렛 70-43-2, 간부계발(하사관용)』, 2000.
　　　이유만, 「미국의 하사관 제도 연구」, 64쪽
517) 이유만, 「미 육군부사관제도 소개」 자료, 2011.
518) 한스 요아함 슈퇴리히 저, 박민수역, 『세계 철학사』, 이룸, 2008. 295쪽

이러한 스토아학파의 사상적 배경을 갖춘 로마에서 부사관 제도를 군조직에 처음 도입한 사람은 로마의 명장 가이우스 율리우스 카이사르(Gaius Julius Caesar, B.C 100~44년)라고 알려져 있다. 그는 오늘날의 프로방스 지역을 제외한 프랑스, 벨기에, 네덜란드, 룩셈부르크, 독일 서부, 스위스 일대를 포함하는 갈리아 지역에서 전쟁을 수행하면서, 장수와 병졸간의 중간 지휘계통을 확립하기 위해 부사관 제도를 도입하였다.

로마군은 이들 부사관들을 '프린키팔리스Principalis'라 불렀다. 프린키팔리스Principalis란 '계급에 있어서 가장 중요한 것 또는 기초'라는 뜻이다. 이 프린키팔리스들은 로마군단 내에서 리더십이 뛰어난 선발된 병들로 임명되었다. 이들은 로마병 10명을 지휘하였을 뿐만 아니라 보병대 또는 보병중대를 지휘하는 켄투리오(centurio, 백인대장)를 보좌하고 행정 및 군수업무를 수행하였으며 로마병의 훈련을 계획하고 감독하였다.[519]

로마의 몰락 이후 중세 봉건시대까지는 부사관 제도가 사실상 역사 속으로 사라지게 된다. 그 이유는 봉건시대로 접어들면서 국왕이 영주나 제후에게 봉토封土를 나누어 주어 분할 통치를 함에 따라 모든 권력의 근원을 나누어 준 영지領地와 그에 대한 대가성 상하관계 또는 주종관계가 성립되었기 때문이다.

그러다 보니 기사Knight에게까지 영토가 할당되었고, 기사들은 이에 대한 공역公役으로 영주나 국왕에게 소속되어 개별적으로 봉사하는 신분이 되었다. 이들 기사들은 인접에서 위협하는 타 기사들과 '1대1 전투'를 수행하는 관계로 부하나 중간 신분 계층이 필요 없게 된 것이다. 단지 필요에 따라 기사의 시중을 드는 사람만이 필요했다.

그러나 기사 위주의 '1대1 전투'에서 대규모 '선형전투'로 전쟁양상이 변화하면서 기사와 농노를 잇는 중간계층이 필요하게 되었다. 이에 따라 13세기경 공역公役 수행 직위가 등장하게 되는데, 이들은 기사보다 적은 토지를 부여받고, 그 대가로 공공근무나 병역의무를 수행하는 직위였다. 공역 수행 직위자를 'Sergeant'[520]라 불렀으며 이들은 기사 작위 바로 아래의 계급으로 병졸을 지휘하는 중간 간부계층이었다. 이는 중세의 유럽 봉건사회는 엄격한 신분사회로서 군의 장교와 병의 신분에는

---

519) 육군교육사령부, 『교육참고12-1-(2), 하사관의 역할과 책임』, 1992. 67쪽
520) 'Serviens'라는 라틴어에서 유래되었으며, 영어로는 Civil Servant(공무원)이란 뜻이다.

엄청난 격차가 있었기 때문에 장교가 병사들과 직접 몸으로 부딪친다는 것은 상상할 수 없는 일이었다.[521]

따라서 'Sergeant'들이 장교를 대신하여 병들의 교육훈련과 병영생활 등을 지도하였으며 장교와 병들 간의 교량 역할을 하면서 전투 시에는 최일선에서 병사들과 전투임무를 수행하였다.[522] 이들은 일반 병과는 달리 뛰어나게 전투를 잘하였으며 병들보다 신분도 높았다. 다만 충분한 재력이 없어서 기사가 되지 못한 용사들이었는데, 어렵게 구한 말을 타고 전장에 나가 싸우다가 말을 잃게 되면 보병에 편입되어 부사관으로 계속 복무하였다.[523] 이러한 'Sergeant 제도'를 15세기 후반 프랑스군에서 도입하여 적용하기 시작하였고, 이를 영국왕실이 왕실 경호대에 도입함으로써 영연방 국가로 확산되는 계기가 되었다.

15세기에 이르러 이탈리아 군의 기본전투 제대인 'Squadra'[524]를 지휘하는 초급 부사관인 'Corporal'계급이 등장하게 되는데, 세계적으로는 'Corporal' 계급부터 부사관으로 인정하는 계기가 되었다. 현대적 의미의 부사관 제도는 19세기 초에 나폴레옹 군대에서 완성되었다.

18세기 유럽의 부사관들은 중산층 자제, 젊은 엘리트, 군 간부의 자제, 일부 귀족 자제로 구성되었다. 그 배경은 장교로 임명되지 못한 유능한 젊은이들이 2~3년 부사관으로 복무한 후 귀족사회인 장교로 진출할 수 있는 길이었기 때문이다. 따라서 노동자·농민 자제가 부사관이 되는 경우는 많지 않았다.[525]

미군의 부사관 제도는 독립전쟁 당시 연합군이었던 프랑스군의 부사관 제도를 도입하여 1775년 대륙군의 탄생과 같이 시작되었다. 당시 미 육군 부사관은 병들 중에서 우수자를 선발하여 운용하였으며, 이들은 병들의 교육훈련을 지도하고, 보급 및 행정, 기능분야 등을 담당하게 하였는데, 미국의 독립전쟁 당시 승리를 쟁취하는 데 지대한 역할을 하였다.

---

521) 육군교육사령부, 『팜플렛 70-43-2, 간부계발(하사관용)』, 2000.
　　이유만, 「미국의 하사관 제도 연구」, 60쪽
522) 황의돈, 「미 육군의 중추 - 부사관」귀국보고서, 1998.
523) 양희완 편저, 『재미가 솔솔 붙는 군대문화 이야기』, 연경문화사, 1998. 30쪽
524) '소규모의 방진이나 4명의 사람'이란 의미이다.(양희완, 재미가 솔솔 붙는 군대이야기, 21쪽)
525) 육군교육사령부, 『팜플렛 70-43-2, 간부계발(하사관용)』, 2000
　　이유만, 「미국의 하사관 제도 연구」, 64쪽

동양 및 우리나라 부사관의 기원

동양의 부사관 제도의 태동은 춘추전군시대(BC 8~5)로 군사와 내정조직이 밀접한 관계를 맺고 있었다. 제나라 관중은 '기내정어군령(寄內政於軍令: 내정을 군정에 따라 다스린다.) 제도'를 만들어 군·정합일軍政合一, 민·병일체民兵一體를 추구하였다.[526] 즉 백성을 다스리기 위한 행정단위와 군사조직을 같게 하였던 것이다.

여기서 주목할 것은 군사조직이다. 5명으로 '오'를 편성하고 군조직 특성상 지휘자를 임명하였을 것이며 그 지휘자는 현대적 의미에서 부사관이었을 것이다. 실제로 주周 나라에서는 5명의 분대를 지휘하는 사람을 오장伍長, 소대장을 중사中士, 중대장을 상사上士, 대대장을 졸장卒長, 연대장은 여수旅帥, 사단장은 사사師師라 했으며, 군사령관을 경卿이라 불렀다.[527]

내정조직	軌(5家)	里(50家)	連(200家)	鄕(2,000家)	五鄕(萬家)
군사조직	伍(5人)	小戎(50人)	率(200人)	旅(2,000人)	軍(萬人)

〈표 2-1〉 춘추전국시대 제나라의 내정 및 군사조직(출처 : 『軍制』)

각 국의 군사제도가 인접국가에게 상호 영향을 미친다는 점을 고려할 때, 우리나라의 고대국가에도 유사한 조직이 있었을 것이지만 그 역사적 기원을 알기가 어렵다. 그러나 고려시대의 군사조직을 보면 '오'는 '오위伍尉'가 50명을 지휘했으며 '대'는 '대정隊正'이 25명을 지휘했다. 오위는 정9품이었지만 대정은 품위品位가 없이 취임하는 직위로 군졸 출신이 등용되는 경우가 일반적이었다. 오늘날의 '대'는 부대편성으로 분대 또는 소대의 규모로 군졸 출신이 등용된 것으로 보아 현재의 부사관 신분인 '군교軍校'가 지휘한 것으로 추정할 수 있다.

『고려사』를 보면 고려 7대왕인 목종(재위기간 997~1009년)이 후사가 없고 병환이 깊어 당시 삼각산 신혈사(新穴寺, 후에 '진관사'로 불림)에 기거하던 태조 왕건의 손자인 대량원군(大良院君, 왕순)을 옹립하도록 채충순에게 비밀리에 임무를 내리고, 채충순은 "문반과 무반 각 한사람씩을 뽑아 군교軍校를 거느리고 가서 맞이해야 합니다.(選擇

---

526) 국방대학교, 『軍制』, 1981. 26쪽
527) 양회완 편저, 『재미가 솔솔 붙는 군대문화 이야기』, 연경문화사, 1998. 31쪽

文武各一人 率軍校往迎之)"라는[528] 내용이 기록되어 있다.

　또한 장군, 장교 등에 관한 용어가 여러 번 나오는데, 이는 고려 때에 이미 현재 우리가 사용하고 있는 장군, 장교 그리고 조선 및 대한제국 시대에 부사관을 의미한 '군교' 등의 용어가 통용되어 무관의 신분을 구분하였다는 것을 의미한다. 더 연구할 사항이지만 '장군', '장교', '군교'의 역사가 기록상으로 1,000여 년이 넘는 우리 고유의 무관신분 명칭임을 알 수 있다.

　고려의 군사제도에서 영향을 받은 조선시대의 부대편성에서는 5명으로 구성된 '오'의 지휘자를 '오장', 25명을 지휘하는 지휘자를 '대정' 이라 불렀다. 조선 후기에는 '오'는 오장伍長 1명을 포함한 5명이고, '대'는 지휘자 대총隊摠 아래 11명(2오 10명, 火兵 1명)으로 편제되었다. 부대규모를 고려한다면 오장과 대총(또는 대정)은 초급무관으로 현재의 부사관 신분이라 볼 수 있다.

　우리나라 군대에서 공식적으로 현대적 의미의 계급체계가 정립된 것은 근세조선 말기이다. 앞에서 서술하였듯이 구식군대에서 신식군대로 개편되면서 1894년 12월 4일 고종칙령 제10호 〈육군장관직제〉에 의해 장교와 하사관 신분이 제정되고 계급이 세분화되었다. 당시 하사 계급은 정교, 부교, 참교로 품위가 부여되지 않았다. 또한 부사관의 신분명칭이 '군교'에서 '하사'또는 '하사관'으로 바뀌어 통용되었다.

　'하사관'이란 신분명칭은 〈육군장관직제〉가 제정되기 이전부터 사용되었는데 1894년 7월 26일 기록을 보면 '친위영'을 장차 설치하기 위해 200명을 선발하고 교수를 초빙하여 '하사관'을 양성하도록 하고 있다.[529] 법률적으로 '하사관'이란 용어가 정립되기 이전부터 구식군대에서 신식군대로 변화하는 과정에서 일본식 군제의 영향을 받았기 때문일 것이다. '하사관'이란 용어는 일본군이 독일군의 'Unteroffizier'의 'unter'을 한문의 '下'자로, 'offizier'를 '士官사관'으로 번역하면서 '下士官하사관'이란 용어를 사용한 것에서 비롯되었다.

　일제 강점기를 거쳐 건군 이후에도 '하사관'이란 신분명칭을 계속 사용하다가 〈군인사법〉 개정법률 제6290호에 의거 2001년 3월 27일부터 '장교에 버금간다.'는 뜻으로 '부사관副士官'으로 개칭하여 현재까지 사용하고 있다.[530] 아쉬운 것은 현재

---

528) 동아대학교 석당학술원, 『국역 고려사 열전2』, 도서출판 민족문학, 2006. 167쪽
529) 「초기(草記) 의안 제23호」, 개국503년 7월 26일 기사

군에서 '장군', '장교'라는 우리나라 고유 신분명칭을 사용하면서 '부사관'의 고유 신분명칭인 '군교'란 용어를 사용하지 않고 있다는 것이다.

또한 '준사관' 및 '부사관' 앞에 붙은 '준準'과 '부副'의 뜻을 일반적으로 받아들일 때 그 뜻의 한계가 모호하고 '장교'의 또 다른 지칭인 '사관士官'이란 용어 자체가 어찌 보면 일본군대의 잔재다. 우리나라는 예로부터 '장교'라는 지칭을 사용해 왔고 '사관'이란 용어는 근세조선 후기인 1880년대 이후에 와서야 사용되었다.531) 뿌리를 찾고 군제사軍制史의 맥을 잇는다는 차원에서 우리 군이 '군교'라는 부사관 신분명칭과 현재의 계급명칭을 대한제국 또는 독립군 시기에 사용한 것으로 언젠가 다시 복원해야 한다고 개인적으로 생각한다.

동서고금을 통해 부사관을 무엇으로 불렀든 신분이 태동하게 된 배경은 부대 내의 행정 및 군수를 담당하고 소부대의 지휘자로 장교와 병의 중간자 역할을 하면서 장교 보좌, 병의 군기유지 및 교육훈련을 담당하기 위한 것이었다. 시대적 요구와 국방환경의 변화에 따라 부사관의 역할이 증대되고 있는 추세임에도 불구하고 부사관의 태동 배경이 된 고유한 역할은 유지되고 있다. 부사관으로서 부사관의 태동 배경을 이해하는 것이 무엇보다 중요하다. 부사관의 정체성과 역할이 그 속에 있기 때문이다.

부사관이 병사兵士 또는 사병士兵?

'하사관과 병'을 통칭하여 우리 군에서 '병사兵士' 또는 '사병士兵'이란 용어를 한때 사용하였던 적이 있었으나 현재는 사용하지 않는다. 요즘도 일부 언론에서는 '병兵'을 '병사' 혹은 '사병'이라 지칭하기도 하는데 이는 현재 법률적으로 규정된 용어가 아니며 잘못 사용되고 있는 용어이다.

현재 우리 군에 있어서 '병사'라는 용어는 미군정 시기인 1948년 7월에 공포된 〈국방경비법〉에서 법적인 기원은 찾을 수가 있다. 같은 법 제2조 1항에서 '장교'라는 용

---

530) 김명순, 『장교와 부사관 간의 바람직한 지휘역할 관계』 연구보고서, 국방대학교, 2002. 13쪽.
531) 국사편찬위원회 역, 『고종21권』, 한국사데이터베이스, 고종21년 6월 30일 1번째 기사

어는 '사관士官을 의미'하고, 2항에서 '병사兵士'라는 용어는 '하사관 병졸 기타 병적편입자를 의미한다.'고 정의하고 있다.532) 이는 〈국방경비법〉이 당시 미군의 군법을 기초로 만들어졌기 때문에 그 과정에서 영어의 'soldier'를 우리 고유용어인 '병사兵士'로 번역하고 미군의 용어 정의를 준용533)한 것에서 기인한 것으로 판단된다.

'병사兵士'라는 용어 자체는 상당한 역사성을 갖고 있다. 『삼국사기』를 보면, 209년 3월에 왕후가 "고구려의 산상왕(山上王, 고구려 10대 왕으로 서기197년~227년 재위)이 주통촌의 여자를 임신시킨 것을 알고 몰래 병사兵士를 보내 죽이려 했다(十三年春三月王后之王酒桶村女妬之陰遣兵士死)"는534) 기록이 있는데 같은 책 여러 곳에서 '병사'란 용어를 찾을 수 있다. 당시 임무수행을 고려했을 때, 단순히 '병兵'만 보낸 것이 아니라 이들을 지휘하는 초급무관이 포함되었다고 생각하는 것이 타당할 것이다. 따라서 '병사兵士'라는 용어는 '초급무관과 병兵'을 함께 지칭하는 용어로 보아야 한다.

이후에도 고려, 조선, 대한제국을 거쳐 현재까지 사용되는 용어이나 법률적으로 규정된 용어는 아니다. 〈국방경비법〉의 후속으로 1962년 1월 20일에 제정된 〈군형법〉의 제2조(용어의 정의)에 '장교'와 '병사' 용어에 대한 정의가 규정되지 않았고 현행 〈군형법〉에서도 마찬가지다. 현재 우리 군에서는 '병사'라는 용어를 어떤 의미로도 사용하지 않는다. 단지 일부 사람들이 '병兵'을 '병사'로 습관적으로 호칭하거나 사용할 뿐이다.

'병사'라는 용어가 〈국방경비법〉에서 사용되었다면 '사병士兵'이란 용어는 비슷한 시기인 1948년 11월 30일 제정된 법률 제9호인 〈국군조직법〉에서 사용되었다. '군인의 신분'에서 제18조에 장교만 언급할 뿐 "사병士兵의 임면任免 기타 신분에 관한 사항은 대통령령으로 정한다."라고 규정하고 있다.535) 이는 장교 이외의 신분인 하사관 및 병의 신분을 통합하여 '사병'으로 지칭한 것이라고 할 수 있다. 〈국군조직

---

532) 「미군정 관보」, 1948년 7월 5일 기사, 〈국방경비법〉 제2조
533) 1920년 6월 4일에 제정된 미군 군법인 『the Article of War』가 이 법률의 기초가 되었는데 원문의 제1조(용어의 정의)에는 다음과 같이 규정되어 있다.
  (a) The word "officer" shall be construed to refer to a commissioned officer ;
  (b) The word "soldier" shall be construed as including a noncommissioned officer, a private, or any other enlisted man ;
534) 정구복 등 5명, 『역주 삼국사기 2』, 한국정신문화연구원, 2003. 317쪽
535) 「관보 제17호」, 1948년 11월 30일 기사

법〉에서 '사병'이란 용어가 삭제된 것은 1963년 5월 20일 개정된 법률로 제4조에서 '군인의 신분'을 재규정하면서 '사병'이란 용어가[536] 삭제되었다.

또한 1949년 6월 25일 제정, 공포된 대통령령 제134호인 〈국군징계령〉에서도 사용되었는데, 제4조에 중징계의 종류를 열거하면서 '파면罷免'에 있어서 '士兵에 대하여는 불명예 제대'로[537] 규정하고 있다. 같은 해 군인 및 군속(현재의 군무원)의 인권을 보호하고 군기를 유지하기 위하여 〈국방경비법〉을 근거로 8월 27일 제정되어 9월 10일 발효된 국방부훈령 제1호인 〈군인신체구속잠정규정〉에서도 '사병士兵'이란 용어를 사용하고 있다.

같은 규정 제14조에 지휘자가 소속 부하의 구속을 명할 수 있는 한계가 명시되어 있고, 제23조에는 구속을 명한 자가 즉시 보고해야 하는 대상이 규정되어 있는데[538] 여기에서 장교와 준사관 이외以싸는 '사병士兵'으로 지칭하고 있음을 볼 때 하사관 이하의 신분, 즉 '하사관과 병'을 의미하고 있다는 것을 알 수 있다.

제14조	1. 장관급 장교, 연대장, 함(정)대 사령관 또는 이에 준하는 부대의 장 이상의 자 　－육·해군참모총장 이상 2. 영관급 장교 － 사(여)단장, 함(정)장 또는 이에 준하는 부대의 장 이상 3. 앞 2항에 기재한 이외의 장교 및 준사관 　－연대장, 함(정)장 또는 이에 준하는 부대의 장 이상 4. 사병(士兵) － 중대, 해군분대 또는 이에 준하는 부대의 장 이상
제23조	1. 장교 및 준사관 －육·해군참모총장 이상 2. 사병(士兵) － 연대장, 함(정)장 또는 이에 준하는 부대의 장 이상

〈표2-2〉〈군인신체구속잠정규정〉(출처:관보 제184호 1949년 9월 26일)

1962년 1월 20일 제정된 법률 제1,005호인 〈군행형법軍行刑法〉제10조의 혼거수용混居收容에서도 '사병'이란 용어가 사용되는데 3항에 '사병 및 이와 동등한 군속'으로 규정하고 있다.[539] 이와 같이 각종 법규에서 '사병'이란 용어가 별도의 정의 없이 사용된 것은 당시 사회나 군 내부에서 일상적으로 사용되었기 때문일 것이다.

---

536) 「관보 제3,447」, 1963년 5월 20일 기사
537) 「관보 제119호」, 1949년 6월 25일 기사
538) 「관보 제184호」, 1949년 9월 26일 기사
539) 「관보 제3,054호」, 1962년 1월 20일 기사

그러나 우리는 예로부터 '사병土兵'이란 용어보다는 유사한 의미로 '사졸土卒'이란 용어를 사용하였지만 이 또한 흔히 사용한 용어는 아닌 것 같다.[540] '사병'이란 용어는 '사관', '하사관'과 마찬가지로 근세조선 후기부터 주로 사용되었는데 이 또한 일본군제의 영향으로 생각할 수 있다. 그러나 당시에 일상적으로만 사용할 뿐 법규에서는 '사병'이란 용어가 사용되지 않았고 필요시에는 '하사 및 병졸' 또는 '하사졸' 등으로 표기했다.

그간의 인사 관련 법규를 종합하여 1962년 1월 제정된 〈군인사법〉의 징계 관련 제57조 1항에 "파면은 그 관직을 박탈함을 말하며 병兵에게는 적용하지 아니한다."로 규정되어 '사병'이란 용어가 사용되지 않았다.[541] 〈군인사법〉 시행에 관한 것을 규정한 〈군인사법시행령〉이 각령 제426호로 1962년 2월에 제정되었는데 또한 '사병'이란 용어가 사용되지 않았고, 아울러 같은 법 시행으로 〈정규군인신분령〉, 〈육군보충장교령〉, 〈군인임시진급령〉, 〈병진급령〉, 〈국군징계령〉 및 〈국군징계항고규정〉 등이 폐지되었다.[542]

〈군인사법시행규칙〉은 〈군인사법〉 및 〈군인사법시행령〉이 제정되고 20여년이 지난 1982년 9월에 제정되었는데 마찬가지로 '사병'이란 용어가 사용되지 않았고, 본 규칙이 제정되면서 〈장기복무장교 전형 규정〉, 〈장교임용규칙〉, 〈준사관 및 하사관임용규칙〉, 〈특수직위장교의 임용규정〉, 〈군인진급규칙〉, 〈예비역장교·준사관·하사관의 현역편입규정〉, 〈심신장애자 전역 등 규정〉, 〈저능률자전역규정〉, 〈포로 및 행방불명된 군인의 인사처리규칙〉, 〈장교휴직규칙〉, 〈인사소청심사위원회규정〉 등이 폐지되었다.[543]

그러나 1962년 4월 27일 제정된 각령 제700호인 〈군인복제〉에 '사병'이란 용어가 사용되었는데 각종 복제 구분에 있어서 '장교 및 준사관'과 '사병'으로 나눈 것이다. 이는 '사병'의 범주에 '하사관과 병'이 포함되었음을 의미한다. 그 예로 계급장의 제식에서 사병 계급장에 '하사관과 병'이 포함되었다.[544] 이후 1989년 8월 18일 대통

---

540) 국사편찬위원회 역, 『중종12권』, 한국사데이터베이스, 중종 5년 9월 9일 1번째 기사 회철이 토병(土兵)으로서 당상에 오른다면 일이 있을 때에는 마땅히 사졸(土卒)들과 더불어 그 노고를 같이할 것이니(懷哲以土兵陞堂上及有事則當與土卒同其勞矣)
541) 「관보 제3,054호」, 1962년 1월 20일 기사
542) 「관보 제3,067호」, 1962년 2월 6일 기사
543) 「관보 제9,246호」, 1982년 9월 20일 기사

령령 제12,780호 〈군인복제중개정령〉에서는 '사병 계급장'이란 표현이 '하사관 및 사병계급장'으로 변경되었는데 이는 1989년 3월 22일 〈군인사법〉 개정으로 '일등상사' 계급이 신설되고 종전의 '상사'가 '이등상사'로 변경됨에 따라 〈군인복제〉를 개정하면서 '사병'의 범주에서 '하사관'을 별도로 분리한 것이다.[545] 1996년 5월 17일 〈군인복제중개정령〉에서는 '하사관 및 사병계급장'이란 표현이 다시 '하사관 및 병계급장'으로 변경되었다.[546]

실제적으로 〈군인복제〉에서 '사병'이란 용어가 완전히 사라진 것은 2000년 12월 26일 개정된 〈군인사법〉에서 '하사관'이 '부사관'으로 신분명칭이 변경됨에 따라 2002년 3월 18일 공포된 대통령령 제17,542호 〈군인복제령중개정령〉이다.[547] 하사관의 권위신장과 사기진작을 위하여 '하사관'의 명칭이 '부사관'으로 변경됨에 따라 '사병'이란 용어도 군 관련 법규에서 모두 사라진 것으로 보인다.

---

544) 「관보 제3,133호」, 1962년 4월 27일 기사
545) 「관보 제11,308호」, 1989년 8월 18일 기사
546) 「관보 제13,314호」, 1996년 5월 17일 기사
547) 「관보 제15,051호」, 2002년 3월 18일 기사

부사관의 역할

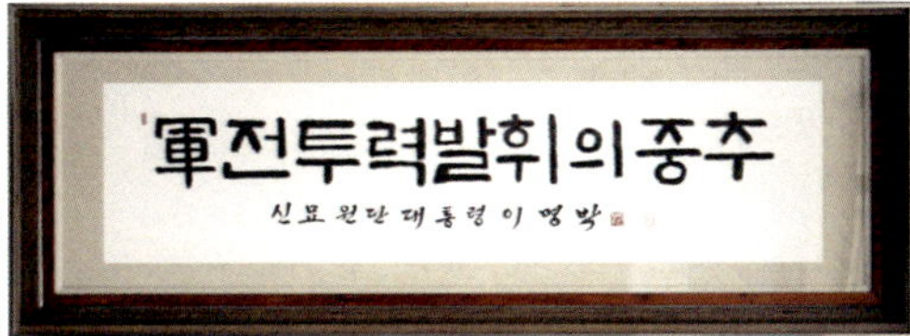

- 육군부사관학교에 내린 대통령 휘호(2011. 3. 1)[548]-

모든 조직, 신분, 개인에게는 달성해야 할 목표가 있고 부여된 역할이 있는데 이는 각각의 존재이유이기도 하다. 군인의 존재이유는 국민의 생명과 재산을 보호하고 주권과 영토를 수호하는 것이다. 이러한 목표를 달성하기 위해 구성원의 역할을 명확히 하는 것이 무엇보다 중요하며 그 역할이 모든 행위의 기준 또는 근거가 된다.

존재이유는 "나는 누구인가?"를 인식하는 정체성의 문제이다. 정체성이란 '남이 뭐라 하든, 자기 눈으로 자신을 일관되게 보는 특성'을 말한다. 이런 자기 인식을 위해서는 자기 성찰이 필요하다. 한 사람의 심리적 갈등이나 고민의 핵심이자 그의 삶을 이끄는 바로 "나는 누구인가?"를 명확히 아는 것, 즉 그 사람의 정체성이다. 내가 누구인지 안다는 것은 내가 가진 믿음의 실체를 아는 것이다.[549] 따라서 부사관이 누구인가를 알려면 왜 부사관이 존재하는가 하는 존재이유를 명확하게 알아야 하는 것이다.

---

548) 육군부사관학교 창설 60주년을 맞아 이명박 대통령이 2011년 3월 1일 학교에 하사한 휘호이다.
549) 황상민, 『한국인의 심리코드』, 추수밭, 2011. 26쪽

영어로 장교는 'Commissioned Officer', 준사관은 'Warrant Officer', 부사관은 'Non-Commissioned Officer'로 표기된다. 중세시대는 정치와 군사를 동일시하던 시대였다. 따라서 'Officer'란 봉건 영토를 관할 통치하던 군 계급으로 통치에 필요한 3권(입법권, 사법권, 행정권)을 국왕이나 영주로부터 부여받게 되는데, 그 통치 권한을 인증한 문서가 'Commission(임관사령장)'이다.

이러한 3권을 부여받은 계층인 장교는 군과 유사시에 국가의 기간基幹이었으며, 이들은 다시 자기의 명을 받아 임무를 수행하는 군인들에게 권한의 일부를 위임하였다. 오늘날 대부분의 나라에서 초임장교의 임관식에 국가 원수가 참석하는 배경이 여기에 있다고 볼 수 있다.550)

준·부사관 모두가 'Officer'에 해당되나 일반적으로 임관사령장이 없고, 다만 이미 임관사령장을 수여 받은 장교로부터 다시 임용된다.551) 따라서 준·부사관에게는 군대 내에서 필요에 따라 3권 중 일부만 위임되고 임관사령장을 받는 장교에게는 3권을 행사할 수 있는 권한이 주어진다.

미군의 경우 임관하는 장교에게는 대통령의 권한으로 발령한 임관사령장이 주어지지만, 부사관은 병에서 진급하는 제도를 택하고 있기 때문에 별도의 임관사령장이 주어지지는 않는다.

이와 달리 우리나라의 장교와 부사관 모두에게는 임관사령장이 주어진다. 같은 임관사령장이지만, 장교에게는 대통령의 권한을 위임받은 국방부장관의 명의로 수여되고 임관식에 국가원수가 통상 참석한다.

부사관의 경우, 우리나라는 미군의 부사관 제도와는 달리 부사관이 병에서 진급하는 것이 아니라 별도의 양성과정을 거쳐 부사관으로 임명된다. 따라서 육군참모총장 명의로 과거에는 '임용장'이 수여되었지만, 권위신장을 위해 현재는 '임관사령장'이 수여된다. 장교와 부사관이 같은 '임관사령장'을 수여받지만 그 성격이 다르다 할 것이다. 이는 장교와 부사관 역할의 근거가 되는 기본 문서이다.

---

550) 육군교육사령부, 『팜플렛 70-43-2, 간부계발(하사관용)』, 2000.
　　　이유만, 「미국의 하사관 제도 연구」, 63쪽
551) 육군교육사령부, 『팜플렛 70-43-2, 간부계발(하사관용)』, 2000
　　　이유만, 「미국의 하사관 제도 연구」, 3~64쪽

외국의 부사관 역할

아군 병사들은 바다가 너무 깊은 탓에 뛰어들기를 망설이고 있었다. 그때 10군단
의 독수리기를 든 병사가 신들에게 10군단의 축복을 빈 다음 이렇게 외쳤다. "뛰어
들라, 병사들이여! 적에게 독수리 깃발을 내어주려 하는가? 적어도 나는 로마와 사
령관에 대한 의무를 다할 것이다." 그는 커다란 목소리로 이렇게 외친 후 배에서 뛰
어내려 독수리기를 들고 적을 향해 나아갔다. 그러자 병사들은 그런 치욕을 당하
지 말자고 서로를 격려하며 모두 배에서 뛰어내렸다. 또한 가까운 배에서 이 광경
을 지켜본 병사들도 배에서 뛰어내려 적에게 돌진했다.[552]

위의 글은 로마의 명장 카이사르가 마흔 살이 넘어 시작하게 된 갈리아 지역에서
의 8년간의 전투 및 정복상황을 직접 기록, 저술한 『갈리아 전쟁기』 중 브리타니카
(현재의 영국) 상륙작전 시 있었던 전투상황을 기록한 글이다. 로마군단의 상징인 독
수리기를 든 기수가 과감한 공격을 독려하면서 배에서 뛰어 내리자 병사들이 뒤따
라 돌진을 감행한 상황을 기록한 것이다.

부대의 군기軍旗는 부대와 병과를 상징하며, 전통과 명예의 표상이다. 그러므로
전·평시 어떠한 상황하에서도 필히 수호하여야 할 대상이다.[553] 즉 군기는 부대를
대표하고 지휘권을 나타나며 소속 부대원을 하나로 묶는 원천이 된다.

고대로부터 중세, 근대에 이르기까지 전투에서 승리의 판단 기준을 노획한 군기
의 숫자로 따졌던 역사를 보면, 그리고 우군의 군기를 방어하거나 적군의 군기를
탈취한 공로에 따라 무공을 평가했던 사실을 볼 때 군에서 군기의 중요성에 대해서
는 재론할 필요가 없다.[554] 그 예로 미국의 남북전쟁 중에는 군기를 전선에 가지고
나가는 경우가 많았는데, 이 전쟁에서 최후의 최고명예훈장Medal of Honor을 받은 사
람은 남군의 군기를 노획한 군인이었다.[555] 따라서 적에게 부대기를 빼앗긴다는 것
을 부대의 가장 큰 수치이다. 이는 우리나라도 마찬가지다. 부대기는 그 부대의 생

---

552) 카이사르 저, 김한영 역, 『카이사르의 갈리아 전쟁기』, 사이, 2008. 169~172쪽
553) 육군규정 120(2012. 9. 1), 〈병영생활규정〉 16조
554) 양희완 편저, 『재미가 술술 붙는 군대문화 이야기』, 연경문화사, 1998. 116쪽
555) 양희완 편저, 『재미가 술술 붙는 군대문화 이야기』, 연경문화사, 1998. 120쪽

존권, 명예, 자존심 그 자체인 것이다.

이와 같은 군기를 서양에서 최초로 사용한 부대가 로마군단이다. 초기에 로마군에서는 120명 정도의 중대급 규모부대를 '한줌' 또는 '소량'이란 뜻으로 '마니플레maniple'라고 불렀다. 이 마니플레는 전투 시에 한줌 정도의 지푸라기를 장대 끝에 매달아 병사들의 전투력을 극대화하는 구심점으로 삼았다. 이는 로마의 건국자 로물루스Romulus가 볏짚단 위에서 늑대 젖을 먹고 자랐다는 전설을 반영한 것이 아닌가 생각된다. 세 개의 마니플레가 모여 대대급 부대(cohort, 300~600명)가 되었는데, 대대는 지푸라기 깃발 대신에 늑대나 곰, 천체, 용 따위의 상징물을 사용하였다. 정사각형의 천에 대대마다 상징물의 수를 놓아 군기로 사용했다.

〈그림 2-1〉 영화 'The EAGLE'의 한 장면으로 로마군단의 상징인 독수리기를 들고 행진하는 모습, 2011년 제작된 케빈 맥도널드 감독의 작품으로 로마 9군단에 관한 영화다.

대대보다 더 큰 군단급에서는 독수리가 상징물이었으며 독수리기는 군단병에게 최고로 신성시되었다. 목숨을 걸고 독수리기를 보호하는 것은 모든 군단병들의 의무였으며 전장에서 독수리기를 빼앗기는 것을 가장 큰 치욕으로 여겼다. 따라서 엄선된 특정 군인이 책임지고 관리하였다.[556] 이 독수리기를 '아퀼라Aquila'라 부르고 그 기수를 '아퀼리페르Aquilifer'라 불렀으며 기수로서 가장 명예로운 자리로 당시 부사관이 그 임무를 수행하였다.

로마의 장수 카이사르는 갈리아 전쟁을 치르면서 부사관을 다양한 직책에 효율적으로 활용하여 지휘계통을 확립한 장군으로 알려져 있다. 프린키팔리스principalis는 로마병 10명을 지휘하거나, 보병대 또는 보병중대를 지휘하는 켄투리오(centurio, 백인대장)를 보좌하고 행정 및 군수를 수행하였다. 아울러 로마병의 훈련을 감독하고 계획을 수립하였다. 시그니페르Signifer에게는 군단 보병대와 보병중대의 기수와 부대의 재정업무를 담당하게 했다. 테세

---

556) 양희완 편저, 『재미가 술술 붙는 군대문화 이야기』, 연경문화사, 1998. 117쪽

라리우스Tesserarius는 선임부사관으로 경계를 담당하게 했으며, 오피오(Opio)는 현재의 주임원사에 해당되며 백인대와 기병소대에서 서열 2위의 자리였다.[557]

미군 부사관은 1775년 대륙군의 탄생과 같이 시작되었으며, 독립전쟁 시 감찰감이었던 본 쉬토이벤Baron Fredrick William von Steuben[558]에 의해 부사관의 역할이 최초로 정립되었다. 그는 저서 『미국 군대의 질서와 군기를 위한 규정(Regulation for the Order and Discipline of the Troops of the United States)』에서 부사관의 의무와 책임을 처음 규범화하였다.[559]

그는 부사관의 역할을 "영내 또는 야외훈련 시 병사들을 관리하고 훈련수준 및 군기를 유지하며, 적과 전투 시 최일선에서 사격과 화력을 통제하는 것"이라고 하였다. 이에 추가하여 스티븐은 부사관을 참모부사관과 일선부사관으로 구분하여 참모부사관은 참모장교를 보좌하며 일선부사관은 전투 수행 및 전투 시 지휘관 보호를 위한 엄호부사관 역할을 하는 것으로 규정하였다.[560]또한 당시의 부사관 계급인 상병corporal, 병장sergeant, 행정보급관first sergeant, 병참부사관quartermaster sergeant, 주임상사sergeant major의 의무와 책임을 규정하였으며 우수한 부사관 선발의 중요성을 강조하였다.

그의 저서에 따르면 주임상사는 연대의 명부를 유지하고, 내부관리와 규율에 관한 사항을 구체화함으로써 연대부관을 보조하는 역할을 수행하였으며, 부사관의 최고계급으로 근무하였다. 병참부사관은 연대수하물의 적절한 적재와 수송을 감독함으로써, 연대 병참장교를 보좌하였다. 중대행정보급관은 중대장에게 아침 보고와 중대원의 신상명세서를 유지함으로써 군기를 강조하고 의무를 활성화시켰다. 병장과 상병은 신병들에게 단정함과 위생시설에 관한 질서 있는 행동을 포함한 군사훈련에 관한 모든 사항을 가르쳤다. 그들은 동요를 진압하고 가해자를 처벌하였으며, 중대선임부사관에게 환자명부를 보고하였다. 폰 스티븐이 저술한 책의 일부 내용이 아직도 미군의 야전교범인 『훈련과 의식』 및 다른 교범에 남아 있다.[561]

---

557) 스티븐 단도-콜린스 저, 조윤정 역, 『로마의 전설을 만든 카이사르군단』, 다른세상, 2011. 465쪽
558) 1763년 전역한 프러시아군 대위 출신으로 남작(男爵)이다. 근대에 최초로 고등군사 학교교육을 받은 참모장교 가운데 한 사람이다. 육군본부, 『각국 육군사 총서 제4집, 참모제도사』, 1976, 147쪽
559) 교육사령부 역, 『미 야전교범 7 - 22.7, 부사관 지침서』, 2002. 1~3쪽
    본 쉬토이벤의 저서를 통상 '청서(靑書)'라 부르며 1778년 저술하여 1779년 발간하였다.
560) 황의돈, 「미 육군의 중추, 부사관」 교환교관 보고서, 1998.

미군은 1813년까지 장교가 부대기 기수를 하다가 그해부터 부사관에게 부대기 기수를 이양하였다.562) 이에 따라 미군은 부대의 주임원사가 부대기를 보호하고 관리하며 전시할 책임을 졌다. 아울러 군기기수와 군기병을 선발, 훈련 및 임무수행에 대한 책임을 함께 지게 하였다.563)

현재 미국 육군의 부사관의 역할은 230여 년의 역사를 통하여 '육군의 중추 Back-bone of the Army'564)로서 소부대 지휘자small-unit leaders, 기술전문가technical experts, 훈련교관trainers, 그리고 가장 중요한 육군규범의 수호자guardians of the Army's standards 등으로 정립되어 있다.565)

구체적으로 부사관은 소부대 지휘자, 부사관·병 개인 전투준비태세 완비, 초급 부사관·병 교육훈련, 개인화기 및 장비, 각종 공용화기에 대한 검열, 부대원의 군기유지, 건강관리, 체력단련 등을 책임지는 역할을 하고 있다. 또한 육군규범의 수호자로서 병사들에게 장교들에 대해 존경하는 방법을 교육시킨다.

초급장교가 최초로 부임하여 복무할 때에 부사관은 초임장교의 훈련과 인격도야를 지원해 준다. 초임장교가 실수할 때에는 경험 있는 부사관이 관여하여 정상적인 궤도에 진입하도록 보좌한다. 초임장교들의 뒤를 보살펴 주는 것은 팀워크team-work 구성과 단결을 위한 기본적인 단계로 부사관의 중요한 리더십 중 하나이다.566)

독일군은 부사관을 '야전형'과 '전문군사업무형'으로 구분하여 운영하고 있다. '야전형'은 교육, 작전준비태세 및 전투력의 핵심적인 역할을 수행한다. '전문군사업무형'은 IT분야나 자동차 정비, 요리, 전문행정 등 전문지식을 요하는 분야에 보직된다. 이에 따라 부대 지휘자로서 지휘·교육·훈련 책임, 후배 부사관·병에 대한 책임, 무기 및 장비·물자운용 및 보관, 후배 부사관·병의 중요한 최초 상담자, 담당업무 전문가로서 상관에게 조언·보좌 등의 임무를 수행한다.

특히 독일군은 부사관으로 하여금 소대장 역할을 수행하도록 하고 있다. 보병 중대의 1소대장은 장교로, 나머지 소대장은 부사관으로 임명하여 운용하고 있다. 다

---

561) 교육사령부 역, 『미 야전교범 7 - 22.7, 부사관 지침서』, 2002. 3~4쪽
562) 양희완 편저, 『재미가 솔솔 붙는 군대문화 이야기』, 연경문화사, 1998. 119쪽
563) 교육사령부 역, 『미 야전교범 7 - 22.7, 부사관 지침서』, 2002. 2-22쪽
564) U.S Army Sergeants Major Academy, 『A SHORT HISTORY OF THE NCO』, 2쪽
565) Robert. S. Rush, 『NCO Guide』, STACKPOLE Books, 2006. 22쪽
566) 김명철 역, 『미 야전교범 6 - 22, 육군 리더십』, 육군교육사령부, 2007. 32~33쪽

만 부사관이 소대장이 되기 위해서는 능력과 자질이 검증된 우수한 부사관을 소대장 후보로 선발하여 장교양성과정에 준하는 보수교육을 실시하고 장교 소대장과 부사관 소대장 사이에 경쟁구도 유발 방지를 전제조건으로 하고 있다.[567]

이스라엘의 부사관은 부대의 중추적 역할, 부대의 장기적·영속적 역할 수행, 부대 일상업무, 전투근무지원에 관련된 전문업무 등을 수행한다. 일본의 부사관은 소부대 지휘, 병 개인훈련·주특기 교육, 부대관리 및 내무생활 전담자로서 부사관의 역할을 수행하고 있으며, 중국군은 전문기술과 훈련 및 교육의 핵심적인 역할을 수행하도록 하고 있다.[568]

우리나라 부사관의 역할

우리나라는 앞에서 기술한 바와 같이 고려 때의 '대정隊正'이 25명을 지휘하였고, 조선시대에는 '오장伍長'이 4명을 지휘하였으며 '대총隊摠'은 11명을 지휘하였던 것처럼 군교들이 소규모 부대의 지휘자 역할을 담당했다.

군대문화가 "구성원들이 지닌 가치와 관습 및 전통 등을 기반으로 시간의 흐름에 따라 형성된 하나의 공통적인 개인 및 집단행동으로 나타나는 현상"[569]을 의미한다면, 부사관과 같은 신분과 직제가 기록된 고려시대 이전부터 유사한 신분이 있어 부사관의 역할을 수행하였을 것이다. 아울러 정착된 군대문화는 이후에도 계속 변화하면서 지속적으로 영향력을 발휘하게 된다.

근대식 군대로 개편되면서 소대교장小隊敎長이 있어 현재의 부소대장 역할을 한 것으로 추정된다. 분대에는 규칙(糾飭, 현재의 감찰부사관) 1명이 있어 군기강을 담당하였고 십장什長은 현재의 분대장 역할을 하였다. 군사제도가 발전해 가면서 조호장(의무부사관), 계수(경리부사관), 나팔장(군악부사관), 무기하사(병기부사관), 취반하사(취사부사관), 군기軍旗 호위하사 등으로 그 역할이 점차 확대되었다.

---

567) 김인국 등, 『전투형 군대문화 조성을 위한 부사관 역할 재정립』, 한국국방연구원, 2012. 67~68쪽
568) 김인국 등, 『전투형 군대문화 조성을 위한 부사관 역할 재정립』, 한국국방연구원, 2012. 68쪽
569) 김인국 등, 『전투형 군대문화 조성을 위한 부사관 역할 재정립』, 한국국방연구원, 2012. 13쪽

대한제국 시대에는 부대의 군기軍旗 관리에 있어서 연대급에 연대기관聯隊旗官 또는 연대기수聯隊旗手라 하여 장교가 부대기를 관리하였다. 서양처럼 부사관이 담당하지는 않았다. 그러나 군기 호위하사가 임명되어 부대기를 내거나 들일 때는 고참부위의 통제를 받아 호위하사 2명이 엄호하였다.[570] 현재는 부대기를 지휘관실에 보관하여 관리한다.[571]

참고로 지휘관 이·취임식 시에 부대의 주임원사가 부대기를 기수단으로부터 건네받아 전임 지휘관에게 주면 전임 지휘관은 이·취임식을 주관하는 상급자에게 건네준다. 부대기를 받은 상급자는 부대기를 취임지휘관에게 건네줌으로써 부대의 지휘권이 전임 지휘관으로부터 취임지휘관에게 이양된 것이다. 부대기를 받은 취임지휘관이 부대기를 다시 주임원사에게 주면 주임원사는 부대기를 기수단에 다시 인계한다. 지휘관 이·취임식 때 부대기를 주고받는 것은 부대기가 부대를 상징하면서 지휘권을 의미하기 때문이다. 지휘관 이·취임식 시 부대기를 인계인수함에 있어 해당부대 주임원사가 매개 역할을 하는 것은 부대의 역사와 전통을 이어갈 역할이 부사관들에게 있음을 상징하기도 하는 것 같다.

역사적으로 볼 때 부사관은 소부대를 지휘하거나 장교의 지휘를 보좌하고 행정 및 군수업무를 담당하였으며 병졸의 군기를 유지하였다. 특히 병졸이 훈련을 할 때는 숙식을 함께하면서 병영생활을 지도하였다. 또한 장교양성기관에서 교관 또는 조교 임무를 수행하기도 하였다.

근세 조선 말기인 1895년의 장교양성기관이었던 〈훈련대사관양성소 관제〉를 보면 교관으로 위관 3인 이하와 아울러 '하사(부사관)' 8인 이하가 편성되었는데 교관은 학·술 양과學·術 兩科의 교육을 담당하였다.[572] 이후 칙령 제2호로 1896년 1월 11일 〈무관학교관제〉가 제정되면서 조교助敎로 '하사 8인'이 편제되어 교관의 명을 받아 교육과목의 일부를 담당하고 각종 교육재료 및 교보재를 관리하도록 하였다. 아울러 교내 관사에 거주하면서 상시 사관생도들을 감독하는 임무를 수행하였다. 조교 임무를 수행하면서 사관생도들과 함께 수업을 받아 일정 자격을 갖추면 참위(參尉,

---

570) 김원권 편역, 『보병조전』, 국방군사연구소, 1998. 153쪽
571) 육군규정 120(2012. 9. 1.), 〈병영생활규정〉제122조
572) 「관보 제43호」, 개국504년 5월 20일 기사.

소위)로 임관되었다.573)

우리나라 국군에 있어서 부사관의 역할이 명확하게 규정된 것은 1966년에 〈군인복무규율〉이 제정되면서부터라고 할 수 있다. 전통적인 부사관 역할을 포괄하고 있는 당시의 〈하사관의 책무〉 내용은 다음과 같다.

하사관은 군의 초급간부로서 병과 생활을 같이 하므로 그의 모든 언행은 병사에게 직접 영향을 주게 됨을 자각하여야 한다. 그러므로 하사관은 임무수행에 있어서 자신이 항상 명령과 법규를 솔선준수하여 병에게 모범을 보이고 또 그들의 신상을 파악하여 선도에 노력하여야 하며 특히 장교와 병 사이의 교량적 역할을 하여야 한다.

〈표 2-3〉 〈하사관의 책무〉(1966. 3. 15) 574)

하사관을 '초급간부'라 한 것은 하사관 스스로 군의 간부로서 자부심과 긍지, 그리고 책임의식을 갖도록 하고자 한 것이다. 또한 지금도 마찬가지지만 병사들에게 가장 많은 영향을 미치는 신분이 하사관이기 때문에 언행에 유의하도록 한 것이다.

"임무수행에 있어서 자신이 항상 명령과 법규를 솔선준수하여 병에게 모범을 보이고"라는 문구는 하사관은 병사가 해야 할 모든 일에 있어서 잘 알고 또 기술적으로 숙련되어 있어야 한다는 것을 의미한다. 아울러 군내의 모든 관습과 제도, 세부규정 등 병사가 알고 실행해야 할 일을 통달하여 마치 '살아 있는 사전'과 같은 역할을 할 수 있도록 태도의 모범을 보여야 한다는 것이다.

"병들의 신상을 파악하여 선도에 노력하여야 하며"는 장교는 한 부대에 근무기간이 짧고 수시로 전속됨에 따라 단기간 내에 장병들의 신상을 세세하게 파악하는 것이 제한되고 교체시기에 자칫 지휘공백이 발생할 수 있다. 따라서 한 부대에 장기간 근무하는 하사관들이 병사들의 신상을 심도 있게 잘 파악하여 선도해야 한다는 뜻이다.

"특히 장교와 병 사이의 교량적 역할을 하여야 한다."는 장교는 계속적인 판단과 새로운 구상 그리고 건전한 결심 등으로 주로 머리를 써서 일을 하고 지휘를 하는

---

573) 「관보 제222호」, 건양원년 1월 15일 기사.
574) 이재전, 『군인복무규율 제정경위 및 해설』, 1967. 85~86쪽

위치라면, 병은 충실히 장교의 지휘를 받아서 행동하고 실천하는 위치에 있다고 할 수 있다. 따라서 하사관은 장교와 병 사이에서 상의하달上意下達로써 의사소통이 되게 하고 상급자로부터의 명령, 지시를 병의 앞장에 서서 실행을 하는 등 교량과 같은 역할을 하여야 한다는 것을 의미한다.575)

이러한 〈하사관의 책무〉는 1998년 일부 내용이 수정되었다. 하사관을 단순히 '초급간부'로 대우하기보다는 한 부대에서 장교보다 장기적으로 근무함을 고려하여 '부대의 전통을 유지하고, 명예를 지키는 간부'로 하사관의 정체성을 재설정한 것이다. 이러한 하사관의 책무는 국방부 〈부대관리훈령〉에 다음과 같이 규정되었다.

 부사관은 부대의 전통을 유지하고, 명예를 지키는 간부이다. 그러므로 맡은 바 직무에 정통하고, 모든 일에 솔선수범하며, 병의 법규준수와 명령이행을 감독하고, 교육훈련과 병영생활을 지도하여야 한다. 또한 병의 신상을 파악하여 선도하고, 안전사고를 예방하며, 각종 장비와 보급품 관리에 힘써야 한다.

〈표 2-4〉 1998년 개정된 〈하사관의 책무〉(출처 : 1998년 〈부대관리훈령〉)

그러나 6·25전쟁과 월남전, 그리고 수많은 대침투 작전에서 보여주었듯이 부사관들은 전투의 첨단에서 분대 또는 소대를 이끌었으며, 특공조의 조장으로 결정적인 전투 승리의 초석이 되어 왔다. 이러한 부사관의 전투중심적인 역할은 지금도 변함이 없으며, 무기체계의 발달과 과거에 비해 군복무기간이 짧아진 병사들의 임무수행 능력을 고려할 때, 그 중요성이 더욱 증대되고 있는 것이 현실이다.

즉 부사관의 전투중심적인 역할은 부대활동 전반을 전투중심으로 전환시키는 데 지대한 영향을 미친다. 부사관의 전문성이나 숙련도가 장교들의 효과적이고 효율적인 부대지휘에 영향을 미친다. 병에 대해서는 부사관의 행동이 직접적인 전술·전기 발휘는 물론 전투의지에 영향을 미친다.576) 이에 따라 국방부는 '관리형 군대'에서 '전투형 군대'로 전환하겠다는 다양한 정책들을 수립하여 시행하면서 군 하부구조 강화의 일환으로 부사관의 책무를 2012년 12월 21일 다음과 같이 재정립하였다. 부사관의 정체성을 '전투력 발휘의 중추'로 재정의하면서 소부대의 전투지휘자, 전

---

575) 이재전, 『군인복무규율 제정경위 및 해설』, 1967. 48~50쪽
576) 김인국 등, 『전투형 군대문화 조성을 위한 부사관 역할 재정립』, 한국국방연구원, 2012. 61쪽

투기술자로서 전문가, 해당 기능 분야 전문가, 부대전통 계승자로서 그 책무를 재설
정한 것이다.

 부사관은 군 전투력 발휘의 충추적 역할을 수행한다.
따라서 부사관은 군사전문성을 바탕으로 다음과 같은 책무를 진다.
① 전투지휘자로서 전시에는 전투에서 승리할 수 있도록 부하를 이끌며, 평시에는 부하들의 전투기술
　을 항상시키기 위한 교육훈련을 주도하여야 한다.
② 전투기술자로서 해당 무기체계 및 장비 운용·보수유지의 전문가가 되어야 한다.
③ 기능분야 전문가로서 전투력 발휘 및 유지와 관련된 지원 업무를 수행하여야 한다.
④ 부대전통 계승자로서 전투중심의 부대전통을 유지하고 이를 계승·발전시켜야 한다.

〈표 2-5〉 2012년 개정된 〈부사관의 책무〉(출처 : 〈부대관리훈령〉[577])

　물론 시대적 요구와 국방환경의 변화에 따라 부사관의 역할이 변하고 있지만 부
사관의 태동 배경이 된 고유한 역할은 지금도 면면이 유지되고 있다. 각 나라마다
문화적·전통적 관습의 차이로 명칭과 편성 또는 호칭은 다르지만, 군에서 요구하는
부사관의 역할은 동·서양을 막론하고 역사의 흐름과 더불어 서로 유사하였음을 보
여주고 있다. 단지 발전적 진화를 거듭하면서 시대적인 요구에 따라 표현을 다소
달리하고 있을 뿐이다.

육군 부사관의 역할

　육군 부사관의 역할은 〈부사관의 책무〉와 그 궤적을 같이 하고 있다. 1998년 이
전에는 부사관의 역할을 "장교와 병 사이의 교량적 역할을 하며 군 전투력 유지의
핵심적 역할을 하고 병에 대한 내무생활 지도 및 군기유지"를 하도록 규정하였다.
1998년 〈부사관의 책무〉가 수정되면서 육군의 부사관 역할도 "군 하부구조 전투력
발휘의 중추적 역할을 하면서 병기본 및 주특기 교육과 내무생활을 지도하고 병에
대한 인사관리 전담과 각종 안전사고 예방활동"[578]을 하도록 1999년 수정되었다.
　2009년 12월 육군부사관학교에서 실시한 '부사관 전문성 개발 세미나'에서 국방

---

577) 국방부훈령 제1,769호(2015. 1. 9.), 〈부대관리훈령〉 제22조
578) 육 지침 99-59호(1999. 8. 12), 〈하사관 역할과 책임 정립 지침〉

환경 변화를 고려하여 부사관 역할을 재정립해야 한다는 의견이 개진되었다. 즉 국방개혁에 따른 부사관 정원의 증가, 교리·무기체계의 발전, 부사관 임무수행 역량의 증대 등을 고려하여 부사관의 역할을 재설정하여야 한다는 것이었다.

이에 따라 당시 필자가 과장으로 재직하던 육군본부 부사관 및 군무원제도과에서 육군 부사관의 역할을 '전투위주'로 행동하도록 해야 한다는 방향을 설정하고 2009년 12월부터 연구를 시작하였다. 관련자료 수집 및 사례연구, 그리고 야전부대와 부사관들의 의견수렴을 거쳐 2010년 9월 초안을 완성하여 부사관의 정체성을 '부대의 전통을 유지하고 명예를 지키는 간부'에서 '군대의 중추'로 설정하였다.

부사관을 '군대의 중추'라고 한 것은 우리의 신체에서 장교가 군의 '두뇌' 역할을 한다면 부사관은 '중추신경' 역할을 하여 손·발 격인 병을 움직이게 한다는 의미를 내포한 것이었다. 그러나 참모총장 결재 과정에서 육군본부 대령단 토의를 실시하여 타당성을 검토하고 추가 의견을 수렴하라는 지시에 따라 2010년 10월 29일 육군본부 대령단 토의를 실시하였다.

대령단 토의를 하면서 개진된 의견은 "장교는 전투력을 관리(기획 - 계획 - 시행 - 평가 - 환류)하고, 부사관은 전투력을 발휘하는 실행에 주안을 둔 역할 정립이 필요하다."는 것이었다. 또한 '중추'의 뜻이 사전적으로 '사물의 중심이 되는 중요한 부분이나 자리'579)로, 장교의 책무를 규정한 '장교는 군대의 기간基幹이다'의 '기간基幹'580)과 유사한 의미를 갖고 있어 타당하지 않다는 것이었다. 이와 같은 대령단 토의에서 제기된 의견을 반영하여 부사관의 정체성을 '군대의 중추'에서 '군 전투력 발휘의 중추'로 수정하였다.

육군은 부사관의 정체성이 결정됨에 따라 세부적인 역할을 설정하여 육군사관학교, 육군부사관학교 및 육군본부 법무실의 검토를 거쳐, 육군 부사관의 역할을 "소부대 지휘자, 부사관·병 교육훈련 교관, 전투장비 운용전문가, 전투준비태세유지를 위한 부대관리자, 전투위주의 부대전통 계승·발전자"로 2011년 4월 14일 참모총장의 결재를 받아 다음과 같이 육군규정에 반영하였다.

---

579) 민중서림편집국 편, 『민중 엣센스 국어사전』, 민중서림, 1999. 2,405쪽
580) 기간(基幹) : 근본의 줄거리, 본바탕이 되는 줄기, 중심이 되는 것. 또는 그 인물.
　　민중서림편집국 편, 『민중 엣센스 국어사전』, 민중서림, 1999. 400쪽

부사관은 군 전투력 발휘의 중추이다. 그러므로 조국에 대한 헌신과 봉사의 자세로, 맡은 바 직무에 정통하고 강인한 정신력과 체력, 숙달된 전투기량을 바탕으로 솔선수범하여 병사들을 이끌고 훈련시키며 전투를 수행하여야 한다. 또한 부사관 및 병의 병영생활을 지도하고 병력 · 장비 · 시설물 관리 등 비전투손실 예방활동에 힘써야 한다.

따라서 부사관의 역할은 다음과 같다.

1. 소부대 지휘자로서 소부대 전투지휘 및 전술훈련과 병 전투수행 능력을 향상시키며 부사관 · 병의 개인 전투준비태세를 유지한다.

2. 부사관 · 병 교육훈련 교관으로서 병 기본훈련의 계획 · 준비 · 실시 · 평가 및 주특기 훈련과 소부대 전투기술을 지도할 수 있도록 교관능력을 구비하여 초급부사관 교육훈련을 지도하고 부대 교육훈련 준비를 지원하며 부단한 자기개발로 임무수행 능력을 향상시킨다.

3. 전투장비 운용 전문가로서 무기와 장비를 효율적으로 운용 · 유지하고 최상의 기술 발휘가 가능하도록 운용병을 교육시킨다.

4. 전투준비태세를 유지를 위한 부대관리자로서 경험과 전문능력을 바탕으로 상관에게 조언하고 부사관·병의 신상파악 및 사고예방 등 병영생활지도와 인사관리를 수행하며 부대의 물자·시설·급양·보급품을 관리하다.

5. 전투위주의 부대전통 계승·발전자로서 지휘관을 중심으로 부대원을 단결시키며 부대규정과 전통을 계승·발전시킨다.

〈표 2-6〉 육군 부사관의 역할[581]

전투형 군대문화가 "전쟁에 대한 사고와 준비에 결정적 영향을 미치며 군 조직의 효과성과 전승의 기반이면서 군사력에 생명력을 부여"[582]하는 중요성을 감안할 때, 육군 부사관의 역할을 전투중심으로 재정립한 것은 실로 그 의의가 크다 할 것이다. 재정립된 부사관의 역할은 부사관 정책과 제도 발전의 방향을 제공하여 주는 한편, 하부구조 편성, 부사관 교육 및 인사관리 등의 기준을 제공하는 주요한 근거가 된다.

이명박 대통령이 육군부사관학교 창설 제60주년을 기념하여 2011년 3월 1일 '군 전투력 발휘의 중추'라는 휘호를 육군부사관학교에 하사하였는데, 이는 육군 부사관의 역할을 재정립하기 위해 설정한 부사관의 정체성을 반영한 것이라고 할 수 있다.

581) 육군규정 112(2012. 3. 1.), 〈부사관인사관리규정〉 제3조
582) 김인국 등, 『전투형 군대문화 조성을 위한 부사관 역할 재정립』, 한국국방연구원, 2012. 40쪽

육군의 부사관 상像 및 행동강령

육군은 1999년 12월에 하사관 신분명칭(하사관→부사관) 개선을 비롯한 위상제고 및 복무활성화에 주안을 두고 「하사관 장기 종합발전계획」을 수립하여 추진하였으며, 2005년 5월부터는 육군의 '비전 2025'와 연계하여 부사관 역할·책임 정립을 위해 「중·장기 부사관 종합발전계획」을 수립하여 추진하여 왔다. 또한 2009년 9월부터는 「09~25 중·장기 부사관 종합발전계획」을 수립하여 추진함으로써 부사관의 위상제고 및 전투중심의 부사관 역할 정립 그리고 우수인력 획득에 기여하여 왔다.

그러나 부사관에 대한 미래 제도 발전의 큰 방향과 추진 개념이 모호하다는 의견이 개진되어 육군은 '부사관의 가치관 정립'을 포함한 역량 강화, 복무여건 개선, 건전 복무문화 정착 등을 주 내용으로 하는 「신新 부사관 종합발전계획」을 수립하여 2013년부터 추진하고 있다.

그 중 '부사관의 가치관 정립'을 위해 부사관학교장(당시 신만택 장군)을 책임자로 하여 '육군 부사관 가치관 정립 TF(Task Force)'가 같은 해 8월 19일부터 9월 30일까지 운용되었는데, 그 TF에서 '육군 부사관 상像과 행동강령'을 연구하여 정립하였다. 당시 필자도 TF의 일원으로 주 연구관으로 임무를 수행하면서 업무총괄을 담당하였다.

이 때 정립된 '육군 부사관 상像'의 내용은 육군 가치관, 부사관 책무 및 역할 등 부사관 관련 제반 덕목을 함축하되 복무자세, 직무역량, 행동지표 등을 포함하여 간결하게 표현되도록 하였다. 여러 차례의 보고와 수정을 거쳐 2014년 5월 16일 참모총장이 결재하였다.

① '군 전투력 발휘의 중추'로서 국가에 대한 헌신과 봉사의 자세로
② 부여된 역할에 정통하도록 전문성을 구비하고
③ 충만한 전사기질로 전투에서 승리하는 부대전통을 계승·발전시키는 부사관

① : 부사관의 정체성과 군인이 갖추어야 할 위국헌신의 '복무자세'
② : '정통해야 따른다'는 육군부사관학교 구호를 표현한 것으로 육군 부사관 역할에 전문성을 갖추어야 하는 '직무역량'
③ : '전사기질'이란 군인을 상징하는 전문적인 태도와 신념으로 군인의 길, 군진수칙, 복무신조 등에 나타나 있으며 이를 구체화하고 습성화하여 전투에서 승리하는 전통을 계승·발전시켜야 하는 '행동지표'

〈표 2-7〉 육군 부사관 상像 583)

　아울러 함께 정립된 '육군 부사관 행동강령'은 '육군 부사관 상像'을 구현할 수 있도록 육군부사관 역할을 구체화한 행동지침으로 초안에서는 10개로 '행동강령'을 제정하였으나 토의 및 보고 과정에서 중요도를 고려하여 5개로 조정되었다.

"나는 자랑스러운 육군 부사관이다."

① 하나, 나는 전술전기를 연마하여 부하들과 함께 전투에서 승리를 이끌겠다.
② 하나, 나는 전투기술을 행동으로 보여주고 부하들이 숙달하도록 훈련시키겠다.
③ 하나, 나는 전투장비를 효율적으로 관리하여 상시 전투준비태세를 유지하겠다.
④ 하나, 나는 장교를 성실히 조력하고 솔선수범으로 군기를 유지하겠다.
⑤ 하나, 나는 지휘관을 중심으로 화합·단결하고 조직에 헌신하는 기풍을 진작하겠다.

"정통해야 따른다."

전문 : 자신의 신분에 대한 자긍심을 스스로에게 선언하고 다짐하는 것임.

① : 부사관은 부하들과 함께 '전투현장'에서 '승리'를 이끌어야 하는 '전투지휘자'임.
　　육탄 10용사, 연제근 상사, 김만술 상사 등은 소부대 전투지휘자로서 현장에서 전투를 승리로 이끈 수범적인 전례임.

② : 부사관은 부하들에게 '전투기술'을 행동으로 보여주고 훈련시키는 '행동화 교관'임.
　　내가 직접 지휘하여 전투에 함께 임하는 부하들이기 때문에 부하들을 훈련시킴에 있어 직접적으로 행동으로 시범을 보이면서 부하들을 행동하도록 하여야 하며 세심하고 꼼꼼하게 훈련을 지도하여야 함.

③ : 부사관은 전투장비 운용의 전문가로서 장비운용의 달인이 되어야 함.
　　또한 상시 기동상태가 유지되도록 평시에 관리를 철저히 하여, 유사시 즉각 사용할 수 있도록 해야 함. 아울러 병력과 부대의 물자와 시설을 제대로 관리함으로써 전투력이 유지되도록 하여 상시 전투준비태세를 갖추도록 해야 함.

④ : 장교는 군대의 기간(基幹)이며, 부사관은 군 전투력 발휘의 중추임.
　　장교와 부사관은 상명하복과 상호간의 존경과 존중을 바탕으로 직무를 수행해야 함. 따라서 부사관은 전투에서 승리하는 단결되고 사기 높은 부대를 육성하기 위해 장교를 성실히 조력해야 함. 또한 상급자의 명령에 자발적으로 복종하며 솔선수범으로 장병들의 군기를 유지해야 함.

⑤ : 부사관은 '의식·행사'를 주도하여 부대 전통과 사기, 기풍을 진작시키는 부대정신의 계승·발전자임. 장교들은 한 부대에서 짧은 기간 근무하기 때문에 부대전통을 계승·발전시키는 데 제한이 있음. 지휘관을 중심으로 화합·단결하지 못하는 부대는 전투력을 발휘할 수 없으며 전투에서 결코승리할 수가 없음.

미문 : 모든 부사관들의 마음의 고향인 육군부사관학교 구호로써 행동강령을 성실히 이행할 수 있도록 전문성을 갖추어야 함.

〈표 2-8〉 육군 부사관 행동강령[584]

---

583) 육군본부, 『부사관 복무 길라잡이』, 2014. 58쪽
584) 육군본부, 『부사관 복무 길라잡이』, 2014. 60~61쪽

군인 만들기 조련사, 훈련부사관(Drill Sergeant)

1982년 헐리우드를 석권했던 '사관과 신사'라는 영화가 있었다. 대단한 흥행작이었던 이 영화는 테일러 핵포드Taylor Hackford 감독의 작품으로 해군항공장교후보생인 잭 메이어Zack Mayo 역을 한 리차드 기어Richard Gere와 제지공장 직공인 폴라Paula Pokrifki 역을 한 데브라 윙거Debra Winger가 주연이었다. 명품 조연이었던 루이스 고셋 주니어Louis Gossett Jr는 교관인 폴리 상사Sergeant Emil Poley 역을 맡았다.

교관인 폴리 상사는 민간인을 군인으로 만들기 위해 해군항공장교후보생을 엄격하고 혹독하게 훈련을 시키는 '훈련부사관'이었다. 이 영화에서 후보생들이 고된 훈련과정을 마치고 '장교'로 임관되자, 훈련부사관이었던 폴리가 후보생 표식을 반납받고 깍듯이 예의를 갖추어 경례와 동시에 존칭을 하자 잭 메이어가 답례를 하는 장면이 나온다. '절도'와 '계급체계'를 중시하는 군대의 특성을 잘 나타내는 동시에 남자들 세계만의 훈훈한 정을 느끼게 해주는 정감어린 영상이 생생하다. 필자 본인도 당시에는 사관생도시절이라 매우 공감하면서 감명 깊게 본 기억이 난다. 루이스 고셋 주니어는 훈련부사관인 폴리 상사 역을 하면서 강렬한 인상을 주어 미국 아카데미 및 골든 글로브 시상식에서 남우조연상을 받았다.

'훈련부사관Drill Sergeant'이란 신병교육 또는 간부교육기관에 보직되어 훈육과 기본 군인화 교육을 담당하는 훈육관이자 교관인 부사관을 말한다. 통상 폴리 상사가 쓰고 있는 '중절모'로 상징된다. 미군에 '훈련부사관제도'가 도입된 것은 신병 교육의 질적 향상과 부사관 위상 제고를 동시에 달성할 수 있도록 모든 신병교육을 훈련부사관이 담당하도록 하라는 1962년 육군성장관의 지시에 의해서다.

이에 따라 1963년 8월 육군훈련소에서 장교가 수행하던 신병교육을 훈련부사관이 담당하기 시작하였고, 우수한 훈련부사관 양성을 위해 1964년에 훈련부사관학교가 창설되어 오늘에 이르고 있다. 학교장은 훈련부사관 유경험자로 원사가 맡고 있다. 미 육군의 부사관 제도가 오늘날 수준으로 성공을 거두게 된 것은 '주임원사 제도'와 바로 이 '훈련부사관제도'가 있었기 때문에 가능했다고 미군은 평가하고 있다.

훈련부사관 선발은 매우 엄격하며, 훈련부사관학교에서 10주간의 과정을 이수하면 훈련부사관 자격증, 휘장 그리고 'Campaign Hat'이라고 불리는 중절모를 수여

〈그림 2-2〉 미 여군 훈련부사관의 중절모

받는다. 훈련부사관의 자긍심의 표상인 이 중절모 착용제도는 1964년부터 도입되었으며, 여군 훈련부사관의 경우 1973년에 시작되었다. 보직기간만 착용하며 전속 또는 해임 시는 가보家寶로 보관하는 것이 통례라고 한다. 훈련부사관의 최초보직은 3년간 훈련소 훈련부사관, 2차 보직은 사관학교 또는 학군단 교관, 3차 보직은 교육기관 행정보급관 또는 주임원사로 임무를 수행한다.

훈련부사관은 군인 만들기의 조련사, 교관, 멘토mentor, 살아 움직이는 야전교범(FM)이란 무수한 별명을 가지고서 솔선수범Lead by example으로 신병교육훈련을 지도하고 있다. 또한 '사관과 신사' 영화처럼 훈련부사관이 장교교육기관의 군인화 교육을 담당하고 있어 장교와 병들의 신뢰와 존경을 한몸에 받고 있다. 능력검증을 위해 모든 훈련부사관들은 반기 1회씩 실기평가를 받으며 불합격 시는 해임된다.

우리나라는 1998년 9월에 '훈련부사관제도' 도입을 결정하고, 제도 연구를 통해 2000년 7월에 '훈련부사관교육과정'을 육군부사관학교에 신설하였으며 수차례의 제도 개선을 거쳐 현재에 이르고 있다. 육군부사관학교에 개설되어 있는 '훈련부사관교육과정'은 신병 및 부사관 교육의 훈육관 또는 교관 양성을 목표로 하여 병 기본훈련 및 분대전투 교관 능력, 소대장 또는 담임교관으로서 지휘·교관임무·부대관리 능력, 훈육·체력·사격 능력 등을 배양할 수 있도록 중점적으로 교육한다.

육군은 훈련부사관의 전문성 제고를 위해 훈련부사관 Ⅰ형, Ⅱ형, Ⅲ형 등 3개 유형으로 구분하여 모든 병과를 대상으로 우수자를 연 2회 선발한다. 지원자격은 군사교육 '중상'이상 및 근무평정 '중상'이상, 체력등급 2급 이상자로 하되 3km 달리기는 1급 이상이어야 한다. 유형별 선발 대상은 다음과 같다.

유형	대상
Ⅰ형	임관 4년차(여군은 3년차) 중 복무연장자
Ⅱ형	훈련부사관 Ⅰ형 유경험자 중 중사 5년차 해당자
Ⅲ형	훈련부사관 Ⅱ형 유경험자 중 상사 6년차 해당자

〈표 2-9〉 훈련부사관 유형별 선발대상(출처 : 육군부사관학교 홈페이지)

　　육군본부에서 지명한 인원과 개인 지원자를 포함하여 인사위원회 심의를 거쳐 선발하는데, 훈련부사관 미경험자가 Ⅱ·Ⅲ형을 지원할 경우에도 선발 할 수 있다. 선발된 인원은 3~4개월간의 '훈련부사관교육과정'을 거쳐 육군참모총장이 수여하는 훈련부사관 '임명장'과 함께 훈련부사관 '휘장'을 받게 된다.

- 방패 및 성곽 : 조국수호에 대한 굳은 의지
- 별 : 육군 최고, 힘든 훈련을 마친 승리자
- 칼 : 용맹, 전투기술 숙달자
- 펜 : 위엄, 군사지식 전문가
- 리본형태 : 책 모양(연구), 집념과 끈기
- 영문 : 대한민국 육군 훈련부사관

〈그림 2-3〉 육군의 '훈련부사관' 휘장

　　훈련부사관이 되면 기본임기 3년으로 육군훈련소, 신병교육기관, 병과학교, 육군부사관학교 등의 담임교관 또는 훈육관으로 보직되어 신병교육훈련 및 부사관 양성교육을 하는 육군의 '창끝 전투력' 창출의 주역이 된다. 근무 기간 중에 자질평가를 매년 실시하여 임무수행이 제한되는 인원은 훈련부사관에서 해임된다. 임기만료 후에 Ⅰ형은 장기복무자로 우선 선발하고, Ⅱ·Ⅲ형은 결격자를 제외하고는 상위계급 진급심사 시에 진급기회를 우선 부여하고 있으며 야전부대로 보직하여 분·소대 전투력 향상에 기여하도록 하고 있다.585)

　　앞으로 훈련부사관의 활용을 더욱 확대할 필요가 있다. 장교양성기관인 사관학교와 학군단에 훈련부사관을 보직하여 군인화 교육을 담당하게 하고, 각 병과학교의 주특기 및 화기학 관련 과목의 교관으로 훈련부사관을 활용하는 것이 더 효율적이고 효과가 있을 것이다. 그렇게 함으로써 부사관의 전문성을 활용하고 부사관의 위상을 제고시키며 장교와 부사관 간의 바람직한 관계를 형성하는 데 기여할 수 있을 것이다. 훈련부사관은 부사관의 표상이자 모든 부사관의 선망의 대상이 되어야 한다. 그들은 창끝 전투력 창출의 주역으로 '전투형 강군 육성'의 첨단에 서 있기 때문이다.586)

---

585) 육군규정 112(2014. 10. 7.), 〈부사관 인사관리 규정〉
586) 국방일보(2012. 5. 16), "부사관, 전투형 강군 중심에 서다"에 필자가 게재한 내용을 보완하였다.

별을 단 부사관, 주임원사

나는 내가 주창한 주임원사 제도에 대한 평가를, 최근 야전부대 방문 시 한 대대장
이 나에게 보고한 말을 인용해서 평가하고자 한다. "총장님! 저는 2~3명의 참모
없이 부대를 지휘하라면 할 수 있어도, 주임원사 없이는 지휘할 수 없을 것 같습니다."

위 글은 미 육군에 주임원사제도를 도입한 제23대 육군참모총장인 존슨Jarold K.
Johnson 장군이 부사관학교 수료식에서 행한 훈시 내용의 일부로 주임원사 제도의
중요성을 단적으로 평가한 부분이다.

1965년 베트남전이 확대되면서 정글전의 특성상 분권화된 통제를 할 수 있는 중
간 지휘자가 필요하게 되어 많은 전투지휘 임무가 부사관들에게 부여되었다. 이에
따라 전투 경험이 많은 부사관들에게 더 많은 권한위임과 분권화 통제로, 급변하는
전장상황에서 소부대의 독단력을 발휘할 수 있도록 하기 위해서는 부사관들의 리
더십 개발이 절실하였다.

이러한 필요성에 따라 Johnson 장군은 1966년 7월에 초대 육군 주임원사로
William O. Wooldrige 원사를 임명하고, 이듬해 10월에 대대급 이상 모든 제대에
주임원사를 보직하도록 하여 부사관 전문성 및 리더십 개발, 부사관 교육 등을 주
임원사에게 위임하였다. 아울러 부사관 및 병들의 문제를 담당하는 지휘관의 개인
참모 역할을 수행하게 하였다. 이렇게 시작된 미 육군의 주임원사 제도는 발전을
거듭하여 최고 수준의 부사관단을 유지하는 근간이 되었다.

현재 미 육군 주임원사의 주임무는 육군참모총장에게 부사관 및 병에 관한 조언
을 하는 것이다. 주요 내용은 부사관 및 병의 인사에 영향을 미치는 문제와 해결
을 위한 제언, 부사관 전문성 개발, 진로, 사기, 훈련, 보수, 진급 그리고 부사관 및
병의 가족에 대한 복지향상 등에 관한 것들이다. 또한 미 육군주임원사는 미 의회
및 국방성 그리고 각종 위원회에 부사관 및 병의 견해를 제시하고, 관련된 일을
논의하기 위해 군이나 시민조직들을 만나며 공식행사에서는 육군의 부사관과 병
을 대표한다.[587]

〈그림 2-4〉 미 육군의 원사, 주임원사, 육군주임원사 계급장 및 직위표지기

미 육군의 원사계급은 원사, 주임원사, 육군주임원사 등 세 가지로 구분되며, 상이한 계급장을 부착하고 상이한 역할을 한다. 미군은 원사 진급인원 중에서 우수자를 주임원사 요원으로 별도로 선발하여 제대별로 수평 또는 수직적으로 보직을 이동하면서 주임원사 임무만 계속 수행하게 하고 있다. 기타 원사들은 통상 참모부서에서 담당관 직무를 수행한다.

우리 육군의 '주임상사제도'는 제18대 육군참모총장인 김계원 장군에 의해 도입되었다. 주임상사를 통하여 하사관 및 병의 군기확립, 자질 및 복지향상에 관한 정확한 의견을 수렴하고 신속한 현황과 동태를 파악하여 지휘관의 부대지휘를 보좌하게 하도록[588] 1967년 2월 1일에 〈주임상사제도 운용방침〉을 제정하고 같은 해 3월에 초대 육군주임상사로 전원근 상사를 임명하였으며 대대급 이상 제대에서 주임상사를 운용하도록 하였다. 이에 따라 주임상사 휘장이 1967년 3월 1일 제정되었고 대대급 이상 주임상사를 대상으로 패용하도록 하였다.

여군하사관 및 병의 최고 수장인 여군 초대 주임상사는 황향련 상사로[589] 1967년 4월 10일에 임명되어 여군훈련소에서 근무하다가 같은 해 8월 30일 전역하였다.[590] 장미정 원사는[591] 여군부사관으로서 최초로 전투부대의 주임원사로 보직되어 2009년 10월 30일부터 보병연대 주임원사로 근무하였다.[592]

1994년에 부사관 계급구조가 현재의 하사, 중사, 상사, 원사로 변경되면서 직책

---

587) 육군부사관학교 주임원사 양형곤, 「미 육군 주임원사 제도 개관」 보고서, 연도미상.

588) 국방부, 『1950~2010 여군60년사』, 2011, 166쪽

589) 1953년 6월 5일 여군사병 제5기생으로 입대, 1967년 8월 30일 여군훈련소에서 전역

590) 국방부, 『여군 60년사』, 2011. 166~167쪽

591) 1985년 8월 10일 여군부사관 제79기로 임관, 1996년에 상사로 진급하여 여군 최초로 보병중대 행정보급관 임무 수행, 2002년 원사 진급

592) 육군본부 정훈공보실(2009. 11. 5.), 『보도자료 2009-0219』

명칭도 '주임상사'에서 '주임원사'로 변경되었다. 우리나라 주임원사는 직책명칭으로 미군처럼 별도의 계급으로 구분되지는 않는다. 주임원사 휘장의 별의 개수는 근무하는 제대에 따라 다르다. 예를 들어 사단주임원사 은성 2개, 군단주임원사 은성 3개 군사령부 주임원사 은성 4개로 표시하고 육군주임원사는 금성 4개로 표시된다. 연대나 대대의 주임원사 휘장에는 별이 없다.[593]

〈그림 2-5〉 육군의 원사 계급장 및 육군주임원사 휘장

2011년 4월에 '전투형 강군 육성'을 위해 부사관의 역할이 변경되면서 주임원사의 임무도 재정립되어 '부대관리' 위주에서 '교육훈련 및 부대관리'로 변경되었다. 주요임무는 지휘관 보좌, 부사관 업무수행 지도·감독, 전투위주의 부대전통 계승·발전, 부사관·병 관련 제반사항 조언, 지휘관이 위임 또는 지시한 사항 이행 등이다.[594]

재정립된 주임원사 임무를 원활히 수행할 수 있는 적격자가 되기 위해서는 소속 부대에서 임무수행이 가능한 군사특기 소지자로서 해당 부대 실정에 정통하여야 하고 부사관 및 병을 대표할 수 있는 업무수행능력과 그들로부터 존경을 받아야 하며 체력등급 2급 이상으로 교육훈련 및 전투기량이 숙달되어 있어야 한다.[595] 이와 같은 주임원사 선발기준에 따라 해당 제대별로 주임원사를 선발하여 건의하면, 심의를 통해 육군참모총장은 상성이 지휘하는 부대의 수임원사를 임명하고 장관급 지휘관은 영관이 지휘하는 부대의 주임원사를 임명한다. 소속부대 지휘관이 주임원사에 대한 임명식을 주관한다.

주임원사의 기본임기는 2년으로 임기연장 시에는 장관급 부대 선발위원회에서 재보직 심의 및 지휘관 승인을 받아 1년 단위로 3회까지 연장하여 총 5년을 근무하게 된다. 제대별 주임원사에 대한 예우는 군사령부급 이상에서는 특별참모로 대

---

593) 육군규정 123(2014. 7. 23.), 〈복제규정〉
594) 육군규정 112(2014. 10. 1), 〈부사관 인사관리 규정〉 별표 1.
595) 육군규정 112(2014. 10. 1), 〈부사관 인사관리 규정〉

령~준장, 사단~군단에서는 일반참모로 중령~대령, 연대급 이하에서는 과장으로 대위~소령에 준하도록 되어 있다. 또한 주임원사에게는 예우에 따라 숙소를 제공하며, 업무를 원활히 수행하도록 별도의 차량을 지원한다.[596) 주임원사를 지원하는 차량의 번호는 통상 '66호'인데 '6'이란 숫자는 군대에서 지휘관과 관련하여 사용하는 숫자이기도 하다. 지휘관의 대부분 전화번호가 '6'으로 시작된다. 필자가 초급장교 시절에는 지휘관을 별칭으로 '600', 지휘관실을 '6호실'로 불렀던 것으로 기억한다. 미군제도의 영향이 아닌가 생각한다.

프랑스 소설가 베르나르 베르베르Bernard Werber는 그의 저서에서 숫자에 대해 아주 흥미롭게 기술하고 있다. 1은 광물, 2는 식물, 3은 동물, 4는 인간, 5는 깨달은 인간, 6은 천사, 7은 신의 후보생을 의미한다고 한다. '6'이 상징하는 '천사'는 착한 일을 많이 한 영혼으로 육신을 가진 존재로 다시 태어날 의무에서 해방된다. 즉 생로병사를 겪지 않는 순수한 정신이 된다는 것이다. 숫자에서 곡선은 사랑, 교차점은 시련, 가로줄은 속박을 의미하는데 '6'의 곡선은 사랑의 곡선이다. 천사는 사람들을 돕기 위해 땅으로 내려왔다가 더 높은 차원에 도달하기 위해 다시 하늘로 올라간다고 한다.[597) 주임원사 차량번호는 이러한 '6'이 두 개다. 지휘부에 속하기 때문에 전화번호도 통상 '6'으로 시작한다. 지휘관과 주임원사들은 베르나르 베르베르가 말하는 '6'의 의미를 되새겨 보아야 한다.

우리 육군 주임원사제도가 미군의 제도를 도입한 것이지만, 미 육군 주임원사제도와 다소 차이점이 있다. 첫째, 우리는 주임원사 휘장을 패용하지만 미군의 경우 휘장이 없이 계급장으로 구분한다. 둘째, 우리는 주임원사 '임명식'이 규정화되어 있으나 미군은 해당 부대 지휘관의 판단하에 실시한다. 셋째, 우리는 부사관 근무평정 작성 시 사전에 주임원사의 의견을 듣도록 되어 있으나 미군은 작성된 근무평정에 대한 열람review만을 하도록 되어 있다. 또한 우리 육군의 경우 원사 중에서 자격요건만 갖추면 누구나 주임원사를 할 수 있으나 미군은 주임원사 요원을 별도로 구분하여 주임원사 직위에만 보직을 하고 있다.

우리 육군의 주임원사들이 지휘관의 진정한 '오른팔Right-hand man' 역할을 수행할

---

596) 육군규정 112(2014. 10. 1), 〈부사관 인사관리 규정〉 별표 1.
597) 베르나르 베르베르 저, 이세욱·임호경 역, 『상상력 사전』, 2011. 15~16쪽

수 있도록 그리고 우리 국회나 각종 정부기관 그리고 시민단체에 당당하게 참석하여 부사관 및 병의 입장을 대변할 수 있는 역량을 갖출 수 있도록, 초급부사관 시절부터 비전을 가지고 체계적으로 자기개발을 하는 노력이 절실히 필요하다.[598]

〈그림 2-6〉 미 육군주임원사의 의회 출석 보고장면

598) 국방일보(2012. 5. 9), "부사관, 전투형 강군 중심에 서다"에 필자가 게재한 내용을 보완하였다.

귀족의 문장에서 유래한 부사관 계급

계급은 곧 권위의 변형적 표현이며,
군법의 규율과 질서는 권위를 유지하기 위한 수단이다.
- 한용원 저 『군사발전론』 중에서-

군대에서 계급은 곧 권위의 변형적 표현이며, 군법의 규율과 질서는 권위를 유지하기 위한 수단이다. 그러기 때문에 계급이 없다고 주장하는 공산주의 사회에서도 군대는 계급이 있고, 계급제를 폐지할 때에도 지휘자와 정치장교를 둔다.[599]

계급은 지위나 관직 등의 등급을 말하며, 계급장은 군인의 복장이나 집무실 또는 차량과 항공기 등에 달아 계급을 나타내는 표지장標識章으로서 계급의 등급, 군복의 종류에 따라 부착 위치를 다르게 하고 있으며, 크기와 형태 또한 달리하고 있다.[600]

문헌을 통해 로마시대의 부사관 계급을 보면 로마병 10명을 지휘한 프린키팔리스principalis는 하사, 테세라리우스Tesserarius는 선임부사관으로 중사 또는 상사, 오피오(Opio)는 주임상사 또는 주임원사로 오늘날의 계급으로 비견比肩할 수 있다. 당시에는 오늘날과 같은 계급장이 아니라 직책이나 임무에 따라 복장의 색상이나 모양, 또는 특별한 장식물 등으로 구분하였다.

599) 한용원, 『군사발전론』, 박영사, 1980. 17쪽
600) 국방군사연구소, 『한국의 군복식 발달사 2』, 국방부, 1998. 171쪽

군복의 첫 등장은 어느 특정한 지역의 개인 또는 집안이 자신들의 존재를 부각시키기 위해 시도되면서부터이다. 서양의 경우에는 중세기에 '군복'이라는 용어를 사용할 수 있을 정도의 의복을 착용한 경우가 상당히 있었는데, 왕자들의 종자나 수행원 그리고 개인적인 기사들이 자신들의 색깔을 나름대로 선정하여 착용해 왔던 것이다.[601] 유럽에서 통일된 군복을 지급하고 계급에 따르는 견장을 도입한 사람은 17세기 초 스웨덴의 국왕이었던 구스타프다.

현재 여러 국가에서 사용하는 모양의 부사관 계급장인 '∧' 또는 '∨' 표시를 불어로 쉐브런Chevron이라고 하는데 '지붕 꼭대기, 용마루'를 의미하며 '최고' 또는 '으뜸'을 뜻한다. 이는 중세 봉건시대의 기사나 남작의 의복이나 방패·창 등에 신분 표시 수단으로 사용한 것에서 유래되었다.[602]

〈그림 2-7〉 유럽 귀족의 각종 문양의 쉐브런(∧, ∨) 표시

영국에서 1803년 처음으로 오늘날과 같은 갈매기(∧) 두 개를 겹쳐서 'Corporal' 계급장(△)으로 사용한 것이 여러 나라로 전파되었으며 세계적으로 공통된 부사관의 상징이 되었다. 영국군대에서는 1830년대까지 장교계급도 황금색으로 무늬(∨)를 만들어 소매에 부착하였는데, 소위는 1개를 달고 장군은 8개를 달았다.[603] 1차 세계대전이 끝난 후에 각국에서 갈매기표 수장(袖章, 군복의 소매에 단 계급장)이 여러 가지 색깔로 사용되었다.[604]

이러한 모양의 계급장이 미국군에 전해진 것은 미 육사생도의 복장에서 비롯되

---

601) 국방군사연구소, 『한국의 군복식 발달사 ①』, 국방부, 1997. 7쪽
602) 육군교육사령부, 『팜플렛 70-43-2 간부계발(하사관용)』, 2000.
　　　이유만, 「미국의 하사관 제도 연구」, 63~64쪽
603) 양희완 편저, 『재미가 솔솔 붙는 군대문화 이야기』, 연경문화사, 1998. 94쪽
604) 국방군사연구소, 『한국의 군복식 발달사 ①』, 국방부, 1997. 8~9쪽

었다. 1817년 미 육사 생도대에서 근무생도의 예복 팔소매에 부착하여 계급을 표시하였고, 1820년에 전 미군에 전파되어 1832년까지 위관장교들과 부사관들이 사용하였다. 1832년 이후에 장교 계급장이 바뀌면서 육사생도, 부사관과 병(兵)만이 사용하고 있다. 현재 우리나라의 사관생도와 학군단에서도 사용하고 있다.[605]

우리나라의 경우 고조선 시대에 조선상朝鮮相, 상相, 장군將軍, 대신大臣 등의 관직명을 사용하였는데, 특히 '장군'이란 관직은 군사전문직이 존재했음을 나타내며, 이에 따라 군사조직도 있었고 군복식도 발달했을 것으로 생각된다.[606] 우리나라의 군복식인 갑주(甲冑, 갑옷과 투구)가 등장하는 시기는 청동기 시대다. 무기류인 검, 창, 화살촉은 청동으로 만들었지만 청동 갑주가 출토되지 않는 것으로 보아 당시에는 갑주를 목제나 가죽으로 만들었을 것이다.[607]

우리나라에서 공복제도公服制度를 처음 시행한 것은 백제다. 고이왕 27년(260년)에 관식(冠飾, 모자), 대색(帶色, 허리띠 색)으로 품관(品官, 계급)에 따른 복색服色을 정하여 계급 상하의 등위等位를 구분하였다.[608] 예를 들어 14등급인 좌군佐軍의 경우 장식이 없는 모자를 썼으며 백색 허리띠를 착용하였다

고려 공민왕 때에 등위에 따른 신분을 구별할 수 있도록 '쟁자제도'가 제정되었다. '쟁자鎗子'란 모자의 정상에 부착하는 장식물로 '정자頂子'라고도 불렀으며 등위等位를 나타내도록 백옥白玉, 청옥靑玉, 수정水晶, 잡수정雜水晶 등을 사용하였다.[609] 쟁자제도는 관직과 품계를 상징하는 중요한 표지의 하나였으며 일종의 계급장 역할을 하였고 조선시대로 이어졌다.

조선시대 무관들이 입던 의복을 '군복軍服'이란 명칭으로 본격적으로 불린 시기는 조선시대의 선조 때 이후이다.[610] 조선시대에 무관들이 쓴 전립(戰笠, 현재의 전투모)의 쟁자는 그 형태가 다양하기 때문에 일률적으로 표준형을 제시할 수 없으나 무관으로서의 기개나 용맹성을 상징하는 형태로 만들었으리라 생각된다.

---

605) 양희완 편저, 『재미가 솔솔 붙는 군대문화 이야기』, 연경문화사, 1998. 94~95쪽
606) 국방군사연구소, 『한국의 군복식 발달사 ①』, 국방부, 1997. 32쪽
607) 국방군사연구소, 『한국의 군복식 발달사 ①』, 국방부, 1997. 29쪽
608) 국방군사연구소, 『한국의 군복식 발달사 ①』, 국방부, 1997. 52쪽
609) 국방군사연구소, 『한국의 군복식 발달사 ①』, 국방부, 1997. 350쪽
610) 국방군사연구소, 『한국의 군복식 발달사 ①』, 국방부, 1997. 325쪽

품계	1품	2품	3품	종3품이하	5·6품	7품이하	營門將校	馬軍	步兵
쟁자	純玉	鍍金	雕玉	雕金	純銀	靑銀絲	縷銀	木刻	착용불허

〈표 2-10〉 조선시대 품계에 따른 쟁자[611]

예를 들어 종3품 이하는 쟁자로 조금雕金을 사용하였는데, '雕'가 '독수리'를 의미하므로 '조금'이란 '쇠로 만든 독수리 모양'임을 추정할 수 있다. 조선시대에도 품계에 따라 다른 쟁자를 부착하였으며 현재의 계급장과 같은 역할을 하였다고 할 수 있다.

이렇듯 동서양을 막론하고 군대가 형성되면서 지휘를 위한 상하관계가 설정되었고 상하관계와 임무를 구분할 수 있는 계급이 책정되었으며 현대적 의미의 계급장이 등장하기 전까지는 그 등위等位를 구분할 수 있도록 복장, 색상이나 장식 또는 상징물 등을 사용하였다고 볼 수 있다.

외국의 부사관 계급과 계급장

현재의 부사관 계급 수는 나라마다 상이하여 많게는 8단계, 적게는 5단계를 운용하고 있다. 각국은 군대가 발전함에 따라 임무와 역할을 기초로 국방환경 변화에 부응할 수 있도록 부사관의 계급구조를 변경하여 왔다.

나라	계급수	계급
미국	6	원사(육군주임원사, 주임원사, 원사), 상사, 중사, 하사, 병장, 상병
독일	7	일등원사, 원사, 상사, 일등중사, 중사, 일등하사, 하사
프랑스	6	주임원사, 원사, 상사, 중사, 하사, 부사관 후보생
영국	6	일등준위, 이등준위, 상사, 중사, 하사, 이등하사
이태리	8	주임준위, 원준위, 상준위, 중준위, 하준위, 상사, 중사, 하사
일본	5	상급조장, 조장, 1조, 2조, 3조
중국	7	1급군사장, 2급군사장, 3급군사장, 4급군사장, 상사, 중사, 하사
대만	6	1등사관장, 2등사관장, 3등사관장, 상사, 중사, 하사

〈표 2-11〉 외국군 부사관 계급구조[612]

---

611) 국방군사연구소, 『한국의 군복식 발달사 Ⅰ』, 국방부, 1997. 350~351쪽
612) 김종탁 등, 『부사관 계급구조 다단계화(4계급→5계급) 방안연구』, 한국국방연구원, 2010. 84쪽 원문 해석에 따라 계급명칭이 달라질 수 있다.

미군 부사관의 역할과 계급은 워싱턴 장군의 참모로서 감찰감이었던 본 쉬토이벤Baron Fredrick William von Steuben에 의해 최초 정립되었다. 당시의 부사관 계급은 상병corporal, 병장sergeant, 행정보급관first sergeant, 병참부사관quartermaster sergeant, 주임상사sergeant major 등이었다.[613] 1958년 군보수법안에 의거 2개 계급이 증설되었고 1966년 주임원사제도가 시행되면서 현재의 계급구조를 갖추게 되었다.

독일 육군은 부사관을 크게 3개의 그룹으로 구분하는데, 일등하사 이하를 신임부사관, 중·상사를 고위급부사관, 원사 이상을 고위부사관으로 나눈다. 고위부사관은 장교급여를 받는다.[614] 독일군의 경우 부사관 또는 장교후보생의 경우 병 및 부사관 생활을 하게 되는데, 해당 계급장에 줄을 그어 별도의 표식을 한다.

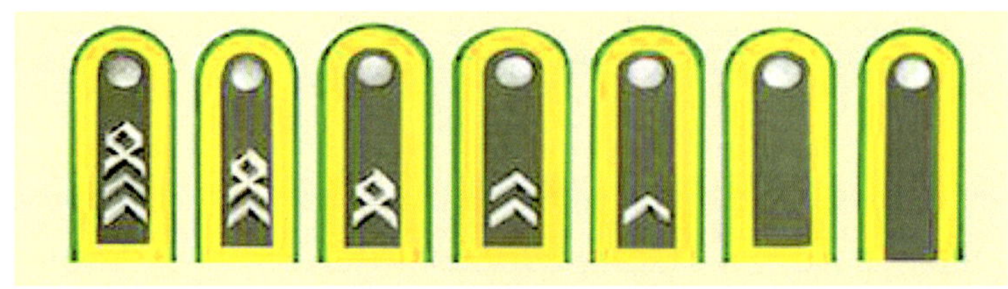

〈그림 2-8〉 독일 육군의 일등원사, 원사, 상사, 일등중사, 중사, 일등하사, 하사 계급장

영국 육군은 상사 위에 2개의 준위계급이 있다. 모든 준위는 하나의 직책을 가지며, 통상적으로 계급보다는 직책명으로 불린다. 일등준위의 대표직책은 연대주임원사이고 이등준위의 대표직책은 중대행정보급관이다.[615] 준위로 호칭되지만 부사관 직책과 임무를 수행하고 있는 것이다.

〈그림 2-9〉 영국 육군의 일등준위, 이등준위, 상사 계급장

613) corporal 이등하사, sergeant 하사로 번역하기도 한다. 영국군 부사관의 corporal은 하사, sergeant는 중사에 해당된다. 미군은 corporal부터 부사관으로 대우한다.
614) 김종탁 등, 『부사관 계급구조 다단계화(4계급→5계급) 방안연구』, 한국국방연구원, 2010. 72쪽
615) 김종탁 등, 『부사관 계급구조 다단계화(4계급→5계급) 방안연구』, 한국국방연구원, 2010. 80쪽

〈그림 2-10〉 세계 여러 나라의 부사관 계급장 모양

각국의 부사관 계급구조는 통상 5단계 이상으로 되어 있으며, 계급장의 모양도 유사하나, 부사관 계급구조가 나라마다 다르기 때문에 상호 비교하는 것이 제한되며 4계급 구조인 우리나라와 비교하기란 더욱 어려움이 있다.

부사관이 되기 위해서는 민간인 또는 병 생활기간에 지원하여 수개월간의 교육과정을 이수한 후에 부사관으로 임관하는 우리 군과는 달리, 외국의 경우 일반적으로 부사관후보로서 2~7년 동안 병으로 부대근무를 마쳐야 한다.

우리나라의 부사관 계급과 계급장

현대적 의미의 계급체계가 정립된 것은 고종 31년(1894년) 12월에 공포된 칙령 제10인 〈육군장관직제〉에 의해서다. 당시 계급체계는 將 - 領 - 尉 - 校로 정립되었으며, '校'는 하사관으로 정교, 부교, 참교 등 3계급으로 나누어졌다. 그러나 시종원 소속인 '호위대扈衛隊'의 하사관은 정군관, 부군관, 참군관으로 불리었다.[616] 그러나 계급체계만 정립되었을 뿐 계급장은 이후에 〈육군복장규칙〉이 제정되면서였다. 1895년 4월 9일에 칙령 제78호로 〈육군복장규칙〉이 처음 제정되었다. 이는 훈련대 장병에게만 적용되는 것으로 신분별 정장, 예장, 군장, 상장 등 복식에 관한 사항을 규정했을 뿐 계급장에 관한 사항은 구체화되지 않았다.[617]

신분별·계급별로 복제가 구체화되고 계급장으로서 모양이 갖추어진 때는 건양2

---

616) 「관보 제799호」, 광무원년 11월 20일 기사
'호위대'는 왕의 가마를 호위하는 군사를 통솔하던 군대로 호위대 총관은 통상 군부대신이 겸하거나 군부 무관 2품 이상 장령으로 칙임하였다.
617) 「관보 제9호」, 개국504년 4월 10일 기사

년(1987년) 5월 15일 개정된 〈육군복장규칙〉에서다. 이에 따르면 견장(어깨에 표시한 계급장) 및 수장(袖章, 소매에 표시한 계급장)에 신분과 계급에 따라 달리 표시하였다. 하사관의 경우 수장은 홍색 일자형一字形으로 하되 정교는 하단에 1선 상단에 3선, 부교는 하단에 1선 상단에 2선, 참교는 하단에 1선 상단에 1선으로 표시하였다. 아울러 견장은 아래의 그림에서 보는 것처럼 견장의 단추는 도금한 무궁화 형태이고 계급에 따라 황색 융絨으로 가로선을 긋고 그 하단에 부대명칭을 한글로 표시하였다.[618]

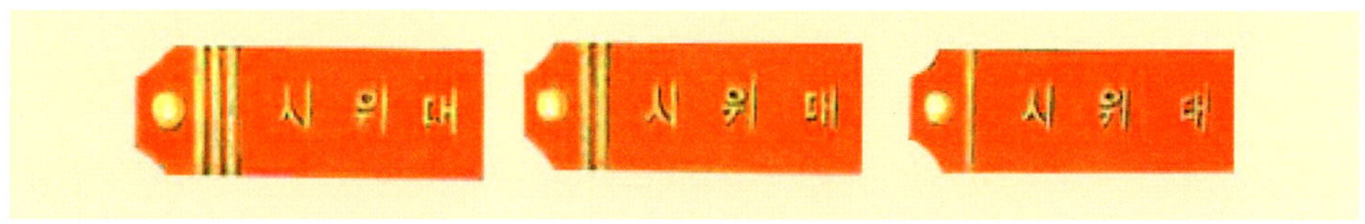

〈그림 2-11〉 '시위대'의 정교, 부교, 참교 견장 계급장(1897. 5. 15 이후)[619]

이후 1904년 8월에 군제의정관이 임명되어 신식군대 양병을 위한 연구를 하도록 하였는데 그 산물로 군 관련 각종 관제가 같은 해 9월 24일 대폭 제·개정되었다. 이때 신설된 계급이 '특무정교'로 '육군무관학교' 및 '육군유년학교'에 각 3명, '육군연성학교'에 4명이 처음 신편되었다.[620] 이후 전투부대 및 전투지원부대의 중대급에 '특무정교'가 편제되었으며 대한제국군이 강제 해산된 이후에도 남아있던 시위보병대와 시위기병대에 각 1명씩 '특무정교'가 편제되어 있었기 때문에 해당부대가 1931년 4월 1일 해체될 때까지 운용되었으리라 추정된다. 새로운 계급인 '특무정교'의 신분에 대해 고찰해 볼 필요가 있다. 계급의 명칭이 '하사관'에 뿌리를 두고 있어 통상 '하사관' 신분으로 알려져 있으나 제정 당시부터 시위보병대와 시위기병대가 해체될 때까지 '준사관'으로 운영되었다.

'준사관'이란 새로운 무관 신분에 대한 용어는 1904년 9월 24일 제정된 〈육·해군장교분한령〉과 〈육군무관진급령〉에 나타나 있다. 〈육·해군장교분한령〉에 장교의 위치를 현역現役, 예비豫備, 후비後備, 퇴역退役으로 구분하면서 제5조의 예비역 장교

---

618) 「관보 제639호」, 건양2년 5월 18일 기사
619) 육군본부, 『陸軍服制史』, 1980. 96쪽
620) 「관보 제2,942호 호외」, 광무8년 9월 27일 기사

에 해당하는 여러 가지 경우 중, ⑥항에 '예비준사관 및 하사로 위관에 승임할 시'로 규정하고 있어 '준사관'이란 용어를 사용하고 있다. 아울러 제6조의 후비역 장교의 경우도 ③항에 '후비준사관 및 하사로 위관에 승임할 시'로 규정하고 있어 '준사관'이란 용어를 사용하고 있다.[621]

또한 〈육군무관진급령〉의 제12조에 "장교의 발탁진급 후보 및 준사관이 장교에 진급하는 후보는 상주上奏로 정하며 군부대신은 상지上旨를 아뢰어 결정할 후보명부를 작성한다."로 하여 '준사관'이란 용어를 사용하고 있다. 아울러 제13조에 "하사의 준사관에 진급과 하사에 진급하는 후보는 사단장급 및 동등 권한 이상이 있는 장관長官, 경리국장, 의무국장 등이 결재하여 결정후보명부를 작성한다."로 규정하고 있다.[622]

그러면 '특무정교'의 신분이 '준사관'이란 근거는 무엇인가? 첫째, 위의 〈육군무관진급령〉 제3조는 차상위 계급으로 진급하기 위해 현재 계급에서 근무할 '최저복무기간'을 규정하고 있는데, 정교에서 특무정교로 진급하기 위해서는 2년, 특무정교에서 참위로 진급하기 위해서도 2년을 근무하도록 하고 있다. 또한 제13조는 '하사'가 '준사관'으로 진급함을 규정하고 있는데, 이 2개의 조항을 살펴보면 정교는 '하사'고 참위는 '사관'이기 때문에 '특무정교'는 그 중간 계급으로 '준사관'이어야 마땅하다. 그래야만 '하사(정교) → 준사관(특무정교) → 사관(참위)'으로 진급하는 순서가 맞는다.

둘째, 1905년 7월 31일 제정된 칙령 제41호인 〈무관 및 상당관 관등봉급령 개정건〉을 보면 장교는 계급별로 봉급이 책정되어 있고 '준사관'은 봉급이 연年 '240원'으로 별도 설정되어 있다.[623] 이 칙령은 1906년 5월 5일 다시 칙령 제22호로 개정되는데 '준사관'은 판임관으로 본봉과 직봉을 합하여 연 240원으로 책정되었다. 같은 날 〈하사·졸 급료 개정건〉이 칙령 제23호로 개정되었는데 정교부터 이등병까지 부대유형별 월 급료가 책정되어 있다.[624] 이상 2개의 칙령을 살펴보면 '특무정교'에 관한 사항은 없다. 이는 '특무정교'가 준사관 신분이기 '판임관'으로 칙령 제22호에

---

621) 「관보 제2,942호 호외」, 광무8년 9월 27일 기사. 『육·해군장교분한령』제5조 및 6조
622) 「관보 제2,942호 호외」, 광무8년 9월 27일 기사. 『육군무관진급령』제12조 및 13조
623) 「관보 제3,205호 호외」, 광무9년 7월 31일 기사
624) 「관보 제3,448호」, 광무10년 5월 9일 기사

포함된 것이고 칙령 제23호에 규정되지 않는 것임을 알 수 있다.

셋째, '특무정교'는 판임관으로 품위品位가 있으나 '하사'는 품위品位가 없기 때문에 정교에서 '특무정교'로 승임 시 「관보」에 게재되었지만, '하사'는 「관보」에 게재되지 않았다. 그 예로 1905년 12월 11일 「관보」의 서임 및 사령란辭令欄을 보면 정교를 특무정교로 승임시켜 시위보병 제1연대 3개 대대, 진위 7개 대대, 기병중대, 포병중대, 육군연성학교, 육군무관학교, 육군유년학교 등에 보직하게 되는데, 이는 관제 개편에 따른 후속조치로 보인다. 당시 정교에서 특무정교로 46명이 승임되어 중대 및 각 학교의 학도대에 12월 1일부로 보직되었다.625) 이후에도 '특무정교'의 인사사항은 『관보』에 지속적으로 게재되었다.

넷째, '특무정교'는 '판임관'이었기 때문에 군부대신 명의의 '임명장'이 수여되었다. 1906년 12월 12일 제정되어 1907년 1월 1일부로 시행된 칙령 제74호 〈문무 관고官誥에 관한 건〉을 보면 친임, 칙임, 주임, 판임에 따른 임명장 양식이 규정되어 있다.626) 이에 따르면 판임관은 주무대신이 임명장을 수여하도록 되어 있어 '특무정교'의 경우 '판임관'이기 때문에 당연히 군부대신의 임명장을 수여 받았을 것이다. 실제적으로 1907년 5월 13일 「관보」의 서임 및 사령관辭令欄을 보면 육군보병정교 3명이 5월 10일부로 육군보병특무정교로 승임되었고,627) 5월 11일에 '임명장'을 받았다.628)

다섯째, 1907년 4월 22일 제정된 칙령 제29호인 〈육군장령위관 및 준사관이하 제등규제〉에 따르면 장관, 영관, 위관, 준사관, 하사, 병졸 등으로 구분하여 '제등'을 달리하고 있다. '제등提燈'이란 자루가 있어 밤에 들고 다닐 수 있게 된 등燈으로 군장 착용 시나 공무를 수행할 때만 사용했다. 이는 특무정교가 '준사관'임을 나타내는 또 하나의 제도이다. 629)

---

625) 「관보 제3,320호」, 광무9년 12월 11일 기사
626) 「관보 제3,637호」, 광무10년 12월 15일 기사
627) 「관보 제3,764호」, 광무11년 5월 13일 기사
628) 「관보 제3,766호」, 광무11년 5월 15일 기사
629) 「관보 제3,754호」, 광무11년 5월 1일 기사

장 관	영 관	위 관	준사관	하 사	병 졸
• 전부 홍색 • 흰 별 4개	• 상부 홍색 • 흰 별 4개	• 중부 홍색 • 흰 별 4개	• 붉은 선 3 • 붉은 별 4	• 붉은 선 2 • 붉은 별 4	• 붉은 선 1 • 붉은 별 4

〈그림 2-12〉 육군 신분별 제등 (출처 : 관보 제3,754호, 1907년 5월 1일)

여섯째, 1906년 10월 16일 공포된 칙령 제61호인 〈육군징벌령〉을 보면 군속의 징계를 군인과 동일한 기준으로 하되 주임관은 장교, 판임관은 하사관에 준하여 조치하며 신설된 준사관은 '부칙'에 위관에 준하여 시행하도록 규정하고 있다.[630]

이상에서 살펴본 '준사관'은 진급, 봉급, 인사사항 「관보」게재 그리고 판임관으로 임명장을 받고 별도의 제등과 징계에 있어서 위관에 준하여 조치하도록 하고 있음을 살펴볼 때, '특무정교'의 신분이 '하사관'가 아니고 '준사관'이었음을 알 수 있다. 대한제국 이후 광복군부터는 '특무'란 명칭은 하사관 신분이었는데, 이는 준사관에 대해서는 '준위'라는 계급명칭을 별도로 사용했기 때문이다.[631]

광복군은 일정한 제복이 없다가 임시정부의 군무부軍務部에서 〈군인의 각종 표지 제정안(1945. 1. 9)〉과 〈군인제복 양식 제정안(1945. 2. 19)〉을 만듦에 따라 국무회의를 거쳐 공포하여 시행하게 되었다.[632] 공포된 광복군 복식에 따라 하사관 계급을 참사, 부사, 정사, 특무정사 등 4등급의 계급을 사용하였다. 이는 하사관 계급 명칭이 '교校'에서 '사士'로 바뀌고 계급장 모양을 '∧형(chevron)'으로 처음 사용한 것이다.

〈그림 2-13〉 '광복군'의 특무정사, 정사, 부사, 참사 계급장[633]

---

630) 「관보 제3,590호」, 광무10년 10월 22일 기사
631) 육군본부, 『陸軍服制史』, 1980. 104쪽
632) 국방군사연구소, 『한국의 군복식 발달사 ①』, 국방부, 1997. 474쪽
633) 육군본부, 『陸軍服制史』, 1980. 105쪽

1946년 1월 15일 국방경비대 창설 시 장교 계급과 함께 하사관 계급도 제정되었다. 당시 하사관 계급을 대특무정교, 특무정교, 정교, 특무부교, 부교, 참교 등 6등급으로 구분하였으나 계급구조만 있었지 실제 계급장은 제정되지 못했다. 그러다가 1946년 4월 5일 미군 비이숍 대령에 의해 미군 하사관 계급장(∧형, chevron)을 뒤집어 'Ⅴ'자 형태로 고안한 계급장을 사용하게 되었다.[634] 그러나 이는 광복군에서 사용한 계급장을 뒤집은 것과 유사하다.

그 후 1946년 12월 1일에는 계급구조를 변경하지 않고 호칭만 변경하여 하사, 이등중사, 일등중사, 이등상사, 일등상사, 특무상사로 개칭하였다. 6·25전쟁을 거치면서 전투복 차림에 부착이 용이하고 위장에도 도움이 되도록 약장은 황동판에 계급표지는 양각되고, 바탕인 음각부분에는 짙은 녹색이 칠해진 금속제였다.[635]

〈그림 2-14〉 대특무정교(특무상사), 특무정교(일등상사), 정교(이등상사), 특무부교(일등중사),
부교(이등중사), 참교(하사)의 정장 및 약장 계급장(1946년 4월 5일 이후)[636]

1953년 12월 14일에 〈정규군인신분령〉이 대통령령 제845호로 제정되면서 하사관 계급이 일등상사, 이등상사, 일등중사, 이등중사로 변경되어 1954년 2월 6일부터 시행되다가[637] 이후, 1957년 1월 7일에 대통령령 제1,226호로 상사, 중사, 하사[638] 등 3계급체계로 바뀌었다.

1962년 1월 20일에 법률 제1,006호로 〈군인사법〉이 제정되었고, 〈군인사법시행령〉이 각령閣令 제426호로 같은 해 2월 6일 시행됨에 따라 〈정규군인신분령〉이 폐지되었으나[639] 하사관 계급의 3계급체계는 그대로 유지되었다. 또한 같은 해 4월 27일에 각령 제700호로 〈군인복제〉가 제정되어 하사관 계급장이 다음과 같이 규정되었다.[640]

---

634) 국방군사연구소, 『한국의 군복식 발달사 ②』, 국방부, 1998. 184쪽
635) 국방군사연구소, 『한국의 군복식 발달사 ②』, 국방부, 1998. 185쪽
636) 육군본부, 『陸軍服制史』, 1980. 242쪽
637) 「관보 제1,028호」, 1953년 12월 14일 기사. 「관보 제1,057호」, 1954년 2월 6일 기사
638) 「관보 제1,697호 호외」, 1957년 1월 7일 기사
639) 「관보 제3,054호」, 1962년 1월 20일 기사. 「관보 제3,067호」, 1962년 2월 6일 기사

〈그림 2-15〉 상사, 중사, 하사 정장 및 약장 계급장[641]

1967년 1월 9일, 대통령령 제2,869호인 〈군인복제 개정의 건〉으로 하사관 및 병 정복이 제정됨에 따라 병장 이상은 계급장 색상이 흰색 바탕에 검정색으로 변경되었다. 그리고 상단에 각 군을 상징하는 표식을 하사 이상의 계급장 상단에 추가하였는데 육군은 별, 해군은 닻, 공군은 날개를 사용했다.[642]

〈그림 2-16〉 상사, 중사, 하사 정장 및 약장 계급장[643]

그러나 개정된 계급장은 색상 면에서 복장과 상이하고 쉽게 더러워지는 등 미관상 좋지 못하다는 의견이 있어 제대로 시행되지 못한 채, 같은 해 8월 7일에 대통령령 제3,172호인 〈군인복제 중 개정의 건〉으로 다시 변경되었다. 동복에는 국방색 바탕에 홍색으로 해당 계급을 표시하고 하복에는 카키색 바탕에 홍색으로 해당 계급을 표시한 것이다.[644]

〈그림 2-17〉 상사, 중사, 하사 정장 및 약장 계급장[645]

1971년 2월 25일에 대통령령 제5,538호인 〈군인복제 개정령〉에 의거 하사관과 병 계급 식별이 용이하도록 병兵은 한 일一자 형으로, 하사관은 병장 계급장 위에

---

640) 「관보 제3,133호」, 1962년 4월 27일 기사
641) 육군본부, 『陸軍服制史』, 1980. 243쪽
642) 「관보 제4,543호」, 1967년 1월 9일 기사
643) 육군본부, 『陸軍服制史』, 1980. 244쪽
644) 「관보 제4,716호」, 1967년 8월 7일 기사
645) 육군본부, 『陸軍服制史』, 1980. 245쪽

‘∨’자형으로 다시 개정하고 주임상사만이 별을 부착하도록 하였다.[646] 우리나라의 주임상사는 계급이 아니라 직책명이다.

<그림 2-18> 주임상사, 상사, 중사, 하사 정장 및 약장 계급장[647]

1989년 3월 22일, 법률 제4,085호로 〈군인사법〉이 개정되어 하사관 계급구조가 하사, 중사, 이등상사, 일등상사로 3등급에서 4등급으로 변경[648]되었다. 이에 따라 같은 해 8월 18일에 대통령령 제12,780호로 〈군인복제중 개정 건〉이 공포되었다. 개정된 군인복제에 하사관 및 병의 계급장은 청록색 바탕에 빨간색으로 계급을 표시하도록 하였다. 이등상사 계급장은 기존의 상사 계급장을 그대로 사용하고 신설된 일등상사 계급장은 이등상사 계급장 위에 초승달 모양의 관을 올린 형태로 정하였다. 주임상사의 계급장은 일등 · 이등상사의 계급장에 별을 부착하였다.[649]

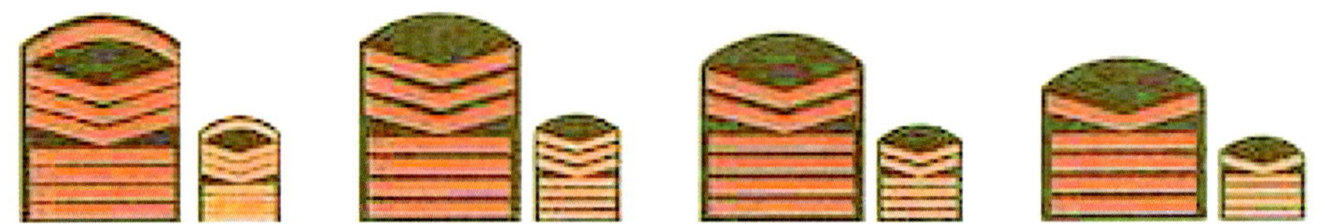

<그림 2-19> 일등상사, 이등상사, 중사, 하사 정장 및 약장 계급장[650]

1993년 12월 31일에 법률 제4,695호로 〈군인사법〉이 다시 개정되면서 ‘상사’ 계급의 독립성이 유지되도록 현재의 부사관 계급구조인 하사, 중사, 상사, 원사로 변경되었다. 즉 이등상사는 상사로, 일등상사는 원사로 명칭만 변경되었을 뿐 계급장의 변경은 없었다.[651]

---

646) 「관보 제5,784호」, 1971년 2월 25일 기사
647) 육군본부, 『陸軍服制史』, 1980. 246쪽
648) 「관보 제11,186호」, 1989년 3월 22일 기사
649) 「관보 제11,308호」, 1989년 8월 19일 기사
650) 국방군사연구소, 『한국의 군복식 발달사 ②』, 국방부, 1998. 189쪽
651) 「관보 제12,606호」, 1993년 12월 31일 기사

현재의 부사관 계급장은 부사관의 사기진작과 위상제고를 위해 1996년 5월 17일 개정되어 같은 해 10월 1일부로 시행된 대통령령 제15,000호인 〈군인복제중개정령〉에 따른 것이다. 계급장 모양은 장교와 같이 무궁화 표지를 하단에 부착한 계급장이다.[652]

〈그림 2-20〉 현재의 원사, 상사, 중사, 하사 계급장

군에서는 부사관 계급을 4계급체제에서 5계급체제로 변경하고 추가 계급(가칭 '선임원사')을 신설할 예정이다. 이는 국방개력 2020 추진에 따른 부사관 인력 증원에 효율적으로 대처하고 부사관 위상과 역할을 신장하는 방안 마련이 필요했기 때문이다. 아울러 장교에 비해 계급 수가 적은 현 4계급체제를 고려하여 부사관의 계급을 추가 증설함으로써 성취동기 유발과 복무활성화를 꾀할 수 있으며 궁극적으로는 전투력 제고에 기여하고자 제기되었다.[653]

〈그림 2-21〉 신설될 '선임원사'(가칭) 계급장의 여러 가지 도안들

참고적으로 각 신분별 계급장의 의미를 살펴보면, 병兵의 일자형一字形 계급장은 지구의 지표면을 상징하고, 부사관의 V자형은 지표면상에서 성장하는 식물을 상징함으로써 병과 부사관의 계층을 지표하地表下와 지상地上과의 관계로 표현한 것이다.[654]

---

652) 「관보 제13,314호」, 1996년 5월 17일 기사
653) 김종탁 등, 『부사관 계급구조 다단계화(4계급→5계급) 방안연구』, 한국국방연구원, 2010. 23쪽
654) 국방군사연구소, 『한국의 군복식 발달사 ②』, 국방부, 1998. 189쪽

　　장교의 계급장 중 위관장교의 마름모형 금강석은 지하층에 위치하여 금속 중에서 가장 단단하면서 깨어지지 않는 특성을 지닌 것으로 초급간부로서 국가수호의 굳건한 간성杆城임을 상징하는 것이다. 영관장교의 계급장은 소위 계급장에 9개의 대나무 잎을 둘러쌓아 4계절 푸른 기상과 굳건한 절개를 표현한 것으로 지상의 식물을 상징한다. 장관급 장교의 별은 스스로 빛을 내는 우주공간의 천체天體로서 군에서의 모든 경륜을 익힌 완숙한 존재임을 상징하는 것이다.[655] 결국 우리 군의 계급장은 우주의 삼라만상을 표현한 것이라고 할 수 있다.

---

655) 국방군사연구소, 『한국의 군복식 발달사 ②』, 국방부, 1998. 176쪽

부사관의 요람, 육군부사관학교

精通(정통)해야 따른다!

- 육군부사관학교 구호-

부사관 양성과 관련하여 처음 언급된 것은 1894년 7월 26일이다. 군국기무처에서 '친위영親衛營' 설치와 관련한 회의 안건을 고종에게 올린 것을 보면 "친위영을 장차 설치할 것인데 하사관을 교련 육성하는 문제가 가장 긴요하다. 재주가 있고 건강한 사람을 200명에 한해 선발하고 교사를 초빙하여 착실히 훈련시키도록 한다."라고 되어 있고 고종은 이를 윤허하였다.[656] 그러나 추진이 지연되자 군국기무처에서 8월 12일 재차 '친위영' 설치가 급선무라는 회의 안건을 올리나 고종은 "나중에 처분하겠다."고 답하여[657] '친위영'의 설치를 미루었다.

하사관 위주로 편성된 근위병近衛兵 성격의 '친위영'은 고종의 직접적인 명령으로 설치하려던 부대로 고종이 그 설치를 미룬 이유는 친일세력이 장악한 군국기무처가 현실적으로 초빙할 수 있었던 군사교관은 일본인 교관이었으며, 고종은 일본 측에 군제의 개혁을 맡겼으나 궁궐의 호위까지는 일본에 맡기기가 싫어서 서양인 군사교관을 초빙하여 교육·훈련을 시키고자 했기 때문인 것으로 여겨진다.[658]

---

656) 국사편찬위원회 역, 『고종 32권』, 한국사데이터베이스, 고종 31년 7월 26일 4번째 기사
657) 국사편찬위원회 역, 『고종 32권』, 한국사데이터베이스, 고종 31년 8월 12일 1번째 기사

일본정부는 '친위영' 설치와 관련하여 서양인 군사교관을 초빙한다는 것에 대해 민감하게 반응하였다. 조선 궁궐을 장악하려는 그들의 목표에 차질이 생겼기 때문이다. 같은 해 8월 20일 일본공사가 조선정부의 외교아문에 보낸 문서의 첫 번째 항목에 "조선국 정부에서는 일본국 정부에 의뢰하여 군제를 정비하고 부대를 훈련시킴에도 불구하고 근래에 친위영을 창설하고 서양인을 초빙하여 이를 훈련시키려 한다고 하는 바 이는 일본정부가 단연코 묵과할 수 없는 것이다."라고[659] 항의하였다.

또한 9월 21일 일본공사가 "국왕의 직접 명령으로 친위영을 비밀리에 설치하여 외국인을 초빙하여 통솔·훈련하도록 결정한 것으로 추측하는데 그 대략을 공사관에서 탐지한 것은 이 달 8일경이며 외국인 교관은 전 육군교관 닌스테드와 러시아인 한 명이라고 하니 러시아 공사가 뒤에서 후원한 것으로 추측된다. 따라서 3일 이내에 폐지하기 바란다고 항의하였음."을[660] 일본정부에 보고하였다.

결국 '친위영'은 일본정부의 항의로 실제 설치되지 않았거나 잠시 존재했을 것으로 추측된다. 따라서 각급부대의 하사관 양성은 기존의 미국인 군사교관으로부터 교육받은 연무공원 출신과 일본 군사고문관에 의해 부대별로 일정한 자격자를 선발하여 교육시킨 것으로 추정할 수 있다. 일부 인원은 육군무관학교 졸업자 중 자격미달로 장교로 임관하지 못한 무관학도가 규정에 따라 하사관으로 임관되었다. 하사관을 전담하여 교육시킬 수 있는 전문기관인 '하사학교' 창설이 제기된 것은 1904년 9월이다.

육군하사학교

'육군하사학교'의 창설이 제기된 것은 1904년으로 8월에 설치 된 '군제의정소'에서 군 관련 관제를 정비하여 같은 해 9월 24일 공포한 여러 관제 중에 〈교육부관제〉에

---

658) 육군사관학교 한국군사연구실, 『한국군제사 근세조선후기편』, 1977. 352쪽
659) 국사편찬위원회, 『고종시대사 3집』, 한국사데이터베이스, 고종31년 8월 20일 기사
660) 국사편찬위원회, 『주한일본공사관기록 5권』, 조선정부가 새로 친위영을 설치하고 외국인을 더 많이 고용해서 훈련시키려 하는 건(1984. 9. 21)

서다. 〈교육부관제〉 제4조에 교육총감은 육군교육에 관한 제반 법규 및 교범에 관한 사항을 담당하고 육군무관하교, 연성학교, 유년학교, 하사학교, 군악학교를 관할하도록 규정되었다.[661] 즉 다른 학교들과 함께 현재의 '부사관학교'라 할 수 있는 '하사학교'를 교육총장이 관장하도록 되어 있는 것이다.

그러나 이 '하사학교'는 〈교육부 관제〉에만 규정화되었을 뿐 실제적으로 창설되어 운영되지는 못했던 것 같다. 그 근거로 '하사학교'는 '군악학교'와 더불어 이후에 관련관제가 추가로 제정되지 않았고, 그러다 보니 이 두 학교에 대한 후속 인사조치도 당시의 「관보」에서 그 근거를 찾을 수가 없다.

반면에 육군무관학교, 육군연성학교, 육군유년학교의 관제는 9월 24일 같은 날 공포되었고 그 후속인사도 이루어져 「관보」에 게재되었다. 또한 1905년 4월에 군제 개혁에 따라 이임한 장교를 포함하여 231명이 육군연성학교로 입교명령이 났고,[662] 같은 해 7~8월에는 육군무관학교와 육군유년학교의 학도모집공고가 「관보」에 수차례 게재되었다.[663] 이후에도 '하사학교'에 대한 관제 제정은 없었지만 하사관의 양성과 보수교육은 '육군무관학교'와 '육군연성학교'에서 부분적이지만 지속적으로 이루어졌다. 그나마 1907년 8월 군대해산으로 그 모든 것이 사라졌다.

 ## 하사관교육대, 육군하사관학교 그리고 육군부사관학교

창군 이후 당시에는 현역병에서 선발하여 사단이나 군단 자체 '하사관교육대'에서 일정기간 교육 후 '하사'로 임용시켰다. 그러다가 6.26전쟁이 한창이던 1951년 3월 1일 부산에서 국방부 일반명령 제43호에 의거 '육군제2훈련소'가 '육군하사관학교'로 개칭되어 창설되었다.

당시 전쟁 상황을 살펴보면 중국은 6·25전쟁 개입의 목적을 종국적으로는 한반도 통일에 두고[664] '동부변방군'을 '중국인민지원군'으로 이름을 바꾸어 팽덕회로

---

661) 「관보 제2,942호 호외」, 광무8년 9월 27일 기사.
662) 「관보 제3,120호」, 광무9년 4월 22일 기사.
663) 「관보 제3,196호」, 광무9년 7월 20일 기사.
664) 데이빗 쑤이 저, 한국전략문제소 역, 『중국의 6 · 25전쟁 참전』, 2011. 247쪽

하여금 지휘하게 하였다. '중국인민지원군'이 1950년 10월 19일 압록강을 도하하기 시작한 이래 중공군의 제4차 대공세(1951. 2. 11~16) 후의 1951년 2월 18일 전선은 대략 인천 - 원주 - 삼척을 연하는 선에서 형성되었다. 중공군과 북괴군이 막대한 피해로 재편성이 불가피했고 재보급을 위해서 정지하지 않을 수 없었다는 전황 분석에 따라 같은 해 2월 20일, 미 8군사령관인 릿지웨이 중장은 "적에게 휴식과 재편성의 여유를 주지 않기 위해서 공격을 재개한다."는 결심을 하고 '킬러작전'의 개시를 지시하였다. 2월 21일 10시, 명령대로 미 제1기병사단의 제5기병연대를 선두로 공격을 개시하였다.

유엔군의 역사적 대반격 시기에 대한민국을 구할 수 있는 초급간부를 양성하고자 '육군하사관학교'가 창설된 것이다. 육군하사관학교의 초대 학교장은 당시 육군 제2훈련소장이었던 최창언 대령이 임명되었다. 이후 1951년 7월 해체되었다가 1953년 1월 18일 육군본부 직할부대로 태릉에서 '육군하사관교육대'로 재창설되었다. 당시 초대 학교장은 김덕준 중령이다. 1954년 10월 23일 소속이 육본직할에서 교육총본부(현 교육사령부)로 변경되었다가 1955년 2월 22일 다시 해체됨에 따라 사단별로 하사관을 양성하여 운용하게 되었다.

그 기간 중에 또 다른 하사관 교육기관인 '육군 제2훈련소 하사관교육대'가 전북 익산 황하에서 1953년 5월 25일 창설되어 1954년 8월 2일 '군사 보수교육대'로 개칭되었으며 1956년 11월 3일에 현재 '육군부사관학교' 위치인 전북 익산 여산으로 이동하였다.

육군은 6·25전쟁 이후 국가재건과 육군의 재편성 및 현대화 과정에서 하사관의 정원 증가와 역할 증대로 교육소요가 급증함에 따라 각 사단의 '하사관교육대'를 통합하여 제1하사관 학교(1961. 9. 27. 창설, 원주), 제2하사관학교(1966. 2. 4. 창설, 여산), 제3하사관학교(1973. 10. 20. 창설, 가평)를 창설하여 하사관을 양성하도록 하였다.

이후 각 군별로 운영되었던 제1·2·3 하사관학교는 1981년 10월 10일 육군 일반명령 44호에 의거 제2하사관학교를 모체로 한 '육군하사관학교'로 통합되었다. 1991년 5월 1일 부대개편과 함께 육군 예속에서 교육사령부 예속으로 변경되었으며 2001년 3월에 '하사관'의 신분명칭이 '부사관'으로 변경됨에 따라 학교 명칭도 3월 27일부로 '육군부사관학교'로 개칭되었다. 군구조 개편에 의거 여군학교가 해체되어 여군 부사관의 양성 및 보수교육도 2002년 11월 27일부로 육군부사관학교에 통합되었다.

현재 육군부사관학교의 부대표지와 그 의미는 아래 그림과 같으며 교훈은 '충용忠勇, 인애仁愛, 신의信義'다. '충용'은 오직 나라와 겨레 앞에 충성과 용기를 다하는 군인관을 확립하자는 의미이고, '인애'는 상관이나 부하를 사랑할 줄 아는 지혜를 길러야 한다는 뜻이며, '신의'는 상·하·동료 전우들 간에 신의를 바탕으로 한마음 한 뜻으로 굳은 단결을 이루자는 의미로 제정되었다.

〈그림 2-22〉 육군부사관학교 부대표지 및 그 의미

육군부사관학교의 구호는 "精通(정통)해야 따른다."로 부사관은 자기가 맡은 바에 최고의 전문가가 되어야 한다는 뜻이다. 맡은 바 직무에서 막힘이 없을 정도의 전문지식과 기술을 갖춘 부사관이야말로 지휘관이 신뢰하고 부하들이 전장이라는 사지(死地)에서도 자발적으로 복종하며 따르기 때문이다.[665]

육군부사관학교는 육군의 현역 및 예비역 부사관의 모교이자 교육인원 면에서 세계 최대의 간부 군사교육기관으로서 소부대 전투전문가 육성을 위해 양성 및 다양한 보수과정 교육을 실시하고 있으며 소부대 전투기술 교리발전을 주도하고 있다. 아울러 부사관 제도 연구의 핵심으로서 전투 위주의 부사관 역사와 전통을 계승 발전시키기 위해 '육군 부사관 정책발전 세미나'를 매년 실시하고 있다.

특히 2011년 교육체계 개혁을 통해 학교 교육목표를 '전투지휘 및 훈련지도능력과 올바른 품성을 갖춘 정예부사관 육성'으로 설정하고 투철한 국가관 확립과 군인정신 함양, 군 기본자세 및 올바른 가치관 정립, 기본 전투기술 숙달 및 병 훈련 지도능력 배양, 병영생활 지도요령 숙달, 사고력 및 창의력 배양 등에 중점을 두고 교

665) 육군부사관학교 인터넷 홈페이지(http://www.nco.mil.kr/) 자료를 참고하여 작성하였다.

육을 실시하고 있다.[666]

또한 전면적인 교과체계를 개편하고 담임교관제를 도입하여 '교육훈련+학습지도+훈육'을 병행함으로써 전술관을 전수함과 아울러 교육생의 향후 군생활의 멘토로서 역할을 하도록 하고 있다. 또한 각종 '자격인증제' 시행 및 교학상장(敎學相長, 가르치고 배우면서 서로 성장한다.)할 수 있도록 'Learning & Teaching' 교육기법을 적용하고 있다. 즉 과거 교리위주 지식 축적과 교관중심 강의 위주 주입식 교육에서 문제해결을 위한 주도성·창의성 개발 및 학생중심 토의식 참여형 교육으로 바꾼 것이다.

모든 위대한 역사의 시작은 언제나 각 개인의 의욕과 신념에서 비롯되었듯이, 대한민국의 젊은이들이 부사관으로서 새로운 미래를 향한 도전과 열정을 이루어 갈 수 있도록 육군부사관학교가 뒷받침하고 있다. 아울러 비영리 재단법인인 '육군부사관학교발전기금'이 운영되어 부사관 발전에 기여하고 있다. 육군부사관학교는 혼과 정성을 다해 호국간성을 양성하여 나라에 보답(敎育報國 磨斧作針)하고자 끊임없는 노력을 하고 있다.

---

666) 육군부사관학교 인터넷 홈페이지(http://www.nco.mil.kr/) 자료를 참고하여 작성하였다.

육군의 아마조네스, 여군 부사관

모병을 실시하고 있는 중대한 위란기危亂期임에도 불구하고
일부 비겁한 남자들은 이를 회피하기 위하여 각처를 돌아다니며
자취를 감추고 있는 경향이 많은 모양인데,
이러한 남자들의 비겁한 태도에 많은 우리 여성들은 통한을 금할 수 없는 바이다.
남녀를 막론하고 이 시국을 재인식하여 국가총력으로
최후의 평화를 획득할 때까지 싸워야 할 것이다.
- 김현숙 소령이 발표한 여자의용군 모집 「담화문」 중에서 -

우리는 '여전사' 하면 통상적으로 '아마조네스Amazones'를 떠올린다. 단수형으로는 '아마존Amazon'이라고 하는데 호메로스Homeros, Homer의 『일리아스Ilias』에 등장하는 전설의 여성 부족으로 전쟁의 신 아레스Ares[667]와 요정 하르모니아Harmonia의 자손이며 코카서스와 스키타이 지방, 지금의 카스피 해 근처에 살았다고 한다. 그녀들은 무예에 뛰어나고 전쟁을 좋아하여 초승달 모양의 방패와 활·도끼·창 등을 갖고 싸웠으며 말타기에도 능했다 한다. '아마존네스' 또는 '아마존'의 용맹성이 오늘날까지 이어져 '강한 여성' 또는 '여군'을 지칭하는 말로 사용되기도 한다.

비록 신화 또는 전설로 역사의 이면에 가려져 있지만, 고대로부터 현대에 이르기까지 여성의 참여 없이 이루어진 전쟁은 거의 없었던 것 같다. 여성들만으로 구성된 부대는 아니었지만 역사적으로 유명했던 여군들은 많았다. 350만 대군을 이끌고 인도의 원정길에 올랐던 앗시리아제국의 왕비 세미라미스Semiramis, 로마제국의 군단과 맞서 피비린내 나는 전투를 이끈 영국의 보아디케아Boadicea, Boadicca, 영국

---

667) Ares : 로마신화의 전쟁의 신인 Mars와 같으며 제우스와 헤라의 아들로 올림포스 12신중의 하나, 트로이전쟁 때에는 트로이군의 총대장 헥토르의 편에 서서 그리스군을 상대로 싸웠다.

의 공격으로부터 프랑스를 구한 잔 다르크Jeanne d'Arc, 나폴레옹군과 맞서 싸운 스페인 아라곤의 아구스티나Agustina de Aragón 대위, 13세기경 한漢나라의 속국이었던 월남의 주권을 수복했다는 츙 자매姉妹 등이 있었다.

신화를 떠나 역사적으로 증명된 실존했던 여성들만으로 이루어진 부대 중 하나는 오늘날의 베냉668)에 해당하는 서아프리카 다호메이지역 폰족(Fon族)의 여성 군대이다. 구전口傳에 다르면 이 여전사들은 원래 왕을 위한 코끼리 사냥꾼 집단이었으나669) 아가자(Agaja, 재위기간 : 1708~1732년)왕이 머스킷musket 총으로 무장한 근위부대로 발전시켰다가 1729년 다호메이 왕국의 정식군인으로 편성하였으며670) 1818년 게조(Gezo, 재위기간 : 1818~1858년)가 즉위하면서 여군이 대폭 확장되었다.671) 다호메이의 여전사들은 미혼여성들 중에서 선발되었는데 초창기 수백 명에서 많게는 8,000여 명 수준으로, 2세기가 넘는 세월 동안 유럽의 침략에 맞선 폰족Fon族의 창끝 부대였다.

다호메이 왕국과 프랑스 간에 두 번의 큰 전쟁이 있었는데 1890년 3월과 1892년 7월에 시작된 전쟁이다. 1차 전쟁에 2,000~3,000명의 여전사가 참전했고, 2차 전쟁에는 공식적으로 1,200명의 여전사가 참전했다.672) 2차 전쟁이 끝났을 때, 참전 여전사 중에 50~60여 명만이 살아남았다고 한다.673) 프랑스 군은 1·2차 전쟁을 통해 180여 명의 전·사상자가 발생했다. 프랑스 군인들은 이 여전사들을 존경할 만한 적군으로, 강한 용맹을 가지고 항상 부대의 최전선에서 임무를 수행했고 훈련을 잘 받았으며 규율이 있었다고 평가했다. 다호메이 왕국은 이후 프랑스의 식민지가 되었다가 1960년 8월 1일 독립하였다.

---

668) 베냉 : 베냉공화국으로 1961년 8월 우리나라와 수교하였으나 1975년 사회주의 정권이 들어서면서 단교하였다가 새로운 정부가 수립된 1990년 10월 다시 외교관계를 맺은 나라이다.
669) Stanley B. Alpern. 『Amazons of Black Sparta』, NYU PRESS, 2011. 20쪽
670) Stanley B. Alpern. 『Amazons of Black Sparta』, NYU PRESS, 2011. 28쪽
671) Stanley B. Alpern. 『Amazons of Black Sparta』, NYU PRESS, 2011. 35쪽
672) Stanley B. Alpern. 『Amazons of Black Sparta』, NYU PRESS, 2011. 199쪽
673) Stanley B. Alpern. 『Amazons of Black Sparta』, NYU PRESS, 2011. 206쪽

〈그림 2-23〉 다호메이 여전사와 프랑스군의 '1892년 9월 19일 Dogba전투' (출처 : 『Amazons of Black Sparta』)

　남성의 전유물처럼 여긴 군대에서 여군이 일반화된 것은 2차 세계대전 부터이지만 그 이전부터 다양한 분야에서 복무하였다. 지금 이 순간에도 정규전이든 비정규전이든 세계 각처에서 전투를 하고 있는 미군의 여군 정책을 살펴보면 여군이 어떻게 발전해 왔는지 짐작할 수 있다.

　미군에 여성이 복무하기 시작한 것은 1775년 이후부터다. 초창기 125년은 군에서 여성은 세탁, 보급 등 주로 전투근무지원 분야에서 복무했다. 그러나 많은 여성이 의료분야에서 복무함에 따라 1898년 '간호단Nurse Corps'이 창설되고 1901년에 '간호단'이 미군 의무분야의 한 조직으로 편성되었다. 1차 세계대전 시 행정분야에서 인력수요가 폭주했음에도 불구하고 당시 미군의 정책은 이러한 자리에 여성을 보직시키는 것에 여전히 부정적이었다.

　2차 세계대전이 발발하고 1941년 12월 전쟁선포 후, 미 육군은 여성을 다시 군에 복무시킬 방안을 강구하게 되었는데, 이에 따라 1942년 5월 14일 '육군여군지원단The Women's Army Auxiliary Corps'이 창설되었고 이후 '지원Auxiliary'이란 단어를 제외시키는 법률안이 같은 해 여름에 통과되었다. 최초 '육군여군지원단'은 여군의 전투원 역할을 배제시켰으나 '육군여군단' 법안은 여군의 전투원 역할을 제한하지 않았다. 게다가 남군과 동일하게 여군에게도 군에서의 지위와 봉급 그리고 각종 혜택을 부여하였고 엄격한 규율을 요구하였다. 그러나 이후 제정된 육군규정은 2차 세계대전

말기까지 100,000여 명의 여군이 '육군여군단'에 복무했음에도 불구하고 여군이 전
투 및 전술훈련을 받거나 무기를 다루는 직책에 보직되는 것을 배제하도록 하였다.

이후 1951년 당시 국방장관이었던 조지 마셜George C. Marshal에 의해 '여군 관련
국방자문위원회(Defence Advisory Committee on Women in the service, DACOWITS)'가 설립
되면서 큰 변화를 맞게 되는데, 여군에게 불리하던 진급제한을 개선하고 더 많은
군사특기를 부여하여 여군의 역할을 확대하는 것이었다. 1977년, 당시 육군성 장관
인 클리포드Clifford L. Alexander Jr는 여군의 보병, 기갑, 야전포병, 전투공병, 대대급
이하 저고도 방공부대의 보직을 제한하는 〈전투배제정책Combat Exclusion Policy〉을
제기하였는데 이는 1982년 육군의 여군정책 검토와 1992년 3월 27일 제정된 육군
규정 〈여군보직방침〉의 기초가 되었다.[674]

1994년, 미 국방부는 1988년 제정된 〈Risk Rule(전투배제지침 : 전투에 참여할 가능성이
높은 부대에 여군 배치를 제한하는 규정)〉을 폐지한 후, "자격을 갖춘 모든 군인은 모든 직위
에 보직이 가능하다."고 규정하였다. 다만 "여성은 지상근접전투가 주된 임무인 여
단 이하 부대에 배치하지 않는다."는 제한사항을 포함하고 있었다. 추가적으로 잠
수함, 숙소·기반시설 제공에 많은 예산이 요구되는 부대, 지상근접전투부대와 물리
적으로 함께 배치되는 부대·직위, 수색 및 특수작전수행부대, 기타 육체적 요구수
준이 높은 직위 등에도 여군 배치를 제한하였다.

이로써 보병, 포병, 기갑, 방공포병, 특수부대의 배치가 제한되었으며, 이러한 부
대와 함께 배치되는 지원부대에도 제한을 두었다. 이에 따라 여군은 여단본부나 지
원부대에서 정보분석, 감찰, 수송 등 비전투분야에서 주로 근무해 왔다. 그러나 미
국은 최근 몇 년 전부터 걸프전 및 이라크전의 여군 활용 경험을 토대로 기존의 제
한사항들을 수정하기 시작하였는데, 2012년 여군을 전선에 가까운 일선 대대에 배
치할 수 있도록 관련 규정을 개정하였다. 그럼에도 불구하고 여전히 위험성이 높다
고 판단되는 보병, 기갑, 특수부대 등에의 배치 제한은 유지되었다.[675]

2013년 초에는 여군의 〈전투배제지침〉을 원칙적으로 폐지한다고 결정하였는데,

---

674) Michele M. Putko, Douglas V. Johnson II, 『WOMEN IN COMBAT COMPENDIUM』, Strategics
    Studies Institute, 2008. 37~38쪽
675) 한국국방연구원. 『주간국방논단 제1421호(12-30)』, 2012, 3~4쪽
    김규현· 정주성, 「외국 여군의 전투 분야 활용 동향 및 시사점」

이는 미군 현역장병 중에 여군의 비율이 높아지면서 전투임무 투입의 필요성이 커진 것과 아울러 시민단체들이 군내의 성차별 인사정책 폐지를 촉구한 데 따른 것이다. 미 육군의 여군 점유비는 15% 내외이다.

우리나라 육군의 여군의 발전 또한 미군의 제도와 크게 다르지 않다. 마찬가지로 우리나라 여군의 역사와 정책을 살펴보면 여군의 역할과 활용에 대해 쉽게 이해할 수 있으며 여군 활용의 지향점을 생각해 볼 수 있을 것이다.

우리나라 사극을 보다 보면 여무사 또는 여군들이 자주 등장한다. 물론 이것이 사실일 수도 있고 드라마의 흥미를 더하기 위한 가공의 인물일 수도 있다. 그러나 이는 인류가 시작되면서 구성원 모두의 사활적 이익이 걸려 있는 전쟁과 전투에 여성이 관여하였다는 사실을 입증하는 것이다.

실제로 가야시대에 여성으로만 구성된 여군부대가 있었던 것으로 확인되었다. 가야시대 고분에서 투구와 갑옷을 입고 무장한 상태의 여성 시신이 발굴된 것을 근거로 여성 군사지휘관의 존재를 추정하게 된 것이다. 추모성왕인 고주몽을 도와 고구려를 건국하고, 아들인 비류와 온조를 데리고 남하하여 백제를 건국하는 데 절대적인 영향을 끼친 소서노召西努는 여성이었음에도 불구하고 직접 군사를 거느렸으며, 때로는 전투에 앞장섰던 것으로 전해진다.[676]

우리나라 역사상 최초의 여성 장군은 고구려 연개소문의 여동생인 연수영淵秀英이다. 그녀는 보장왕 1년(642년)에 석성도사로 부임하면서 당군唐軍의 침략에 대비하여 5천 명의 수군을 양성하고 70여 척의 전함도 건조했다. 보장왕 4년(645년)에 마침내 당군이 쳐들어왔을 때 연수영은 6월에 당군의 수군기지인 창려로 진격하여 적선 100여 척을 불태우고, 성산에 주둔한 당군 2만을 무찌른다. 이 군공軍功으로 연수영은 수군의 장군 겸 모달로 승진하였다.

그녀는 계속하여 대흠도와 광록도 등지에서 적선 50여 척을 불사르고 8천여 명의 적군을 무찔렀다. 잇달아 노백과 가시포에서도 적선 80여 척을 불태우고 적군 5천여 명을 사살하니 그 공적으로 연수영은 수군 군주가 된다. 같은 해 8월 15일에 벌어진 대장산도해전에서 당군은 1천여 척의 전함과 10만 대군을 동원하였으나 연수

---

676) 황원갑 저, 『한국사 여걸열전』, 바움, 2008, 305쪽

영이 지휘하는 고구려 수군에게 수백 척의 전함과 5만여 명을 병력을 잃는 참패를 당하였다. 이듬해인 보장왕 5년(646년)에 봉래포해전이 있었는데, 이 해전에서도 연수영은 대승을 거두었고 마침내 수군 총사령관인 원수가 되었다.[677] 연수영에 관해서는 앞으로도 많은 연구가 필요하다.

일제강점기에 일본군을 대상으로 직접적인 무장투쟁을 전개한 광복군에도 많은 여성대원들이 참가하여 광복군의 모병과 선전활동, 통신, 정보수집, 군자금 모금, 전투활동 등 남자대원들이 하는 일뿐만 아니라 취사, 세탁, 재봉 등 여성고유의 업무를 부가적으로 수행하면서 광복을 위한 노력을 아끼지 않았다. 정확하지는 않지만 1977년 광복회가 발표한 광복군의 총인원은 755명으로, 여성대원은 창설 당시 6명이었지만 광복군 편성을 고려 시 약 100여 명이었을 것으로 추정되나 현재까지 국가보훈처에서 공식적으로 판단한 인원은 약 20여 명 정도로[678] 역사적 자료발굴이 절실한 부분이다.

우리 민족 최대의 비극인 6·25전쟁이 발발하자 수많은 여성들이 육군여자의용군, 해군여자의용군, 공군여자항공병, 간호장교 등으로 입대하거나 학도의용군 및 유격대원, 군사작전을 지원하기 위해 민간인 신분으로 다양한 분야에 참전하여 나라를 구하는 데 일익을 담당하였다. 이렇듯 유구한 우리 역사 속에서 여성들은 나라가 위기에 처할 때마다 구국의 일념으로 나라를 구하는 데 헌신하였다.[679]

현재와 같은 육군의 여군은 간호장교로부터 시작되었고 여군의 모태는 '여자배속장교제도'로부터 비롯되었다. 건국과 건군 과정 그리고 6·25전쟁을 거쳐 휴전 이후부터 여군의 체계가 정립되고 현재의 모습으로 발전해 왔다.

---

677) 황원갑 저, 『한국사 여걸열전』, 바움, 2008, 320~321쪽
678) 국방부 군사편찬연구소, 『6·25 여군참전사』, 2012, 57쪽
679) 국방부 군사편찬연구소, 『6·25 여군참전사』, 2012, 23쪽

대한민국 여군의 시작, 육군간호장교

현재 국군에 있어서 여군은 '간호장교'로부터 시작되었다. 해방 후 1946년 5월 1일에 남조선국방경비대가 설치되면서 그 예하에 우리나라 최초의 군 의무부서인 '의무국'이 설치되었으며 1947년 5월 1일에 명칭이 '의무처'로 변경되었다. 그러나 당시에는 군에서 훈련 또는 사고로 발생한 환자를 치료하기 위한 군 전용병원이 없어 민간 의료진에 위탁 진료를 받게 하였는데 위생하사관과 위생병을 파견하여 환자를 돌보게 하였다.

이러한 불편을 해소하고자 1948년 5월 1일 '제1육군병원'이 서울 영등포구 대방동에서 창설되고, 군병원에 필요한 간호인력 31명을 선발하여 같은 해 8월 26일 통위부 조선경비대 총사령부 명령(특) 제128호로 간호후보생 제1기생 입대와 동시에 소위로 임관시켰다. 이는 선발된 간호장교후보생들이 모두 간호사 자격을 가진 현업 종사자임을 감안하여 이들에 대한 예우와 복지 차원에서 이들 모두를 훈련소 입소에 앞서 육군소위로 임관시킨 것이다. 이들의 임관식은 같은 날 오전 경복궁 경회루에서 거행되었는데, 이는 한국에서 첫 여성군인의 탄생이자 여군 장교로서의 첫 임관이다.[680]

이들은 다음날인 8월 27일부터 경기도 부평에 있는 미군836부대에서 3개월간의 교육훈련을 받았다. 간호장교후보 제1기생 교육은 오전에는 부평 주둔 미군 382병원에서 미군 군의관과 간호장교들을 도와 근무하는 것을 통해 간호장교 실무교육을 받았다. 오후에는 육군에서 파견 나온 경비대사관학교(현재 육군사관학교 전신) 출신 장교들에게서 제식훈련, 독도법, 사격술훈련 등 기초군사훈련을 받았다.[681]

이들은 교육수료 후 일부 인원은 제1육군병원에 배치되었고, 대다수는 1948년 10월1일 창설된 대전 유성에 위치한 제2육군병원에 배치되었다. 6·25전쟁 발발 전까지 주로 여순10·19사건과 지리산 공비토벌 작전에 투입되어 근무하였다.[682] 간호장교는 6·25전쟁이 일어나기 직전까지 5개기가 배출되어 모두 120명이었으나 이

680) 국방부 군사편찬연구소, 『6·25 여군참전사』, 2012, 287~292쪽
681) 국방부 군사편찬연구소, 『6·25 여군참전사』, 2012, 296쪽
682) 국방부 군사편찬연구소, 『6·25 여군참전사』, 2012, 302~303쪽

가운데 12명이 퇴역하고 전쟁발발 당시에는 108명이 각 육군병원에 근무 중이었다. 갑작스런 6·25전쟁 발발로 환자가 급증하자 단기간에 간호장교 후보생 255명이 6·25전쟁 중에 임관하였으며 민간 간호사도 다수가 현지임관을 하였다.[683]

그럼에도 불구하고 간호장교가 수요에 비해 절대적으로 부족하자 안정적인 간호장교 획득을 위해 육군은 1950년 12월 말 간호사관생도 2년 과정을 군의학교에 개설하여 일반학과 간호학, 전술학 등을 교육하여 임관시켜 활용하는 것으로 결정하였다. 이에 따라 간호사관생도 제1기생을 모집하여 최초 303명이 입교하였으나 114명이 졸업하고 간호사 검정고시에 합격한 110명만 1953년 월 14일부로 소위로 임관시켜 육군병원에 배치하여 간호장교로서 임무를 수행하게 하였다.[684] 1953년 4월 16일까지 간호사관생도 총 3개기 527명이 입교하여 323명이 임관하고 301명이 졸업하였다.

임관인원과 졸업인원이 차이가 나는 이유는 간호사관생도 제2기생부터 졸업하기 전에 임관시켰는데 이는 처우개선을 위해 교육을 받는 동안 장교봉급을 받게 하여 사기를 진작시키고 생도들의 후생문제를 해결해 주려는 배려에서였다.[685]

연 도	입 원	재복무	전 역	사 망	잔 류
계(명)	397,519	222,064	133,811	11,537	154,893
1950년	93,554	40,199	·	1,726	52,428
1951년	105,061	70,218	53,892	3,681	29,698
1952년	111,671	62,970	41,390	2,771	34,238
1953년	87,233	48,677	38,529	3,359	38,529

〈표 2-12〉 6·25전쟁 중 입원환자 처리현황(출처 : 『대한민국간호병과 60년사』)

간호장교들은 계속되는 군병원의 창설 및 증편과 아울러 부상병들의 치료를 위한 간호인력 확충노력으로 1953년에는 598명까지 증원되어 군에서 운용되었다. 전쟁기간 중에 참전한 간호장교의 총인원은 1,257명으로 이들은 일일 평균 22,800명의 입원환자들을 간호하였으며 전쟁기간 중에 연인원 40여만 명에 가까운 전상자를 간호하였다.[686]

---

683) 국방부 군사편찬연구소, 『6· 25 여군참전사』, 2012, 307~308쪽
684) 국방부 군사편찬연구소, 『6· 25 여군참전사』, 2012, 313~315쪽
685) 국방부 군사편찬연구소, 『6· 25 여군참전사』, 2012, 316쪽

전쟁기간 중에 육군간호장교들은 부족한 병실에서 밀려드는 환자들을 돌보기 위해 수술실에서, 병실에서 바쁜 나날을 보내고 밤잠을 설치며 식사도 거른 채 부상자들을 돌보아야 했다. 이처럼 자신들을 희생하여 부상병들과 아픔을 같이 나누면서 꽃다운 나이에 전장을 누빈 육군의 6·25전쟁 참전 간호장교들이야 말로 신이 전장에 보내준 '백의의 천사'였다.[687]

휴전이후 만연하기 시작한 염전厭戰 풍조로 군의학교 간호사관생도 지원자가 줄어들어 1957년 10기 38명 입교를 마지막으로 제도가 폐지되어 민간 인력으로만 간호장교를 획득해야만 되었다. 그러나 간호장교 베트남 파병이라는 수요급증 요인의 발생과 간호사 서독파견 붐으로 인해 간호장교 선호가 퇴조하자 항구적인 간호장교 양성체제의 필요성이 대두됨에 따라 되어 1967년 6월에 3년제 전문대학과정으로 '육군간호학교' 설립이 결정되어 8월 15일 창설식을 거행하고 육군간호학교 1기생 60명에 대한 입교식이 9월 27일 거행되었다.

이후 '육군간호학교'는 1970년 12월 31일 학교가 국방부 직할부대로 변경됨과 동시에 대통령령 제,5470호로 〈국군간호학교령〉이 제정되어 '육군간호학교'에서 '국군간호학교'로 명칭이 변경되었다.[688] 1980년 12월 4일 제정된 법률 제3,267호인 〈국군간호사관학교설치법중 개정법률〉에 의거 3년제 전문대학에서 4년제 정규대학으로 1981년 1월 1일부터 변경되었다.[689]

2004년 1월 20일 법률 제7,084호인 〈국군간호사관학교설치법중 개정법률〉로 남자생도의 입학이 가능하게 되었으나[690] 실제모집은 2011년 6월 15일 대통령령 제22973호인 〈국군간호사관학교 설치법 시행령 일부개정령〉에 의거 2012학년도부터 실시되었다. 남자생도는 모집인원의 10% 수준이다.

현재 간호장교들은 간호사관생도 및 간호후보생 과정을 통해 임관한다. 이들은 장병이 있는 곳에 언제나 함께하여 국군의 전투력 보존은 물론 재해·재난발생 시 국민 곁에서 항상 현장을 지켜 왔다. 아울러 1990년대로 들어오면서 평화유지활동

---

686) 국방부 군사편찬연구소, 『6· 25 여군참전사』, 2012, 306쪽
687) 국방부 군사편찬연구소, 『6· 25 여군참전사』, 2012, 343쪽
688) 육군본부, 『대한민국간호병과60년사』, 2009, 81~83쪽
689) 「관보 제8,709호」, 1980년 12월 4일 기사
690) 「관보 제15,601호」, 2004년 1월 20일 기사

의 일환으로 분쟁지역인 서부사하라, 아프가니스탄, 이라크, 레바논 등지에 파병되었거나 지속적으로 파병되어 세계평화 유지와 국위를 선양하고 있다. 간호병과 창설 60주년을 맞이하여 2008년 9월 23일에 선포한 간호병과 사명, 비전(Vision), 가치는 다음과 같다.

○ 사명 : 최고 수준의 군 전문 간호를 통해 장병과 국민의 건강하고 행복한 삶을 수호한다.
○ 비전 : 21세기 미래 군과 국가가 요구하는 간호 즉응력(Nursing Readiness) 구축
○ 핵심가치 : 인간존중, 고도의 전문성, 고결한 헌신, 화합과 단결

〈표 2-13〉 간호병과 사명, 비전, 핵심가치(출처 : 『대한민국간호병과 60년사』)

한국 여군의 모태, 육군여자배속장교

육군에 있어서 간호장교가 여군의 시작이었다면 여군의 모태는 '육군 여자배속장교'다. 정부수립 이후 좌익세력으로부터 학교를 지키기 위해 1948년 12월 26일 국방부와 문교부의 합의에 의하여 중등학교(中等學校 : 당시의 중등학교는 6년제) 이상의 학교에 학도호국단을 조직하고 교련과목을 정규과목으로 편성하여 시행하려 하였다. 그러나 이를 교육할 교련교사를 확보하는 것이 큰 문제로 대두되었다. 당시 군에도 장교가 부족한 형편이었기 때문에 학교까지 현역장교를 배치할 수 없었기 때문이다.

이에 따라 국방부는, 전국의 중등학교 이상의 각급 학교에서 통솔력이 있고 유능한 체육교사들을 교련교사로 육성하려는 문교부 계획을 수용하여, 군사교육을 필하게 한 후 예비역장교로 임관시켜 교련과목을 담당하게 한다는 이른바 「배속장교 양성안」을 마련하게 되었다. '배속장교 1, 2기'는 남자로 육군사관학교에서 양성하여 제1기는 233명이 1949년 2월 5일, 2기는 157명이 같은 해 3월 29일에 예비역 소위로 임관하여 각급 학교의 교련교사로 배치되었다.

배속장교 제3기는 여자들로만 편성되었는데 이는 여학교 및 여자대학교의 학도호국단 간부 여학생을 훈련시킬 여자 교련교사가 필요했기 때문이었다. 마침 문교부에서 실시한 '여자청년호국대지도자훈련과정'(1949. 5. 19~6. 9, 3주간)을 수료한 100

여 명 중에서 학교장 추천을 받은 32명을 다시 소집하여 같은 해 6월 30일부터 7월 30까지 교육시켰다. 이때 실시된 교육내용은 제식훈련, 독도법, 각종 화기학, 분·소대전술, 각개전투, 지휘통솔법 등이었다. 교육기간 중에 교육생들은 개성 38도선 부근 송악산에서 1주일간의 실전훈련을 실시하기도 하였으며 교관은 육군사관학교에서 지원되었다. 제반 교육은 옛 서울사범대학에서, 분·소대 전술은 장충공원에서, 그리고 실탄사격은 육군사관학교에서 각각 실시하였다. 1개월간에 걸친 소정의 교육을 마친 32명은 육군본부 특명 제164호로 7월 30일 육군 예비역 소위로 임관하여 옛 서울사범대학 연병장에서 임관식을 마치고 각급 여학교 교련교사로 배치되었다.

교육대장을 맡았던 김현숙은 예비역중위로 임관하였고 일부 인원은 중앙학군훈련소 내에 학도호국단 학생간부를 교육시키기 위한 '여자훈련소'가 설치되자 잔류하였다. '여자훈련소' 교육대장은 김현숙 예비역중위가 맡았다. 1949년 9월 28일 대통령령 제186호인 〈대한민국학도호국단규정〉[691]으로 학도호국단 체제가 변경되면서 학생활동이 금지되어 '여자훈련소' 또한 자연스럽게 폐지되었다.

그 후 '여자훈련소'에서 활동하던 여군관련자들은 국방부장관 비서실에 소속되어 지리산 공비토벌작전 시에 여자공비의 전향을 위한 임무를 수행하거나 개별적인 사회계몽 활동을 하다가 6·25전쟁을 맞이하면서 여군 창설에 참여하게 되었고 나머지 예비역들도 전쟁과 더불어 구성된 '여자의용군' 창설 시에 현역으로 편입되었다.[692]

당시 육군에 복귀한 김현숙 등 11명의 여자배속장교 중에서 김현숙은 교육대장으로 취임하였고 나머지 인원들은 중대장 및 소대장으로 보직을 받아 여자의용군 창설의 주역으로 크게 기여하였으며, 김현숙은 소령으로 나머지 인원은 소위로 1950년 10월 23부로 현역으로 복귀하였다. 추가적으로 같은 해 11월 25일에 4명, 12월 10일에 1명이 소위로 임관하여 현역으로 편입되었다.

여자배속장교 출신들은 6·25전쟁이 발발하자 여자의용군 형성의 주역이 되었을

---

691) 「관보 제185호」, 1949년 9월 28일 기사
692) 국방부, 『1950~2010 여군60년사』, 2011, 36~38쪽
　　국방부 군사편찬연구소, 『건군사』, 2002, 311~315쪽
　　국방부 군사편찬연구소, 『6·25 여군참전사』, 2012, 73~85쪽

뿐만 아니라 전쟁 중 여군의 교육훈련·정책·행정 및 기타 각종 지원분야에서 중책을 부여받고 임무를 성공리에 수행하여 여군발전에 크게 기여하였다. 휴전 이후에도 여군의 각 분야에서 선도적인 임무를 수행함으로써 여군이 오늘날의 모습을 갖추는 데 기초를 마련하였다고 평가받고 있다.[693]

여군 창설의 기원, 육군 여자의용군

6·25전쟁이 발발하자 김현숙 예비역 중위는 많은 학도의용군들이 자원하여 군에 입대하는 것을 보고 '여자의용군' 모집을 당시 신성모 국방장관에게 건의하여 대통령의 재가를 받아 7월 하순경에 소집된 배속장교들과 함께 대구와 부산지역에서 8월초부터 모병활동을 시작하였다. 지원자격은 18세~25세까지의 미혼여성으로서, 중학교 졸업 이상의 학력을 가진 여성 500명 모집을 계획하였는데 2,000명이 지원함에 따라 8월 20일경 구두시험, 필기시험, 신체검사 등을 거쳐 500명을 선발하였다. 아울러 모병의 취지를 밝히는 담화문을 1950년 8월 23일 부산지구계엄사령부에서 발표하였다.

선발된 인원은 부산의 제2훈련소 예속으로 국방부 일반명령(육) 제58호에 의거 1950년 9월 1일 창설된 '여자의용군교육대'에서 9월 4일 입소식을 갖고 4주간의 예정으로 교육훈련을 받게 되었다. 여자의용군 제1기의 교육훈련은 전투요원 배출 목적이 아닌 후방 행정지원요원 양성이 목표였지만 하사관의 수준에 맞추어 분대전투 수행능력을 구비하도록 하여 9월 26일 491명이 교육대 연병장에서 수료식을 가짐으로써 육군의 여자의용군이 배출되었다.

수료한 491명 중 20명은 여군의용군교육대에 충원되고, 471명은 1950년 10월 2일부로 창설된 육군본부 본부사령실 여군 제5중대로 전입되어 국방부 및 육군본부 부처감실과 재무대, 통신보급대대, 조달감실 등에 배치되어 행정업무를 담당하였다. 초대 여군중대장으로 배속장교로서 현역으로 편입한 김영숙 소위가 임명되었

---

693) 국방부 군사편찬연구소, 『6·25 여군참전사』, 2012, 89~90쪽

으며 중대선임하사는 여자의용군 1기생인 정재영이 보직되었다.[694]

한편, 전세는 인천상륙작전과 동시에 총반격을 개시하여 퇴각하는 적을 쫓아 38선을 돌파하여 동부에서는 혜산진, 중부에서는 초산지구, 서부에서는 신의주를 눈앞에 두고 한만국경으로 진격하게 되면서, 당시 북한의 정치적·문화적·사상적 조건 상 북한 주민에 대한 선무공작의 긴급성이 요청되었다. 이에 따라 1950년 11월 24일 정훈 1대대와 2대대를 창설하게 되었으며 임무의 성격 상 여성이 필요하게 되어 같은 해 11월 18일부로 여자의용군 제1기생 중에서 우수자 44명을 선발하여 장교로 현지 임관시켜 정훈대대 및 '여자의용군훈련소' 소대장으로 임명하였다. 이들은 정훈대대 29명, 여자의용군훈련소 10명, 국방부 3명, 육군본부 1명, 통역장교 1명으로 배치되었다.[695] 추가적으로 50명의 여자의용군이 하사관 또는 병으로 정훈대대에 배치되어 임무를 수행하였다. 정훈대대는 지리산 공비토벌작전이 종료되면서 1952년 9월 25일부로 해체되어 여자의용군 정훈 장병들도 복귀하였다.

여자의용군 제2기는 491명이 1950년 12월 10일 훈련입소를 하였으며 같은 달 17일 383명이 수료하여 1951년 1월 10일부로 각 군단 및 사단에 11명, 육본 75명, 육군 야전부대에 28명, 장교임관 6명, 예술대에 55명이 각각 배치되었다. 또한 2기생이 수료하자 1951년 5월 21일 후방행정부대에 배치된 여자의용군 1기와 2기생 중에서 경리학교 37명, 통신학교 무선통신과 44명, 보급통신과 48명을 각각 선발하여 입교시켜 활용분야를 확대하였다. 각 부대에서의 임무는 주로 문서연락, 필서 등의 행정요원으로 근무하였으며, 위문공연, 북한군 여군이나 중공군 여군 포로심문 시 입회나 통역, 여성첩보요원 등의 임무를 수행하였다.

이렇듯 여자의용군들은 6·25전쟁 중 전·후방 각지에서 작전지원 및 작전지속지원분야에서 근무하다가 1951년 6월 23일 소련 측에서 휴전을 제안하여 전면전이 일시 중단되고 전쟁이 소강상태에 놓이게 되자 전방부대에 배치되었던 여군이 철수되었다. 또한 학도의용군으로 참전한 학도들이 복교령復校令이 하달되자 같은 해 8월을 전후하여 여군도 많은 인원이 제대하였다.[696]

---

694) 국방부, 『1950~2010 여군60년사』, 2011, 91~92쪽
695) 국방부, 『1950~2010 여군60년사』, 2011, 98쪽
696) 국방부, 『1950~2010 여군60년사』, 2011, 75~76쪽

‘여자의용군교육대’는 1950년 10월 12일 국방부본부 일반명령(육) 제85호로 ‘여
자의용군훈련소’로 개칭되었으며 후방지역에서 일부를 제외하고는 여군의 임무가
줄어들자 간호장교 및 사병에 대한 군사기초훈련을 실시하다가 1951년 11월 15일
국일명(을) 제164호에 의거 해체되었다. 해체될 때까지 ‘여자의용군훈련소’는 여자
의용군 제1·2기생 874명, 간호장교후보생 제9기·10기 및 간호사관생도 제1기생 등
1,270여 명의 교육생을 배출하였다.

6·25전쟁기간 중 여군은 2명 전사, 4명 실종, 4명이 사망했다. 다양한 신분과 위
치에서 직접적으로 참전하고 지원하며 나라를 구하기 위해 온갖 어려움과 생명의
위협을 느끼면서도 오로지 한마음으로 애국충정을 실천한 이 땅의 수많은 여성들
의 숭고한 애국심은 그 어느 때보다 활짝 피웠다. 여군창설기념일은 1950년 9월 1
일로 ‘여자의용군교육대’ 창설일이다.

육군의 여군의용군교육대, 여군훈련소, 여군학교

제2훈련소 예속으로 국방부 일반명령(육) 제58호에 의거 1950년 9월 1일 창설된
‘여자의용군교육대’는 1950년 10월 12일 국방부 일반명령(육) 제85호로 ‘여자의용
군훈련소’로 개칭되었다가 1951년 11월 15일 국방부 일반명명(을) 제164호에 의거
해체되었다.

1951년 11월 15일 국일명(육) 제164호에 의거 여군의 인사행정업무를 전담하는
‘여군과’가 육군본부 고급부관실 내에 설치되었고, 여군의 교육훈련업무를 총괄하
여 담당할 수 있도록 1952년 2월 10일 교육총감부(현 교육사령부) 인사처에 여군과가
설치되었다. 여군으로서 임무수행이 가능한 분야를 개척하여 남자군인의 전투력을
제고시킬 수 있는 대비책으로 여군 기술병제도가 1953년 도입되면서 여자의용군훈
련소가 해체된 이후 2년간 중단되었던 여군모집이 재개되었다.

이에 따라 1953년 2월 1일부로 ‘보병학교 여군교육대’가 창설되었다. 그러나 보
병학교 여군교육대는 제3기생 93명과 여자의용군 1·2기생 중 이등중사 이상에서
선발된 19명의 여자간부후보생만을 교육하고 ‘고급부관학교 여군중대’와 ‘제2훈련

소 여군교육대'가 창설되면서 해체되었다.

1953년 3월 29일 창설된 '고급부관학교 여군중대'는 장교 3개 과정 35명, 부사관 및 병 4개 과정 413명을 배출시켰고, 1953년 6월 1일 창설된 '육군 제2훈련소 여군 교육대'는 장교 2개기 하사관 및 병 10개기 총 572명을 양성한 후에 1955년 5월 20 일 서울 서빙고에 교육총감부 예속부대로 '여군훈련소'가 재창설되면서 모두 해체 되었다.

'여군훈련소'는 육일명 제145호에 의거 1959년 10월 1일부로 교육총감부에서 육 군본부 직할로 예속이 변경되었으며, 1970년 12월 1일 '여군단'이 창설되자 여군단 예속부대로 변경되었다. 여군확대정책에 따라 1989년 12월 30일 개정된 법률 제 4,158호인 〈군인사법〉에 의거 1990년 1월 1일부로 여군병과가 해체되면서 '여군학 교'로 변경되었다가 육군 여군부대 해체 및 여군부사관 야전부대 전환 계획에 의거 2002년 10월 31일부로 해체되었다. 현재 여군에 대한 양성 및 보수교육은 남군과 동일하게 모든 교육기관에서 실시되고 있다.

여군부사관 제도의 발전

육군의 여군은 1950년 창설 당시 '여자의용군'으로 시작되었고, 같은 해 9월 26일 여자의용군 제1기생이 수료하고서는 편의상 '여의女義'라 표시하였을 뿐 병과휘장은 없었으며 보병으로 간주되어 관리되었다. 여자의용군은 6·25전쟁 중 행정, 정훈, 경리, 통신, 위문공연, 여성첩보요원 등의 분야에서 활동하였으며, 1951년 11월 15 일부로 여군의 인사행정업무를 담당하는 '여군과'가 육군본부 고급부관실 내에 설 치됨에 따라 여군병과 휘장이 1952년 5월 18일 제정되었다. 1953년 휴전 이후에 여자의용군이 정규군인 여군으로 발전하면서 여군병과로 정착되었다.

당시의 병과휘장은 미 여군의 병과휘장을 모방한 것으로 지혜의 여신 미네르바 (Minerva)의 측면 얼굴을 신라시대 화랑제도의 전신인 여성집단 원화源花의 측면 얼 굴로 바꾼 것이었다. 이후 육군의 전반적인 병과휘장 개선 계획에 의거 새로운 여 군병과휘장이 1971년 5월 1일부터 시행되다가 같은 해 5월 10일 정식 승인되었다.

여군병과휘장은 여군병과가 해체되어 제병과로 전환된 1989년 12월 31일까지 사용되었으며 현재는 남·여군 구분 없이 소속 병과에 따라 각 병과휘장을 사용하고 있다.[697]

〈그림 2-24〉 여군병과 휘장(출처 : 『1950~2010 여군 60년사』)

1950년대의 여군은 주로 기술병技術兵으로 속기, 통신, 타자, 경리, 일반행정 등을 담당하였다. 특히 여군이 1954년 타자기술을 도입하여 군의 행정을 혁신하는 견인차 역할을 하였고 여군의 장기 활용을 가능하게 하였다. 1959년 2월 15일에 제정·공포된 〈여군하사관 복무규정〉은 여군과 관련된 최초의 육군규정으로 여군하사관 및 병에 대한 입대자격, 복무기간, 배치, 보직, 진급, 전역에 관한사항 등을 규정하였다. 주요 내용을 살펴보면 여군병女軍兵의 의무복무기간은 2년으로 군사령부급 이상의 후방부대에서 행정 및 기술분야에서 근무하도록 하고 2년간의 의무복무기간이 만료되면 희망자에 한해 복무연장 지원서를 받아 심의를 거쳐 하사로 진급시켜 계속 복무하도록 했다.

계급	이병 → 일병	일병 → 상병	상병 → 병장	병장 → 하사	하사 → 중사	중사 → 상사
개월	4	5	6	9	26	36

〈표 2-14〉 여군 하사관 및 병 계급별 정년(출처 : 『1950~2010 여군 60년사』)

1963년 4월부터 대북 전술방송의 효과를 극대화시키기 위해 대북선전요원으로 심리전분야에 여군하사관 및 병이 활용되었다. 이들은 1주일에 4박5일의 비무장지대 근무를 하면서 대한민국의 발전상 소개, 귀순 종용, 북한의 침략성 및 거짓선전 폭로 등으로 북한군의 사기를 저하시키는 것으로부터 그들을 위로하는 음악까지

697) 국방부, 『1950~2010 여군60년사』, 2011, 207~208쪽

방송하였다. 1972년 7·4남북공동성명 발표이후 남북 상호비방방송 중단을 합의함에 따라 같은 해 11월 10일 15시 30분을 기해 대북방송이 중단 되었다.[698]

1967년 11월 25일, 육군하사관 특(을) 제1호에 의거하여 여군하사관의 친목과 복지를 향상시키고 능률적인 복무를 위한 상호 의견교환, 하사관의 자질향상 및 복무의욕 고취 등을 목적으로 '여군하사관단'이 창단되었고 초대 단장으로 제2대 여군주임원사인 김영옥 상사가 임명되었다.[699]

여군의 활용분야가 점차 다양해지고 인원이 늘어나면서 장기복무 희망자에 비해 인가 인원이 적어 여군 하사관의 적체현상이 발생하자 1967년 4월 1일 육군규정 〈하사관 임용 및 복무규정〉에 '여군하사관의 복무연장' 조항을 신설하였다. 계급정년제인 4·4·5제, 즉 하사 4년, 중사 4년, 상사 5년을 복무하되 계급별로 1회에 한해 2년간 복무를 연장하는 제도였다. 이 규정에 따라 여군 하사관의 경우 병 2년, 하사관 19년으로 총 21년까지만 복무할 수 있게 되었다.[700]

1968년 5월 9일, 그 동안 여군에게 지급되지 않았던 개인화기가 자체경제 및 방호능력을 구비할 수 있도록 인가되어 여군 하사관 및 병에게 칼빈 소총이 주어졌다. 또한 1969년 9월 20일, 제53기 공수교육을 수료한 정효단 상사 등 8명이 특수전사령부의 최초 공수요원이 되었다.[701] 같은 해 여군하사관 및 병을 전산분야 천공요원Key Puncher으로 활용함으로써 최초의 여군 전산분야 활용이 시작되었다.

그간의 경제발전과 소득수준이 높아지면서 고학력 여성이 증가하고 여성의 직업소유와 사회참여 욕구가 증대함에 따라 1970년대에 고등학교 졸업 이상인 여성의 육군 지원이 점차 증가되었다. 육군은 이에 따라 별도의 '여군하사관과정'을 여군훈련소에 신설하고, 이 과정에 50명의 여군하사관후보생 제1기가 1971년 8월 2일에 입소하여 10주간의 교육을 마치고 10월 9일 임용되었다. 이 과정을 수료한 후 임용된 여군하사관은 제10기까지로 이는 1974년부터 「여군하사관 정예화계획」으로 여군병女軍兵 제도가 폐지되고 최초 임용계급이 '하사'로 바뀌었기 때문이다. 제도 변경에 따라 민간인에서 곧바로 여군하사관후보생 과정에 입교한 인원은 11기로

---

698) 국방부, 『1950~2010 여군60년사』, 2011, 171~173쪽
699) 국방부, 『1950~2010 여군60년사』, 2011, 167쪽
700) 국방부, 『1950~2010 여군60년사』, 2011, 160쪽
701) 국방부, 『1950~2010 여군60년사』, 2011, 177쪽

1974년 1월 14일 여군훈련소에 입교하였다.[702] 여군병女軍兵 제도가 폐지되고 초임 계급이 하사로 전환됨에 따라 입대 자원의 질적 향상을 가져오게 되어 여군하사관의 활용영역이 전산, 전신타자, 여군 헌병, 항공관제분야, 심리전 방송요원 등으로 더욱 확대되었다.[703]

여군전산하사관 양성교육을 1974년부터 실시하여 천공요원으로 운용하였으나 효율성을 고려하여 1981년 천공요원이 군무원으로 대체되면서 폐지되었다. 그러나 사회발전과 더불어 행정업무의 증가로 비대해지는 행정요원의 축소와 군 행정사무 자동화계획에 따라 1984년 4월부터 여군하사관에게 문서편집기 사용교육을 시켜 육군의 사무자동화 운용요원으로 근무하도록 하였으며 희망자는 워드프로세스 자격증시험에 응시하게 하였다.[704]

여군헌병의 필요성이 대두됨에 따라 육일명 제41호(1980.12.17.)에 의거 1981년 1월 1일부로 육군본부 헌병대에 여군헌병대가 창설되어 여군하사관 15명이 임무를 수행하게 되었고, 여군하사관 3명이 같은 해 8월 29일 여군 최초로 항공관제하사관이 되었으며, 대북방송이 재개되면서 9월 1일부로 여군하사관이 심리전 방송요원으로 37명이 전방에 재배치되었다. 1984년 1월 1일부로 육군체육지도대가 국군체육부대로 승격되면서 여군 체육선수들을 양성하기 시작하였고, 1986년 11월부터 육군군악대에 여군하사관들이 활용되었으며, 1989년 7월 1일부로 국방부 근무지원단이 창설되면서 여군의장대가 편성되어 지금도 국가 및 군의 주요행사에 참여하고 있다.

여군하사관의 활용분야가 확대되고 인원이 증가함에 따라 인사관리제도도 함께 변화되었다. 1981년 하사의 복무연한을 4년에서 3년으로 수정하여 3·4·5제를 시행하다가, 1989년 3월 22일〈군인사법〉의 개정으로 하사관의 정년이 연장되고 복무의 욕을 고취시키기 위해 하사관 계급이 3계급에서 4계급체제로 변경됨에[705] 따라 육군은 〈여군하사관 인사관리방침 제18호〉를 제정하여 1992년 9월 23일부로 여군하

---

702) 국방부, 『1950~2010 여군60년사』, 2011, 228쪽
703) 국방부, 『6· 25전쟁 여군참전사』, 2012, 426쪽
704) 국방부, 『1950~2010 여군60년사』, 2011, 300~301쪽
705) 「관보 제11,186호 그2」, 1989년 3월 22일 기사
　　　하사관 계급이 하사, 중사, 상사 → 하사, 중사, 2등상사, 1등상사로 변경되었다가 하사, 중사, 상사, 원사로 다시 변경됨.(1993. 12. 31.)

사관의 3·4·5제가 폐지하고 당시 남군하사관과 동일한 인사관리가 되도록 변경하였다.[706]

구 분	변경 전	변경 후
복 무	• 전원 단기 복무로 근무 • 전 계급 복무 연장 • 계급별 복무기간 규제 : 3·4·5	• 장·단기 복무로 구분 - 장기 : 7년 이상 - 단기 : 6년 이하
진 급	• 계급별 복무 연장에 선발되어야 진급 자격 부여 • 여군 공석을 별도로 할당	• 하사 이상 복무 연장자 및 장기 복무자는 진급 자격 부여 • 여군 별도 공석 폐지
보 직	• 9개 병과특기에 근무 보병, 정보, 통신, 항공, 보급, 부관, 헌병, 경리, 정훈특기 • 군사령부 이상 제대 보직	• 13개 병과특기로 확대 수송, 화학, 의정, 법무특기 추가 • 병과별·특기별 편제직위에 남·녀 구분 없이 보직
전 역	• 계급별 복무기간 규제인 3·4·5제 적용	• 남군과 동일한 정년 적용 하사 40세, 중사 45세, 이등상사 50세, 일등상사 53세

〈표 2-15〉 〈여군하사관 인사관리 방침 제18호〉(출처 : 『1950~2010 여군 60년사』)

여군의 활용이 이전까지의 틀을 깨고 획기적으로 변화하는 계기가 마련된 것은 1989년 12월 30일에 법률 제4158호로 개정된 〈군인사법〉에 따라 그간 특수병과였던 '여군병과'가 1990년 1월 1일부로 해체된 것이다.[707] 이는 여군의 발전이 여군병과 및 정원 내에서만 이루어질 경우 효과가 미미하여 획기적인 발상의 전환이 필요하다는 의견에 따라 육군본부 인사참모부를 주축으로 연구 및 의견수렴 그리고 토의한 결과의 산물이었다.

개정된 〈군인사법〉에 따라 여군도 모든 병과에 임용할 수 있도록 법적 근거가 마련되었고 여군인력의 활용이 더욱 확대되는 계기가 되었다. 육군에서는 개정된 〈군인사법〉에 따라 여군하사관의 경우 부관 및 보병특기 위주로 분포되어 있던 중·상사를 당시 장교가 편성되어 있던 보병 등 13개 병과[708]로 본인 희망을 고려하여 심의를 거쳐 전환하였다. 또한 특기 변경과 병행하여 전원 복무연장으로만 관리하던 여군하사관을 장기(7년 이상), 단기(6년 이하), 복무연장(의무복무기간 이후~장기복무

---

706) 국방부, 『1950~2010 여군60년사』, 2011, 444쪽
707) 「관보 제11,416호 그3」, 1989년 12월 30일 기사
708) 13개 병과 : 보병, 부관, 정보, 항공, 수송, 헌병, 의정, 경리, 보급, 화학, 통신, 정훈, 법무 등

자로 선발되기 전) 등으로 구분하여 되었으며 양성 및 보수교육 그리고 인사관리에 있어서도 남군하사관과 점진적으로 통합하였다.

1997년 3월 여군인력활용 확대계획이 수립되면서 최초로 〈여군활용원칙〉이 설정되었는데 "여성의 특성 및 보호 차원에서 여군의 직접적인 전투참여를 금지하고, 여군을 이미 활용하고 있는 병과 중 전투에 직접 참여하는 직위는 전시戰時에 남군으로 대체하여 보직한다."는 것이었다. 또한 병과별 여군 인력관리 방향으로 "여군 활용에 제한을 받는 병과는 병과 내의 여군직위를 고려하여 계급별 별도의 인력구조로 관리하고, 남녀 구분 없이 활용 가능하거나 소수인원으로 별도의 인력구조 형성이 제한되는 병과는 병과 내의 여군 점유비율로 관리한다."고 설정하였다.[709]

이에 따라 여군하사관 활용특기를 16개 병과[710]로 확대하고 여군 초임하사 획득 인원을 점진적으로 증가시켰다. 또한 〈여군하사관 인사관리 방침 제18호('92. 9. 23.)〉가 폐지되고 〈여군하사관 인사관리 육방침 제33호〉가 같은 해 6월 17일부로 시행되었는데 주요 내용은 다음과 같다.[711]

구 분	세부 내용
교 육	• '96년 이전 임용자는 중사 진급 후 전원 초급반에 입교시킨다. • '97년 이후 임용자는 남군과 동일한 교육체계를 적용한다. 부관병과는 하사(진) 이후 초급반에 입교시킨다.
보 직	• 남군과 동일하게 인가된 군사특기 직위에 보직한다. • 복무연장은 의무복무 만료 전 수시 지원하며 육군본부에서 연 2회 (전·후반기) 심사한다. ＊ 복무연장의 지원 절차, 자격, 심사위원회 운영 등은 장기복무심사를 준용한다.
진 급	• 여군하사관의 효율적인 인력운영을 위해 인력구조 정착 시(2010년)까지 별도 관리한다.

〈표 2-16〉 〈여군하사관 인사관리 육 방침 제33호〉(출처 : 『1950~2010 여군 60년사』)

여군하사관의 각 병과 및 특기별로 활용이 확대됨에 따라 그간 우수 여군하사관을 획득하는 데 제한요소가 되었던 '임용 연령제한' 관련 규정이 1998년부터 폐지되었다. 즉 당시〈군인사법〉에 '하사관 임용연령'이 18~27세였으나 육군규정의 단서조항으로 여군지원자는 '18세 이상 24세 미만의 미혼여성'으로 제한을 두고 있었다.

---

709) 국방부, 『1950~2010 여군60년사』, 2011, 478쪽
710) 16개 병과 : 기존 13개 병과, 공병, 정비, 군종 등
711) 국방부, 『1950~2010 여군60년사』, 2011, 492~493쪽

이 여군하사관 임용연령 단서조항이 육군규정에서 삭제되고, '임관일 기준 18세 이상 27세 이하인 자(단, 여군지원자는 미혼)'로 개정되었다가, 2007년 4월 20일부로 기혼여성 모집제한이 폐지되고 2008년부터 '단, 여군지원자는 미혼'이란 육군규정 단서조항마저 삭제되어 현재는 남녀 구분 없이 "연령은 임관일을 기준으로 만 18세 이상 만 27세 이하일 것."으로[712] 규정되어 있다.

여군하사관의 활용확대에 따른 인사관리 기준의 재설정으로 〈여군하사관 인사관리 육방침 제33호〉가 폐지되고 〈여군하사관 인사관리 방침 제42호〉가 1999년 9월 1일 제정되었다. 이는 전 병과에 여군하사관을 확대 운용하되, 여성 특성에 맞는 병과, 계급, 복무구분별로 활용제대 및 직위를 구분하여 관리하고 복무연장 및 장기복무는 당해연도 인력운영계획에 의거 남·여군 차별 없이 동등한 기회부여로 능력과 특성에 따라 적재적소에 배치하여 관리하기 위한 것이었다. 주요 내용은 다음과 같다.[713]

구분	주요 내용
교육	• 의무복무재(3년)는 초급반 교육을 실시하지 않는 것을 원칙으로 한다. • 초급반 교육 입교는 당해연도 선발자 전원을 입교함을 원칙으로 한다. 단, '99년 입교 대상자 중 교육수료 후 1년 이내 복무가 만료되는 자는 인력수급을 고려하여 교육에서 제외한다. • 중급반, 고급반 등 기타 보수교육과정은 남군과 동일하게 실시한다.

보직	• 의무복무재(3년)인 여군하사는 특수직위 보직자를 제외하고 군사급 이상 및 학교기관 행정직위에 활용한다.
	• 복무연장 및 장기복무 확정된 자부터는 행정직위 활용 후 초급반 수료와 동시에 병과직위에 활용한다.
	• 여군하사관 보직관리는 계급 및 병과에 따라 구분하여 관리한다.
	• 여군 하사는 부대 적응 및 병과별 특성을 고려하여 활용한다.
	  - 보병, 성보병과는 연내급 이상 군난급 이하 세내에 보식
	  - 통신, 공병병과는 사·여단 직할대 참모부 및 단급 이상 참모부에 보직
	  - 항공병과는 대대급 이상 참모부에 보직
	  - 기타 병과는 남군과 동등하게 보직을 관리
	• 중사 이상은 남군과 동등하게 인사관리함을 원칙으로 한다.

복무연장	• 복무연장은 의무복무만료 1년 전까지 지원, 육본에서는 연 2회 심사한다. • 복무연장 기간은 1회에 연단위로 1년 또는 2년으로 한다.

〈표 2-17〉 〈여군하사관 인사관리 방침 제42호〉(출처 : 『1950~2010 여군 60년사』)

---

712) 육군규정 107(2014. 10. 6.) 『인력획득 및 임관규정』, 제56조 ①항2
713) 국방부, 『1950~2010 여군60년사』, 2011, 507쪽

　　육군은 여군 창설 초기부터 현역 여군하사관 중에서 우수자원을 장교로 선발하였으나(1950~1989년), 1989년 이후에는 하사관에서 장교로 선발하는 제도를 폐지하고, 자격기준을 4년제 대학졸업 이상자로 제한하였다. 그러나 우수 여군하사관들에게 장교 진출 기회를 부여하여 군복무 경험을 보유한 초급장교 확보와 여군하사관 복무의욕 고취 및 사기앙양에 기여할 수 있도록 2000년 후반기부터 전문대졸 또는 4년제 대학 2년 이상 수료자를 대상으로 다시 선발하도록 하였다.714) 현재는 남·여군 부사관 구분 없이 자대 근무경력 6개월 이상인 부사관 중에서 전문학사 학위소지자나 4년제 대학 2학년 이상 수료자 중에서 선발하고 있으며 해마다 선발인원, 지원자격 및 구비서류 그리고 선발방법 및 절차에 대해 공고하고 있다.715)

　　여군은 그 동안 육군규정에 따라 '당직근무 면제대상'에 포함되어 있었으나 여군의 증가, 근무의 형평성 등으로 2000년 2월 1일부로 당직 및 상황근무에 여군이 포함되었으며 같은 해부터 여군하사관이 국군기무사령부에 근무하게 되었다.

　　2002년 10월 31일부로 여군학교 해체와 병행하여 육군의 주요 여군부대가 해체되면서 기존의 여군부사관 운용에 대한 패러다임이 전환되어 기존의 단순한 행정보조에서 해당병과 고유 업무를 수행하는 것으로 바뀌었다. 이는 여군활용 확대정책, 여군 운용의 효율성, 여성 권위신장 차원에서 추진하게 되었으며 간부들의 PC능력 향상도 여군부대 해체의 또 다른 이유가 되었다.716) 여군부대의 해체대상은 주로 여군부사관으로 구성되어 행정보조업무를 수행하던 주요사령부의 여군부대였다. 여군부대의 해체에 따라 여군부사관의 야전부대 전환 배치가 관건이 되었는데 이를 계기로 여군부사관 인력관리체계 및 인사관리 제도가 대폭 변화하게 되었다.

---

714) 국방부, 『1950~2010 여군60년사』, 2011, 508쪽
715) 육군규정 107(2014. 10. 6.) 『인력획득 및 임관규정』, 제24조
716) 국방부, 『1950~2010 여군60년사』, 2011, 680쪽

야전부대 전환 여군 운용 및 관리지침(전환 시 보직제한 요건)
• 강인한 체력 및 직무를 요하는 접적 전투부대 및 직책 • 광범위한 수색, 정찰, 특수작전 임무를 수행하는 부대 • 부대의 지리적 위치 및 임무수행 여건상, 평시에 적과 직접적인 교전이 발생될 가능성이 있는 부대 • 전·평시 개인의 위생, 생리적 현상을 해결하기 곤란한 분야 • 고도의 전문적인 기술과 실무수행 시 고도의 체력을 요구하는 분야 • 편의시설 및 주거환경 확보에 극히 제한되는 부대
여군부사관 보직관리체계 및 획득체계 개선
• 초임 여군하사는 야전제대 해당 병과직위에 보직 활용(2003년 1월 1일 이후) • 여군부사관은 계급별·병과별 해당 특기 보직 원칙 • 진급 시 여성 특성을 고려하여 설정된 직위에 우선 보직 • 단계별 보직관리 및 계획인사 시행으로 직위 내 적재적소 보직 • 전문지식을 습득할 수 있는 유사 직위에 보직

〈표 2-18〉 2002년 변경된 여군하사관 인사관리(출처 : 『1950~2010 여군 60년사』)

2006년 12월 28일 제정된 법률 제8097호인 〈국방개혁에 관한 법률〉에 따르면 제16조에 여성인력의 활용을 확대하고 우수한 여군 인력을 활용함으로써 전력을 강화하기 위하여 2020년까지 연차적으로 여군장교는 장교정원의 7%, 여군부사관을 부사관 정원의 5%까지 확충하도록 되어 있다.[717] 이에 따라 육군은 2016년까지 여군의 확충목표를 조기에 달성하고 지속적으로 여군을 더욱 확충할 계획이다. 이러한 여군의 확충계획에 따라 여군활용분야도 더욱 확대되고 여군활용원칙도 변화되고 있다.

국방부는 여군보직원칙을 양성평등 원칙에 따라 남·여 차별 없이 모든 직위에 여군배치를 원칙으로 하되, 각 군 참모총장이 부대임무와 여군의 신체특성 등을 고려하여 여군배치 제한기준 및 부대를 정립하여 시행하도록 하고 있다.[718] 국방부의 여군의 보직 및 배치 제한기준은 다음과 같다.

---

717) 「관보 제16,409호」, 2006년 12월 28일 기사
718) 국방부 훈령 제 1,747호(2014. 12. 30.) 『국방 인사관리 훈령』, 제26조의2

제26조의3(지상근접전투부대 보직 제한기준)
① 지상근접전투를 주임무로 하는 부대의 분·소·중대장 보직은 제한한다.
② 여군지휘관(자)는 신병교육대, 동원·향토사단(해안 제외), 교육기관 위주로 보직심의를 거쳐 적격자만 보직하되, 전시戰時에는 보직을 교체한다.
③ 여군은 지휘관(자) 직위를 선택 직위로 지정하여 경력관리 불이익을 방지한다.
제26조의4(여군 배치 제한부대)
① 현행 작전을 수행하는 GOP 및 해·강안 경계부대 : 중대급 이하는 보직을 제한하되, 대대 참모부는 사·여단장 판단하에 보직할 수 있다.
② 여군의 생활시설을 구비하는 데 과다한 비용이 소요되는 부대 　　예) 중대급 이하 소파견지 또는 격오지 부대 등
③ 여군은 지휘관(자) 직위를 선택직위로 지정하여 경력관리 불이익을 방지한다.
제26조의5(여군 배치 제한직위)
① 신체조건 상 여군이 임무를 수행하기에 부적절한 직위 　　예) 특공 및 수색대대급 이하부대 중·소대장, 폭파담당관 등
② 밀폐된 공간 또는 소규모 단위로 임무를 수행하는 직위 　　예) 전차 승무원, 포병 관측장교, 방공진지 근무자 등
제26조의6(여군 인사운영 여건 보장을 위한 조치)
① 정책부서(국방부, 합참, 각군본부 등)에 여군보직여건을 보장하기 위해 군별 여군 평균 보직률 수준으로 보직하되, 군별 여군인력을 고려하여 육군은 중령급 장교, 해·공군은 소령급 장교를 기준으로 한다.
② 육군 사·여단급 참모부서에 영관급 여군장교를 5% 이상 보직한다.
③ 여군 재보직권을 사·여단장급 지휘관에게 위임하여 임신여군, 전투부대 중대급 이하에 보직된 여군의 보직조정 여건을 보장한다.
④ 각군 참모총장은 여군 보충 시 부대별 여군 인력현황을 고려하여 분산 보직함으로써 신병교육대 및 교육기관 등 특정 부대에 집중하지 않도록 통제한다.

〈표 2-19〉 여군 보직관리(출처 : 〈국방인사관리훈령〉)

　　이러한 〈국방인사관리훈령〉에 따른 육군 여군부사관의 활용 원칙은 "임무수행에 필요한 자격요건을 갖춘 여군부사관은 전 직위에 배치할 수 있으며 전·평시 동일한 직위에 활용하고, 인사관리(보직, 교육, 진급 등)도 남군과 동일하다."는 것이다. 다만, 여성이 갖고 있는 특성으로 인해 일부 보직을 제한할 수 있으나, 부대 임무와 여군의 특성, 장점 등을 고려하여 필요 시 제한적으로 보직할 수 있도록 하고 있다.719) 여군부사관에 대한 세부적인 활용은 아래와 같이 규정되어 있다. 여군장교의 경우도 크게 다르지 않다.

---

719) 육군규정 112(2014. 10. 7.) 『부사관 인사관리 규정』, 제38조

지상근접전투 참여를 주임무로 하거나 참가가 예상되는 부대
(보병·포병·기갑·방공)
① 야전군 상비·동원사단 중대급 이하 및 해안대대 중대급 이하 모든 직위 다만, 대대 및 중대 교육훈련지원 부사관과 상비·기보사단 예하 신교대대는 보직할 수 있으나, 전시 미해체 부대의 신병교육대에 보직된 여군은 전시에 전환요원으로 활용
② GOP 및 해·강안 대대참모부 여군 보직은 사·여단장 판단하에 보직
특수작전 임무 및 장거리 정찰임무를 수행하는 부대나 직위
① 특전·특공여단 예하 대대급 이하, 특공연대급 이하 제대 및 사단 수색(기동) 대대 전 직위
② 다만, 여군을 필요로 하는 특수임무부대나 직위는 임무수행에 필요한 자격요건을 갖춘 여군을 심의 후 보직·활용
여군에게 적합한 생활시설을 구비하는 데 과다한 비용이 소요되는 부대나 직위
① 중대급 이하 소파견지 또는 격오지 부대·직위
② 기타 여군에게 적합한 생활시설이 구비되지 않은 대급 이하 제대
직무와 관련된 신체 요구조건이 대다수 여군에게 부적합한 부대나 직위
① 수색·특공·전투공병 중·소대 등
포병·기갑·방공병과 일부 직위는 여건 성숙 시까지 참모직위 위주 보직
① 포병 : 전투지휘 또는 관측임무를 수행하는 직위를 제한할 수 있다. ② 기갑 : 밀폐된 공간에서 전투지휘 임무를 수행하는 직위를 제한할 수 있다. ③ 방공 : 진지 등 소파견지에서 방공작전 임무를 수행하는 직위를 제한할 수 있다.

〈표 2-20〉 여군부사관 보직관리(출처 : 〈부사관인사관리규정〉)

육군은 여군에 대한 모성을 보호하는 가운데 양성평등을 구현하고자 많은 정책과 제도를 구현하고 있으며 지속적으로 발전적인 진화를 거듭하고 있다. 사회적 변화에 적극 대처함으로써 우수한 여성 인력을 확보하여 육군의 정예화를 추구해 가는 한편. 개방적이고 합리적인 육군의 문화를 형성하고자 노력하고 있다.

여군부사관에 대한 모성보호 정책 및 제도

육군의 여군에 대한 여성정책이나 제도분야는 현재진행형이다. 특히 여군 장병의 복무 중 결혼과 출산은 여군 인사관리에 있어서 중요한 고려사항이 되었다. 1950년 8월 '여자의용군' 모집 시에 대상은 만 18~25세로서 중학교 졸업(당시 6년제) 이상자인 미혼여성이었다.

그러나 1959년 2월 제정된 〈여군하사관 복무규정〉에서 여군하사관 및 병은 독신자로 의무복무기간 중에는 결혼이 불가하고 중사 이상에게만 결혼이 허용되었으며, 이때 출산휴가는 복무기간에서는 제외하되 출산 전 3개월, 출산 후 1개월의 유급휴가였다. 당시 사회적인 여건을 고려해 본다면 상당히 파격적인 제도라 생각된다. 기본적으로 여성이 취업하기도 어려웠지만 임신을 하게 되면 자동적으로 회사를 퇴직하는 것이 사회적인 통념이었기 때문이다.

이후 1964년 6월 30일 제정된 육군규정인〈하사관 임용 및 복무규정〉의 제11조, 여군의 복무조항에서 복무기간 중에는 결혼할 수 없도록 규정하였다. 아울러 1964년 6월 15일 제정된 육군규정인〈장교, 준사관 및 하사관 분리규정〉의 제44조에서 여군 하사관이 임신할 경우에는 강제전역 조치가 가능하도록 하였다. 여군 하사관에게 다시 결혼이 허용된 것은 1984년 5월 30일에 〈여군하사관 인사관리제도〉가 수정되면서 의무복무기간이 만료된 중사 이상 여군에 한해서였다. 그러나 여전히 출산은 금지가 되었다가 1987년 5월 21일 육군 정책심의를 걸친 제도개선으로 1988년 1월 1일부로 기혼자의 출산이 허용되었고, 이를 계기로 같은 해 5월 11일에 〈여군 임신복 복제의 제정〉이 승인되었다.[720] 여군장교들의 결혼과 출산의 경우에도 크게 다르지 않았다.

의무복무 중인 여군하사에게 결혼 및 출산이 허용된 것은 2000년 〈여군복무 관련 시행방침 제19호〉에 의해서다.[721] 당시 의무복무 중인 여군하사는 영내거주를 원칙[722]으로 하였기 때문에 영내생활로 결혼 자체가 불가한 것으로 인식되고 있었으나, 여군하사의 결혼 및 임신이 의무복무기간 만료 6개월 전부터 허용되었고 그 이전에 결혼 시에는 현역복무 부적합자로 전역 처리되었다. 이는 당시 관련법규로 인해 임신 시 2~12개월 동안 근무가 제한됨에 따라 의무복무 3년인 여군하사에게 전면적인 임신허용이 사실상 어려웠기 때문이다. 현재는 제한이 없다.

우리나라의 직장 여성이 양성평등 및 임신과 출산으로부터 어느 정도 자유로워진 것은 법률 제5,136호인 〈여성발전기본법〉이 1995년 12월 30일 제정되면서부터

---

720) 국방부, 『1950~2010 여군60년사』, 2011, 163~164쪽
721) 국방부, 『1950~2010 여군60년사』, 2011, 501쪽
722) 육방침 97-47호(1997. 9. 9.), 〈여군하사영내거주방침〉

라고 생각된다. 이 법은 정치·경제·사회·문화의 모든 영역에서 남녀평등을 촉진하고 여성의 발전을 도모함을 목적으로 제정되었다. 아울러 개인의 존엄을 기초로 한 남녀평등의 촉진, 모성의 보호, 성차별적 의식의 해소 및 여성의 능력개발을 통하여 건강한 가정을 이루고 국가와 사회의 발전에 남녀가 공동으로 참여하며 책임을 분담할 수 있도록 함을 그 기본이념으로[723] 하고 있다.

여기서 '모성보호'란 "여성의 생리적·신체적 특질을 감안하여, 일하는 장소에서 특별히 보호하는 사회적 조치이며, 여성의 생리·임신·출산·육아 등의 모성기능에 관한 보호"로 단지 임산부뿐만 아니라 미래의 임산부인 미혼여성에 이르기까지 포괄적으로 적용되는 개념이다.[724]

앞에서도 언급했지만 여군의 결혼과 임신 그리고 출산은 항상 여군의 인사관리분야에서 중요요소가 되어 왔다. 육군에서도 모성보호와 출산장려, 성 관련 사고예방, 그리고 양성평등정책이 도입되어 여군들의 복무여건 개선을 위해 꾸준히 노력하고 있다. 현재 육군에서 시행하고 있는 모성보호 및 출산 관련 제도는 육아휴직, 불임휴직, 청원휴가, 기타 모성보호제도 등으로 구분되는데 군과 가정생활 양립을 위하고 육아 및 보육여건을 보장하는 것으로 각 제도의 세부적인 내용은 다음과 같다.[725]

구분	내　　용
육아 휴직	• 대상 / 요건(군인사법 제48조 ③항 4) - 만8세 이하(또는 초등학교 2학년 이하) 자녀를 양육하거나 여군이 임신 또는 출산하게 되어 필요한 경우
	• 휴직기간(군인사법 제49조 ③항, 군인사법시행령 54조의3)) - 1년 이내. 단, 여군의 휴직기간은 3년 이내로 분할사용 가능
	• 세부기준(국방 일-가정 양립 지원제도 운영 훈령 제5조) - 휴직기간은 자녀 1명에 대하여 1년(여군 3년)으로 하며, 쌍생아의 경우도 자녀 1인당 각각 휴직 사용 가능 - 부부군인의 경우 자녀 1인에 대해 각각 휴직 사용 가능 - 사명령서에 휴직사유로 양육 대상 자녀("첫째자녀" 혹은 "둘째 자녀" 등)를 명확하게 명기해야 함.

---

723) 「관보 제13,202호」, 1995년 12월 30일 기사
724) 국방부, 『1950~2010 여군60년사』, 2011, 744쪽
725) 관련 법규는 다음과 같다.
　　　〈군인사법〉, 〈군인연금법〉, 〈군인사법 시행령〉, 〈군인복무규율〉, 〈부대관리 훈령〉, 〈국방 일-가정 양립 지원제도 운영 훈령〉, 〈국방 인사관리 훈령〉, 〈군 출산장려 조성훈령〉, 〈여군 산부인과 진료비 지원에 관한 지시〉, 〈부사관 인사관리규정〉, 〈공무원수당 등에 관한 규정〉 등

구분	내　용
육아 휴직	• 신청기한(국방 일-가정 양립 지원제도 운영 훈령 제6조) - 육아휴직 개시예정일의 90일 전까지 인사계통으로 각 군 본부에 신청 - 신청기한 내 미신청 시 소속부대(서)장의 건의에 따라 장관급 부대의 인사위원회 심의를 거쳐 신청 가능 • 휴직 종료 예정일 연기(국방 일-가정 양립 지원제도 운영 훈령 제7조) - 육아휴직 종료예정일의 연기 신청은 휴직기간 만료 30일 전까지 신청 - 신청기한 내 미신청 시 소속부대(서)장의 건의에 따라 장관급 부대의 인사위원회 심의를 거쳐 신청 가능 • 결원보충(군인사법 제48조 ⑦항, 군인사법 시행령 제54조의4) - 6월 이상 휴직한 경우 휴직일부터 해당 휴직자의 계급에 해당하는 정원이 따로 있는 것으로 보고 결원 보충 가능. 단, 대통령령이 정하는 경우에 한해 3개월 이상 휴직한 경우에도 결원 보충 ⇨ 출산휴가와 연계하여 3개월 이상 휴직한 경우 정원이 따로 있는 것으로 보고 결원 보충 • 휴직수당(공무원수당 등에 관한 규정 제11조의3) - 30일 이상 육아휴직 시 휴직일로부터 최초 1년간 봉급의 40% 지급 - 상한액 : 월 100만원, 같은 자녀에 부모 모두 휴직 시 150만원 - 하한액 : 월 50만원 • 업무대행수당(군인사법 시행령 제53조의2, 공무원수당 등에 관한 규정 제14조의2) - 출산휴가 또는 육아휴직자의 업무를 대행하는 군인에게 업무대행수당 지급(1인 5만원, 2~5인 3만원). 단, 육아휴직자 대체인력 보충 시에는 업무대행 수당 지급 불가 • 휴직기간의 복무기간 산입(군인사법 제49조 ④항) - 육아휴직은 의무복무기간 및 진급최저복무기간에 산입하지 않음 - 자녀 1인에 대한 휴직기간이 1년을 넘는 경우에는 최초 1년에 한해, 셋째자녀부터는 총 휴직기간을 진급 최저복무기간에 산입, - 퇴직수당 지급에 있어서의 복무기간 계산 시 육아휴직기간은 전부 복무기간 내 산입(군인사법 부칙, 군인연금법 제16조 ⑪항) • 휴직 허용제외(군인사법 시행령 제54조의2) - 육아휴직을 허용하지 않는 특별한 사정이라 함은 전시 사변 또는 이에 준하는 국가비상사태의 경우임.
불임 휴직	• 대상 / 요건(국방 일-가정 양립 지원제도 운영 훈령 제14조 ①항, 15조) - 불임진단을 받은 여군이 불임치료 등 임신을 위해 시술이 필요 시 • 휴직절차(국방 일-가정 양립 지원제도 운영 훈령 제15조) - 불임 진단서(군병원, 보건소, 의료법 제3조에서 정하는 의료기관에서 발행한 진단서) 또는 불임치료를 증빙할 수 있는 자료 제출 - 명령권자는 업무수행 및 인력운영 등 부대사정을 종합적으로 고려하여 결정하여야 함. - 신청기한 및 종료예정일의 연기신청은 '육아휴직'을 준용 (휴직개시 90일 전 신청, 휴직만료 30일 전 종료예정일의 연기 신청) • 휴직기간(국방 일-가정 양립 지원제도 운영 훈령 제16조) - 총 1년 이내에서 분할하여 사용 가능 • 보수 및 복무기간(국방 일-가정 양립 지원제도 운영 훈령 제17조) - 불임휴직기간의 보수는 봉급의 반액 지급(군인사법 제48조 ④항) - 불임휴직기간은 의무복무기간 및 진급최저복무기간에 산입하지 않음.

구분	내　　용
	• 불임시술 휴가(군인복무규율 제39조의4 ⑥항) 　- 인공수정 또는 체외수정 등 불임치료 시술을 받는 군인에게 시술 당일에 1일의 휴가 부여 　＊ 다만, 체외수정 시술 시 난자 채취일에 1일의 휴가 추가 가능
청원 휴가	• 출산휴가(군인복무규율 제39조의4) 　- 출산 전후를 통해 90일의 출산휴가를 허가하되, 출산 후 45일 이상 　- 배우자 출산휴가 부여 : 첫째 및 둘째자녀 출산 5일, 셋째자녀 출산 7일, 넷째이상 출산 9일
	• 유 · 사산휴가(군인복무규율 제39조의4) 　- 임신 11주 이내 : 유 · 사산한 날부터 5일까지 　- 임신 12주 ~ 15주 : 유 · 사산한 날부터 10일까지 　- 임신 16주 ~ 21주 : 유 · 사산한 날부터 30일까지 　- 임신 22주 ~ 27주 : 유 · 사산한 날부터 60일까지 　- 임신 28주 이상 : 유 · 사산한 날부터 90일까지
	• 병가(군인복무규율 제39조의4) 　- 본인이 부상 또는 질병으로 요양이 필요할 때 30일 이내 　- 조산의 경우 ‘출산휴가’ 를 적용함.
	• 여성의 보건휴가(군인복무규율 제39조의4) 　- 매 생리기와 임신 시 매월 1일. 다만, 생리로 인한 여성보건휴가는 무급 • 육아시간제(군인복무규율 제39조의4, 국방 일-가정 양립 지원제도 운영 훈령 제28조) 　- 생후 1년 미만의 유아를 가진 경우 1일 1시간 사용(월단위로 명령 발령) 　- 출생증명서 또는 가족관계증명서 제출 　- 본인의 신청으로 근무시간 중의 적절한 시간을 선택, 유아가 만1세가 되는 날까지 허가
	• 입양휴가(군인복무규율 제39조의4) 　- 입양을 실시할 때 20일의 휴가 부여
기타 모성 보호 제도	• 육아를 위한 탄력근무(국방 일-가정 양립 지원제도 운영 훈령 제18~21조) 　- 대상 : 만12세 이하 육아를 위한 시설 또는 육아도우미에게 자녀를 위탁하기 위해 출·퇴근 시간의 조정을 필요로 하는 자, 기타 육아를 위하여 탄력근무가 필요한 자 　- 근무 : 정규 출근시각 기준 1시간 전후 내에서 30분 단위로 출근시각 선택. 다만, 10~12시, 13~16시는 핵심근무시간으로 업무 실시 　- 통제 : 탄력근무 실시 기간 중 교육명령, 출장, 당직명령, 훈련 등이 포함되어 있을 경우 해당 일의 근무시간은 정상근무. 단, 해당일의 탄력근무시간 내에 임무수행이 가능한 출장의 경우에 한해 탄력근무 가능
	• 여군 산부인과 진료비 지원에 관한 지시(국지시 제14-4013, 2014. 10. 17.) 　- 대상 : 모든 여군 　- 지원범위 : 부인과 질환으로 외래진료를 받은 건강보험 급여 항목 중 본인부담금으로 지원금액 및 지원횟수 제한 없음. 　- 지급절차 　• 각 의무부대 또는 각군 본부 의무계획과에 진료비 청구 　• 구비서류 : 진료비지원신청서, 진료확인서(또는 의무기록 사본, 소견서 · 진단서 · 진료기록지 사본 중 택1), 진료비영수증, 통장사본 　　＊ 부인과 진료 여부만 명시한 서류(병명기재 불필요) 　• 각 군 본부에서 본인 계좌로 입금 　- 진료비 청구 : 진료비 급여사유가 발생한 날로부터 2년

구분	내 용

기타
모성
보호
제도
	• 부부군인 관련 규정(육규 112 부사관 인사관리 규정 제29조)
	  - 적용대상 : 부부군인 중 3년 이상 복무자
	  - 근무지 : 하·중사와 8세 이하 자녀를 양육(임신포함)하는 상·원사는 상시 동일권역 신청 및 근무가 가능

	• 당직근무 면제(부대관리훈령 제78조)
	  - 임신 여군은 임신확인 진단서 제출 시부터 분만 후 6개월까지 당직근무에서 제외.
	  - 유·사산한 여군의 경우
	    * 임신 14주 이상 28주 미만 : 유·사산한 날로부터 3개월
	    * 임신 28주 이상 : 유·사산한 날로부터 6개월
	    * 다만, 인공 임신중절 수술(모자보건법 제14조제1항에 따른 경우는 제외)의 경우는 제외
	  - 세 자녀 이상 여군은 당직근무 면제(셋째 임신 ~ 초등학교 입학 전까지)
	  - 기간이 명시된 의사 지단서를 제출한 불임시술 중인 여군은 당직근무에서 제외

	• 체력검정 일시보류(부대관리훈령 제375조)
	  - 임신중(임신 14주 이상 유·사산 포함)이거나, 출산 후 1년이 경과되지 않은 여군은 소속지휘관 확인과 군의관 소견을 받은 경우 일시 보류, 미실시자는 당해 연도 체력검정 등급 1급을 부여
	  - 다만, 인공 임신중절 수술(모자보건법 제14조 제1항에 따른 경우는 제외)에 따른 유산 제외

	• 임신여군 인사관리(국방 인사관리 훈령 제27~31조)
	  - 임신여군 : 임신 2개월~출산 후 6개월 이내인 여군
	  - 분만 취약지 : 분만가능 산부인과의 이동시간이 1시간 이상 이격 지역
	  - 분만 취약지에 근무 중인 임신여군은 본인 희망 시 현 근무지 동일권역 내에서 분만가능 산부인과 인근지역(30분 이내)으로 보직 조정
	  - 임신여군은 유해·위험 가능 직위의 배치 제한
	    * 유해물질 취급 또는 노출 직위, 폭발물 처리 관련 직위, 방사선 취급 및 병원체 오염 우려 직위, 24시간 연속근무 직위, 장시간 과도한 소음 및 진동 노출 직위, 기타 임산부 유해·위험 예방을 위해 배치 제한이 필요한 직위
	    * 임신여군 인사관리 적용을 이유로 보직·경력 상의 어떠한 불이익도 받지 아니함.
	  - 분만취약지에 근무하는 임신여군이 분만가능 산부인과 인근지역으로 보직조정 시 군숙소 배정 및 '층' 선택의 우선권, 전세자금 우선 지원

	• 임신여군 인사관리(육규 110 장교 인사관리규정 제43조 ②항 3)
	  - 임신여군은 본인의 희망에 따라 임신 2개월~출산 후 6개월까지 계획인사 기간 연장 가능
	  - 분만 취약지에 근무 중인 임신여군은 희망 시 현 근무지 동일권역 (사단 ~군사) 내에서 분만 가능 산부인과 인근지역(30분 이내)으로 보직 조정
	  - 임신여군의 경력평가는 6개월 이내 보직자는 차후 보직과 합산하고, 6개월 이상인 자는 1개 직위를 필한 것으로 평가
	  - 임신 중인 장교는 필요 시 이중보직을 허용
	    * 여군부사관은 '장교 인사관리규정 제43조'를 준용함.

	• 다자녀 (부부군인) 부사관(육규 112 부사관 인사관리규정 제53조 ④항)
	  - 3자녀 부사관은 본인이 희망 시 희망지역으로 우선 분류함.
	  - 다자녀 출산으로 보직 조정된 자가 계획인사 도래 시는 자녀 양육 기간을 고려하여 세 번째 자녀 기준 만 8세까지 교류를 유예함.

〈표 2-21〉 여군의 모성보호를 위한 제반 정책 및 제도

아울러 육군은 여군의 고충처리를 원활히 하고, 성군기 사고예방을 위하여 부대별 여군 선임자로 '여성고충상담관제도'를 운용하고 있다. '여성고충상담관'의 임무는 여성인력의 고충상담 업무를 수행하면서 여군 초급간부와 임신여군을 중점적으로 관리하고 필요한 사항은 지휘관에게 보고하여 조치를 받는 것이다. 또한 여성인력과 유기적인 교류를 통해 성군기 사고를 적극 예방하고, 성군기 사고 발생 시 피해자의 의사를 존중하여 필요한 사항을 조치하는 것이다.[726) 따라서 육군에 복무하는 모든 여군들은 자신의 신상과 관련된 애로사항에 대한 여성고충상담관과 적극적인 상담을 통해 애로사항을 해소하고 본연의 임무수행에 매진할 필요가 있다. 개인의 상담과 관련된 내용은 비밀이 보장된다.

또한 군내 성폭력[727) 예방을 위해 2001년 〈성군기 위반사고 방지에 대한 지침〉이 마련되고, 2004년 11월에 기존의 성희롱 예방교육을 흡수하여 '성 인지력 향상 및 성 군기 위반사고 예방과목'으로 국방부 통제 교육과목이 신규 편성되어 모든 교육기관의 양성 및 보수교육과정에서 2~3시간씩 반영되었다. '성 인지認知'란 '남성과 여성 간의 불평등이 성역할의 기대와 관습, 제도 등으로 형성된 것임을 민감하게 인지하는 능력'을 말한다. 따라서 '성폭력 예방교육'을[728) 통해 여성과 남성이 가정과 사회에서 동등하게 일할 수 있는 제도적 장치, 평등하게 일하고 대우 받을 수 있는 권리, 특정정책이 여성과 남성에게 미치는 차별적인 영향을 사전에 분석·시정하는 데 필요한 안목과 기술적 능력을 갖추게 된다.[729)

이에 따라 육군도 '성폭력 예방교육'을 모든 학교기관과 야전부대에서 지속적으로 실시하고 있다. 육군은 구성원의 '성 인지력' 향상을 통해 성 차별로 인해 발생할 수 있는 부대단결의 저해, 군기강 해이 등을 방지함으로써 여군과 남군이 부대 내에서 진정한 동료이자 전우로서 동등하게 일할 수 있는 여건을 조성하고 성폭력을 예방할 수 있도록 하고 있다. 육군은 '성폭력 예방교육'을 의무적으로 이수하도록 하고 있으며 이수 여부를 2014년부터 각종 선발 및 인사관리에 반영하고 있다.

---

726) 국방부훈령 제1,626호(2014. 2. 24), 〈여성고충상담관 운영훈령〉 제3조
727) 국방부는 2015년 3월 10일 〈성폭력 근절 종합대책〉의 일환으로 '성관련 사고'를 '성폭력'으로 용어를 정립하였다.
728) 2015년 3월 10일부로 '성인지력 향상교육', '성관련 사고 예방교육', '성희롱 방지교육' 등의 용어가 '성폭력 예방교육'으로 용어가 통일되었다.
729) 국방부, 『1950~2010 여군60년사』, 2011, 735쪽

 여군활용 확대, 모성보호와 양성평등의 야누스(Janus)

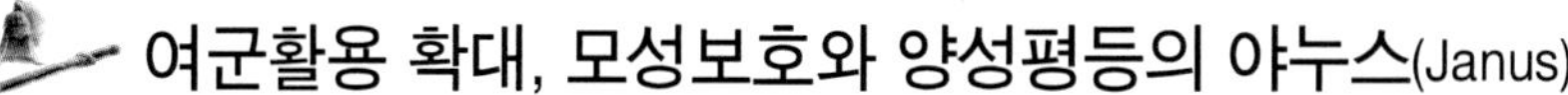

여군의 다짐

하나. 우리는 자랑스런 대한민국 여군이다. 호국여성의 선봉이 되자.
둘. 우리는 무궁화의 얼이다. 조국과 겨레를 위해 충성을 다하자
셋. 우리는 국군의 빛이다. 신의와 사랑으로 이웃을 밝히자.
넷. 우리는 승리의 맥박이다. 한 핏줄 전우애로 굳게 뭉치자.
다섯. 우리는 지·용·미의 표상이다. 슬기와 용기로써 최선을 다하자

〈표 2-22〉 〈여군의 다짐〉(출처 : 『1950~2010 여군 60년사』)

지智·용勇·미美는 여군의 신조다. 〈여군의 다짐〉은 여군으로서 긍지와 신념을 고취하고 사고와 행동의 표준으로 삼기 위해 제정되었고, 1980년 5월 8일부로 전 여군부대에 공문으로 지시되어 각종 의식행사, 점호 그리고 수시 기회교육으로 암송하도록 하였다.730)

육군의 여군은 국가가 누란의 위기에 처했던 6·25전쟁 중 창설된 이래 이러한 여군의 신조와 다짐처럼 국가와 군에 헌신해 왔고, 지금도 전·후방 및 정책·교육기관에서 맡은 바 임무를 충실히 수행하고 있으며 국토방위의 일익을 담당하는 데 그 몫을 다하고 있다. 여군의 유효성에 힘입어 여군 창설 이래 여러 가지 우여곡절은 있었지만 사회 및 국방환경의 변화에 따라 여군의 활용이 꾸준히 확충되어 왔다.

이는 갈수록 증대되는 여성의 사회참여 확대를 통한 자아실현에 대한 강한 욕구, 사회의 전통적 가치관에 있어서 패러다임의 전환, 과학발달에 따른 전쟁 또는 전투수행 방법의 변화 및 무기체계의 첨단화 그리고 인구구조의 변화 등으로 인해 군에서 여성인력의 활용이 지속적으로 확충될 수밖에 없는 필연적인 사실이 되고 있다. 또한 과거의 전쟁이나 전투가 전적으로 인간의 근력muscle power에 의존한 반면, 현재는 그 의존도가 떨어지고 있으며 게다가 근력을 보조할 수 있는 도구들의 개발도 함께 이루어져 미래에는 더욱 더 인간의 순수한 근력만이 요구되지 않게 되었다. 이 또한 여성인력의 확충을 요구하는 한 요인으로 작용하고 있다.

---

730) 국방부, 『1950~2010 여군60년사』, 2011, 308~309쪽

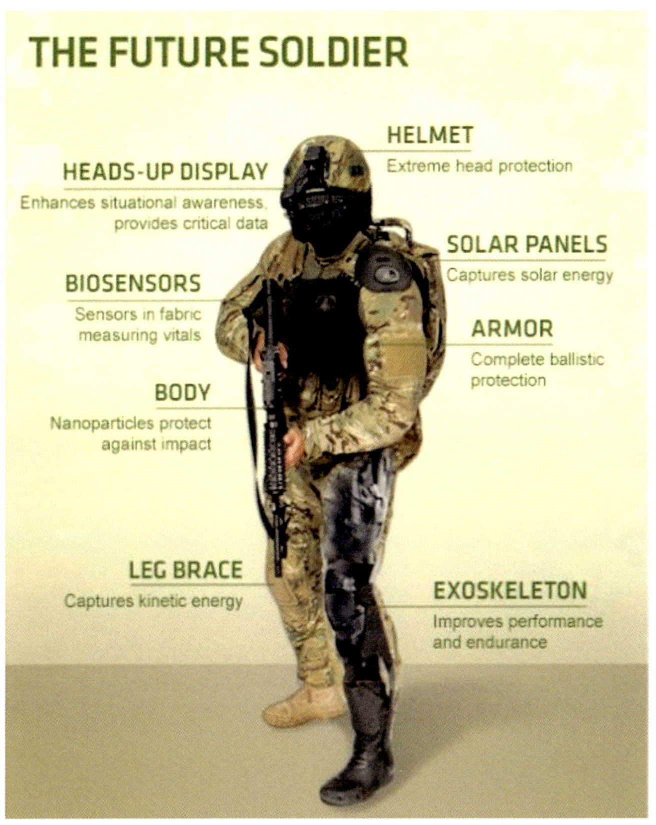

〈그림 2-25〉 미군이 개발 중인 '전술강습 작전복' (출처 : DARPA)

미 육군이 개발 중인 영화 아이언맨의 슈퍼갑옷과 같은 '전술강습 작전복Tactical Assault Light Operator Suit, TALOS'. 단순한 방탄복 기능을 뛰어넘어 다양한 종류의 센서, 무선통신 장비를 비롯하여 정보처리 체계, 헤드업 디스플레이, 특수부대원의 휴대하중을 감소시키는 외골격 체계 등 최신 기술을 총망라할 예정임.

이러한 추세에 따라 최근 여러 국가들이 여군 배치를 제한하였던 전투분야에까지 여군을 투입하기 시작하면서 여군의 활용 가능 범위, 그에 따른 영향 등에 대한 논쟁이 꼬리에 꼬리를 물고 있다. 논쟁의 주요쟁점은 지상근접전투 분야에 대한 여군인력의 확충문제이다.

캐나다는 1989년 결정으로 잠수함 승무를 제외한 전 직위를 개방하였다가 2001년에 이마저도 제한사항을 삭제하고 여군에 대한 지휘관들의 역할에 관한 교육과 여군의 역량 증가를 인정하는 문화적 공감대 형성 등에 노력하고 있다.

뉴질랜드는 2001년 이후 보병, 기갑, 포병부대 등 모든 영역에서 여군의 제한을 폐지하는 것을 입법화하였고 2004년 처음으로 여성 포수, 소총수, 야전 공병 부대원을 배출하였으며 2005년 성 통합을 위한 실질적인 과정의 일환으로 군 내부 여군의 대표성 향상, 남·여군의 동시 수용, 상호존중문화 조성, 동등한 인력·인사관리 등에 노력을 기울였다. 이러한 과정은 여성의 사회적 역할 변화와 공헌, 그리고 성 통합에 대한 군 내부 지휘관들의 명확한 지휘 방침과 이행을 바탕으로 이루어졌다고 평가되고 있다. 그 결과로 현재 여군은 모든 군의 전투 최일선에서 소위 '전투임무(위험수준이 높은 임무)'를 수행하고 있다.

핀란드의 경우 근접 전투임무에 여군을 활용한다는 원칙 아래 모든 부대와 국경경비대, 모든 전개 작전에 여군을 포함시키고 있다. 노르웨이는 잠수함 근무를 포함해 모든 전투직위에 여군을 배치한 최초의 NATO국이며 군내·외적으로도 여군의 전투분야 활용에 긍정적이다.[731] 더군다나 2014년 10월 14일 여성에게 병역의무를 부과하는 법안을 압도적인 찬성으로 통과시켰으며 이에 따라 2016년부터 남성과 마찬가지로 1년간 복무할 의무를 갖게 되었다.[732]

2011년 호주도 군내 모든 직책을 향후 5년에 걸쳐 여군이 맡을 수 있도록 할 것이라고 발표함에 따라 2016년이 되면 모든 직위가 여군에게 전면 개방된다. 이에 따라 여군도 대테러 특수전과 해외파병 전투 임무 등도 수행할 수 있게 되었다.[733]

미국의 경우 국방정보센터(CDI, Center for Defense Information)에서 1998년부터 "여군과 남군이라는 특성이 아니라 개인이 가진 역량에 의해 관리되고 평가받아야 한다."는 지침을 정하여 여군제도로 정착시키는 노력을 해왔으며, 2001년 아프가니스탄전쟁과 2003년 이라크전쟁에 여군을 실전에 투입하였다.[734] 앞에서 언급했듯이 미국은 2013년 초에 여군의 〈전투배제지침〉을 원칙적으로 폐지한다고 결정하였다.

전 세계 곳곳에서 지금도 전투를 하고 있는 미국이 이러한 결정을 내린 것은 여러 가지를 고민한 결과이겠지만 배경을 이해할 수 있는 보고서 중 하나는 푸코

---

731) 한국국방연구원. 『주간국방논단 제1421호(12-30)』, 2012, 3쪽
　　　김규현·정주성, 「외국 여군의 전투 분야 활용 동향 및 시사점」
732) 조선일보(2014. 10. 17), "통일이 미래다"
733) 조선일보(2011. 9. 29.), "호주도 여군 차별 없애……. 특공대·해외파병 전투 수행 가능"
734) 조선일보(2014. 10. 17), "통일이 미래다"

Michele M. Putko와 존슨 2세Douglas V. Johnson II가 함께 작성한 『전투에서 여성 개론 WOMEN IN COMBAT COMPENDIUM』이다. 이 보고서는 2008년 작성되었는데 미군의 〈전투배제지침원칙〉을 개정하도록 건의한 보고서였다.

이 보고서에서 미군의 〈전투배제지침〉을 개정하도록 한 주요 논거는 첫째는 여성이 미 육군의 15%를 차지하고 있으며, 2007년 9월 기준으로 이라크와 아프가니스탄에서 67명의 여군이 전사하였고 더 많은 여군이 부상을 다하였는데 이는 전장에서 〈여군전투배제정책〉의 타당성이 떨어진다는 것이다.

둘째는 미 육군이 직면하고 있는 전쟁의 본질이 전선과 후방의 경계가 모호한 비선형전·비정규전을 수행하는 환경으로 변화되었기 때문에 여군에 대한 현재의 미 육군의 규정이 이러한 변화된 전장환경에 부합되지 않는다는 것이다.[735] 즉 전장에 투입되면 남·여군을 불문하고 전·후방에 관계없이 항상 전투가 일어날 수 있다는 것이다.

셋째는 군인의 본질과 교육훈련의 문제인데, 군인은 곧 전사(戰士)이고 전사의 임무와 전투기술은 군인을 직접교전의 상황을 위해 철저히 준비시키는 것으로, 남·여군을 불문하고 신병교육을 통해 체득하고 있다는 것이다. 이는 미 육군의 전투배제정책에 따른다면 여군이 경험해서는 안 되는 전투상황이라는 주장이다.[736]

넷째는 여군에게 더 많은 군 보직을 개방하는 것은 물론 위험이 따르겠지만 대중의 지지를 받을 것이라는 주장이다. 이는 2차 세계대전 시에는 16명, 베트남전에서는 적 사격에 의해 1명, 걸프전에서는 5명의 여군이 전사한 반면, 이라크 및 아프가니스탄에서 2006년 12월까지 사상자 중에서 2%가 여군이었고, 2007년 3월 기준으로 이라크전에서 작전지속지원 병과의 여군 64%가 기습공격을 받아 62명이 사망했음에도 불구하고 여군이 전사했다는 사실에 대해 국민들이 충격을 받지 않았다는 것에 근거한다. 사실은 정보가 쉽게 공개되지 않아 일반 대중은 여군 사상자 수를 잘 알 수가 없었다.[737]

---

735) Michele M. Putko, Douglas V. Johnson II, 『WOMEN IN COMBAT COMPENDIUM』, Strategics Studies Institute, 2008. vii쪽
736) Michele M. Putko, Douglas V. Johnson II, 『WOMEN IN COMBAT COMPENDIUM』, Strategics Studies Institute, 2008. 31~32쪽
737) Michele M. Putko, Douglas V. Johnson II, 『WOMEN IN COMBAT COMPENDIUM』, Strategics Studies Institute, 2008. 40쪽

마지막으로, 전투에 참가했던 여군 예비역들에 대해 그간 외상 후 스트레스 Post-Traumatic Stress, 불임률, 기타 성관련 문제에 대한 어떠한 조사도 없었다는 것이다.738) 사실 미 육군의 심각한 고민 중 하나는 남군지원자가 줄어들고 있어 육군의 가용한 병력수급을 어렵게 함에 따라 보직을 개방하여 더 많은 여성인력들을 모집 대상에 포함하도록 해야 하는 것이다.

현실적으로 우리나라의 경우도 출산율 감소에 따른 병역자원의 감소로 그 해결 책을 고심해야 하는 상황이다. 2020년이 되면 징병대상자의 98%가 현역으로 입대 해야 된다고 예측을 하기도 한다. 이에 따라 야기될 수 있는 부작용을 해소하기 위한 대책으로 전문가들은 복무기간 연장, 병력 감축, 모병제로 전환, 여성 징병제 등의 대안을739) 내놓고 있지만 어느 하나 실행으로 옮기기에는 사회적 합의, 남·북 대치상황하에서 적정 군사력 유지, 소요예산 등 해결해야 할 많은 문제들을 내포하고 있는 실정이다. 그럼에도 불구하고 분명한 것은 군내의 여성인력 확충이 결코 거부할 수 없는 현실이며 진행 중에 있다는 사실이다.

육군은 이러한 추세에 맞추어 여성인력의 확충과 그 활용에 있어서 사회적 가치를 실현하고자 지속적으로 노력하고 있으나 고민이 깊은 것 같다. 그 고민이 무엇인지에 대해 우리는 깊이 생각해 볼 필요가 있다. 이는 단순히 양성평등의 직업차원을 넘어 부분적으로는 모성보호라는 것과 상충되고 있으며, 생사生死가 공존하는 전장 또는 전투와 뿌리가 깊이 맞닿아 있기 때문이다.

육군의 입장은 명확한 것 같다. 여군장교도 마찬가지지만 임무수행에 필요한 자격요건을 갖춘 여군부사관을 모든 직위에 배치할 수 있으며 전·평시 동일한 직위에 활용하고, 인사관리(교육, 보직, 진급 등)도 남군과 동일하다는 여군부사관 활용원칙을 정하고 있다. 다만, 여성이 갖고 있는 특성으로 인해 일부 보직을 제한할 수 있으나, 부대 임무와 여군의 특성 및 장점 등을 고려하여 필요 시 제한적으로 보직할 수 있도록 하고 있다. 즉 여군부사관에게 모든 직위를 원칙적으로 개방하고 있지만 실제적으로 일부 직위에 대해서 제한하고 있다. 왜 여군의 '지상직접전투참여'에 대해

---

738) Michele M. Putko, Douglas V. Johnson II, 『WOMEN IN COMBAT COMPENDIUM』, Strategics Studies Institute, 2008. vii쪽
739) 조선일보(2014. 10. 17.), "통일이 미래다"

선뜻 응하지 못하고 있을까?

　첫째는 사회적 합의다. 육군의 역사 속에서 그 예를 찾아 볼 수가 있다. 6·25전쟁 중이던 1951년 전반기에 3사단 소속이었던 여자의용군 권이순 이등중사가 전투근무지원 업무 중에 강원도 속사리에서 전사하고 3명이 실종되는 상황이 발생하였다. 당시는 국군의 후퇴와 전진이 반복되어 가장 빈번한 부대이동이 이루어지던 시기였다. 이 소식을 전해들은 남군들이 아무리 긴박한 전쟁 중이긴 하나 여군까지 전방에 투입하여 전사하게 해서야 되겠느냐며 여론이 일었다. 이에 따라 여자의용군들을 대구에 있는 제1보충대로 전속시키기로 결정하였으며 1951년 8월 12일에 마지막으로 제6사단 지역에서 활동하던 여자의용군이 철수함으로써 전원 후방으로 전속되었다. 여자의용군이 전투부대에서 참전 활동하는 것이 중지된 것이다.[740] 6·25전쟁 중에 여자의용군 2명이 전사하였고[741] 간호장교는 3명이 전사하였다[742]

　1960·70년대의 월남전에서 한국군 3,806명이 전사하였다.[743] 월남전에 행정요원으로 여군장교 11명, 간호장교 526명이 파병되었고, 이후 걸프전·서부사하라 의료지원단·아프가니스탄 동의부대·이라크 제마부대·레바논 동명부대 등에 여군 및 간호장교들이 파병되었지만 여군 전사자는 없었다.

　우리 군이 유엔 평화유지활동의 일환으로 인도·파키스탄 정전감시단에 1994년 11월에 해외 파병한 이래, 현재도 유엔 평화유지활동·다국적군 평화활동·국방협력의 목적으로 여러 국가에 많은 병력을 파병을 하고 있지만, 지상 전투부대로 근접전을 수행하기 위한 파병은 없었다. 이는 국제평화유지활동에 적극 참여함으로써 세계평화에 기여한다는 국방목표를 떠나 우리의 아들과 딸들이 해외파병 기간에 '전사戰死'할 수 있다는 사회적 합의가 없었기 때문이라고 생각한다.

　전장의 속성상 어느 지역에서 무슨 일을 하던지 간에 생·사가 그림자처럼 서로 붙어 있다. 게다가 전쟁이나 전투가 전방과 후방의 경계가 모호한 비선형전·비정규전을 수행하는 환경으로 변화되고 있기 때문에 어디서나 전사·상(戰死·傷)의 가능성은 점점 높아지고 있다고 볼 수 있다. 그럼에도 불구하고 여전히 전선이 형성되고, 북

---

740) 국방부, 『6·25전쟁 여군참전사』, 2012, 171~175쪽
741) 국방부, 『6·25전쟁 여군참전사』, 2012, 119쪽
742) 『6·25전쟁 여군참전사』의 간호장교 참전자 명단에서 전사자를 발췌하였다.
743) 국방부, 『파월한국군전사 10』, 1985, 531쪽

한이 지상군 전력의 약 70%를 평양~원산선 이남에 배치하여 상시 기습공격을 감행할 태세를 갖추고[744) 있는 안보 현실 속에서 '지상직접전투부대'에 여군을 배치하는 것이 타당한 것인가? 과연 우리 사회는 '지상직접전투부대'에서 여군이 전사하는 것을 용납할 수 있는가? 이 물음에 먼저 답할 수 있어야 할 것이다.

둘째는 모성보호와 양성평등이다. 모성보호란 "여성의 생리적·신체적 특질을 감안하여, 일하는 장소에서 특별히 보호하는 사회적 조치이며, 여성의 생리·임신·출산·육아 등의 모성기능에 관한 보호로 단지 임산부뿐만 아니라 미래의 임산부인 미혼여성에 이르기까지 포괄적으로 적용되는 개념이다."라고 앞에서 언급하였다. 따라서 군에서 일부 직위에 대한 여군의 보직 제외는 '일하는 장소에서 특별히 보호하는 사회적 조치'이자 배려이지 차별이 아니라는 관점이다.

'양성평등'이란 "남녀가 완전한 인권과 잠재력을 실현하기 위해 동등한 조건을 가지는 상태"로 각자의 개성과 아울러 모성기능인 임신·출산·생리 등 성별에 따른 고유한 기능을 존중하는 것이며 가정과 사회에서 동등하게 참여하여 책임을 나누는 것이다. 이는 여군과 남군이라는 특성이 아니라 개인이 가진 역량에 의해 관리되고 평가받아야 한다는 것을 의미한다.

여성정책의 두 축인 모성보호와 양성평등은 그 시발점이 다르다. 모성보호가 '생물학적 성(性, Sex)'과 관련된 정책이라면, 양성평등은 '사회문화적 성(性, Gender)'과 관련된 정책이라고 할 수 있다. 즉 모성보호와 양성평등은 수레의 두 바퀴와 같아 적절한 균형을 이루어야 앞으로 잘 나갈 수 있다. 어느 한 쪽이 강조되어 두 바퀴가 균형을 이루지 못한다면 그 수레는 삐걱거릴 수밖에 없을 것이다. 양성평등은 모성보호, 즉 모성보호라는 개념에 내포되어 있는 '특별히 보호되는 사회적 조치'를 전제로 하고 있다는 생각이 든다.

셋째는 전장 또는 전투에서의 함께하는 남군들의 행동이다. 역사적으로 전투현장에서 여군의 출현은 양면성을 갖고 있었다. 여군은 남군들에게 전사戰士로서 자의식을 고무시켜 사기를 올리거나 전쟁터에서 여군의 사망이나 부상은 남군에게 상당한 영향을 미쳤다.

---

744) 국방부, 『2014 국방백서』, 2015, 10쪽

프랑스와 다호메이 여전사 간의 전투에서 프랑스 일부 군인들은 여성과 전투를 하는 것은 기사도적이지도 않고 프랑스인답지도 않다고 생각했다.[745] 반 나체의 아마존 여성을 쏘거나 대검으로 찌르는 데 수 초 동안 망설이기도 하였다. 이러한 망설임이 치명적인 결과를 초래했다.[746] 그도 그럴 것이 작은 체구에 큰 눈을 가진 아프리카의 여린 여인이 가벼운 옷차림에 칼과 총을 들고 공격해 오는데 과연 누가 당황하지 않고 서슴없이 그들을 향해 사격을 할 수 있었겠는가? 이러한 망설임은 사선死線을 넘나드는 전쟁터에서 상대적으로 치명적인 결과를 초래할 수 있다.

남·여 모두에게 징병제를 택하고 있는 이스라엘은 1948년 독립전쟁 당시 여군을 남성들과 나란히 싸우게 했지만 이후 줄 곳 여성을 전투에 투입하기를 거부해 왔다고 한다. 그 이유는 독립전쟁 당시 여성 전투원들이 죽거나 다치는 것을 본 동료 남성 전투원들이 폭력성을 억제하지 못하는 일이 계속 일어났고, 아랍 군인들 또한 이스라엘 여군에게 항복하는 것을 극도로 꺼렸기 때문이라고 한다.[747] 그러나 최근 들어 여군을 최일선 대부분의 전투직위에 배치하고 있다. 경보병대, 포병대, 국경 순찰대에 여군 배치를 시작으로 남부 국경을 순찰하는 혼성 보병부대 및 여군이 지휘하는 저격소대도 창설했다. 그러나 여전히 기갑, 보병부대에는 여군 배치를 제외하고 있다.[748]

팀 오브리언(Tim O'Brien)은 그의 저서 『만약 내가 전쟁터에서 죽는다면(If I die in a Combat Zone)』에서 베트남전을 회상하면서 베트콩(Viet Cong) 간호사가 총에 맞아 치명적인 부상을 당했을 때, 그의 중대는 슬픔과 후회로 가득찼었다고 했다.[749]

이처럼 전투에서 여성의 존재는 공격성을 억제할 수도 있지만, 전투현장에서 여성이 위협을 당한다면, 전장심리는 남성들 간에 벌이는 신중하고 제한된 의식적 전투에서 자기 우리를 지키려는 잔인한 동물들의 무제한적인 전투로 변한다.[750] 우리는 과거 전사에서 교훈을 얻어 전쟁터에서 여군이 미치는 양면성을 숙고하고 직접

---

745) Stanley B. Alpern, 『Amazons of Black Sparta』, NYU PRESS, 2011. 200쪽
746) Richard Holmes, 『ACTS of WAR -THE BEHAVIOR OF MEN IN BATTLE-』, FREE PRESS, 1989. 104쪽
747) Lt. Col. Dave Grossman, 『ON KILLING』, BACK BAY BOOKS, 2009. 175쪽
748) 한국국방연구원. 『주간국방논단 제1421호(12-30)』, 2012, 5쪽
　　김규현·정주성, 「외국 여군의 전투 분야 활용 동향 및 시사점」
749) Richard Holmes, 『ACTS of WAR -THE BEHAVIOR OF MEN IN BATTLE-』, FREE PRESS, 1989. 104쪽
750) Lt. Col. Dave Grossman, 『ON KILLING』, BACK BAY BOOKS, 2009. 175쪽

전투 현장과의 물리적 거리를 고려해서 여군을 운용하여야 한다고 생각한다. 전투 시 여군 사상자의 발생으로 인한 남군 전투원의 무제한적인 폭력성의 증가를 방지해야 하기 때문이다.

마지막은 '외상 후 스트레스 장애(PTSD, Post Traumatic Stress Disorder)'다. PTSD는 심각한 외상적 사건[751]에 노출되고, 이로 인한 심신 및 행동 등에 부정적 변화[752]가 1개월 이상 초래되어 사회, 직업적 기능 손상을 겪는 질환으로 우울증, 수면장애, 약물중독, 해리현상(解離, Dissociation)[753] 발생 및 자살이 동반될 수 있으며, 일상생활조차 어려운 것으로 정신과적 진단과 적절한 치료가 이루어져야 한다.

세계 각 곳에서 수시로 전투를 수행하는 미국 등 선진국에서는 별도의 법률을 제정하는 것은 물론, 당사자와 그 가족에 대한 사전예방, 현장관리, 사후관리 등의 다양한 프로그램을 마련하여 체계적으로 전장스트레스를 관리하고 있다. 그럼에도 불구하고 참전용사들의 PTSD로 인한 사회적 문제는 증가하고 있는 실정으로, 이라크 및 아프가니스탄 참전용사가 경찰과의 갈등으로 총격 사망한 사건만 2013~2014년 7월까지 2년 동안 8건이 발생하였고 사회적으로 경찰에 체포되는 비율이 일반인의 두 배가 넘는다고 한다.

PTSD가 군 차원을 넘어 사회문제로 대두되자 미군에서 발행하는 기관지인 성조지(STARS AND STRIPES)에서 이러한 문제의 심각성에 대해 4회에 거쳐 연재하여 보도하였다. 이에 따르면 이라크와 아프가니스탄 참전병력인 총 2백 6만 명 중 약 20~30% 정도는 보훈병원에서 정신과 치료를 받아야 하는 것으로 추정된다고 한다. 또한 노스캐롤라이나 대학과 국가보훈처 연구가들의 2012년 연구보고서를 인용하여 PTSD를 겪고 있는 참전 예비역 중 약 23%가 자살했으나 PTSD를 겪지 않는 다른 참전 예비역은 9%가 자살했다고 보도하였다. 2014년 보고된 연구결과에 의하면,

---

751) 생명이 위협을 당하는 사건 또는 중대한 신체적 손상이나 성폭력 등을 실제로 경험하거나 직접 목격하거나 가까운 가족 또는 친구가 그러한 사건을 겪는 것을 알게 되는 것.
752) 외상적 사건의 재경험(불수의적으로 반복되는 기억의 회상 또는 악몽), 외상적 사건의 회피(사건과 관련된 생각이나 감정 또는 떠오르게 하는 사람, 장소 등을 회피), 부정적 인지와 정서(사건과 관련하여 자신 또는 남을 탓하거나 사고 전 흥미 있던 것들에 흥미를 잃거나 감정의 둔화 등), 각성 상태(신경질 또는 공격적 행동, 지나친 경계, 놀람 반응의 악화, 집중의 어려움, 수면장애 등)
753) 정신적 충격으로 자신의 의지와 상관없이 다른 사람처럼 말과 행동을 하고 심한 경우 자기 행동을 전혀 기억하지 못하는 증상

PTSD와 알콜 중독문제를 겪고 있는 참전용사의 약 36%가 2013년 심각한 범죄에 연루되었는데 이는 그렇지 않은 참전용사의 5%와 매우 대조된다고 하였다.[754]

우리나라의 경우, 한 언론사에서 심층기획으로 다룬 기사를 보면, 2012년 경찰청이 경찰공무원 17,311명을 대상으로 특수건강진단 PTSS(Post Traumatic Stress Syndrome, 외상 후 스트레스 증후군으로 PTSD보다 폭 넓은 개념)검사지로 조사한 결과 30.7%가 'PTSS 고위험군(현재 PTSS를 앓고 있다는 뜻)'에 해당됐다. 소방공무원은 응답자 32,112명 중 13.9%가 'PTSS 위험군'으로 분류됐다.[755] 2013년 8월 보라매병원에 '경찰 트라우마 센터'가 개설되었다.

군인의 경우는 안보경영연구원에서 연구한 『해외파병자 PTSD 관리방안 연구』 보고서를 보면, 2002년 제2연평해전 또는 2010년 천안함 폭침사건을 경험한 6명에 대해 조사한 결과 5명은 'PTSD 진단 집단'에 1명은 '부분 PTSD 진단 집단'으로 분류되어[756] 국내교전 장병의 외상 후 스트레스 수준이 높게 나타났다. 반면에 해외파병 경험이 있는 19명은 외상 후 스트레스가 대부분 낮아 정상적인 것으로 조사되었다.[757] 천안함 폭침 사건 이후 국군수도병원에 '정신건강증진센터'가 개원되어 PTSD 관련 프로그램을 발전시키고 있으며, 2011년 서울중앙보훈병원에 'PTSS 전문클리닉'이 개설되었다.

대부분의 여성이 현재 또는 장차 한 가정의 아내이자 엄마인 것처럼 여군 또한 마찬가지이다. PTSD를 겪는 '정신적 사상자'가 된다면 자녀양육에 문제가 생길 것이고 이는 한 가정의 불행이자 사회적 문제이며 국가적으로도 바람직하지 못한 일이 될 것이다.

이상에서 살펴본 바와 같이, 여군을 '지상직접전투'를 하는 부대나 직위에 배치하는 것에 대해 옹호하는 입장은 이미 전장에서 여군들의 전·사상자가 발생하고 있고 전쟁의 형태가 비선형·전후방 동시전투로 변하고 있으며 남·여군을 불문하고 군인은 전사戰士라는 시각과 대중적인 지지를 받을 것이라는 것이다. 반면에 여군이 전

---

754) 미 성조지(STARS AND STRIPES, 2014. 11. 2), "When confrontations between cops and veterans turn deadly"
755) 동아일보(20143. 1. 6.), "프리미엄 리포트 '외상 후 스트레스' 겪는 MIU"
756) 안보경영연구원, 『해외파병자 PTSD 관리방안 연구』, 2013, 5쪽
757) 안보경영연구원, 『해외파병자 PTSD 관리방안 연구』, 2013, 7쪽

사戰死하는 것에 대한 사회적 동의, 모성의 보호, 남군 전투원의 무제한적인 폭력성의 증가 방지, PTSD 등의 문제를 들어 제한되어야 한다는 의견도 존재한다.

따라서 "여군과 남군이라는 특성이 아니라 개인이 가진 역량에 의해 관리되고 평가받아야 한다."는 것을 전제로, 여군을 '지상직접전투'에 참여하는 부대나 직위에 보직하게 하는 정책이나 제도는 심리학자, 사회학자, 역사학자, 인사 관계관 등이 함께 모여 신중히 숙고해야 할 문제인 것 같다. "군인은 그 누구보다도 평화를 갈구한다. 전쟁이 남긴 상흔에서 가장 고통 받는 자들은 바로 그들이기 때문이다."라고 맥아더 장군이 갈파한 바 있다.

부사관과 장교의 바람직한 관계

부사관은 초급장교가 최초로 부임하여 근무할 때
그들의 훈련과 인격도야를 지원해 준다.
경험 있는 부사관은 장교가 실수할 때에도 필요한 조언을 통해 정상적인 궤도에 진입하도록
장교를 보좌한다.
- 미『육군 리더십』 중에서 -

몇 년 전, 독일에서 내가 부소대장으로 근무할 때, 젊은 여군 소위가 소대장으로 부임했다. 당시 나는 중대 더 나아가 대대에서 최고의 소대를 이끌고 있었고, 내 방식대로 소대를 운영하고 싶어하는 리더형the type of leader으로 소대장과는 최대한 거리를 두려고 하였다. 그러나 여군소대장은 소대에 관해 계속 질문을 해댔고 별로 중요하지 않는 임무들을 내게 지속적으로 부여했기 때문에, 나는 소대장과 마주칠 때면 이런저런 핑계를 대면서 소대장을 회피하려 하였다. 그러던 중, 중대장이 나를 불러 소대장과 무슨 문제가 있느냐고 물었고 많은 대화를 함께 나누는 끝에 중대장은 내가 모든 부사관이 원하는 소대장과 함께 근무하고 있는데 이는 바로 소대를 제대로 이끄는 법을 배우고 싶어 하는 소대장이라는 것이었다.

중대장과 면담한 후부터 나는 소대장에게 소대 운영에 관한 전반적인 것을 알려주는 데 많은 시간을 할애했다. 또한 그녀가 생활관들을 검열할 수 있도록 준비했고 소대에서 보유한 차량에 대한 예방정비점검(PMCS, Preventive Maintenance Checks and Services)을 할 수 있도록 정비복을 입혀주기도 하였다.

어느 날, 점심 무렵에 장군이 예고 없이 우리 근무지역을 방문하였는데 우리 소대장이 현장에 있던 유일한 장교였다. 소대장은 나를 쳐다보았고 나는 소대장님이 장군님께 임무에 대해 브리핑을 하고 그를 안내하는 것이 좋겠다고 소대장에게 조

언을 하였다. 소대장은 그대로 했고 장군의 방문 결과에 대해 좋은 평가를 받았다.
즉 나를 기쁘게 했을 뿐만 아니라 중대장을 포함한 모든 장교들이 당시 여군 소대
장의 역할에 대해 좋은 평가를 내렸다.
후일 내가 그 보직을 떠날 때, 동료 부사관들과 여군 소대장이 함께 참석하는 송별
회식going away party이 있었다. 회식 중에 소대장은 일어나서 내가 아주 좋은 부사
관이었으며 그녀가 좋은 지휘자로 성장하도록 도와주었다고 말하였다. 이 말에 나
는 내가 느낀 감정을 차마 말로 표현할 수 없을 정도로 가슴이 벅찼다.[758]

위의 글은 미 육군상사로 전역한 워커Wilson L. Walker의 경험담으로 장교와 부사
관의 관계를 단적으로 표현한 것이다. 아울러 그는 만약 능력이 부족한 지휘자를
만난다면 그 지휘자는 능력이 부족한 부사관과 함께 근무했을 가능성이 높다고 말
한다. 즉 부사관의 능력이 부족하여 초급장교들을 제대로 보좌하고 조언하지 못해
초급장교들의 능력이 증진되지 못했다는 것이다. 부사관들은 장교들이 임무를 수
행할 때 조언하고 지원해야 할 책임이 있다고 강조하고 있는 것이다. 이와 같은 것
은 워커 상사만의 개인적인 견해는 아닌 것 같다.

통상적으로 미군의 부사관들은 세계에서 가장 우수한 부사관들이라고 평가받고
있다. 이러한 평가를 받는 몇 가지 요인 중의 하나가 장교와의 바람직한 관계를 형
성하고 있어 공동의 목표를 추구하고 있기 때문이라 생각한다. 미 육군의 리더십과
관련된 기준교범인 『육군 리더십』에 기술되어 있는 '역할 및 관계'에서 부사관에 관
한 내용을 보면 아래와 같이 기술되어 있다.

초급장교가 부대에 부임하여 근무할 때 부사관은 그들의 훈련과 인격도야를 위해
지원해 준다. 경험 있는 부사관은 장교가 실수할 때에도 필요한 조언을 통해 초급
장교들이 정상 궤도에 진입하도록 보좌한다. 이러한 행위는 상호신뢰와 공동목표
에 기준하여 장교들과 전문적이면서도 개인적인 유대를 형성하는 것은 물론, 임무
완수 및 병兵들의 안전도 보장한다. '상대방의 뒤를 보살펴 주는 것'은 팀워크Team
Work 구성과 단결을 위한 기본적인 단계이다.[759]

---

758) Master Sergeant, U. S. Army, Retired Wilson L. Walker. 『Becoming A Better Leader And Getting
Promoted In Today's Army』, IMPACT, 1997. 200쪽
759) 예) 중령 김명철 역, 『미 야전교범 6-22, 육군리더십』, 교육사령부, 2007, 33쪽

누구나 처음 접하는 낯선 환경은 사람을 어리둥절하게 하고 정상적으로 임무를 수행하기까지 많은 시간을 요구한다. 이러한 시기에 누군가 적절하게 조언해 주고 도움을 준다면, 다시 말해 '뒤를 보살펴 준다면' 당사자는 부대 및 업무에 조기에 적응할 것이고 이는 곧 전투준비태세를 갖추는 것과 연계가 될 것이다. 아울러 도움을 주고받은 두 사람의 관계는 직책과 계급을 떠나 긴밀한 개인적인 유대를 형성할 수 있을 것이다. 미 육군은 부사관들에게 이러한 리더십을 요구하고 있는 것이다.

우리 육군에서도 부사관과 장교와의 바람직한 관계에 대해 오래 전부터 고민하여 왔다. 부사관의 역할은 장교와 연관되어 있고 부대임무 수행의 핵심적 요소가 되어야 하며 장교와 함께 임무완수라는 공동목표를 달성할 수 있도록 상호 유기적인 협조가 필요하다는 것이었다. 또한 부사관은 부대관리의 전문성을 가지고 내면 內面에서 병兵을 선도해야 하고, 장교는 부사관이 임무를 원활히 수행할 수 있도록 시간과 물자 등 제반여건을 보장해 줌과 아울러 부대 전체의 임무수행을 가능하게 하는 업무에 전념해야 한다는 것이었다.[760]

이러한 장교와 부사관의 관계는 시간이 흐르고 사회 및 국방환경이 변화하면서 다소 변화되고 있지만 그 기본적인 관계는 육군의 전통으로 내면 깊은 곳에 면면히 흐르고 있다. 바람직한 인간관계의 기본이 그러하듯 서로에 대한 존중과 배려를 바탕으로 한 신뢰이다.

장교와 부사관의 일반적 관계

장교는 군 통수권자로부터 명령권을 위임받은 군대의 기간基幹 간부로서, 병兵과 부사관을 지휘·감독·교육할 위치에 있으며[761] 대통령이 임명한다. 부사관은 장교로부터 위임된 권한을 행사하며 참모총장이 임명한다. 이는 명령권이 군 통수권자인 대통령으로부터 나오고 장교에게 위임되며 장교는 위임된 권한 내에서 다시금 부여된 임무수행을 위해 부사관에게 그 권한의 일부를 위임하고 있다는 뜻이다.

---

760) 교육사령부, 『교육참고 12-1-(2), 하사관의 역할과 책임』, 1992, 68쪽
761) 육군본부, 『야전교범 참고-1-21, 군사용어사전』, 2012, 409쪽

즉 국군의 이념과 사명을 완수하도록 장교는 명령권을 부여받은 것이고 부사관에게 부분적으로 위임되어 있는 것이다. 이는 장교와 부사관이 부여된 임무완수라는 동일 목표를 가지고 있으며 그 수행에 있어서 상당 부분 중복되어 있거나 전적으로 연관되어 있다는 것을 나타낸다.

장교는 지휘계통을 통하여 부여된 임무를 수행한다. 임무수행상에서 자신이 해야 할 일과 부사관이 해야 할 일을 구분하고 자신을 포함한 부사관에게 임무를 부여한다. 임무를 부여함과 동시에 권한의 일부가 부여된다. 장교와 부사관의 임무를 명확히 칼로 긋듯이 구분하기는 어려우며 이는 하급제대로 갈수록 더욱 심화된다. 따라서 임무를 완수하기 위한 장교와 부사관의 업무분담에 대한 몇 가지 통상적인 판단기준을 제시할 수는 있으나 궁극적으로 인간관계를 바탕으로 하는 술(術, Art)의 영역이라고는 생각한다. 장교의 군사적 식견과 부사관의 전문적이고 숙련된 경험이 상황에 따라 서로 잘 어우러져야하기 때문이다.

첫째, 장교는 지휘하고 방침을 수립하며 업무를 입안하고 계획한다. 이에 비하여 부사관은 설정되어 있는 명령, 지시 및 방침의 범위 내에서 일상업무를 수행한다.

둘째, 장교는 부대의 임무수행을 가능하게 하는 집단훈련에 전념하나 부사관은 임무수행 능력의 잠재력을 향상시키는 개인훈련에 전념한다.

셋째, 장교는 부대의 운영, 훈련에 관련되는 활동에 우선적으로 관계하나 부사관은 분대 또는 소대와 각 병들의 관리, 훈련에 관계한다.

넷째, 장교는 부대의 효율성과 전투준비태세 완비에 중점을 두고 있으나 부사관은 예하 부사관이나 병, 소규모 단위 조직에 중점을 두고 각 병의 준비태세, 기능발휘에 대한 점검과 확인, 감독을 한다.

다섯째, 장교는 부하 장교와 부사관의 임무수행 기준, 전문성 계발 및 발전 등에 중점을 두고, 부사관은 예하 부사관이나 병의 임무수행 기준, 훈련 숙달 및 발전에 중점을 두어 전념한다.

마지막으로, 장교는 부사관이 임무를 수행할 수 있도록 시간과 물자 등 필요한 여건을 갖추는 데 중점을 두고, 부사관은 임무수행에 중점을 둔다.[762]

---

762) 육군본부, 『장교의 반려』, 1983, 702~703쪽을 현재에 맞게 일부 수정하였다.

이상의 것을 종합해 본다면 육군의 장교와 부사관의 관계를 "임무완수와 부하복지를 위한 공동운명체이자, 지휘체계 확립을 위해 상호 계급과 직책을 존중하는 관계"라고 재정리할 수 있다.[763]

임무완수와 부하복지를 위한 공동운명체	지휘체계 확립을 위해 상호 계급과 직책을 존중하는 관계
• 장교는 전반적인 방침·기준을 수립하고 부사관은 설정된 방침·기준에 따라 장교를 조력 및 실행 • 상호 부단한 접촉을 통해 지식과 경험을 공유하여 공감대를 형성 • 원활한 의사소통을 바탕으로 상호 보완하는 관계	• 군의 엄정한 상하관계를 바탕으로 상호 존중과 배려를 통해 신뢰를 형성 • 지휘관의 지휘권을 보장하고 부사관의 임무수행 여건을 조성

〈표 2-23〉 바람직한 장교와 부사관 관계(출처 : 「육군 부사관 가치관 정립계획」)

"장교는 전반적인 방침·기준을 수립하고 부사관은 설정된 방침·기준에 따라 장교를 조력 및 시행한다."함은 장교·부사관은 군사적 동일 목표를 수행하는 공동운명체이기 때문에 임무수행을 위해 상호 책무와 역할에 대한 이해를 바탕으로 각 자의 임무를 수행하되, 장교는 방침과 기준을 수립하고 부사관은 설정된 방침과 기준에 따라 실행함으로써 공동의 목표를 달성해야 함을 의미한다. 이때 부사관은 장교가 원활하고 합리적인 방침과 기준을 설정할 수 있도록 성심껏 조력하고 의도에 맞도록 최선을 다해 실행하여야 한다.

"상호 부단한 접촉을 통해 지식과 경험을 공유하고 공감대를 형성한다."함은 바람직한 관계를 형성하기 위해 상대방의 존재를 인식하고 인정한 상태에서 접촉해야 하며, 상호 노력을 통해 지속적으로 접촉을 유지하여 지식과 경험을 공유함으로써 공감대를 형성해야 함을 의미한다.

"원활한 의사소통을 바탕으로 상호 보완하는 관계"라 함은 장교·부사관의 관계가 군 조직의 특성상 명령과 지시 그리고 그에 대한 수명受命의 관계로 원활한 의사소통이 쉽지 않은 일이나 부단한 접촉의 전제조건이 되고 임무수행 간에 승수효과를 유발하기 때문에 반드시 상호 원활한 의사소통을 통해 서로의 부족한 부분을 메꾸

---

763) 본 절의 내용은 필자가 2013년 8월 '新 부사관 가치관 정립'을 위한 TF에서 정립한 내용이다. 2014년 육군본부에서 발간한 『부사관 복무 길라잡이』의 공동저자로 참여하여 반영시켰다. 따라서 본 절의 내용은 상당부분 『부사관 복무 길라잡이』의 내용을 보완하여 재정리한 것이다.

어 나가야 함을 의미한다. 사람과 사람과의 관계는 단순한 '1+1=2'가 아니라 '- ∞≦ 한 사람 + 한 사람≦ +∞'의 성과를 창출하기 때문이다.

"군의 엄정한 상하관계를 바탕으로 상호 존중과 배려를 통해 신뢰를 형성한다." 라고 했을 때 다소 상치되는 내용이라고 생각할 수 있다. 여기서 '엄정한 상하관계' 란 권위의식을 나타내는 것이 아니라 임무수행의 우선순위와 의사결정의 순간에 시간을 절약하여 주고 그 결과에 대한 책임을 명확하게 해주는 군 조직에 있어서 필수적인 덕목으로 군사적 공동 목표를 원활히 달성하기 위한 수단이다. 아울러 공동의 목표를 달성하기 위해서는 상호 존중과 배려를 바탕으로 하는 상호 신뢰가 요구된다. 이를 위하여 부사관은 장교를 존중하고 정당한 명령과 지시에 복종하여야 하며 장교 또한 부사관을 존중하고 배려하여 상호 신뢰를 형성하여야 한다.

마지막으로 "지휘관의 지휘권을 보장하고 부사관의 임무수행 여건을 조성한다." 함에 있어서 '지휘관'이란 지휘권을 가지고 군대를 통솔하는 관직 또는 그 사람에 대한 일반적인 칭호로서, 지휘관에게는 자기 부대의 성패에 대한 모든 책임이 부여[764]되어 있으며 육군에서는 중대 이상의 단위부대의 장長을 말한다. 또한 '지휘권'이란 지휘관이 계급이나 직책을 통해 예하부대에 대해 합법적으로 행사하는 권한[765]을 말한다. 이러한 권한은 궁극적으로 전투에서 승리하기 위한 것으로 지휘권 확립은 군 조직에서 매우 중요하다. 이에 따라 '상관上官에 대한 죄'와 '정당한 명령에 대한 항명抗命'의 경우에 〈군형법〉에서 엄히 다루고 있다. 따라서 부사관은 장교가 본연의 역할수행에 전념할 수 있도록 조력함으로써 지휘권이 확립되도록 하여야 하며 장교는 부사관이 능력을 최대한 발휘할 수 있도록 지원하여 여건을 마련해주어야 한다.

사마천이 지은 『사기』의 '열전편'을 보면 '예양豫讓'이란 인물이 지백智伯을 섬겼는데 지백은 예양을 매우 존경하고 남다르게 아꼈다. 지백이 조양자趙襄子에게 멸망을 당하자 그의 원수를 갚고자 성과 이름을 바꾸어 죄수로 변장하여 조양자의 궁궐로 들어가 화장실 벽을 바르는 일을 하면서 조양자가 화장실에 올 때 암살하려 하였으나 발각되어 실패하였다. 다시금 몸에 옻칠을 하여 문둥이로 꾸미고 숯가루를

764) 육군본부, 『야전교범 참고-1-21, 군사용어사전』, 2012, 532쪽
765) 육군본부, 『야전교범 참고-1-21, 군사용어사전』, 2012, 533쪽

먹어 목소리를 바꾸어 조양자를 암살하려 했으나 또 다시 발각되어 뜻을 이루지 못하고 결국 자결하였다. 예양은 "선비는 자기를 알아주는 사람을 위해 죽고, 여자는 자기를 사랑해 주는 사람을 위해 단장을 한다.士爲知己者死 女爲悅己者容"라고 하였다.[766)

바람직한 장교·부사관 관계를 형성하는 요체는 모든 인간관계가 그러하듯이 상호 '신뢰'의 문제라 생각한다. '신뢰'란 상대방의 의도와 능력이 자신에게 호의적으로 대할 것이라는 믿음인데, 이러한 신뢰는 상호협력의 필수적인 요소이다. 상대방이 나를 신뢰하지 못하는 것은 내가 상대방이 나를 신뢰하도록 하지 못했기 때문이고, 내가 상대방을 신뢰하지 못하는 것은 상대방이 나를 신뢰하지 못하기 때문이다. 신뢰는 상호 간의 존중과 배려 그리고 인정이라는 양분을 먹고 자라는 화초와 같다.

중대장과 중대행정보급관의 관계

중대장과 중대행정보급관의 관계는 단적으로 지휘관과 업무담당관의 관계로, 중대장은 행정보급관의 경험을 존중하고 배려해야 하며 행정보급관은 중대장이 지휘에 전념하도록 여건을 보장해 주어야 한다.

이를 위하여 중대장은 중대 업무 중에 통상적으로 정보·작전·교육훈련분야에 전념하여야 하며 중대 지휘 및 관리에 대한 행정보급관의 경험과 생각을 공유하여야 한다. 행정보급관은 인사·행정·군수 분야 및 위임된 일상적인 업무를 수행하며 중대장의 지휘의도를 구현할 수 있도록 조력하고 지시사항을 성실히 이행하여야 한다.

중대장은 중대의 지휘 전반에 대해 지휘책임을 지는 동시에 중대의 정보·작전·교육 훈련 등과 같은 업무에 전념하여 중대에 부여된 임무를 완수하는 데 주노력主努力을 기울여야 하며 일상적이고 반복적인 업무는 행정보급관을 믿고 위임하여야 한다.

---

766) 사마천 저, 김원중 역, 『사기열전 상』, 을유문화사, 2003, 473~476쪽

중대장은 부대지휘 방향·목표·수준에 대하여 행정보급관과 상의하며, 행정보급관은 자기 업무에 정통하고 담당한 업무를 처리하여 상하의 신뢰와 공감대를 형성하여야 한다. 중대에 부여된 임무를 성공적으로 수행하고 인화·단결된 분위기를 조성하는 것은 중대장과 보좌하는 행정보급관의 역할에 의해 좌우된다.

중대장은 행정보급관의 경험과 생각을 공유하고 조언을 수용함으로써 지휘실패를 미연에 방지하고 원활한 의사소통 관계를 유지해야 한다. 이러한 행정보급관의 경험과 생각의 공유는 의사결정 및 부하들의 동기부여에 긍정적인 영향을 미치며 궁극적으로는 지휘권 확립에 도움을 준다.

중대장은 계급의 상하관계 이전에, 인간으로서 그리고 함께 생사고락을 함께하는 전우로서 행정보급관이 소신껏 근무할 수 있도록 여건을 마련해 주어야 하며 행정보급관의 인격을 존중하고 인정과 칭찬으로 중대장을 믿고 따르게 하여야 한다. 아울러 중대장은 항상 솔선수범하여야 하며 상관에게 자발적으로 복종함으로써 부하들이 스스로 복종하게 하여야 한다. 중대장에게 있어서 리더십의 요체는 '솔선수범'과 '소통'이라고 할 수 있다.

행정보급관은 통상적으로 중대의 선임부사관으로 많은 경험과 제반 문제에 대해 풍부한 해결책을 갖고 있는 해결사이다. 이를 바탕으로 중대장이 부대 지휘에 전념할 수 있도록 위임된 모든 권한을 행사하여 중대의 전반적인 업무에 최선을 다하는 동시에 행정보급관으로서 고유한 업무인 인사·행정·군수 분야에 주노력을 집중하여야 한다. 중대장에게 지휘 책임이 있듯이 행정보급관은 위임된 업무의 결과에 대해 중대장에게 책임을 져야 한다.

행정보급관은 중대장의 실질적인 업무 보좌관으로서 중대 부사관들에게 적절하게 업무를 분담하고 그 수행상태를 평상시에 지도·감독하여야 한다. 아울러 중대의 당면한 제반 문제에 대해 중대장에게 적시적절하고 정확하게 조언함으로써 중대장이 건전한 판단과 조치를 할 수 있도록 하여야 하며 중대장의 지휘의도에 맞게 성심껏 조력하여야 한다.

행정보급관은 소대장들과의 교량적 역할을 통해 중대 화합을 증진시킴으로써 중대가 중대장을 핵심으로 화합·단결하여 원활한 중대 운영이 되도록 조력하여야 한다. 훌륭한 행정보급관은 우수한 중대장을 만든다.

중대장이 좋아하는 행정보급관	중대장이 싫어하는 행정보급관
• 중대운영비와 보급품을 효율적으로 관리하는 행정보급관 • 훈련 시 중대 부사관들과 병들을 잘 통제하여 훈련 준비와 병력 관리를 잘 해줌으로써 중대장·소대장이 전술훈련에 전념하도록 해 주는 행정보급관 • 중대장과 수시로 허심탄회한 대화를 통해 중대장을 보좌하는 행정보급관 • 모범적인 가정생활을 하는 행정보급관 • 중대 간부의 불편을 듣고 해결하여 간부 단결을 증진시키는 행정보급관	• 지휘계통을 무시한 업무 처리 • 중대장 부재 시 근무 태만 • 행동보다 말만을 우선시 하는 태도 • 중대 재산 및 운영비의 불성실한 관리 • 간부들과 '나는 나, 너는 너' 식 근무 • 경험을 앞세워 '자기가 최고'라고 다른 간부들의 의견을 무시

〈표 2-24〉 중대장이 바라본 행정보급관(출처 : 『부사관 복무 길라잡이』)

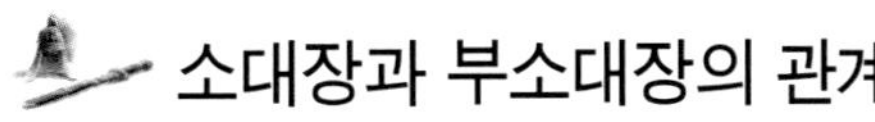

소대장과 부소대장의 관계

소대장과 부소대장의 관계는 지휘자와 부지휘자 관계이다. 따라서 소대장은 소대의 지휘·통제·관리에 전념하되 부소대장의 임무수행 여건을 조성해 주어야 하며, 부소대장은 소대장의 지휘 여건을 보장하고 소대원의 교육훈련에 매진하여야 한다.

이를 위하여 소대장은 부소대장의 직책을 존중하여 그의 경험 및 건전한 조언을 수렴하여야 하며 부소대장의 역할 이해 및 임무수행 여건을 조성해 주어야 한다. 부소대장은 소대장의 직책을 존중하고 소대의 군기를 유지하며 부사관의 역할인 소대의 병기본 훈련, 주특기 훈련, 분대전투 및 팀단위 훈련을 담당하여 소대원의 전투력 수준이 향상되도록 항상 노력하여야 한다. 이를 통해 본인 또한 지속적인 전투수행능력을 유지할 수 있으며 소대장 유고 시 임무를 수행할 수 있는 역량을 갖추게 된다. 아울러 소대장의 역할을 이해하고 적극적으로 조력하여 유사시 소대장의 임무를 대행할 수 있도록 항시 준비하여야 한다.

소대장은 부소대장이 언제라도 소대를 지휘할 수 있는 지휘자임을 인식하여 소대의 제반 문제를 상의하여야 한다. 소대장의 업무수행 수준과 활용방법에 따라 부소대장의 활동영역이 다르나, 초임 소대장의 부임 시나 소대가 새로운 업무를 수행 시에는 부소대장의 역할이 더욱 중요해 진다. 부소대장이 소대장의 '뒤를 보살펴 주어야' 하는 것이다. 즉 부소대장은 자신이 알고 있는 경험과 부대 실정을 항상 소대장에게 조언하고 조력하여 소대장이 조기에 부대에 적응하고 건전한 결심을 할 수 있도록 하여야 한다. 이때 소대장은 부소대장의 의견을 존중하여 배우려는 자세를 견지하여야 한다. 이를 통해 상호 신뢰가 싹트고 소대장과 부소대장의 관계가 증진되어 수준 높은 전투력을 발휘할 수 있는 팀워크(Team Work)가 형성된다. 이러한 상호 밀접한 관계가 형성될수록 지휘계통을 철저히 준수하여야 한다.

부소대장은 소대장의 계급과 직책을 존중하고 소대장의 지시에 자발적으로 복종하여 소대의 군기유지에 솔선수범하여야 한다. 소대장이 경험이 부족하여 자신의 판단으로 비추어볼 때 잘못된 경우가 있다고 해서 소대원에게 소대장과 다른 지시를 내리거나 소대원 앞에서 소대장에 대해 불평해서는 안 된다. 필요하다면 건전한 조언을 하되 이 때 자신의 생각과 다를지라도 소대장의 정당한 명령과 지시에 따라야 한다. 이는 대통령령 제24,077호인 〈군인복무규율〉의 '복종과 실행' 및 '의견의 건의'를 준수하는 것이다.

제23조 복종 및 실행	• 부하는 상관의 명령에 복종하고 신속·정확하게 실행 • 부하는 명령의 실행에 관하여 적시에 보고
제24조 의견의 건의	• 부하는 군에 유익하거나 정당한 의견이 있는 경우 지휘계통에 따라 상관에게 건의, 이 경우 상관이 자기와 의견을 달리하는 결정을 하더라도 항상 상관의 의도를 존중하고 기꺼이 이에 복종 • 상관은 부하의 의견을 경시하거나 소홀히 다루어서는 아니되며 부하의 의견이 유익하거나 정당하다고 인정될 때에는 이를 받아들여 필요한 조치를 실시

〈표 2-25〉 명령에 대한 복종과 의견 제시(출처 : 〈군인복무규율〉)

부소대장의 능력이 곧 소대장의 능력이 되기도 한다. 소대장은 소대와 관련된 이론적인 군사적 지식이 많을지는 모르나 군생활의 경험이 상대적으로 적다. 때론 부소대장보다 소대지휘에 대한 지식도 부족할 수도 있다. 이는 어찌 보면 당연하다. 소대장의 군생활 경력이 통상 1~2년인 것에 비해 부소대장의 군생활 경력은 적어도 4~5년 이상이 되기 때문이다.

워커Wilson L. Walker 예비역 상사의 경험담을 되새겨 볼 필요가 있다. "그대가 만약 능력이 부족한 지휘자를 만난다면 그 지휘자는 능력이 부족한 부사관과 함께 근무했을 가능성이 높다." 능력 있는 부소대장만이 소대장의 능력을 증진시킨다. 지금 당장은 자신보다 능력이 부족할 수 있는 소대장에게조차도 능력을 인정받지 못하는 부소대장이 누구에겐들 능력을 인정받겠는가?

소대장이 좋아하는 부소대장	소대장이 싫어하는 부소대장
• 소대장이 전입 시, 부대 전반에 관해 자세히 알려주는 부소대장 • 소대원 및 소대 자산을 잘 관리해주는 부소대장 • 소대장과 친구처럼 잘 소통하는 부소대장 • 소대장이 중대장에게 지적을 받아 불편할 때에도 대화해주고 의기투합하는 부소대장	• 소대장의 지휘에 역행하고 소대원을 못살게 하는 것 • 지휘계통을 무시, 일과시간에 불성실 • 빈번한 과음으로 지연 출근 • 소대원 앞에서 소대장을 험담하고 불평불만 토로

〈표 2-26〉 소대장이 바라본 부소대장(출처 : 『부사관 복무 길라잡이』)

장교와 부사관 간의 언어 및 태도

필자의 경험에 비추어 볼 때, 통상적으로 초급간부들이 군생활을 하면서 고민하는 여러 가지 중의 하나가 언어와 태도에 관한 것이다. 초급장교의 입장에서 자기의 부하이거나 하급자인 나이가 많은 부사관들을 어떻게 대할 것인가? 부사관의 입장에서 나보다 나이가 어린 장교, 특히 초급장교들에게 어떻게 대할 것인가? 이러한 고민은 우리의 전통적 사고인 '연장자年長者'에 대한 예우에서 비롯된다고 생각된다.

〈군인복무규율〉의 제23조의 2는 "부하는 상관에 대한 존경을 바탕으로 직무를 수행하여야 하며, 상관은 부하의 인격을 존중하고 배려하여야 한다."고[767] 규율하고 있다. 이는 계급에 의해 상하관계가 엄격하고 상명하복上命下服을 강조하는 군인임에도 불구하고 일상생활에서 모든 전제가 되는 것이다. 국방부의〈부대관리훈령〉의 '호칭, 언어태도' 관련 조항을 보면 아래와 같이 구체화되어 있다.

---

767) 대통령령 제24,077호(2012. 9. 1.), 〈군인복무규율〉 제23조의2

제29조 호칭	• 상급자에게는 성과 계급 또는 직명 다음에 '님'의 존칭 사용 • 상급자의 성 또는 직명을 모르는 경우 계급 다음에 '님'의 존칭 사용 • 하급자나 동급자 간에는 성과 계급 또는 직책명으로 호칭 • 직책 등 신원불상의 군인 상호간에는 '전우' 또는 '전우님' 사용
제30조 군인의 언어	• 언어는 표준말 사용을 원칙으로 간단명료하여야 함. • 저속한 언어를 사용하면 안 됨.
제31조 언어태도	• 상급자에게는 높임말을 사용, 존경하는 마음가짐과 겸손한 태도 견지 • 하급자에게는 점잖은 말 사용, 온화하고 위엄 있으며 상호존중하고 배려하는 태도 견지 • 유언비어에 현혹되어 유포 금지

<표 2-27> 군인의 호칭, 언어태도(출처 : <부대관리훈령>)

육군규정인 <병영생활규정>은 국방부의 <부대관리훈령>에 추가하여 '언어'에 대해 상호간 듣기 좋은 말을 자주 사용하고 고운 말 쓰기 적극 실천, 상대방에게 기분 나쁜 언어와 상처받을 수 있는 언어 사용금지, 인격 비하적인 호칭·은어·저속어 등의 사용을 금지하고 있다.[768]

이상에서 살펴보았듯이 초급간부들의 고민을 해결하기 위한 기준은 제시되어 있지만 실제로 적용하기에는 우리 정서면에서 다소 아쉬운 점이 없지 않다. 이는 고민하는 문제가 상황에 따라 가변적이어서 명확히 법규화하는 것이 제한되기 때문이다. 즉 사적인 자리와 공식적인 자리가 다를 것이고 업무의 성격에 따라 다를 수 있기 때문이다. 그러나 '상관을 존경하고 부하를 존중하고 배려하는 마음'은 불가변의 요소다.

초급장교가 자기보다 나이가 많은 부사관에게 항시 반말을 한다면 규정에 어긋나는 것은 아니지만 정서상으로 이들의 마음 한 구석에는 거부감이 생길 수 있다. 그렇다고 부사관들에게 상급자를 대하는 것같이 '님'자를 붙인다거나 존칭 어구를 지나치게 사용한다면 군의 계급 구조상 어울리지 못하며 자칫 지휘계통을 문란하게 할 수 있다. 따라서 초급장교들은 자신보다 연장자인 부사관들을 존중하고 배려하는 차원에서 어조를 달리할 필요가 있다.

연령과 근속연수, 직책 등을 고려하여 장교는 "행정보급관! ~하시오. ~합시다. ~합니까? ~할까요?" 등의 '보통 높임말'을 사용할 수 있다. 이는 장교로서 품위를

---

768) 육군규정 120(2014. 8. 11.), <병영생활규정> 제17조

손상시키는 것이 아니라 오히려 자신의 격格을 높이는 것이며 부하들로부터 존경을 얻게 되고 효과적인 통솔을 할 수 있기 때문이다. 그러나 상급자의 의사에 반하여 하급자가 '보통 높임말'을 사용하도록 상급자에게 강요한다는 것은 있을 수 없는 일이다.

반면에 부사관들은 장교들보다 나이가 많고 적음을 떠나 장교들에게 상급자로서 예의를 깍듯이 갖추어야 한다. 장교가 자기보다 나이가 어리거나 같다고 하여 반말을 하거나 불손하게 대한다면, 상하관계가 엄정한 군에서 있을 수 없는 일이며 이는 군기문란의 행위로 처벌의 대상이 되기 때문이다.

"'말 한 마디로 천 냥 빚을 갚는다.", "아 다르고, 어 다르다."란 우리 속담처럼 언어 사용은 인간관계의 기본이 되며 겉으로 드러나는 그 사람의 인격이다. 상호 존중과 배려를 통해 건전한 인간관계, 상하관계가 형성되는 것이 가장 바람직할 것이다.

현역과 군무원과의 관계

〈국군조직법〉에 따르면 국군에 군인 외에 군무원을 두게 되어 있다.[769] 이는 군무원이 국군의 일원임을 규정한 것이다. 군무원의 역사는 군의 역사와 함께 한다고 볼 수 있으며, 굳이 전사戰史를 들먹이지 않더라도 현역 군인이 주임무로 전투를 담당하여 왔다면 이를 지원하는 행정 및 군수지원 면에서 상당 부분을 민간인력이 담당해 왔기 때문이다.

근세조선 후기의 국방부 격인 '군무아문'은[770] 육군과 해군의 군정을 통괄하고 군인과 군속(현재의 군무원)을 감독하며 관내의 부서를 관장하였다. 이러한 군무아문에는 대신(장관) 1명과 협판(차관) 1명 그리고 참의(차관보) 8명, 주사 36명 등이 편제되었는데,[771] 이러한 편제를 볼 때 군무원이 국방업무의 일익을 함께 담당해 왔음

---

769) 법률 제10,821호(2011. 7. 14.), 〈국군조직법〉 제16조
770) 「草記」, 개국503년 7월 18일 기사
　　군무아문 소속 기관 : 병조, 연무공원, 총어영, 통위영, 장위영, 경리청, 호위청, 훈련원, 군직청, 용호영, 기기국, 선전관청, 수문장청, 부장청 등
771) 서인한 저, 『대한제국의 군사제도』, 혜안, 2000, 35쪽

을 알 수 있다.

건군이 되고 1948년 11월에 제정된 〈국군조직법〉 제19조에 "국군에 복무하는 자로서 군인 이외에 군속을 둔다. 군속이라 함은 군에 복무하는 문관을 말하고 그 임면任免, 기타 신분에 관한 사항은 대통령령으로 정한다."라고[772] 명시하여 군속에 대한 기본사항이 법제화되었다.

이를 근거로 1950년 5월에 군속의 임용, 신분에 관한 근본기준을 확립하여 군속인사의 공정을 기하는 동시에 군속으로 하여금 최대능률을 발휘하게 함을 목적으로 대통령령 제333호인 〈군속령〉이 제정되었다. 본 영令의 제3조에서 군속을 '군에 복무하는 문관'으로 정의하고 있다. 이 〈군속령〉은 후에 〈군속인사법〉으로 변경되었고 현재는 〈군무원인사법〉으로 정착되었다. '군속'이란 용어는 1980년 10월 〈헌법〉이 개정되면서 '군무원'으로 개칭되었다.

육군군무원의 주요 역할은 육군의 일원으로서 육군 장병 및 군무원과 팀워크Team work를 구축하고 행정·기술 및 교육훈련분야의 전문가로서 직무의 안정성과 지속성을 지원하며 직군 및 직렬분야 담당관으로서 군의 전투준비태세 유지에 기여하는 것이다.[773]

이러한 군무원과 현역과의 관계는 군사적 동일 목표를 수행하는 공동운명체이다. 현역은 군사전문성을 가지고 한 보직에 단기간 근무하는 반면, 군무원은 직무분야의 전문성을 가지고 장기간 근무하기 때문에 상호 존중과 배려를 가지고 지식과 경험을 공유하여야 한다. 그럼으로써 업무의 효과와 효율성을 증대시킬 수 있다.

현역과 군무원은 각각 상이한 법률에 의해 규율되는 특정직공무원으로 현역과 군무원의 상하관계는 지휘관, 부서장 등과 같이 보직에 의해 명령권을 가진 경우에 한하여 성립한다. 따라서 〈군무원인사법시행령〉에 명시된 군무원 대우기준에 따르는 상하관계는 성립되지 않는다. 또한 군무원 상호간에도 군인처럼 서열에 대해 명시된 법적 근거가 없다. 단지 보직에 의해 명령권을 가지는 경우에 한해 상하관계가 발생된다.

---

772) 「관보 제17호」, 1948년 11월 30일 기사

773) 군무원의 역할, 상(像), 행동강령, 군무원과 현역과의 관계, 직급별 육성목표 및 구비역량이 정립되어 체계화된 것은 2014년 7월이다. 필자가 교육사령관(당시 김종배 중장)의 지시로 TF로 편성되어 정립하였고, 2015년 1월에 육군본부에서 발행한 『군무원 복무 길라잡이』를 공동 집필하였다.

구 분	군무원의 계급								
일반직 군무원	9급	8급	7급	6급	5급	4급	3급	2급	1급
기능직 군무원	9~10급	8급	7급	6급	·	·	·	·	·
대우 기준	하사	중사	상사, 원사[1]	준위	소위, 중·대위[2]	소령	중령	대령	준장, 소장[3]

※ 1) 7급에서 6년 이상 재직 시

2) 5급에서 1년 이상 재직 시 중위, 4년 이상 재직 시 대위

3) 1급에서 5년 이상 재직 시

〈표 2-28〉 육군군무원 대우 기준(출처 : 〈군무원인사법시행령〉)

그러나 현역과 군무원 간의 바람직한 관계를 형성하고 조직의 목표달성을 위해서는 상호 신뢰와 존중이 바탕이 되어야 함은 당연하다고 할 수 있다. 상호 신뢰와 존중이 없는 조직의 미래는 불을 보듯 명확한 일이기 때문이다. 따라서 현역과 군무원은 대우기준을 참고하여 상호간에 예의를 지키고 존중하며 배려하는 것이 필요하다.

CHAPTER 3
육군 부사관으로서 복무

士爲知己者死 女爲悅己者容

선비는 자기를 알아주는 사람을 위해 죽고
여자는 자기를 예뻐해 주는 남자를 위해 단장을 한다.

- 사마천 저 『사기』 중에서 -

내가 택한 육군 부사관

> 부사관 여러분이 군인의 삶을 선택한 동기는 저마다 다르겠으나
> 한 가지 분명한 것은 국가를 위한 복무라는 고귀한 가치를 실천하면서
> 자신과 주변을 돌아보지 않고 그늘진 곳에서, 때로는 외롭고,
> 때로는 초라하며, 때로는 힘겹다 하더라도
> 그러나 나를 위해서가 아닌 너와 우리를 위한 헌신과 봉사의
> 삶 속에서 스스로를 자랑스럽게 살아가고 있다는 것입니다.
>
> - 제36대 육군참모총장 남재준 장군 『지휘서신』 중에서 -

사무엘 헌팅턴S.P Huntington은 그의 저서 『군인과 국가』에서 "우리들의 실사회에서 사업가는 보다 많은 소득을 올릴 수 있고, 정치가는 보다 큰 권력을 지배하고 있으며 한편, 전문적인 직업인은 보다 많은 존경을 받고 있다."고[774] 전문직업인에 대해 평가하면서 전문기술성, 사회적 책임성, 단체성을 갖추어야만 비로소 전문직업인이라고 말하고 있다.

이러한 전문직업인은 사회가 자체적으로 제공할 수 없는 독특하고 핵심적인 서비스를 사회에 제공하며 전문적 지식과 실천을 이용하여 사회에 봉사한다. 또한 전문직업인은 폭넓게 이해된 윤리의식 하에서 그들의 전문성을 효과적으로 발휘함으로써 사회로부터 신뢰를 획득한다. 아울러 사회를 대신하여 그들의 전문성을 사회에 기여하는 자세로 실천할 때 중요한 자율성을 가질 수 있도록 사회로부터 허용받는다.

---

774) S.P 헌팅톤 저, 강창구· 송태균 공역, 『군인과 국가』, 병학사, 1982. 8쪽

‘직업군인’은 전문군사교육기관 등에서 일정한 교육을 받은 후 임관하여 일정한 연령에 달해서 전역 또는 퇴역할 때까지 군대에 복무하는 군인을 가리키는 개념으로 법률에 의해 일정한 기간만 복무하는 ‘의무군인’과는 구분된다. 이러한 ‘직업군인’은 ‘제복입은 민주시민’으로서, 국가의 안전을 보장하고 국민의 생명과 재산을 보호하는 ‘안보安保라는 공공재를 생산하는 주체’로서, ’무력관리와 행사의 전문가‘로서 다른 직업과 대체하기 어려운 특징을 갖고 있다.775)

헌팅턴은 무력을 전문적으로 관리하고, 희생과 봉사를 전제로 하는 강한 책임감, 상명하복의 엄격한 위계질서를 갖춘 하나의 유기체와 같은 집단의식을 형성하는 직업군인을 전문직업인으로 분류하고 있다. 물론 헌팅턴이 이 책을 저술한 때가 1956년으로 유럽과 미군의 경우 부사관이 병兵에서 진급하는 제도를 택하고 있었고, 제대로 된 군사전문교육을 받지 못한 경우가 대부분이었기 때문에 군인으로서의 전문직업인은 장교단만을 지칭하는 것이었다.

그러나 현재에 있어서 장교단만을 전문직업인으로 지칭한다는 것은 일반적인 공감을 얻기에는 설득력이 부족하다. 과학기술의 발달에 따른 무기체계의 다양화와 군 조직의 세분화 그리고 준·부사관 및 병들의 임무수행 능력향상은 전문적 역할을 더욱 요구하고 확대해 나가고 있는 추세이기 때문이다. 이로 인해 군사전문성과 윤리의식을 갖춘 직업군인이 더욱 절실히 요구된다.

이러한 사회적·과학적 발달 및 국방환경의 변화에 따라 미 육군은 육군에 복무하는 전 장병들의 전문직업정신을 증진하고 윤리와 자질을 발전시키고자 ‘육군전문직업Army Profession’의 개념을 정립한 바 있다. 또한 그 실행을 위해 관련기관776)을 설치하여 ‘육군전문직업의 개념’을 교육훈련, 리더십 발전, 교리 등에 통합함과 아울러 다양한 프로그램을 개발하여 전 장병들에게 교육하고 적용시키며 갖출 것을 요구하고 있다.

---

775) 국방부, 『군대윤리 -직업군인의 가치관-』, 2004. 152~153쪽
776) 미 육군은 ‘육군전문직업 및 윤리센터(CAPE, Center for the Army Profession and Ethic)’를 2008년 8월에 설립하여 운영 중에 있다.

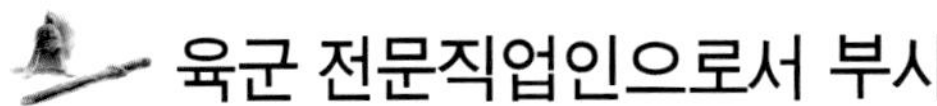

육군 전문직업인으로서 부사관

미 육군은 '육군전문직업'을 "문민통제 하에 복무하면서 헌법을 수호하고 국민의 권리와 이익을 위해 지상력(landpower, 地上力)[777]을 설계, 창출, 지원하고 윤리적으로 적용하는 데 있어서, 공식적으로 인증을 받은 독특한 전문직업집단(The Army Profession is a unique vocation of experts certified in the design, generation, support, and ethical application landpower, serving under civilian authority and entrusted to defend the Constitution and the rights and interests of the American people.)"으로[778] 정의하고 있다.

헌팅턴은 전문직업의 특징으로 전문기술성, 사회적 책임성, 단체성 등 세 가지를 들었지만, 미 육군은 신뢰trust, 군사전문성military expertise, 명예로운 복무honorable service, 단체정신esprit de corps 그리고 청지기정신stewardship of the profession 등 다섯 가지를 '육군전문직업'의 핵심적인 요소로 삼고 있다. 세부적인 내용을 살펴보면 다음과 같다.

'신뢰trust'란 훌륭한 군인 및 육군전문직업인이 갖춰야 할 내외적으로 필요한 핵심가치로서, 장병들 상호간의 신뢰, 장병과 지휘자 간의 신뢰, 장병들과 민간인력 간의 신뢰, 장병들과 그들의 가족 그리고 육군 간의 신뢰, 육군과 국민 간의 신뢰 등을 말한다. 이는 육군이 본연의 역할에 최대한 충실하고 국가에 대한 책임감을 성실히 이행할 수 있는 토대이기 때문이다. 따라서 육군에 대한 신뢰의 정도는 육군의 구성원들이 복무하는 모든 장소에서 모든 일에 매일 철저히 나머지 네 개의 특징을 이행하고 잘 유지함으로써 얻어질 수 있다[779]

전문직업인으로서 '군사전문성military expertise'이란 지상력을 계획, 창조, 지원하

---

777) 여기서 '지상력'은 지상(地上), 자원, 인간에 대한 통제를 확보 및 유지, 확립할 목적으로 행하는 위협, 군사력, 점령하는 능력을 말하는데,
　① 적에게 국가의 의지를 강요하는 능력으로 필요시에는 군사적 능력,
　② 정치적·경제적 발전 조건을 만드는 안정적인 환경을 확립·유지하는 능력,
　③ 자연적이거나 인공적인 재앙적 사건에 대해 기반구조를 재건하고 기본적인 인간의 삶을 회복하기 위한 해결 능력,
　④ 합동군이 공중 및 해양의 작전환경에 영향을 주고 지배하도록 부대기지(部隊基地)를 지원하고 제공하는 능력 등을 말한다.
778) ADRP 1 『The Army Profession』, HQ. Department Army, 2013, 1-2~1-3쪽
779) ADRP 1 『The Army Profession』, HQ. Department Army, 2013, 1-5쪽

고 윤리적으로 적용하는 것을 말하며, 육군이 국가방위를 위해 기여하는 방법이다. 따라서 모든 육군전문직업인들은 지상력에 대한 전문성과 숙련도를 끊임없이 증진시켜 '육군전문직업인'임을 입증해야 할 책임이 있다.

'명예로운 복무honorable service'를 하고 있다는 것은 육군전문직업인으로 복무한다는 것 자체가 헌법을 수호하고 국민의 권리와 이익을 증진시킬 수 있도록 국가에 헌신 봉사하고 있기 때문이다. 이는 육군의 단 하나의 존재이유이며 육군의 가장 기본적인 윤리이기 때문에 육군전문직업인들은 '육군의 가치'에 따라 매일 생활함으로써 명예로운 복무honorable service를 더욱 빛나게 해야 할 책임이 있다.

전승을 보장하고 군사작전지역의 난관을 극복하기 위해서는 국가에 대한 봉사라는 공동의 목표를 가진 헌신적인 전우애를 필요로 한다. 이러한 전우애가 곧 '단체정신esprit de corps'으로 육군전문직업인들 간의 상호신뢰, 이해 그리고 육군의 윤리를 공유함으로써 형성된다. 따라서 육군전문직업인들은 '육군전문직업'의 전반에 거쳐 독특한 단체정신을 기풍과 전통으로 유지시킬 책임이 있다.

육군은 현재 부여된 임무에 대한 완벽한 수행과 미래의 요구에 정확히 부응해야 하는 두 가지 책임지고 있다. 따라서 육군전문직업인들은 '청지기정신stewardship of the profession'을780) 통해 현재와 미래에 부여되는 모든 임무를 성공적으로 수행할 책임이 있다.781)

이상에서 기술된 미 육군의 '육군전문직업'의 핵심적인 다섯 가지 요소가 헌팅턴이 말한 전문직업의 특징과 크게 다르지 않다는 것을 알 수 있다. 즉 군사전문성은 전문기술성에, 신뢰와 명예로운 복무 그리고 직업에 대한 헌신은 사회적 책임성에, 단체정신은 단체성의 개념과 유사하다. 이는 관점의 차이로 헌팅턴이 사회라는 관점에서 '전문직업'을 바라보았다면, 미 육군은 국가와 군대이라는 관점에서 '육군전문직업'을 바라보았기 때문이라 생각한다.

이러한 미 육군의 관점은 군대를 유지하는 모든 나라에서 유용한 개념이라고 할

---

780) 많은 재산과 수입을 갖고 있는 사람이 그것을 관리하기 위해 고용된 사람을 '청지기'라고 부른다. 청지기는 주인이 가장 신뢰하는 사람으로 주인의 권한을 위임받아 주인의 뜻에 따라 재산과 사람을 보호하고 관리할 책임이 있다. 청지기는 다분히 기독교적인 용어로 관리인, 대리인, 집사 등의 의미를 복합적으로 갖고 있는 용어이다.
781) ADRP 1 『The Army Profession』, HQ. Department Army, 2013, 1-5쪽

수 있다. 다소 차이는 있을 수 있지만 군의 존재 목적은 어느 나라든 같기 때문이다. 단지 미 육군의 경우 모병제를 택하고 있기 때문에 모든 장병이 해당될 수 있겠지만 징병제를 택하고 있는 나라의 경우에는 자유의지로 본인이 택한 간부들에 한하여 '육군전문직업인'이라고 할 수 있을 것이다.

특히 우리나라의 경우는 부사관이 병에서 진급하는 것이 아니라 별도의 선발과정과 전문군사교육을 거친 일정 자격자에 한해 부사관으로 임관하기 때문에 전문직업의 요건인 전문기술성과 사회적 책임성 그리고 단체성을 갖추고 있다. 뿐만 아니라 우리 육군도 미 육군의 '육군전문직업'의 정의定義에 부응하는 다양한 교육훈련 프로그램을 운영하고 있기 때문이다.

육군의 '전투력 발휘의 중추'인 부사관은 육군의 날카로운 창끝이다. 스스로 명예심을 추구하며 자긍심을 갖고, 건전한 시민으로서 지켜야 할 도리를 자각하면서 행동하며, 소부대의 지휘자로서 매사 올바른 사고와 판단으로 내가 속한 부대와 군에 기여하는 전문성을 겸비한 인재들이다.

대한민국의 육군 부사관이 된다는 것은 '육군전문직업인'으로서 국가와 국민을 위해 '명예로운 복무'를 한다는 것이고 국가공무원의 한 일원으로서 신분을 보장받는다는 것이다. 아울러 개인의 전공과 능력을 발휘할 수 있는 전문분야에서 '군사전문성'을 발휘하며 근무하면서 육군의 다양한 자기계발 프로그램을 통해 '군사전문성'을 더욱 증진시킬 수 있다는 것이다. 또한 국가가 나와 가족의 생활을 책임진다는 것이다. 이러한 것들은 '육군전문직업인'으로서 그 역할을 다할 때 받을 수 있는 정당한 보상이다.

부사관이 되는 자격

근세 조선 말기와 대한제국 시대에 구식군대가 신식군대로 바뀌면서 하사관이 되기 위해서는 질병이 없고 건강하며 재주가 있는 자격이 요구되었다. 현재에도 지원자격에는 이러한 것들이 기본적으로 요구되고 있다. 다소 변경될 수 있지만 일반적인 지원자격과 결격사유 및 제한사항은 법규로 정해져 있다.

지원 자격	• 〈군 인사법〉 제10조 제1항의 임용자격을 가진 자
	  : 사상이 건전하고 소행이 단정하며 체력이 강건한 자
	• 연령 : 임관일 기준 만 18세 이상~27세 이하
	• 학력 : 고등학교 졸업 이상 또는 동등 이상의 학력이 있는 자
	  * 중졸자는 국가기술자격증 취득자에 한 해 지원 가능
	• 신체등급 : 3급 이상자
	• 신체등위 : 신체/체중등위 2급 이상자

결격 사유 및 제한	• 〈군 인사법〉 제10조 제2항의 사유에 해당하는 자 −대한민국의 국적을 가지지 아니한 사람 또는 대한민국 국적과 외국 국적을 함께 가지고 있는 사람 −금치산자와 한정치산자 −파산선고를 받은 자로서 복권되지 아니한 사람 −금고 이상의 형을 받고 그 집행이 종료되거나 집행을 받지 아니하기로 확정된 후 5년이 지나지 아니한 사람 −금고 이상의 형의 집행유예를 선고 받고 그 유예기간 중에 있거나 그 유예기간이 종료된 날로부터 2년이 지나지 아니한 사람 −자격정지 이상의 형의 유예선고를 받고 그 유예기간 중에 있는 사람 −탄핵이나 징계에 의하여 파면되거나 해임 처분을 받은 날로부터 5년이 지나지 아니한 사람 −법률에 의하여 자격이 정지 또는 상실된 사람 • 육군규정 107 〈인력획득 및 임관규정〉 제3조에 해당하는 자 −부사관교육과정(육군훈련소, 부사관학교, 특수전교육단 등) 교육 중 퇴교한 사실이 있는 자 (단, 질병/성적저조, 개인·가사문제에 의해 퇴교된 자는 제외)

〈표 3-1〉 현역병의 부사관 지원 자격 및 결격 사유

개인이 부사관을 지원하게 되면 소정의 자격과 절차를 거쳐서 부사관으로 선발하게 되는데 현역병, 예비역, 민간인에서 지원하는 방법 등이 있다. 세부적인 사항은 육군에서 매년 공고되는 세부 모집계획을 참고하면 된다. 현역병은 일병~병장에서 지원할 수가 있다. 다만 일병은 육군부사관학교 입교일을 기준으로 군복무 5개월 이상 경과하여야 하며, 병장은 전역일자가 육군부사관학교 입교일 이후인 자여야 한다.

지원자격에 합당하다면 지휘계통으로 사·여단 인사처로 관련서류를 제출하면 된다. 관련서류가 제출되면 필기평가, 직무수행능력, 체력평가, 면접평가, 신체 및 인성검사, 신원조회 등을 거쳐 부사관후보생으로 선발하여 일정기간 양성교육을 거쳐 부사관으로 임관하게 된다. 민간인에서 부사관 지원자격과 결격사유 및 제한사항 그리고 선발방법은 현역병에서 지원하는 경우와 유사하다.

육군과 군장학생 협약이 체결되어 있는 전문대학이나 폴리텍 대학 재학생으로서 육군 장학생으로 선발되면 교육기간 동안 일정액의 장학금을 지급받게 되고, 졸업 후 양성교육과정을 거쳐 임관하게 된다. 또한 전문하사나 전문병도 부사관으로 지원할 수 있다. 부사관 지원과 관련하여 세부적인 절차나 자격요건에 관해서는 현역병은 소속부대 인사과나 인사행정과에 문의하면 상세하게 정보를 얻을 수가 있으며, 민간인 또는 예비역은 육군 모집 인터넷 홈페이지(http://www.goarmy.mil.kr)를 방문하면 필요한 자료를 쉽게 구할 수가 있다. 또한 지역별 모병관이나 병무청에 문의하면 상세하게 안내하여 준다.

대한민국 육군 부사관이 된다는 것은 누구나 쉽게 선택할 수 있는 일이 아니다. 또한 본인이 선택했다고 해서 누구나 다 부사관이 되는 것도 아니다. 꿈과 용기를 가진 자만이 그리고 국가로부터 선택된 자만이 부사관이 될 수 있고, 그들에게 국민의 생명과 재산을 보호하고 국토를 수호하는 특권이 주어진다. 자신의 능력을 무한히 펼쳐볼 수 있는 곳, 평생을 통해 자기계발의 여건이 주어지는 곳, 그곳이 육군이다.[782]

부사관 양성교육 및 임용

1894년 12월에 고종칙령 제10호인 〈육군장관직제〉에 따라 '하사' 신분이 규정되었지만, '하사관' 양성과 관련하여 처음 언급된 것은 그보다 빠른 7월로 '친위영親衛營' 설치와 관련이 있다. 당시 질병이 없고 건강하며 재주가 있는 200명을 선발하여 하사관을 양성하려 하였으나, 앞에서 언급한 바와 같이 일제의 방해로 '친위영' 설치가 무산된 듯하다.

하사관 양성의 일부는 육군무관학교에서 양성되었는데 육군무관학교는 1895년 5월 설치된 '훈련대사관양성소'를 폐교하고 칙령 제2호에 의거 1896년 1월 11일에 창설한 것으로 초급무관 양성을 목적으로 하였다.

---

782) 국방일보,"부사관, 전투형 강군 중심에 서다"에 2012년 3월 28일 필자가 게재한 내용을 보완하였다.

당시 육군무관학교의 관제官制에 따르면 제22조에 "입교한 후에 수학성적이 무無하여 사관의 자격을 성취成就하지 못하면 하사로 임함."이라[783] 규정되어 있어 참위로 임관하지 못한 상당수가 하사관으로 임용되었을 것이다.

실제적으로 1896년 4월에 입학한 100명 중에서 1년의 수학기간을 거쳐 참위로 19명만이 임관하였고 1898년 7월에 입학한 학도 200명은 1년6개월의 수학기간을 거쳐 128명이 임관하였는데, 기타 인원은 퇴교 또는 낙제 되었거나 '하사관'으로 임관된 것으로 추정할 수 있다.[784]

대한제국 국군이 해산됨에 따라 육군무관학교도 1908년 10월경부터는 일본육군이 인수하여 교육을 담당하게 되었으며 그나마 명목상 존재하고 있던 무관학교도 칙령 제77호에 의거 1909년 9월 15일 공식적으로 폐교가 되었다.[785]

1948년 건국과 건군이 이루어지면서 부사관 양성교육 및 임용은 현역병에서 선발하여 사단이나 군단 자체 '하사관교육대'에서 일정기간 교육 후 '하사'로 임용시켰다. 물론 일부 인원은 6·25전쟁 중에 창설된 '육군하사관학교'에 의해 양성교육이 이루어졌다. 휴전 이후 1957년 1월에 국방부령 제29호로 〈준사관·하사관 임용규정〉이 제정되었는데 병장으로 9개월 이상 복무중인 자, 고등학교 이상의 학교졸업자 또는 하사관이 담당할 직무에 관하여 경험과 기술이 있는 자를 대상으로 지원에 의하여 하사관 임용고시에 합격하고 군 소정의 교육을 필한 인원을 하사로 임명하였다.[786]

이후 1962년 4월에 제정된 국방부령 제49호 〈준사관 및 하사관 임용규정〉에 따라 병장으로 6개월 이상 복무중인 자, 중학교 이상의 학교를 졸업한 자 또는 이와 동등 이상의 학력을 가진 자 중 하사관 양성과정을 마친 자, 하사관으로서 담당할 직무에 관하여 특별한 경험과 기술이 있는 자를 대상으로 지원에 의하여 하사관 임용고시에 합격한 자를 하사로 임용하였다. 예외적으로 병장으로 8개월 이상 복무중인 자, 대학군사훈련과정이나 고등학교 군사훈련과정을 마친 자, 사관학교 3년이상 재학 중이거나 간부후보생 과정을 중퇴한 자로서 심사에 의해 하사관의 자

---

783) 「관보 제222호」, 건양원년 1월 15일 기사
784) 임재찬, 『구한말 육군무관학교 연구』, 1992. 391~40쪽
785) 「관보 제4,480호 호외」, 융희3년 9월 15일 기사
786) 「관보 제1,710호」, 1957년 1월 25일 기사

격을 인정받은 자를 임용하였는데 이들의 복무기간은 병의 의무복무기간과 같았다.[787]

육군은 육군의 재편성 및 현대화 과정에서 하사관의 정원 증가로 인해 우수한 병을 하사로 진급시켜 활용하는 것만으로는 인력확보가 제한됨에 따라 1967년 4월 1일부로 각 병과학교에 하사관 양성과정을 설치하였다. 즉 일등병 및 상병으로서 중학교 졸업 이상의 학력을 갖춘 우수자를 선발하여 보병분대장반은 각 군의 하사관학교에서 16주, 기타 병과의 하사관은 각 군의 하사관학교에서 4주 교육이수 후 각 병과학교에서 12~20주 교육한 다음 하사관으로 임용하였다.

1968년도에는 하사관의 합리적인 인사관리 및 인력의 효율적 운용을 위하여 하사관 임용은 '양성임용'과 '특별임용'만을 실시하고 병에서의 '승진임용'은 원칙적으로 폐지되었다. 즉 '양성임용' 적용자는 장기복무하사관 후보로서 중졸 이상 민간인 또는 일반병으로 하사관양성과정 이수자로 하였고, '특별임용'은 사관학교 3년 이상 재학 중 퇴교자 또는 간부후보생과정 16주 이상 이수 후 퇴교자를 대상으로 하였다. '승진임용'은 원칙적으로 폐지하였으나 군단하사관교육대 병장과정 이수자와 기타 발군의 공을 세운 인원에 대해서는 예외로 하였다.

1973년도에는 하사관의 자질향상과 교육의 효율성을 제고시키기 위해 하사관 교육과정을 개선하였다. 즉 각 군단별 공용화기분대장(병장)과정을 제1·3하사관학교에 통합하였으며 변경된 교육체계 내용은 아래와 같다.[788]

1972년도 이전	1973년도
• 수용연대 : 신검분류 • 전반기 : 기초훈련 • 후반기 : 공용화기과정 • 하사관학교 : 하사관후보 교육	• 수용연대 : 신검분류 • 하사관학교 : 하사관후보 교육 (신병, 전·후반기 교육을 통합 실시)

〈표 3-2〉 교육체계 변경(1973년 1월 23일) (출처 : 『육군군제사 병서연구 제12집』)

1976년도에는 하사관요원을 병무청에서 지정 입소시키도록 하였다. 즉 제2훈련소(현재의 육군훈련소) 입소 장정 중 우수자를 선발하여 하사관학교에 입소시켜 양성하

---

787) 「관보 제3,122호 호외(기2)」, 1962년 4월 14일 기사
788) 육군본부, 『팜플레트70-17-12, 육군제도사 병서연구 제12집』, 1981. 254쪽

던 제도를 폐지하고 병무청에서 미리 지정하여 2훈련소에 입소시켜 신검분류 후 하사관학교에서 교육 후에 임용하도록 한 것이다.

1979년 3월 1일부로 보병분대장 양성제도를 다시 변경하였는데, 병무청 징집자원에 의한 보병분대장 양성제도를 1·3군의 경우는 실무부대에서 지휘능력을 구비한 정예자원으로 엄선하여 양성하는 제도로 전환함으로써 전투분대장의 지휘능력을 향상시켜 분·소대의 전투력을 강화하였다. 전투분대장 자격요건은 입대 후 10~12개월 복무한 고졸 이상의 22~27세 강건한 상병으로서 지휘기법 향상에 주안을 두고 12주간 교육을 시켰다.[789]

현재의 부사관양성교육은 대부분 '육군부사관학교'에서 이루어진다. 양성교육은 '부사관으로서 기본소양과 전투기술능력을 구비하고, 리더십을 기르는 데 목표'를 두고 군인기본자세 확립, 기본 전투체력 배양, 기본전투기술 과목·과제 숙달, 리더십 기초 이해, 부사관으로서 기본소양 구비 등에 중점을 두고 교육한다.[790] 교육기간은 현역병인 경우에는 3개월, 민간인인 경우에는 4개월 정도인데 이는 현역의 경우 1개월여의 군인화 교육인 신병교육을 이미 받았기 때문이다.

2015년부터 RNTC(부사관학생군사훈련단)가 각 대학에 설치되면서 양성교육이 새로운 국면을 맞이하게 되었다. 소정의 절차에 의해 선발된 부사관 학군후보생들은 학기 중에는 교내에서 군사교육을, 방학기간 중에는 기초군사훈련 및 입영훈련을 받는다.

육군부사관학교나 RNTC에서 소정의 양성교육을 마치고 임관종합평가에서 합격하면 〈군인사법〉에 따라 참모총장이 하사로 임용한다. 임관 후 초임부사관으로서 복무하게 되는 부대는 육군부사관학교 수료 전에 무직위 공개 전산분류로, 일반적으로 해당 병과별 최하급 제대에 보직을 받는다. 예외적으로 '연고지 복무제도'를 이용할 수도 있다. '연고지 복무제도'란 전방 접적사단에 연고지(부친 근무부대, 거주 지역 등)를 둔 전투병과 특기자가 희망신청을 할 경우에 신청한 연고지 소재 부대에서 복무하게 하는 제도이다. 이 제도에 관해서는 복무할 부대를 전산분류 하기 전에 미리 교육을 실시하므로 참고하면 된다.

---

789) 육군본부, 『팜플레트70-17-12, 육군제도사 병서연구 제12집』, 1981. 255쪽
790) 국방부훈령 제984호(2008. 11. 4.), 〈국방교육훈령〉 제15조

군 생활의 이정표인 인사관리제도

不知山林險阻沮澤之形者 不能行軍, 不用鄕導者 不能得地利

산림 · 험난한 지형 · 소택지 등의 지형을 알지 못하면 행군을 할 수 없고,
지역안내자를 이용하지 않으면 지형의 이점을 얻을 수 없다

- 『손자병법』 '구지편' 중에서 -

어느 시대든 관원官員에 대한 평가를 실시하여 인사관리의 기초로 삼고자 했을 것이다. 역사적으로 볼 때 우리나라에서는 고려시대부터 관원에 대한 근무성적을 조사하여 그 능력과 성실도에 따라 인사를 시행하던 〈도목정제도都目政制度〉가 있었으며[791] 시행하는 것을 '도목정사都目政事'라 불렀다. 현대적인 의미로 '정기인사'에 해당한다고 볼 수 있다.

여기서 '도목都目'이란 관원의 승진·해임·보직이동에 대한 발령을 말한다. 또한 각 소관 부部별로 소속관리에 대한 출신, 서열, 직무의 난이도, 근무의 성실도, 업무에 대한 능력 등을 기록한 것으로 도목을 위한 전형자료를 '정안政案'이라고 하였는데 당시의 '근무평정자료'라고 할 수 있다.

'도목정사都目政事'는 1년에 한 번 있는 경우는 단도목(單都目, 음력 12월 시행), 두 번 있으면 양도목(兩都目, 음력 6월과 12월 시행), 네 번 하는 4도목(四都目, 음력 1, 4, 7, 10월에 시행) 등이 있었다. 통상적으로 양도목으로 음력 6월과 12월에 도목정사를 시행하였으나 잡직雜織이나 아전衙前 같은 하위직의 관원들에 대해서는 4도목을 적용하기도

---

791) 육군본부, 『팜플레트70-17-12, 육군제도사 병서연구 제12집』, 1981, 171쪽

하였다.

1892년 4월 형조刑曹에서 고종高宗에게 "지난 3월 27일 도목정사 때에 서류를 위조하는 농간을 부린 죄인들에 대해 보고를 하고 처벌할 것"을 건의한[792] 것을 보면 고려시대의 도목정사가 근세 조선 후기까지도 이어져 대한제국 시대에도 시행되었다고 볼 수 있다. 1895년 5월과 1904년 9월에 제정된〈육군무관진급령〉을 시행하기 위해서는 그 기초자료가 필요했기 때문이다.

『손자병법』의 '구지편'을 보면 "산림·험난한 지형·소택지 등의 지형을 알지 못하면 행군을 할 수 없고(不知山林險阻沮澤之形者 不能行軍), 지역안내자를 이용하지 않으면 지형의 이점을 얻을 수 없다(不用鄕導者 不能得地利)."고 했다. 이렇듯 우리가 요즘 어딘가를 가기 위해서는 이정표 또는 지역안내자, 내비게이션이 거의 필수적이다. 특히나 낯선 곳을 갈 때에는 더욱 필요하다.

부사관으로 군복무를 하는 기간은 인생의 중요한 부분이다. 인간발달단계에서 청년기, 성년기, 중년기, 노년기 초입까지의 삶을 군에 헌신하고 국가에 봉사한다. 자신의 삶에 있어서 가장 중요한 기간 동안 군문의 기나긴 여정 속을 지나다 보면 때론 험준한 산을, 가끔은 깊은 계곡을, 때때로 험한 가시밭길을 지날 수가 있다. 이때 방향을 잃지 않고 본인이 원하는 목적지에 도달하려면 충실한 안내서, 이정표가 필요하다. 그것이 〈부사관 인사관리제도〉다.[793]

군인의 인사관리제도는 선발, 교육, 활용(보직), 평가, 상훈 및 처벌, 승진, 전역 등 제반분야를 포괄하는 개념으로 『군 인사법』에 근간을 두고 있다. 이를 근거로 시행령, 시행규칙, 국방부 훈령, 육군규정, 방침 및 지침 등으로 각 군의 특성에 맞게 세분화되고 구체화된다. 육군의 부사관 인사관리제도는 규정화되어 있다. 그리고 이 규정은 국방환경의 변화에 따라 적절하게 수정·보완된다.

지금이라도 자신과 관련된 제도를 확인하고, 인사담당자와 면담도 해서 군생활의 로드맵을 작성해 보자. 그리고 하나하나 실행해보자. 흐릿했던 자신의 미래가 뚜렷하게 보일 것이다. 부사관 인사관리제도라는 이정표를 잘 따라가 보자.

---

792) 국사편찬위원회 역, 『고종 29권』, 한국사데이터베이스, 고종 29년 4월 1일 4번째 기사
793) 국방일보, "부사관, 전투형 강군 중심에 서다"에 2012년 4월 18일 필자가 게재한 내용을 보완한 것이다.

계급별로 갖추어야 하는 역량

육군에서는 부사관 계급별 육성목표 및 구비역량을 설정하여 인사 및 교육제도의 기준으로 삼고 있다. 이는 군인으로서 갖추어야 할 품성과 군사적 역량, 그리고 계급별로 요구되는 교육훈련, 리더십의 목표 및 중점을 반영하고 있다. 물론 국방환경의 변화와 시대적 요구, 정책적 판단에 따라 바뀔 수 있으나, 표현이 달리 될 뿐 계급별로 부사관 역할을 제대로 수행하는 능력 있는 부사관을 육성하고자 하는 근본 목적에는 변함이 없을 것이다.

부사관으로서 군에서 계급별로 요구하는 역량이 무엇인지 아는 것이 중요하다. 이는 내가 미래를 위해 현재 무엇을 준비하고 실천에 옮겨야 할 것인가에 대한 방향을 정해줄 뿐만 아니라 군 발전을 위해 필요함은 물론 나에 대한 모든 평가의 기준이 되기 때문이다. 따라서 틈나는 대로 계급에 상응하는 역량을 갖출 수 있도록 지속적으로 노력하여 선의의 경쟁을 해야 하는 조직생활에서 내가 지속 가능하도록 상대적 비교우위에 있어야 한다.

일반적으로 '하사'는 간부로서 군생활의 첫발을 내딛는 위치에 있다. 아울러 분대라는 군의 최하위 조직에 편성된 자기와 거의 같은 동년배들을 이끌어야 하는 지휘자인 분대장으로서 역할을 해야 하는 계급이다. 그러다 보니 군인으로서의 기본적인 자세나 군사적 식견, 그리고 지휘자로서의 리더십 등의 부족에서 오는 어려움을 누구나 겪게 된다. 이에 따라 통상적으로 '하사'에게는 '분대장으로서의 지휘역량과 군인으로서 기본적인 품성과 자질'을 갖출 수 있도록 교육 및 인사관리의 초점이 맞추어져 있다. 따라서 분대장으로서 지휘역량을 갖출 수 있도록 분대 전투지휘능력과 분대 병력관리능력을 갖추어야 하고 병 기본훈련 및 분대 전투기술 지도능력을 구비하여야 한다. 또한 군인으로서 기본적인 자세와 군인정신을 함양하고 소부대의 전장 리더십과 지휘통솔능력을 배양하여야 한다. "어떻게 하지?" 하고 걱정할 필요는 없다. 육군부사관학교에서 다 가르쳐 준다. 성실하게 따라가서 배우고 잘 실행만 하면 된다. 첫 단추를 잘 끼워야 한다. 앞으로의 군 생활을 상당 부분 좌우하기 때문이다.

군 생활을 몇 년간 하다 보면 복무연장이나 장기복무도 되고 '중사'로 진급한다.

하사 생활을 성실하고 성과 있게 수행한 결과다. '중사'는 통상 소대의 '부소대장' 또는 '반장' 직책이나 참모부서의 실무자로서 장교를 보좌하는 직위에 보직된다. 그러다 보니 '중사'의 경우 당연히 '부소대장이나 참모부서 담당부사관으로서 직무수행 능력 구비 및 직업윤리의식 함양'에 주안을 두고 있다. 부소대장은 소대장 유고 시 임무를 수행하여야 하는 직책으로 평시에 소대 전투지휘능력을 구비하도록 소대 전술 및 전장 리더십을 구비하고 전투장비·물자에 대한 운용능력을 갖추어야 한다. 솔선수범과 존중과 배려를 가지고 소대원을 관리하여 비전투손실을 예방하여야 한다. 참모부서의 실무담당 부사관으로 직무를 수행할 경우에는 통상 대대나 연대급에서 근무하기 때문에 관련 직무에 대한 수행능력을 제고하도록 관련 법규 및 직무 관련 자격증을 획득하도록 노력하여야 한다. 필요한 교육과 비용은 통상적으로 육군에서 제공되기 때문에 본인은 시간을 내어 노력만 하면 된다. 본격적인 직업군인으로 들어서는 계급이기 때문에 직무수행능력을 향상시킬 수 있도록 자기계발을 꾸준히 해야 하는 계급이다.

강산이 한 번 변할 때쯤 되면 다양한 직책을 경험하게 되고 전문성과 숙련도가 더해져서 '상사'가 된다. '상사'의 주 수행직책은 '중대 행정보급관'이나 참모부서의 담당부사관이다. 그러다 보니 '중대 행정보급관이나 참모부서 담당 부사관으로서 직무수행능력 구비와 건전한 복무문화를 실천하여 후배들을 지도할 수 있는 능력을 배양'하는 데 주노력을 기울여야 한다. 솔선수범과 의사소통능력이 주 덕목이 된다. 중대전투능력을 숙달하고 대대전술을 이해해야하는 전술적 식견이 요망되고 실무담당 부사관으로서 사단급 이하 제대에 대한 참모업무를 숙지해야 하며 작전지속지원절차를 숙달하여야 한다. 부사관의 경우 한 지역에서 오랜 동안 근무하기 때문에 지역주민들과의 건전한 유대관계를 유지하는 것도 매우 중요하다. 지역사회에서 나의 언행과 태도가 국민이 군을 바라보는 시각의 기준이 되기 때문이다. 부단한 자기계발을 통해 직무 수행에 대한 전문성을 더욱 높여야 한다. 이는 부사관 후배들의 앞선 발자국이 되며 자녀들에게도 귀감이 되기 때문이다. 후배들은 군에 있어서 나의 그림자이며 자녀들은 가정에 있어서 나의 그림자이다. 모든 것이 나로부터 비롯됨을 인식해야 하는 계급이다.

드디어 '원사'가 되었다. 계급장에는 '별'이 추가된다. 이때쯤 되면 군 생활에 있어

서 거의 완숙기에 접어들어 대대급 이상 제대의 주임원사나 사단급 이상 제대의 참
모부 업무담당 부사관의 직책을 수행하게 된다. 따라서 '주임원사나 참모부 업무담
당 부사관으로서의 직무수행 역량과 부대 단결에 기여하는 리더십을 구비'하는 것
이 중요하다. 즉 지휘관을 보좌할 수 있는 전술지식을 숙지하고 있어야 하며 후배
부사관 및 병을 지도하고 상담할 수 있는 능력을 구비하여야 한다. 부대의 장교들
과 부사관들이 의지하고 조언을 구하는 빈도가 높아지기 때문에 부대에서 일어날
수 있는 제반사항을 이해하고 원만하게 모든 것이 진행되도록 윤활유 역할을 하여
야 한다. 아울러 부대 단결의 중심에 서 있어야 하며 그럴수록 부사관은 물론 장교
들로부터도 존경받게 된다. 필자가 대대장, 연대장 직책을 수행하면서 경험한 바에
따르면 그렇다.

신설될 예정인 '선임원사(가칭)'의 경우도 '원사'의 경우와 크게 다르지 않을 것이
라 생각된다. 그러나 부사관의 최고 계급으로 좀 더 폭넓은 군사적 역량과 자질과
품성이 요구될 것이다.

직무수행역량을 제고시키는 교육제도

새로운 과학기술의 발전은 군대의 편성 및 구조, 무기 및 장비, 물자 및 보급 등에
많은 변화를 주었지만, 가장 필수적이고 중요한 자원은 이를 운용하는 인적자원일
것이다. 즉 우수한 인적자원의 확보가 조직과 국가의 경쟁력을 결정짓는 핵심요인
인 것이다. 일반 기업에서도 자산 가운데 인적자산을 가장 가치 있는 자산으로 여
겨 구성원의 역량개발에 투자와 지원을 아끼지 않고 있다. 모든 조직에서 필요로
하는 우수한 인적자원은 교육훈련을 통해 양성되기 때문이다.

'교육敎育'이란 말은 맹자의 "得天下英材而敎育之(천하의 영재를 모아 교육한다)"라는 글
에서 유래하였다 한다. 각 한자의 의미를 살펴보면 '가르칠 敎' 자는 "회초리로 아이
를 배우게 한다."는 뜻이고, '기를 育'자는 "갓 태어난 아이를 기른다."는 뜻이다. 즉
동양에서의 '교육'은 "아이를 엄히 양육하고 가르치는 것"이라고 할 수 있다.

영어의 'education'은 라틴어 'educare' 또는 'educatio'에서 유래하였다 한다. 라틴

어의 'educare'는 '양육한다'는 의미로, 이는 '능력을 끌어낸다'는 뜻의 'educere', '지도한다'는 뜻의 'ducere'와 관련이 있다. 즉 서양에서의 '교육'은 "사람이 가진 능력을 발휘할 수 있도록 이끄는 것"이라고 할 수 있다.

'인적자원개발(HRD, Human Resources Development)'이란 용어를 처음 사용한 교육학자인 네들러(Leonard Nadler)는 '훈련訓練'은 현재의 직무수행을 위해서, '교육敎育'은 미래의 직무수행을 위해서, 그리고 '계발啓發'은 직무에 초점을 두지 않고 개인의 성장을 위해서 이루어지는 학습활동으로 보았다.

군사학에서는 '훈련'을 "규정된 동작의 연습, 예행연습을 통하여 평상시나 전시에 군인들이 그들의 임무를 수행할 수 있도록 준비시키는 것"이라 정의하고 있다. 광의의 개념에서 교육은 교육과 훈련, 연습의 의미가 모두 포함된 것으로 통상 모두 묶어서 '교육훈련'이란 용어를 사용한다.

군사용어사전에서는 '교육훈련'을 "교육과 훈련, 연습을 포괄하는 개념으로서, 개인 또는 부대가 부여된 임무를 효과적으로 수행할 수 있도록 군사지식을 함양하고 전투기술과 임무수행절차 등을 행동으로 숙달하기 위하여 실시하는 조직적이고 실천적인 행동을 말한다."고 정의하고 있다. '교육훈련' 개념에 포함된 '교육(敎育, Education)'은 개인이나 부대가 부여된 임무를 효과적으로 수행할 수 있도록 군사지식과 전투기술을 가르치고 배우는 활동이고, '훈련(訓練, Tranning)'은 개인이나 부대가 부여된 임무를 효과적으로 수행할 수 있도록 군사지식과 전투기술을 행동으로 숙달하기 위하여 실시하는 실천적인 활동이며, '연습(練習, Exercise)'은 전시 작전시행 절차 숙달을 위해 실시하는 훈련으로 작전계획, 교리, 전장환경 등을 고려하여 최대한 실제와 같도록 실시하는 훈련이다.[794] 따라서 학교기관에서는 교육의 측면이, 야전부대에서는 훈련과 연습의 측면이 강조된다.

이러한 개념에서 군에서의 교육은 크게 학교교육과 부대훈련으로 나뉘고, 학교교육을 다시 군사교육과 전문교육으로, 부대훈련을 개인훈련과 집체훈련으로 구분한다.

---

794) 육군본부, 『야전교범 참고-1-21, 군사용어사전』, 2012, 69쪽

학교교육		부대훈련	
군사교육	전문교육	개인훈련	집체훈련
양성교육 보수교육	전문학위교육 능력계발교육 국외군사교육 직무향상교육	기본훈련 특기훈련	연합훈련 합동훈련 제병협동훈련 병과훈련

〈표 3-3.〉군의 교육체계(출처 : 〈국방교육훈련 훈령〉)

'보수교육'은 일반적으로 임관을 위한 양성교육 이후 군사전문성, 일반학문 및 직무지식을 향상시키기 위하여 군내 각 병과학교에서 실시하는 필수교육이다. 대한제국 시대의 장교와 하사관에 대한 보수교육은 1904년 9월 24일 창설된 '육군연성학교'에서 이루어졌다. 육군연성학교에 전술과, 사격과, 체조검술과, 경리과 과정을 설치하여 교육하였으며[795] 하사관에게는 주로 사격과 체조·검술 위주로 보수교육이 실시되었다. 육군연성학교는 군대해산으로 1907년 8월 26일 폐교되었다.[796]

구 분	전술과	사격과	체조검술과	경리과
대 상	위관 위주, 혹은 영관	• 보병 위관 및 하사관 위주 • 기병, 포병, 공병 일부 선발	보병, 기병, 포병, 공병 위관 및 하사관	위관 중 지원자를 시험 선발
교육기간	1~1.5년	6개월 이상	6개월 이상	단기1년, 장기2년

〈표 3-4〉 육군연성학교 교육과정(출처 : 관보 제2,942호 호외. 광무8년 9월 27일)

현재 부사관 임관 이후에 이루어지는 보수교육은 각 병과학교에서 실시되고 있으며 초급반(하사), 중급반(복무연장 2년 이상 선발자), 고급반(상사), 관리자반(원사) 등으로 통상 구분된다. 각 과정별 교육 목표나 중점은 계급별 갖추어야 할 역량과 크게 다르지 않으며 해당 계급과 직책에 상응하는 기본지식과 직무수행에 필요한 군사교육을 시키는 것으로, 과정 및 교육내용은 매년 다소 달라질 수가 있다. 특히, 보수교육의 결과는 복무연장, 장기복무 그리고 진급 등 각종 선발에 지대한 영향을 미칠 수 있기 때문에 충실하게 교육을 받아 좋은 성적을 얻도록 하여야 한다.

'전문학위교육'은 국내외 민간 및 군사대학(원)에서 실시하는 석·박사교육으로

---

795) 「관보 제2,942호 호외」, 광무8년 9월 27일 기사
796) 「관보 제3,856호」, 융희원년 8월 28일 기사

전문분야에서 근무할 장교들에게 주로 해당된다. 부사관의 경우 장기복무 부사관을 대상으로 '능력계발교육'이 주로 이루어지는데 석사·학사·전문학사, 사이버 학사·전문학사과정이 이에 해당된다. 이는 직무수행능력 향상과 자기 발전을 위하여 일정 인원을 선발하여 장학금을 지원하는 교육제도로 평정, 교육성적, 경력, 상훈 등을 고려하여 선발한다. 교육 후에는 수학기간에 따라 법규에 의거하여 복무기간이 연장된다.

부사관에 대한 '국외군사교육'은 대한제국 시대인 1898년으로 거슬러 올라간다. 당시 위관 2명과 하사관 21명을 일본으로 유학을 보내기 위해 유학비 1,125원을 의정부회의를 거쳐 같은 해 11월 2일 고종에게 상주하여 재가를 받은 사례가 있다.[797] 또한 외국에 유학하는 군인에게는 1895년에 제정된 칙령 제155호에 의거 본봉 외에 학자금, 왕복 여비, 여차수당금(旅次手當金, 유학 중에 훈련을 목적으로 주둔지를 떠날 경우 주는 수당), 그리고 유학 중에 승마乘馬가 필요한 경우에는 말의 대여료와 사료비를 실비로 지급하였다.[798] 1896년도 군부 예산을 보면 유학생비로 23,340원元이 책정되어 있었다.[799]

현재는 중사 이상 장기복무자를 대상으로 우방국 군사교육기관에 파견하는 제도로 주로 미국의 부사관 관련 과정을 선발한다. 어학성적이 TEPS 450점 이상이 되어야 하고 평정, 교육성적, 상훈, 경력, 잠재역량, 어학능력, 체력검정, 면접 등을 평가하여 선발한다. 따라서 부여된 직책에서 성실하게 근무하여 좋은 평정 및 평가를 받아야 하며 군사교육 성적 등 교육에 충실한 인원이 선발된다. '지휘관평가서'를 작성하게 되는데, 어학공부에 매진한다고 부대근무를 불성실하게 하면 지휘관에게 좋은 평가를 받을 수가 없다.

어학능력을 향상시키기 위해 '군사영어반'에 들어갈 수 있는데, 이는 연합작전 수행능력 및 우수한 어학자원을 육성하기 위한 교육과정이다. 중사 이상 장기복무자를 대상으로 평정, 교육성적, 경력, 상훈, 영어능력, 잠재역량 등을 고려하여 선발한다. 통상 연 2회 선발한다.

'직무향상교육'은 자신이 수행하고 있는 직책과 관련하여 수시로 단기간 내에 이

---

797) 「관보 제1,097호」, 광무2년 11월 4일 기사.
798) 「관보 제138호 호외」, 개국504년 8월 15일 기사.
799) 「관보 제226호 부록」, 건양원년 1월 20일 기사.

루어지는 교육이다. 새로운 지식과 기술을 습득함으로써 직무수행능력을 제고시키는 데 그 목적이 있으며 국내·외 연수가 해당된다. 같은 목적으로 군에서는 직무와 관련된 '자격증' 취득을 권장하고 있다. 자격증 취득은 부대업무와 전역 후 취업하는 데 활용이 가능하도록 병과별로 구분하여 자격증의 종류 및 취득 범위를 지정하여 실시하고 있으며, 장기복무 선발 시에 계량화된 점수로 배점에 반영이 되고 진급선발 시에 잠재역량 평가에 반영된다.

이상에서 알아본 모든 교육의 결과는 '자격화제도 인사관리'에 의거 직·간접으로 개인 인사관리에 반영이 되어 복무연장·장기복무, 진급, 교육선발, 해외파병 등 각종 선발의 중요 요소가 된다. '자격화제도 인사관리'란 임무수행을 위해 요구되는 역량에 따라 자격화 분야를 범주화하여 인사관리에 반영하는 제도로 전투임무수행 분야, 직무수행 분야, 자기계발 분야로 분류된다.

'전투임무수행 분야'는 초급간부 이하 모든 장병에게 적용되는 핵심전투기량으로 유격, 공수, 산악전문, 인명구조, 응급구조사, 저격수, 핵심전투기술 등이 있다. '직무수행분야'는 병과·기능특기별로 간부의 직무수행역량 제고를 위한 과목·과제로 국내·외 군사교육, 민간학위교육, 직무 관련 자격증 등 관련 기관의 인증 결과를 반영한다. '자기계발 분야'는 전 장병의 개인 잠재역량을 개발한 결과를 반영하는데 상담, 영어, 전산, 한자, 병兵의 생산적 군 복무를 위한 자기계발(학점취득, 검정고시, 각종 자격증 등) 등이 해당된다.[800] 중요도에 따라 우선순위를 고려한다면 전투임무수행 분야, 직무수행 분야, 자기계발 분야라고 할 수 있으며 각 분야별로 적용되는 자격증이나 자격인증은 군의 필요성에 따라 바뀌기 때문에 관련 내용을 확인하여 준비하고 그 결과물을 획득할 필요가 있다.

군 생활 자체가 부대 근무와 더불어 평생교육과정이다. 본인의 노력 여하에 따라 자신의 역량을 무궁무진하게 발전시켜 나갈 수 있다. 해마다 교육과정별 지원자격과 선발인원 및 평가요소를 공지하고 있다. 관심 있는 분야를 눈여겨보았다가 지원 자격을 갖추도록 노력하고 준비가 되었을 때 지원하면 된다. 모든 교육에 선발되면 소요되는 경비는 통상적으로 육군에서 지원된다. 부사관이 된다는 것은 국가장학생이 될 수 있는 자격을 획득하는 것이기도 하다.

---

800) 육군규정 116(2014. 8. 11.), 〈인재개발규정〉 제94조

 나의 직무수행능력을 제고시키기 위한 보직관리

부사관의 보직관리는 편제된 계급과 병과세부특기 직위에 보직함을 원칙으로 하되, 제한 시에는 상·하 1단계 계급을 적용하여 보직할 수 있으며 보직기간은 1개 직위에 최소 1년 이상 보직하도록 하고 있다. 즉 편성된 직위에 해당 특기자를 보직하고 그 자리에서 최소한 1년 이상 근무해야 한다는 것이다. 아울러 다양한 직위 근무를 통해 업무 수행능력을 배양하고 단계적 보직관리로 업무 능률을 향상시키며 동일 직위 장기근무로 인한 권태감을 해소시켜 복무의욕을 고취시키고 있다.[801]

일반적으로 보병하사는 분대장을 12개월 이상, 중사는 부소대장을 36개월 이상, 상사는 중대 행정보급관 36개월 이상, 원사는 연대급 이상 참모부 담당부사관 24개월 이상을 반드시 하여야 한다. 세부적인 사항은 매년 지시되는 〈부사관 진급 지침〉을 참고하면 된다.

구분	하사	중사	상사	원사(선임원사)
보직	분대장, 포반장, 조종수, 사수, 반장 등	부소대장, 급양관리관, 전차장, 정비관 등	중대 행정보급관, 박격포 소대장 등	주임원사
	제대별 참모부 담당부사관			

〈표 3-5〉 부사관 기본 보직관리 (출처 : 〈부사관 인사관리 규정〉)

또한 전방과 후방지역에서 근무하는 인원들이 상호교류를 통해 근무의욕을 고취하고 근무 형평성을 보장하기 위하여 인사교류제도를 시행하고 있다. 통상 후방지역에서 10년 이상 근무하면 전방지역으로 이동하여야 하며 전방지역에서 10년 이상 근무한 희망자에 한하여 후방지역으로 교류할 수 있다. 인사교류는 매년 계획에 의거 공지되고 분기 단위로 시행한다.

아울러 GP, GOP, 해·강안에서 경계작전에 직접 참가하는 부대나 격오지에서 일정 기간 근무하는 경우에는 어려운 근무환경을 고려하여 각종 선발 시에 가산점수를 부여하고 있으며 인사교류 시에 부부 군인, 고충부사관, 다자녀 부사관 등은 별도의 규정을 적용받는다.

---

801) 육군규정 112(2014. 10. 1.), 〈부사관 인사관리 규정〉 제16조 및 17조

부부 군인의 적용 대상은 3년 이상 복무자에 한하며 하·중사와 8세 이하의 자녀를 양육하는 상·원사는 항상 동일권역 신청 및 근무가 가능하다. 다자녀(셋째 이상 자녀 출산 시) 부사관은 희망지역에서 5년 이상 근무가 가능하며 계획인사 도래 시에도 셋째 자녀의 만 8세까지 교류가 유예된다.[802]

고충부사관이란 직계 존·비속, 형제·자매, 처가(또는 여군은 시가) 부모에게서 발생된 인적·물적 고충사유로 인해 본인의 보직이동을 통해 조치하지 않으면 안 되는 경우를 겪는 부사관을 말한다. 이 경우 본인 희망대로 전속이 가능하며 1년 단위로 고충사유 해소 여부를 심의하여 결정하며 고충사유가 해소되면 교류한다.[803] 본인이 인적·물적 고충사유에 해당되는지 여부는 관련 규정이나 당해 연도 방침이나 지침 또는 지시를 확인하고, 소속부대 인사실무자에게 신청하면 된다. 통상적인 기준은 다음과 같으나 군 생활 간에 발생하는 각종 고충에 대해 인사실무자와 상담하여 그 고충을 해소하고, 군 생활에 전념할 수 있는 여건을 마련하는 것이 필요하다.

인적 고충	입원치료 기간이 최소 3개월 이상 요구되는 환자 및 직접 부양하는 장애인(1·2급으로 한정)이 있는 경우
물적 고충	본인이 아니면 가사 및 생계유지가 곤란한 경우
기타	배우자 사망 또는 이혼으로 현 근무지에서 초등학교 취학 전 자녀 양육이 곤란한 경우

〈표 3-6〉 고충사유 기준 (출처 : 『초급부사관 자기관리 길라잡이』)

인사권자가 부하의 비위나 직무능력 부족 등을 이유로 해당직위의 직무담임을 강제로 해제하는 조치가 '보직해임'이다.[804] 보직해임은 징계나 처벌은 아니나 복무연장·장기복무 선발, 진급, 국내·외 위탁교육, 해외파견 등 각종 선발에서 인사상의 불이익을 받을 뿐만 아니라 그 비위 정도에 따라 추가적으로 형사 및 징계처벌, 현역복무부적합 조사위원회에 회부될 수도 있다. 일반적으로 다음의 경우에 보직해임 사유가 된다.

---

802) 육군규정 112(2014. 10. 1.), 〈부사관 인사관리 규정〉 제29조 및 53조
803) 육군규정 112(2014. 10. 1.), 〈부사관 인사관리 규정〉 제53조
804) 육군규정 110(2014. 9. 1.), 〈장교 인사관리 규정〉 제58조

- 능력 부족으로 해당 계급에 해당하는 직무를 수행할 수 없는 사람
- 성격상의 결함으로 현역에 복무할 수 없다고 인정되는 사람
- 직무수행에 성의가 없거나 직무수행을 포기한 사람
- 그밖에 군 발전에 방해가 되는 능력 또는 도덕적 결함이 있는 사람

〈표 3-7〉 개인비위 및 개인책임으로 보직해임 사유 (출처 : 〈군 인사법 시행령〉)

보직해임 사유를 구체적으로 몇 가지만 거론한다면 직무유기, 근무태만, 항명, 폭행, 상해, 가혹행위, 군무이탈자, 공정의무·청렴의무·비밀엄수·품위유지 위반자, 성性폭력 관련자, 음주운전 등 군인으로서 지켜야 할 것과 건전한 민주시민으로서 준수해야 할 거의 모든 것이 해당된다고 생각하면 된다. 따라서 모든 군인은 복무에 성실하게 임하여야 할 뿐만 아니라 민주시민으로서도 건전한 생활을 하여야 한다.

군에서는 공정한 인사풍토 정착 및 인사기강 확립을 위하여 '인사군기 문란자'에 대한 처리규정을 마련해 놓고 있다. '인사군기 문란자'란 군 외부 인사를 동원하거나, 정상적인 지휘계통을 무시하고, 본인 및 타인에게 유리하거나 불리하게 할 목적으로 보직, 진급, 평정, 각종 선발 등 제반 인사사항에 대하여 비정상적인 방법 및 수단을 동원하여 강요, 청탁 또는 규정과 방침을 위반하는 자를 말한다.[805]

구체적인 사례로 지휘계통을 준수하지 않는 각종 인사청탁 행위, 자력표 기록 변조, 전역지원 및 취하 악용, 고충사유가 아닌 부적절한 사유를 구비서류로 정당화하는 행위, 출신·지역·종교 등 개인적 사유로 전입이나 전출을 거부하는 것 등이 해당되며 인사군기 문란자가 되면 사안에 따라 경고장을 받게 되고 기록되며 각종 선발 시에 평가 점수에서 감점 처리된다. 물론 개인이 소명할 기회가 주어진다.

---

805) 육군규정 110(2014. 9. 1.), 〈장교 인사관리 규정〉 제60조

 나의 직무수행 결과에 대한 평가인 근무평정

건군 이후 육군의 근무평정 제도는 1948년 미 육군으로부터 도입한 '고과표제도 考課表制度'로부터 시작되었다.[806] 장교를 대상으로 시작된 근무평정제도는 1962년 1월 〈군인사법〉이 제정되면서 이를 근거로 군인의 근무 결과에 대한 평가를 하는 것이 1963년 11월에 구체화되었다. 각령 제1,629호인 〈군근무성적평정규정〉이 군인의 근무성적을 평정하여 근무의 능률증진과 공정한 인사관리의 기초로 함을 목적으로 제정된 것이다.

당시의 근무평정 대상은 현역에 복무하는 장교 및 준사관으로, 하사관은 필요에 따라 적용할 수 있도록 했다. 평정의 기준은 피평정자의 일정한 기간의 근무실적·근무수행능력 및 근무수행 태도와 성품, 그 장래성 등에 관하여 평정하는 것이었다. 평정 결과는 군인의 전반적인 인사관리에 반영시키고 능률증진의 기초로 활용되었다.[807] 부사관은 필요 시에 적용했기 때문에 중·소위의 평가요소인 복종심, 협조 및 통솔력, 신뢰심, 품성, 잠재역량 등이 고려되었을 것이다.[808]

구 분	평가요소
대령 및 준위	특별한 요소 없이 근무실적을 기록
중·소령 및 대위	직무지식, 통솔, 협조, 적극성, 기획, 책임감, 신뢰, 판단, 품성, 잠재역량 등 10개 요소
중·소위	복종심, 협조 및 통솔력, 신뢰심, 품성, 잠재역량 등 5개 요소

〈표 3-8〉 장교의 계급별 평가요소(출처 :『육군 제도사』)

현재 시행하는 육군의 '근무평정'은 육군에 근무하는 장교, 준사관, 부사관, 군무원, 민간인력 등 모두에게 적용된다. 따라서 모든 부사관의 자질, 특성 및 능력에 따라 발휘한 근무실적과 잠재역량을 지휘계통상의 상급자가 평가하여 육군본부로 보고하다. 이는 개인의 능률증진 및 개발, 지휘권의 확립, 교육·보직·진급·장기복무 및 복무연장 임명, 그 밖의 선발 등 인사관리 자료로 활용된다.[809]

---

806) 육군본부,『팜플레트 70-17-12, 육군제도사, 병서연구 제12집』, 1981, 171쪽
807) 「관보 제3,586호」, 1963년 11월 11일 기사
808) 육군본부,『팜플레트 70-17-12, 육군제도사, 병서연구 제12집』, 1981, 173쪽
809) 육군규정 112(2014. 10. 1.), 〈부사관 인사관리 규정〉 제53조

근무평정은 일반적으로 전·후반기 각 1회씩 연 2회 작성된다. 평정집단을 계급별, 기능병과별(전투, 기술, 행정, 특수), 직위별로 구성하되 평정 작성일 당시 계급으로 구성하는 것이 기본원칙이다. 평정권자들은 피평정자를 5계단으로 평가(A, B, C, D, E)하되 통상 1차 평정권자는 '절대평가', 2차 평정권자는 '상대평가'를 실시한다. 근무평정 결과는 각종 선발 시에 배점의 가장 높은 비율(30~50%)을 차지하며 결정적인 요소가 되기도 한다. 여타의 점수가 좋더라도 평정 결과가 좋지 않을 경우 각종 선발에서 선발되지 않는 경우가 많다. 이는 상급자가 평정을 통해 피평정자의 자질과 품성 그리고 능력을 종합적으로 평가하기 때문이다.

자질과 품성 면에서는 주로 충성심, 용기, 책임감, 존중, 창의, 명예심, 도덕성, 솔선수범, 전문성, 보안의식 등 육군 5대 가치관과 군인으로서 갖추어야 할 품성을 평가받으며, 능력평가는 본인이 작성한 업무실적을 기초로 평가 받는다. 이러한 평가는 일반적으로 장교들에 의해서 이루어지게 되는데 1차 평정권자는 소대장, 2차 평정권자는 중대장인 경우가 대부분이다. 좋은 평가를 받는 지름길은 본인의 직속상관에게 인정을 받도록 능력을 발휘하고 자질과 품성을 잘 함양하는 것이다.

이러한 정기 근무평가 외에도 '수시평정'의 하나인 '우수근무자 평가서'라는 것이 있다. '우수근무자 평가서'는 현저한 공적이나 탁월한 능력을 발휘하여 타의 귀감이 되는 부사관에 대해 관련사 실을 평가하여 인사관리에 반영하는 것이다. 여기서 말하는 우수자란 대내·외 국위선양 및 군의 귀감이 될 만한 업적이 있는 자, 재해·재난 상황 시에 희생적인 근무, 대형사건·사고 조치와 관련한 유공자, 창의적 업무능력을 발휘하여 군과 국가발전에 크게 공헌한 자, 대침투작전 등 전투유공자 등을[810] 말한다.

평정권자에 의해 작성된 모든 평가표는 인사사령부와 선발관리실에서 검증을 실시하는데 이는 근무평정의 객관성과 신뢰성을 제고하기 위해서 실시된다. 불공정한 평정결과에 대해서는 피평정자의 불이익을 구제하고 평정권자에 대해서는 사안에 따라 기록을 유지하여 인사상의 불이익을 부여한다.

---

810) 육군규정 112(2014. 10. 1.), 〈부사관 인사관리 규정〉 제72조

과거에 대한 보상이거나 미래에 대한 기대인 진급

직장생활을 하는 모든 직업인의 바람 중의 하나가 승진일 것이다. 물론 책임도 확대되지만 권한이 확대되고, 생활수준이 나아지며 내가 조직 내에서 능력을 인정받는 보상체계의 하나이기 때문일 것이다. 군인에게 있어서도 진급도 별반 다르지 않다는 생각이 든다. 그러나 진급이 목표가 된다면 그 생활은 참으로 재미가 없고 지루하고 험난한 길이 될 것이다. 진급은 성실하게 복무하다 보면 때가 되서 주어지는 것이 되어야 한다. 내가 진급을 쫓아가는 것이 아니라 나에게 오도록 해야 한다는 얘기다. 쫓는 자에게는 어렵지만 오도록 하는 자에게는 쉽다는 생각이 든다. 어느 정도까지는…….

진급이 과거에 대한 보상이냐, 미래에 대한 업무수행 능력이냐에 대한 논란이 존재하나 두 가지 성격이 공존한다는 것이 나의 생각이다. 결국은 진급에는 과거의 성과에 대한 평가를 통해 미래에 더 큰 권한과 책임을 감당할 능력이 되고 조직에 기여할 것이라는 기대도 함께 있기 때문이다.

현재와 같이 군의 진급 관련 법규가 제정된 것은 1895년 5월에 제정된 칙령 제90호인 〈육군무관진급령〉이다.[811] 진급의 종류는 두 가지로 '석차보서席次補敍'와 '발탁보서拔擢補敍'가 있었다. '석차보서'란 진급연한이 지난 인원을 순차적으로 진급시키는 것으로 현재의 '근속진급'과 유사하고, '발탁보서'란 진급연한이 지난 인원 중에서 선발하여 진급시키는 것으로 현재의 '정규진급'과 유사하다

당시 하사관 진급의 경우는 모두 '발탁보서'로 참교가 부교로 진급하려면 진급연한進級年限이 반년, 부교로서 정교가 되려면 진급연한이 1년이 지난 인원 중에서 선발하였다. 그러나 휴직休職하거나 정직停職한 기간은 진급연한에 산입算入되지 않았다.

군부협판(현재의 국방부 차관), 경리국장, 의무국장 및 독립 단·대장團隊長이 절차에 의해 결재하고 하사관 진급후보자명부를 작성하여 공석에 따라 진급시켰다. 그러나 전투에 임하는 수장首長에게는 특별히 진급권을 부여하였고, 전투에서 뛰어난 공훈을 세운 경우와 공석이 발생하였으나 부대가 적전敵前에 있어 정상적인 진급절차를 수행할 수 없을 경우에는 진급연한에 관계없이 진급을 시켰다.

---

811) 『관보 제42호』, 개국504년 5월 19일 기사

정교가 참위가 되는 것은 특별한 경우로 진급연한이 2년이 지나고 공적이 발군拔
群하며 장교에 합당한 학력을 갖춘 자로 제한하였다. 장교로서 합당한 학력은 명시
되어 있지 않으나 1898년 12월에 반포된 칙령 제39호인 〈주·판임관 시험 및 임명규
칙〉을 보면 최소한 문필산술文筆算術 능력이 있으면서 실무업무에 숙달되어[812] 있
어야 했을 것이라고 추정할 수 있다. 장교의 대부분은 무관학교 졸업자 중에서 시
험을 통과한 인원만이 임명되었으나 그렇지 아니한 인원도 많았다. 예를 들어 시위
제1연대 1대대 참교 엄석주는 폭도들을 다수 체포한 공로로 1899년 6월 23일 참위
로 바로 진급하였다.[813]

1904년 9월에 〈육군무관진급령〉이 개정되었다.[814] 진급의 종류가 '정년보서停年
補敍'와 '발탁보서拔擢補敍'로 구분되었다. '정년보서'란 실역정년최하기한實役停年最下
期限을 경과한 인원을 대상으로 순차적으로 진급시키는 것으로 이전의 '석차보서'와
같은 개념으로 용어가 변경된 것이고, '발탁보서'는 이전과 같다.

단지 준사관인 '특무정교'가 신설됨에 따라 정교에서 2년이 지나야 특무정교로
진급할 수 있고, 특무정교에서 2년이 지나야 참위로 진급할 자격이 주어졌다. 그러
나 헌병은 특무정교가 없었기 때문에 정교에서 4년이 지나야 선발되어 참위로 승진
할 수 있었다. 물론 특무정교나 헌병정교가 참위가 되기 위해서는 전시戰時에 공적
이 탁월하고 장교가 되는 데 합당한 학력을 갖추어야만 했다. 개정되면서 각 병과
별 경력과 복무기간이 어느 정도 구체화되었다.

구분	자격 요건
정교 → 특무정교	• 입대 후 8개년 이상 복무하고 정교에서 2년 경과자
포·공병 정교 및 1등 제공장 → 포·공병 상등공장	• 입대 후 또는 포병공장 후보학도 출신자 입교 후 8년 이상 복무하고 실역정년이 2년 이상 경과한 자 • 포·공병 정교는 복무기간 중 군기창 축성부에서 2년 이상 복무 경과자
1등 군악수 → 군악장보	• 1등 군악수로서 실역정년 2년 경과자
단기복무 참교	• 평시에 부교 미진급

〈표 3-9〉 하사관의 병과별 진급 요건 (출처 : 관보 제 2,942호 호외, 광무8년 9월 27일)

---

812) 「관보 제1,129호」, 광무2년 12월 12일 기사
813) 「관보 제1,298호」, 광무3년 6월 27일 기사
814) 「관보 제2,942호 호외」, 광무8년 9월 27일 기사

현재도 마찬가지지만 당시에도 하사관들이 주로 대대급 이하 제대에 근무하였기 때문에 대대장이 하사관의 진급에 대해 권한을 상당 부분 행사한 것 같다. 1904년 10월에 진위 4연대 1대대장이 하사관 진급관리 부실로 1주간의 경근신 처분을 받은 사례가 있기 때문이다.[815] 하사관 진급은 사단장급 이상 또는 동등한 권한이 있는 장관급 장교 그리고 경리국장·의무국장 등이 결재하고 '결정후보명부決定候補名簿'를 작성하여 공석 발생 시마다 진급시켰다.

광복이 되고 건군 초기에는 제도적 뒷받침이 미흡한 가운데 과거의 직위를 참고하여 특채, 특진 등 불규칙적인 진급을 실시하여 오다가 6·25전쟁 중에는 군 인사제도를 확립할 겨를이 없이 급격히 팽창하는 병력을 긴급히 충당하기 위하여 일정한 진급연한과 선발기준이 정립되지 않은 가운데 당장의 필요에 따라 그때그때 진급을 실시하였다. 장교들은 6·25전쟁 중인 1950년 9월 16일에 제정된 대통령령 제384호인 〈국군 임시계급에 관한 건〉이 시행되었는데, 전시戰時·사변事變 또는 특별한 사유로 인한 경우로 한정되었다.[816]

휴전 후에 점차로 군의 규모와 편제가 정비되고 질서가 유지되면서 1953년 12월 대통령령 제845호인 〈정규군인신분령〉 및 1954년 7월 대통령령 제920호인 〈군인 임시진급령〉이 제정되면서 육군 정원의 90% 충당을 목표로 진급을 연간 불규칙적으로 실시하였다.[817]

1954년 2월 6일부터 시행된 〈정규군인신분령〉에 따르면, 진급을 '정규진급'과 '임시진급'으로 구분하였다. 하사관의 '정규진급'은 진급연한이 경과한 자로서 상급上級의 직책을 감당할 수 있는 자 중에서 진급심사위원회의 심의를 거쳐 참모총장이 1계급씩 진급시키는 것이었다.[818] 같은 해 8월 16일 〈정규군인신분령〉이 개정되면서 전시戰時·사변事變 또는 이에 준하는 비상사태하에서는 하사관의 진급은 예외로 하였다.[819] 즉 하사관의 경우 비상시국에는 진급연한에 관계없이 진급을 시킬 수 있었다.

---

815) 「관보 제2,964호」, 광무8년 10월 22일 기사
816) 「관보 제392호」, 1950년 9월 16일 기사
817) 육군본부, 『팜플레트 70-17-12, 육군제도사, 병서연구 제12집』, 1981, 180쪽
818) 「관보 제1,028호」, 1953년 12월 14일 기사
819) 「관보 제1,519호」, 1954년 8월 16일 기사

구 분	진급연한
2등중사 → 1등중사	1년
1등중사 → 2등상사	2년
2등상사 → 1등상사	3년

〈표 3-10〉 하사관 진급연한 (출처 : 〈정규군인신분령〉)

'임시진급'은 〈군인임시진급령〉에 의해 시행되었는데, 군편제 상의 상급직위를 감당할 수 있는 자를 현 계급보다 상급계급을 요하는 직위에 보직하는 것이 필요한 경우 진급심사위원회의 심의를 거쳐 1계급씩 진급시키는 것이었다. '정규진급'과의 차이점은 해당 직위에서 임무를 수행하지 않을 경우에는 원래의 계급으로 복귀시키는 것이나, 임시계급으로 해당 직무수행을 하는 동안에는 그에 합당한 보수와 대우를 받았다.[820] '임시진급'은 장교에게만 해당되었다.

그러나 이 기간에도 진급은 일반적으로 선임자 위주로 복무기간 또는 일선근무 기간의 장단長短, 포상관계, 보수교육과정 이수 및 성적, 고과성적 등을 매년 방침에 정하는 바에 따라 점수화하여 불규칙적으로 시행되었다. 이러한 군인의 진급제도가 정비된 것은 1962년 1월 20일 제정된 법률 제1,006호인 〈군인사법〉과 같은 해 2월 6일 제정된 각령 제426호인 〈군인사법시행령〉이다. 이를 근거로 국방부령 제52호로 〈군인진급규정〉이 4월 14일 제정되어 더욱 구체화되었다.

하사관 관련 사항을 살펴보면 〈군인사법〉 제25조②항에 "하사관의 진급은 하사관 진급선발위원회의 심의를 거쳐 참모총장 또는 참모총장으로부터 위임받은 장관급지 휘관[821]이 명한다."라고 규정되었으며, 제26조에서 진급최저복무기간을 명시하고 있는데 중사는 하사에서 2년, 상사는 중사에서 3년을 복무하도록 하고 있다.[822]

하사관 진급에 대해 구체화된 규정은 〈군인진급규정〉이다. 진급선발 대상은 진급최저복무기간에 달한 인원 중 참모총장이 선임순 또는 특기별로 정하되 군법회의에 기소된 자, 포로가 되었거나 행방불명이 된 자, 무단탈영 또는 도망중인 자, 전·공상 이외의 사유로 입원 중인 자는 제외로 했다. 진급선발위원회는 5~7인으로

---

820) 「관보 제1,138호」, 1954년 7월 10일 기사
821) 장관급 지휘관 : 편재 상에 규정된 계급이 준장 이상인 부대의 장
822) 「관보 제3,054호」, 1962년 1월 20일 기사

구성되었으며, 선발기준은 당해 특기분야에 대한 군사적 전문기능, 선발고사성적, 복무성적(고과성적, 상벌, 군사교육 성적 등), 신체조건, 연령, 민간에서의 학력 및 경력, 기타 필요한 사항 등이었다.[823]

오랜 기간과 제도의 많은 변화를 거친 현재의 육군 부사관의 진급은 일반적으로 정규진급, 근속진급, 명예진급 등으로 구분된다.

구 분	대 상
정규진급	● 하사 → 중사 : 하사로서 2년 진급최저복무기간 근무자 ● 중사 → 상사 : 중사로서 5년 진급최저복무기간 근무자 ● 상사 → 원사 : 상사로서 7년 진급최저복무기간 근무자
근속진급	● 하사 → 중사 : 하사로서 6년 이상 재직자 ● 중사 → 상사 : 중사로서 12년 이상 재직자
명예진급	● 상사 →원사 : 상사로서 7년 이상 재직자로 20년 이상 복무하고 정년 잔여기간이 1~10년 이내로서 희망전역자 중 명예진급 신청자

〈표 3-11〉 진급의 종류 및 대상 (출처 : 〈2015년도 부사관 진급지시〉)[824]

'정규진급' 심사는 연1회 실시되는데 계급별·병과세부특기별로 심사제대가 상이하며 통상적으로 3심제(2개 추천 및 선발심사위원회)로 진행된다.

구 분	대 상
사·여단급 이상 부대	● 하사 → 중사 : 전 병과 ● 중사 → 상사 : 보병
군사령부	● 중사 → 상사 : 보병, 행정 및 특수병과를 제외한 전 병과
육군본부	● 하사 → 중사 : 육군 중앙추천 대상자, 해파부대, 여군 등 ● 중사 → 상사 : 육군 중앙추천 대상자, 해파부대, 여군, 훈련부사관, 행정 및 특수병과 등 ● 상사 → 원사 : 전 병과

〈표 3-12〉 계급별·병과별 진급심사 제대 (출처 : 〈2015년도 부사관 진급지시〉)

'근속진급'심사는 정규진급심사가 끝난 후에 단심제로 육군본부에서 일괄 심사하며 군사법원에서 유죄 판결을 받은 자, 징계 처분자(중징계, 경징계 2회 이상), 군사교육기관 퇴교자, 근무평정에서 2회 이상 최하위자, 근무성적 불량자 등은 근속진급이 제한된다.

---

823) 「관보 제10,907호 호외(기2)」, 1962년 4월 14일 기사
824) 육지시 제14-1,008호(2014. 7. 4),〈2015년 부사관 진급지시〉, 4~5쪽

'명예진급'은 전·후반기 연 2회 심사하며 상사에서 원사 진급만 해당된다. 하사에서 중사, 중사에서 상사는 근속진급이 적용되기 때문이다. 명예진급심사 대상은 20년 이상 복무하고 진급최저복무기간이 경과한 상사로서, 정년 잔여기간이 1~10년 이내로 명예전역자로 우선 선발되어야 한다. 명예전역자로 선발된 후에 명예진급을 희망하고 전역시의 역종을 예비역으로 선택할 경우 심사에 의하여 희망자의 70% 수준을 선발한다. 명예진급자의 연금, 명예전역 수당 등 각종 급여의 지급은 명예진급 이전 계급으로, 기타의 예우는 명예진급된 계급으로 적용된다.

부사관 계급이 추가로 신설되면 정규·근속·명예진급에 대한 대상과 자격요건 등이 달라질 수 있다. 그러나 어떤 진급이든 대상과 자격이 바뀌어도 핵심적인 선발 평가요소는 대동소이 大同小異하다.

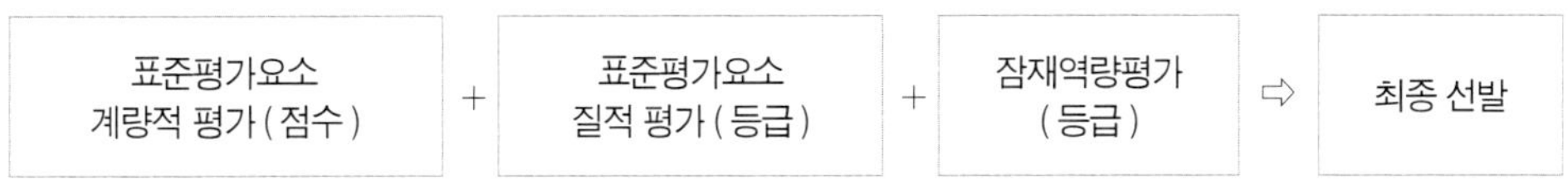

〈표 3-13〉 진급선발 평가요소 구성 (출처 : 〈2015년도 부사관 진급지시〉)

진급은 통상 표준평가요소와 잠재역량을 평가하며 심사를 통해 이루어진다. 표준평가요소는 근무평정, 경력(근무한 직책과 접적지역·격오지 근무경력), 교육성적, 상훈, 체력, 지휘추천 등으로 구성되어 있다. 이러한 표준평가요소는 다시 계량적 평가와 질적 평가로 구분된다. '계량적 평가'는 배점 기준에 의해서 점수로 평가하며 각 요소별 배점은 진급될 계급에 따라 상이하다. '질적 평가'는 평정, 경력, 교육, 상훈, 지휘추천, 체력검정 등의 요소 등에 대해 종합적으로 분석한 후 긍정적인 사항과 부정적인 사항을 A, B, C 등급으로 평가하는 것이다.

잠재역량평가는 자질과 덕목, 공과 功過 사실, 자기계발, 체력 및 신체 등을 종합적으로 분석한 후 긍정적인 사항과 부정적인 사항을 A, B, C 등급으로 평가하는 것이다. 특히 '성性 관련 규정 위반 예방교육 미이수자'는 평가를 통해 종합된 점수에서 미이수 횟수를 고려하여 감점 조치된다. 이러한 평가요소들이 다 더해져서 심의를 거쳐 최종 진급대상자로 선발된다. 진급평가요소는 국방환경의 변화, 시대적 요구, 정책적인 결정 등에 의해 바뀌기도 한다.

한편 불행하게도 진급낙천이 되는 사유가 있고, 진급예정자 명단에 공표된 자라

할지라도 진급 발령 전에 '진급시킬 수 없는 사유'가 발생할 시에는 절차에 의거 진급예정자 명단에서 삭제할 수 있도록 되어 있다. 즉 군사법원에 기소되었거나 중징계 처분을 받은 경우, 현역복무부적합자 등이 해당된다. 모든 부사관들은 자신의 빛나는 군생활을 위하여 잘 명심할 필요가 있다.

구 분		내용
진급 낙천 사유	사유해소 시까지	• 군사법원에 기소된 자 (단, 약식명령이 청구된 자는 제외) • 포로 또는 행방불명 중인 자 • 탈영 중인 자 • 전·공상 이외의 사유로 입원 중인 자 • 정당한 사유 없이 당해 연도 신체검사 미실시자

	1회에 한하여	• 군사법원에서 유죄판결을 받은 자로서 제적되지 아니한 자
		  * 약식명령의 청구에 의하여 유죄판결을 받은 자는 제외
		• 중징계 처분을 받은 자
		• 동일계급에서 3회 이상 경징계 처분을 받은 자
		  * 단, 부조리 및 파렴치 사유는 경징계 1회라도 적용
		• 군사교육과정에서 낙제나 불명예스러운 사유로 퇴교된 자
		• 동일계급에서 각각 다른 평정자로부터 2회 이상 열등으로 평가된 자

진급선발 무효		• 군사법원에 기소된 자 (단, 약식명령이 청구된 자는 제외) • 중징계 처분을 받았을 경우 • 심신장애자 또는 현역복무 부적합자로 전역하는 경우
진급발령 보류		• 포로 또는 행방불명되었을 경우 • 휴직되었을 경우 • 군무 이탈하여 발령일 현재 미복귀자

〈표 3-14〉 진급 낙천·선발 무효·보류 사유 (출처 : 〈부사관 인사관리 규정〉)

빛과 그림자, 포상과 처벌

凡用賞者 貴信, 用罰者 貴必

모든 상賞은 상응相應하고 적절하게 행해지지 않으면
안 되는 것으로 믿음을 귀하게 여긴다.
벌罰은 반드시 결행決行해 정情에 흐르는 일이 있어서는
안 되는 것으로 반드시 행하는 것을 귀하게 여긴다.

- 태공망 여상 저 『육도六韜』 중에서 -

인간이 무언가를 하고자 하는 동기는 개인의 욕구로부터 비롯된다고 많은 심리학자들은 말하고 있다. 즉 동기Motivation란 어떤 것을 하고자 하는 의욕이며, 동기의 수준은 그 행위가 자신의 욕구를 충족시킬 수 있는 능력을 어느 정도나 지니고 있는가에 의해서 영향을 받는다. 욕구Need는 특정한 결과에 대하여 매력을 느끼게 되는 생리적 또는 심리적인 결핍이다.[825]

이러한 개인의 욕구를 불러일으키는 동기부여에 대한 주요 수단은 통상 보상과 처벌의 형태로 이루어진다. 보상으로는 포상, 승진, 상여금, 칭찬, 인정, 존경, 성취감, 공정한 대우, 권한의 확대 등 다양한 형태로 이루어질 수 있고 처벌은 감금, 통제, 강등, 무시, 비난, 징계, 벌금, 퇴출 등의 수단이 동원될 수 있다.

개인이 지닌 욕구와 동기부여에 관하여 널리 알려진 이론 중의 하나는 미국의 심리학자인 매슬로우(Abraham Maslow, 1908~1970)가 주장한 '욕구 5단계 이론'이다. 즉 사람에게 동기를 부여하려면 단계별로 상승하는 인간의 욕구를 제대로 이해해야 하며,

---

825) 김광점·박노윤·설현도 옮김, 『조직행동론』, 시그마프레스, 2007, 74쪽

그 욕구는 생리적 욕구Physiological Needs, 안전의 욕구Safety Needs, 소속감과 애정의 욕구 Belongingness and Love Needs, 존경의 욕구Esteem Needs, 자아실현의 욕구Self-actualization Needs 등이 계층별로 있다는 것이다. 물론 이 이론은 상당히 고전적인 이론으로 학문적인 비판의 여지를 갖고 있지만 쉽게 이해할 수 있는 장점을 갖고 있다.

이 이론의 4단계인 '인정의 욕구Esteem Needs'는 내적으로 자존·자율을 성취하려는 욕구와 외적으로는 타인으로부터 인정을 받고 존경을 받으며 집단 내에서 일정한 지위를 확보하려는 욕구이다. 사람은 누구나 내가 남의 부러움의 대상이 되고 싶어 하지 남이 나의 부러움의 대상이 되고 싶어하지는 않는다. 그래서 불안하고 시기하고 질투하는 것이다. 이러한 '인정의 욕구'를 가장 잘 제도화시킨 것 중의 하나가 포상과 처벌제도이다.

『손자병법』의 '시계편'에서 "兵者 國之大事 死生之地 存亡之道 不可不察也(전쟁은 나라의 중대한 일이요, 국민의 생사와 나라의 존망이 걸린 것이니 깊이 살피지 않을 수 없다.)"라고 한 바와 같이, 전쟁은 국가의 중대사였기 때문에 군인의 경우 전쟁 후 전공자에게 대대적으로 포상 조치를 하고 군율軍律을 위반한 자에 대해서는 엄벌嚴罰에 처했을 것이라는 것은 당연한 귀결일 것이다.

역사적으로 삼국시대에는 전공자에게 부의 축적에 기여하는 노비나 토지, 말, 황금, 곡식 등을 수여하여 물질적인 혜택을 주는 동시에 전공자 본인 또는 그 가족에게 신분적인 혜택을 주어 관직官職을 상승시켜 주는 경우가 통상적이었다. 그러나 특별한 경우에는 국가에서 장례를 치러주거나 전사자를 애도하는 노래를 지어 주는 등의 명예적 선양의 조치를 시행한 경우도 있었다. 반면에 처벌은 군율에 의한 형벌, 처형, 신분적 강등 등이 있었다.[826]

고구려와 백제에 밀리던 신라가 승자가 되고, 당나라까지 격파하여 최후의 승리자가 된 데에는 여러 요인이 있다. 그 중에서 화랑의 활약이 잘 알려져 있다. 그러나 귀족 출신 장수의 활약만으로 신라가 삼국통일의 대업을 이루었다는 설명은 부족하다. 신라는 전사한 병졸들에 대한 유공자 포상제도를 철저히 시행했다. 그 유가족을 포상했을 뿐만 아니라 미처 중앙정부에서 파악하지 못한 전사 병졸을 보고

---

826) 육군3사관학교, 『논문집 제75집 1권』, 2012, 283쪽
　　허중권, 「삼국시대 전쟁에서의 포상과 처벌에 관한 연구」

한 사람까지도 포상했다. 이러한 포상제도가 신라인들이 죽음을 무릅쓰고 결전을 벌이는 제도적 뒷받침이 되어 장수와 병졸을 막론하고 수많은 용장을 탄생시키는 저력이 되었던 것이다.[827]

군생활의 빛과 그림자라 할 수 있는 포상과 처벌은 동전의 양면처럼 붙어 다닌다. 그리고 그 포상과 처벌은 개인의 인사관리에 반영되어 포상, 교육, 진급, 보직, 복무연장 및 장기복무 등 각종 선발에 반영된다. 군인은 국지대사國之大事를 다루는 신분이기 때문이다.

군생활의 빛나는 영예, 포상

국가적 차원에서 실행하는 포상제도의 대표적인 것이 '상훈제도賞勳制度'일 것이다. 현재와 같은 상훈제도가 도입한 것은 1899년 7월 칙령 제30호로 〈표훈원관제〉가 제정되면서부터다. 표훈원은 훈위勳位·훈등勳等 및 연금年金에 관한 사항, 훈장·기장·포장 및 기타 상여賞與에 관한 사항, 외국 훈장·기장記章 수령 및 패용에 관한 사항 등을[828] 관장했다.

이에 따라 1900년 4월에 칙령 제13호로 〈훈장조례〉가 공적과 훈로勳勞가 있는 사람에게 훈위와 훈등을 주기 위하여 제정되었다. 표훈원에서 각 기관의 관리 이력서를 받아 서훈할 만한 업적의 유무를 항상 살펴서 의정과회의를 거쳐 정기적으로는 1월과 7월에 서훈하였으나 특지特旨에 의해 수시로 서훈할 수도 있었다.

고종은 훈장제도의 시행의 의미를 "모든 황족들과 신하들은 금척으로 천하를 다스리는 방도를 체득하고, 매처럼 용맹을 떨친 업적을 본받아 안으로는 이화의 문장을 잊지 말고 밖으로는 태극의 표식을 욕되게 하지 않는다면 어찌 나 한 사람이 그대들의 큰 공적을 가상히 여겨 영예를 포장할 뿐이겠는가? 또한 하늘에 계신 고황제(태조 이성계)의 영혼도 기뻐서 복을 주실 것이니, 각기 힘써라."라고 조령으로 밝혔다.[829]

---

827) 안주섭· 이부오· 이영화 공저, 『영토한국사』, 소나무, 2006, 76쪽
828) 「관보 제1,311호」, 광무3년 7월 12일 기사

구 분	내용
훈등 (勳等, 훈공의 등급)	• 대훈위, 훈(勳), 공(功) 등 3종 • 훈 및 공은 다시 1~8등으로 구분
훈장	• 금척대훈장 : 황친 및 문무관 중 이화대훈장을 소지한 자가 특별 훈로가 있을 때 특지로 서사(叙賜) • 이화대훈장 : 문무관 중 태극장 1등을 소지한 자가 특별 훈로가 있을 때 특지로 서사 • 태극장 : 문무관 중 훈등(勳等)에 따라 수여(授與) • 자응장(紫鷹章) : 무공 발군한 자의 공등(功等)에 따라 서사

〈표 3-15〉 대한제국 〈훈장조례〉 (출처 : 관보 호외, 광무4년 4월 19일)

'금척대훈장'의 금척金尺은 '금으로 된 자'를 말하며 금척을 얻음으로써 영예로운 지위에 이르게 된다는 의미로, 조선을 개국한 태조 이성계가 아직 왕위에 오르기 전에 꿈에서 금척을 얻어 나라를 세워 천하를 마름질해서 다스린다는 설화에서 유래한 것이다. '이화대훈장'의 이화(李花, 자두나무꽃)는 대한제국의 문장紋章이다.[830] 이성계의 성인 '이李'가 '오얏 이'자로 '오얏나무'는 곧 자두나무다.

'서성대훈장瑞星大勳章'은 고종이 재가한 〈훈장조례〉에 포함되어 있었으나[831] 각 훈장의 이름과 뜻을 조령으로 내리면서 '서성대훈장'에 대한 언급이 없었고 「관보」에 게재되지도 않았다. 그러다가 1902년 8월에 가서야 고종의 지시로 금척대훈장과 이화대훈장 사이에 추가되었고, 「관보」에 칙령이 아닌 정오란正誤欄에 게재되었으며 황친과 문무관 중 이화대훈장을 받은 자가 특별 훈로가 있을 때 특지로 수여한다고[832] 하였다.

〈그림 3-1〉 금척·서성·이화대훈장(출처 : 국립중앙도서관, 『구한국훈장도』

829) 국사편찬위원회, 『고종 40권』, 한국사데이터베이스. 고종37년 4월 17일 3번째 기사
830) 국사편찬위원회, 『고종 40권』, 한국사데이터베이스. 고종37년 4월 17일 3번째 기사
831) 국사편찬위원회, 『고종 40권』, 한국사데이터베이스. 고종37년 4월 17일 2번째 기사
832) 국사편찬위원회, 『고종 42권』, 한국사데이터베이스. 고종39년 8월 12일 1번째 기사,
　　「관보 제2,287호」, 광무6년 8월 25일 기사

'태극장'의 태극太極은 대한제국의 표식인 태극기에서 취한 것이며, '자응장'의 '자응紫鷹'은 이성계의 무훈武勳에 대한 고사故事에서 유래한다.[833] 이성계가 준수하고 지략과 용맹이 뛰어나 매사냥을 좋아하는 북방사람들이 매를 구할 때, '이성계와 같은 뛰어나게 걸출한 매를 얻고 싶다.'고[834] 흔히 말하였다고 전해진다.

〈그림 3-2〉 태극장 훈1등~8등(출처 : 국립중앙도서관, 『구한국훈장도』)

특히 자응장은 무공武功의 뛰어난 무관에게 주던 무공훈장으로 계급에 따라 수여하는 등급을 달리했다. 즉 장관급 유공자는 처음에 공3등을 수여받고 공1등까지, 영관급 유공자는 처음에 공5등을 수여받고 공2등까지, 위관급 유공자는 처음에 공6등을 수여받고 공3등까지만 받을 수 있었다. 또한 준사관과 하사관은 처음에 공8등을 수여받고 공5등까지, 병졸은 처음에 공8등을 수여 받고 공6등까지만 수여받을 수 있었다. 그러나 전시에 무공이 아주 뛰어난 자는 신분별 수여기준에 관계없이 공1등 자응장을 받을 수 있었다.[835]

---

833) 국사편찬위원회, 『고종 40권』, 한국사데이터베이스. 고종37년 4월 17일 3번째 기사
834) 국사편찬위원회, 『태조 1권』, 한국사데이터베이스. 총서 28번째 기사
835) 「관보 제1,552호 호외」, 광무4년 4월 19일 기사

<그림 3-3> 자응장 훈1등~8등(출처 : 국립중앙도서관, 『구한국훈장도』)

이〈훈장조례〉가 1901년 4월에 개정되면서 칙령 제10호로 '팔괘장八卦章'이 신설
되어 훈공이 있는 문·무관에게 수여되었는데, 훈격은 태극장 다음으로 훈등은 훈1
등에서 훈8등까지[836] 책정되었다. 1907년 3월에는 내외명부內外命婦 중 숙덕淑德과
훈로勳勞가 특별한 여성에게 수여하는 훈장인 '서봉장瑞鳳章'이 훈1등부터 훈6등까지
신설되었다.[837]

<그림 3-4> 팔괘장 훈1등~8등(출처 : 국립중앙도서관, 『구한국훈장도』

---

836) 「관보 제1,864호」, 광무5년 4월 18일 기사
837) 「관보 제3,730호」, 광무11년 4월 3일 기사

〈그림 3-5〉 서봉장 훈1등~6등(출처 : 국립중앙도서관, 『구한국훈장도』

　수훈자는 개인의 영예였을 뿐만 아니라 연금年金이나 일시금을 받았다. 금척대훈장·서성대훈장·이화대훈장·태극장·팔괘장을 받았을 경우에는 연금이나 일시금이 지급되었으나, 무공훈장인 자응장을 받았을 경우에는 연금이 지급되었으며 다른 훈장에 비해 상대적으로 2~3배 이상 많았다. 이는 당시 진위연대의 정교가 9원, 부교가 7원50전, 참교가 6원50전, 병졸이 3원의 봉급을 받았음을 감안할 때,[838] 무공훈장 수훈자에 대한 연금은 상당히 파격적인 것이라고 할 수 있다. 연금은 연간 수령액의 반씩 6월과 12월에 탁지부에서 지방청을 경유하여 지급했다. 그러나 여성에게 수여한 서봉장에는 연금이나 일시금이 없었다.

구 분		지 급 액 (단위 : 元)								
		대훈위	훈1등	훈2등	훈3등	훈4등	훈5등	훈6등	훈7등	훈8등
금척대훈장, 서성대훈장, 이화대훈장, 태극장, 팔괘장	연금	600~ 1000	400~ 600	200~ 400	100~ 200	100~ 150	80~ 100	50~ 80	30~ 50	15~ 30
	일시금	2000 이내	1100 이내	800 이내	600 이내	500 이내	400 이내	300 이내	200 이내	100 이내
자응장	연금	없음	공1등	공2등	공3등	공4등	공5등	공6등	공7등	공8등
			1500	1000	800	600	400	300	200	100

〈표 3-16〉 연금 및 일시금 현황 (출처 : 관보 호외, 광무4년 4월 19일)

---

838) 「관보 제1,637호」, 광무4년 7월 27일 기사

연금은 본인이 사망 후에도 1년간 유족인 조부모, 부모, 과부, 고아 등에게 지급되어 남은 가족에 대한 생계를 유지하게 하였다. 그러나 수훈자가 영예를 더럽히는 행위, 즉 중죄나 경죄의 형에 처한 자, 잡기범으로 선고받은 자, 징계에 의하여 면관된 자 등은 훈장을 박탈하고 연금 지급을 중지하거나, 훈장이 박탈당하지 않았을 경우에도 형기刑期를 마칠 때까지 연금 지급을 중지하였다.

당시의 기록을 보면 군인으로서 처음 훈장을 받은 사람은 육군부장 심상훈으로 훈2등 태극장을 1901년 2월 23일에 받았고,[839] 영관장교로는 평양진위 4대대장인 참령 이창구가 훈4등 팔괘장 그리고 시위대 중대장 정위 이용구가 훈2등 팔괘장을 1901년 8월 5일에 받았다.[840] 하사관으로 최초의 수훈자는 육군정교 최홍식으로 훈7등 팔괘장을 근무공로로 1905년 3월 19일에[841] 받았다. 무공훈장인 자응장을 수여한 기록은 찾기가 어렵다.

집계 방법에 따라 다소 차이는 있을 수 있으나 이강칠이 쓴 『대한제국시대 훈장제도』를 보면 대한제국 시기에 수여한 훈장은 총 2,803건으로 그 가운데 금척장 24건, 서성장 12건, 이화장이 61건이다. 태극장 980건, 팔괘장 1,745건이 수여되어 상대적으로 많았으며 여성에게만 수여되는 서봉장은 75개가 수여되었다. 총 수여 훈장 중 한국인에게 1,507개가 수여된 데 비해 일본인에게는 1,179개가 수여되어 외국인 중에 일본인의 비중이 특히 높았다. 대한제국이 일제와의 전쟁으로 패망한 것이 아니다. 국력이 약한 탓에 일제에 의해 정치적으로 강제 병탄倂呑된 것이라는 역사적 교훈을 우리는 잘 기억해야 한다.

훈장을 수여한 연도별로 보면 1900년 7개, 1901년 37개, 1902년 26개, 1903년 2개, 1904년 116개, 1905년 166개, 1906년 196개, 1907년 451개, 1908년 333개, 1909년 232개, 1910년 1,097개로 대한제국 후반기에 갈수록 많았다.[842]

특히 황후가 주관한 '서봉장'은 75개 중 한일병탄조약이 체결되기 하루 전날인 1910년 8월 21일에 고관대작들의 처妻인 정경부인, 정부인 그리고 상궁尙宮 및 유모乳母 등에게 49개가 서훈되었다. 조약의 책임자인 총리대신 이완용의 처 조씨趙氏는

---

839) 「관보 제1,826호」, 광무5년 3월 5일 기사
840) 국사편찬위원회, 『고종 41권』, 한국사데이터베이스, 고종38년 8월 5일 3번째 기사
841) 「관보 제3,906호」, 광무9년 3월 25일 기사
842) 이강칠 지음, 『대한제국시대 훈장제도』, 백산출판사, 1999년, 230쪽

훈2등에서 훈1등 서봉장으로 승등陞等하였다.843)

　또한 한일병탄韓日倂呑 당일인 8월 29일의 「관보」를 보면 25일부터 대한제국이 망하는 날인 29일까지 총 836개의 많은 훈장이 서훈된다. 금척대수장과 이화대수장은 황족들에게 수여되었고 태극장과 팔괘장은 문관, 군인, 경찰 등에게 수여되었다. 군인들에게는 장교, 하사관, 이등졸二等卒에 이르기까지 수여되었는데 나라를 지키지 못한 군인들이 무슨 면목으로 받았을까 하는 생각도 들지만 대한제국 황제로서 베풀 수 있는 마지막 시혜施惠가 아니었을까 하고 추측해 본다.

구분	계	25일	26일	27일	28일	29일
훈장	• 금척 : 2, • 이화 : 2 • 태극 : 66 • 팔괘 : 766	• 태극 : 1 • 팔괘 : 14	• 태극 : 2 • 팔괘 : 2	• 금척 : 2 • 이화 : 2	• 태극 : 60 • 팔괘 : 748	• 태극 : 1 • 팔괘 : 2

〈표 3-17〉 1910년 8월 하순 훈장 수여현황 (출처 : 관보 제4,768호 호외, 융희4년 8월 29일)

　기념장인 '기장記章'의 우리나라 효시는 1901년 9월 7일 고종황제 탄신 50주년을 맞아 발행한 '성수聖壽 50주년 기념장'이다. 문무관 중 관계관들과 당일 궁궐에 들어오는 외국인들에게 수여하였으며, 특별사면을 실시하여 죄수 중에 70세 이상 및 15세 이하는 석방하였고 기타 죄수들도 정상을 참작하여 석방하거나 감형 조치를 하였다.844)

　이후 고종의 '망육순望六旬 및 등극 40주년 기념장', 황태자인 고종의 둘째 아들 척拓의 가례를 기념한 '가례 기념장', '순종황제 즉위 기념장', 순종이 1909년 1~2월에 부산·대구·마산 및 개성·평양·신의주 등을 두루 살펴본 것을 기념하여 1909년 6월 1일 제정된 '대한제국 대황제 폐하 남서순행 기념장', 기타 상賞을 받은 사람에게 수여하는 '상패賞牌 기념장' 등이 있었다.

---

843) 「관보 제4,768호 부록」, 융희4년 8월 29일 기사
844) 국사편찬위원회, 『고종 41권』, 한국사데이터베이스, 고종38년 9월 7일 3번째 기사

〈그림 3-6〉 대한제국의 각종 기념장(출처 : 국립중앙도서관, 『구한국훈장도』)

　　현재의 상훈제도는 1948년 8월 15일 대한민국정부 수립과 동시에 훈·포장 수여의 필요성에 의해서 제정되었는데 〈건국공로훈장령〉이 대통령령 제82호로 1949년 4월 27일에 처음 제정되었다. 훈등은 1등부터 3등까지로 대한민국 건국에 공로가 현저한 자에게 수여되었다.[845]

　　이후 같은 해 6월 6일 대통령령 제128호인 〈포장령褒章令〉이 제정 공포되었다. 당시 포장은 건국포장, 면려勉勵포장, 방위포장, 문화포장, 공익포장, 식산殖産포장, 근로포장 등 7가지였다. 이 중 방위포장은 국방 또는 치안에 노력하여 그 공적이 현저하거나 생명의 위험을 무릅쓰고 인명을 구조한 자에게 수여한 포장이다.[846]

　　1950년 6·25전쟁이 발발함에 따라 수많은 국군의 국가방위 공로를 치하하고 악전고투하고 있는 장병들의 사기를 진작하고자 같은 해 10월 18일에 대통령령 제385호로 〈무공훈장령〉이 제정되었다. 군무軍務에 종사하면서 공적이 현저한 자者에게 수여되는 훈장으로 훈등은 1등부터 4등까지였다. 1등부터 3등까지의 무공훈장은 직접 참전하여 현저한 공적이 있는 자여야 했고, 4등 무공훈장은 전시·사변·기타 국가비상 시에 비상한 공로가 있는 자나 평시 우수한 복무로 중대重大 책임을 완수하여 다대多大한 공적이 있는 자에게 수여되었다. 무공훈장과 함께 금·은배金·銀杯나 격려금이 함께 수여되었다.[847] 이후 1951년 8월 19일에 대통령령 제522호로 〈무공훈장령〉이 개정되면서 1등은 '태극', 2등은 '을지', 3등은 '충무', 4등은 '화랑'으로 개칭되었고 훈장의 모양이 바뀌었다.[848]

---

845) 「관보 제79호」, 단기4,282년 4월 27일 기사
846) 「관보 제105호」, 단기4,282년 6월 6일 기사
847) 「관보 제398호」, 단기4,283년 10월 18일 기사
848) 「관보 제516호」, 단기4,284년 8월 19일 기사

〈그림 3-7〉 1951년 8월 19일 이후의 무공훈장(태극, 을지, 충무, 화랑훈장)

6·25전쟁 중에 군인의 최고영예인 '태극무공훈장'을 받은 부사관은 영덕지구전투 일등상사 이명수, 금성 샛별고지전투 이등상사 백재덕, 양구 비석고지전투 이등상사 최득수, 김화 407고지전투 일등중사 안낙규 등이 있다.

강원도 양양 출생인 이명수 일등상사는 제3사단 22연대 3대대 12중대 2소대장으로 1950년 7월 28일 영덕지구전투에서 특공대를 지휘하여 적 전차를 파괴하고 183고지를 탈환하였으며 아군 포로를 구출하는 등 영웅적 행위로 불리한 전황을 극복하는 데 진력하였다. 그간의 군공을 인정받아 1951년 7월 26일 하사관으로 건군 이래 최초로 이승만 대통령으로부터 직접 태극무공훈장을 수여 받았다.[849]

경남 창원 출생인 백재덕 이등상사는 수도사단 기갑연대 제3대대 10중대 3소대 3분대장으로 11중대에 배속되어 1953년 5월 14일 강원도 금성(현재 김화) 샛별고지전투에서 적의 3차에 걸친 공격을 격퇴하고 샛별고지를 사수하여 1954년 6월 25일 1계급 특진과 함께 태극무공훈장을 수여받았다.[850]

---

849) 손규석, 『태극무공훈장에 빛나는 6· 25전쟁 영웅』, 국방부군사편찬연구소, 2003, 106~113쪽
850) 손규석, 『태극무공훈장에 빛나는 6· 25전쟁 영웅』, 국방부군사편찬연구소, 2003, 371~372쪽

경기도 부천군 영종면 출생인 최득수 이등상사는 제7사단 8연대 2대대 7중대 1소대 선임하사로 소대장 대리 근무 중에 특공대에 선발되어 938고지(선우고지) 남사면의 적 전진기지인 일명 비석고지에 있는 3중의 중기관총 및 경기관총진지를 격파하고 고지 정상을 탈환함으로써 피탈되었던 선우고지를 재탈환하는 데 결정적인 역할을 하여 1954년 6월 25일 태극무공훈장을 수여받았다.[851]

경기도 김포군 양서면 출생인 안낙규 일등중사는 제6사단 19연대 1대대 2중대 작전계로 있던 1953년 7월 13일 김화지역의 교암산전투에서 중대가 전멸위기의 상황에 처하자 자원하여 특공대를 편성하였다. 그는 8명의 특공대를 이끌고 적의 측후방을 기습공격하여 탄약보급차를 폭파시킨 뒤 적진에 뛰어들어 수류탄을 투척하며 백병전을 전개하는 등, 적의 공격기세를 둔화시켜 중대를 위기에서 구출하는 무훈을 세웠으나 불행히도 자신은 적탄에 의해 현장에서 산화하였다. 1954년 6월 25일 정부는 안낙규 일등중사의 정신을 기리고자 태극무공훈장을 수여하였다.[852]

1963년 12월 14일 법률 제 1519호로 〈상훈법〉이 제정되면서 각종 훈·포장령이 통폐합되었다. 훈장은 8종류로 무궁화대훈장, 건국공로훈장, 무공훈장, 소성훈장, 근로공로훈장, 수교훈장, 문화훈장, 산업훈장 등이 있었다. 포장은 건국포장, 방위포장, 면려포장, 문화포장, 공익포장, 식산포장, 근로포장 등 7가지로 이는 기존의 〈포장령〉을 통합한 것이다. 수차례의 개정을 거쳐 2013년 3월 3일에 개정된〈상훈법〉에는 훈·포장이 각각 12종류로 규정되어 있다. 이 중 군인에게 주로 해당되는 훈·포장은 다음과 같다.

구분		종류
훈장	무공훈장	태극, 을지, 충무, 화랑, 인헌 무공훈장 등 5등급
	보국훈장	통일장, 국선장, 천수장, 삼일장, 광복장 등 5등급
포장	무공포장	등급 없음
	보국포장	

<표 3-18> 군인관련 훈·포장 (출처 : 〈상훈법〉 및 〈상훈법시행령〉)

---

851) 손규석, 『태극무공훈장에 빛나는 6·25전쟁 영웅』, 국방부군사편찬연구소, 2003, 406~407쪽
852) 손규석, 『태극무공훈장에 빛나는 6·25전쟁 영웅』, 국방부군사편찬연구소, 2003, 425~426쪽

무공훈장은 전시 또는 이에 준하는 비상사태에서 전투에 참가하거나 접적지역接
敵地域에서 적의 공격에 대응하는 등 전투에 준하는 직무수행으로 뚜렷한 무공을 세
운 사람에게 수여하며 5개 등급으로 태극太極·을지乙支·충무忠武·화랑花郎·인헌仁憲
무공훈장 등이 있다. 무공포장은 국토방위에 헌신 노력하여 그 공적이 뚜렷한 사람
에게 수여한다.

〈그림 3-8〉 무공훈장(태극·을지·충무·화랑·인헌), 무공포장

보국훈장은 국가안전보장에 뚜렷한 공을 세운 사람에게 수여되며 통일장統一章,
국선장國仙章, 천수장天授章, 삼일장三一章, 광복장光復章 등 5등급으로 되어 있다. 보
국포장은 국가안전보장 및 사회의 안녕과 질서 유지에 공적이 뚜렷한 사람 또는 생
명의 위험을 무릅쓰고 인명·재산을 구조한 사람에게 수여된다.[853]

특히 25년 이상의 복무 중 직무를 성실히 수행하여 국가발전에 기여하고 공사公
私 생활에 흠결欠缺이 없이 전역하는 군인에게는 계급과 근속연수에 따라 정부포상
이 주어진다. 여기서 흠결사항은 복무기간 중에 징계 또는 불문경고 처분을 받았거

---

853) 법률 제11,690호(2013. 3. 23.) 『상훈법』, 대통령령 제25,751호(2014. 11. 19.) 『상훈법 시행령』

나 징계절차가 진행 중인 경우, 형사사건으로 기소 중인 경우, 벌금형 이상의 형사
처분을 받은 경우, 수사 중이거나 정치적 활동 또는 각종 언론보도 등으로 사회적
물의를 일으켜 정부포상이 합당하지 않는 경우 등을 말한다.[854]

구분	보국훈장					보국 포장	대통령 표창	국무총리 표창
	통일장	국선장	천수장	삼일장	광복장			
계급	대장	중장	소장, 준장	영관급	위관급 이하	전 계급		
비고	33년 이상 복무					30~33년 미만	28~30년 미만	25~28년 미만

〈표 3-19〉 전역하는 군인에 대한 정부포상 (출처 : 〈2013년 정부포상업무지침〉)

〈그림 3-9〉 보국훈장(통일장·국선장·천수장·삼일장·광복장), 보국포장, 표창(대통령·국무총리)

우리나라 헌법 제11조 ③은 "훈장 등은 받은 사람에게만 효력이 있고 어떠한 특권
도 이에 따르지 않는다."고 명시하고 있다. 다만 무공훈장을 받았거나 보국훈장을
받고 전역한 경우, 〈국가유공자 등 예우 및 지원에 관한 법률〉에 따라 국가유공자와
그 유족 또는 가족(배우자, 자녀, 부모 등)을 국가보훈처에 등록하면 영예로운 삶을 살 수
있도록 보훈급여금, 교육, 취업, 의료, 대부, 기타 복지 등을 지원하고 있다.

또한 훈장이나 포장을 받았다 할지라도 서훈공적이 거짓으로 판명된 경우, 국가안전

---

854) 행정안전부, 『2013년도 정부포상업무지침』, 2013, 20~23쪽

에 관한 죄를 범한 사람으로서 형을 받았거나 적대지역으로 도피한 경우, 관련법에 따라 사형·무기·3년 이상의 징역이나 금고의 형을 받은 경우 등의 사유가 발생하면 서훈이 취소되고 훈장 또는 포장을 환수당할 수 있다.[855] 아울러 그에 따른 예우도 철회된다.

육군에서 표창장의 수여권자는 일반적으로 중대장으로부터 참모총장까지다. 이러한 표창장의 수여대상 인원은 연간 부대별 보직인원을 고려하여 일정비율로 한정된다. 또한 육군은 특별히 전쟁영웅상 및 참군인 대상大賞을 제정하여 수여하고 있다. 모든 상훈은 그 등급과 수여권자를 기준으로 각종 선발의 평가요소로 반영된다.

구분	취 지	수여대상
김종오상	6·25전쟁 초기 춘천-홍천지구 전투에서 적 공격을 저지하여 방어작전에 기여한 공적을 기념, 호국정신 계승	전투부대 대대장
풍익상	6·25전쟁 의정부 금오리 전투에서 적 전차를 파괴하고 장렬히 전사한 故 김풍익 소령의 위국헌신 및 투철한 군인정신을 기림.	포병부대 대대장
재구상	월남전 파병교육 중 순직한 故 강재구 소령의 위국헌신 및 희생정신을 추모, 투철한 군인정신 계승	전투중대장
심일상	한국전쟁의 영웅으로 혁혁한 전공을 세우고 전사한 심일 소령의 위국헌신 및 투철한 군인정신을 기림.	전투중대장
동춘상	월남전에서 전사한 故 임동춘 대위의 희생정신을 추모, 그의 감투정신과 투철한 군인정신을 계승	전투소대장
육탄10용사상	송악산고지 전투에서 호국의 신화를 남기고 장렬히 산화한 '육탄 10용사'의 희생정신을 추모, 위국헌신의 정신 계승	부사관 (중사)
제근상	6·25전쟁 영웅인 故 연제근 상사를 기념하여 부대 발전을 위해 헌신적으로 임무를 수행한 20년 이상 근속한 전투부대 모범부사관을 격려, 사기진작	부사관 (상사)
마이켈리스상	6·25전쟁 당시 미25사단 27연대장 대령 John H. Michaelis의 공적을 기념	주한 미군 중·대대장
참군인 대상 및 참군인상	육군 5대 가치관(충성, 용기, 책임, 존중, 창의)을 솔선수범한 장병의 사기진작 및 육군가치관 실천의 공감대 확산 ＊육본은 '참군인 대상', 이하는 '참군인 상'으로 칭함.	전 장병

〈표 3-20〉 육군의 전쟁영웅 상賞 및 참군인 상賞 (출처 : 〈육군병영생활규정〉

또한 상훈을 수여받은 사람이 징계처분을 받은 경우에는 진급심사 시에 '상·벌 상호평가'를 통해 1회에 한하여 적용받는다. 즉 경징계에 한해서 하사는 연대장급 이상 표창 및 훈·포장이나 대대장 표창 2회, 중사·상사·원사는 사·여단장급 이상 표창 및 훈·포장이나 연대장급 표창 2회와 상쇄된다. 무공훈장이나 무공포장을 받은 경우에는 심사를 거쳐 중징계를 경징계로 경감할 수 있으며 경징계 1회를 징계

---

855) 법률 제11,690호(2013. 3. 23), 〈상훈법〉 제8조

받지 않은 것으로 평가될 수 있다. 그러나 항고 제기 중인 자나 경징계 처분 중 파렴치 사유 해당자, 수형자 등에게는 적용되지 않는다. [856]

군생활 간에 나를 바르게 세우는 처벌

빛나는 영예인 포상이 있다면 그에 상응하는 처벌도 있다. 군인에게 적용되는 처벌은 일반적으로 일반인에 비해 엄격하고 가중된다. 이는 엄정한 군령을 확립하고 군기와 질서를 유지해야 하는 군인의 직무상 특성에 따른 것이다. 군인의 처벌에 관한 법은 크게 〈군형법〉과 〈군인징계령〉으로 구분된다.

〈군형법〉은 군인의 형사처벌에 관한 것으로 군의 조직, 질서 및 그 통제력에 대한 침해행위를 내용으로 하는 범죄와 이에 대한 일정한 제재로써 형벌을 과하는 국법질서를 규정한 법체계[857]를 의미하고, 〈군인징계령〉은 군인의 징계처벌에 관한 것으로 군인이 〈군인사법〉 또는 〈군인사법〉에 따른 명령을 위반한 경우, 품위를 손상하는 행위를 한 경우, 직무상의 의무를 위반하거나 직무를 게을리 한 경우 등에 대한 징계사항을 규정[858]한 것이다.

우리나라의 현재와 같은 〈군형법〉의 효시는 대한제국 시대인 1900년 9월 4일 제정된 법률 제5호인 〈육군법률〉이다. 1897년에 성립된 대한제국은 완전한 자주적 독립권을 지켜나가기 위해 러일전쟁이 일어난 1904년까지 광무개혁을 단행하였다. 광무개혁은 주로 왕권을 강화하고 통치권을 집중시키는 데 주된 목적을 두었고 이 가운데는 군제에 대한 전면적이고 근대적인 개편이 포함되었다. 이 과정에 〈육군법률〉, 〈육군법원〉, 〈육군감옥〉 등의 제도가 신설되었다. [859]

〈육군법률〉이 제정된 배경은 당시 육군 참장이던 백성기가 1900년 4월에 군정

---

856) 육군규정112(2014. 10. 7), 〈부사관 인사관리규정〉 제99조
857) 국방부 군사편찬연구소, 『軍史 제82호』, 2012, 211쪽.
　　　박안서, 「군형법 제정의 역사적 배경과 관련 문제점」
858) 법률 제12,403호(2014. 3. 11.), 〈군인사법〉 제56조.
　　　대통령령 제20,232호(2007. 8. 22.), 〈군인 징계령〉 제1조.
859) 국방부 군사편찬연구소, 『軍史 제82호』, 2012, 213쪽.
　　　박안서, 「군형법 제정의 역사적 배경과 관련 문제점」

의 균등, 군법의 제정, 군사 명부 구비, 명령체계 확립, 군사훈련 준비, 군량 비축, 장병의 휴직, 군인의 봉급, 헌병의 설치, 향관의 단속, 기국機局의 설치, 군복의 제작, 기복起復, 부대의 증설 중지 등 군사제도의 전반적인 개선안인 14가지에 관해 올린 상소에 잘 나타나 있다. 14가지 중 두 번째 항목이 '군법의 제정'이다.

> 둘째, 군법을 제정하는 문제입니다. 군사는 많고 적은 데 관계없이 규율이 없으면 통솔할 수 없습니다. 예로부터 이름난 장수는 군사가 많으면 많을수록 좋아하면서 싸우면 이기고 공격하면 점령하였는데, 이는 제정한 군율軍律이 있었기 때문입니다. 하물며 지금 지방에는 군부軍部를 두고 중앙에는 원수부元帥府를 두고 있으면서도 아직 군법을 제정한 것이 없으니 매우 군사를 기르는 방도가 아닙니다. 지난날 각영各營의 병졸들이 간혹 죄를 짓게 되면 형조刑曹에 넘겨서 조율하였습니다. 그러나 의거할 법조문이 없고 또 굳어진 판례도 없기 때문에 죄인을 처결할 때마다 구차스럽게 마감했습니다. 직무를 정지시키거나 파면시키는 것도 이미 기준이 없으니, 가두거나 귀양을 보내는 것인들 어찌 적중適中하다고 할 수 있겠습니까? 또 죄의 경중輕重이 억측으로 정해지고 죄의 판결이 공의公議와 혹 어긋나기도 하니 언제나 과도하거나 부족하다는 탄식이 있어서 여러 사람들이 마음을 감복시키지 못하고 있습니다. 뿐만 아니라 서울과 지방의 각 부대의 대오가 각각 다르고 아직 일정한 규범이 없으니, 이 상태에서 군사를 통제한다면 이는 사실 법이 없는 군대이니 장차 어떻게 수많은 군사를 거느리고 통제하여 목숨 걸고 싸우라는 명령을 내릴 수 있겠습니까? 이는 참으로 군사에 관한 일에서 가장 시급히 고쳐야 할 일입니다. 작년에 군법 초안을 만들라는 명이 있어서 신臣도 위원의 직함을 맡아 널리 관리들의 의견을 모으고 옛 것과 오늘날의 것을 참작하여 이미 초안을 만들어 폐하께서 열람하시도록 하였습니다. 삼가 바라건대, 속히 명을 내려 토의를 거쳐 주재奏裁함으로써 6군의 규율을 엄하게 하시기 바랍니다.[860]

즉 〈육군법률〉은 대한제국 육군을 신식군대로 전환하면서 그 규모가 점차 확대됨에 따라 신식군대에 맞는 군의 기율과 명령체계를 확립하고, 군기를 엄정하게 하기 위하여 근대적인 군법으로 마련된 것이며 군인에 대한 처벌을 형조刑曹에서 벗어나 병조兵曹에서 일정 기준에 따라 일관되게 처결할 수 있도록 한 특별법인 것이다. 〈육군법률〉은 부칙을 포함한 317개 조문으로 되어 있으며, 군인·상관·초병·위병·

---

860) 국사편찬위원회, 『고종 40권』, 한국사데이터베이스, 고종37년 4월 17일 5번째 기사

도망·적敵 등의 용어 정의와 군인의 등급 구분, 민사와 형사 구분, 형의 명칭과 형량, 범죄유형과 그에 따른 처분 등을 규정하고 있다.

이러한 〈육군법률〉은 해방 이후 〈조선경비법〉 그리고 이를 보완한 〈국방경비법〉으로 이어졌다. 〈국방경비법〉의 조문 중에 특이한 점의 하나는 제17조 '하사관에 대한 불복종 행위'에 대해 규율하고 있다는 것이다. 즉 공무집행 중인 하사관에 대해 구타 또는 폭행을 하거나 그러한 기도나 협박, 하사관의 정당한 명령에 대해 불복종하거나 협박적이거나 모욕적인 언사를 사용하거나 불손한 행위를 하는 모든 병사들을 군법에 의해 처벌한다고 규정하고 있다.861) 이 조문은 〈국방경비법〉의 참고가 된 1920년의 미군 〈전쟁법The Articles Of War〉 제65조에 '하사관에 대한 불복종 행위'에 규정되어 있다.

현재와 같은 〈군형법〉은 1962년 1월 20일 법률 제1003호인〈군형법〉으로 제정되었다. 이 법은 죄의 유형을 반란의 죄, 이적의 죄, 지휘권남용의 죄, 지휘관의 항복과 도피의 죄, 수소 이탈의 죄, 군무이탈의 죄, 군무태만의 죄, 항명의 죄, 모욕의 죄, 군용물에 관한 죄, 위령違令의 죄, 탈취奪取의 죄, 포로에 관한 죄, 기타의 죄(추행, 부하범죄 부진정, 정치 관여) 등을 규정하였다.862) 〈국방경비법〉에서 규정되었던 '하사관에 대한 불복종 행위'는 '항명 및 모욕의 죄'로 통합되었다.

2014년 1월 14일에 법률 제1,2232호로 개정된 〈군형법〉은 기본적으로 큰 변화가 없으나 모욕의 죄가 '폭행, 협박, 상해 및 살인의 죄'로, 탈취奪取의 죄가 '약탈의 죄'로, 변경되었고 기타의 죄 중 추행이 '강간과 추행의 죄'로 분리되었다. 일상적인 군 복무 간에 범하기 쉬운 죄의 유형 및 처벌에 대해 몇 가지를 살펴보면 다음과 같다.

---

861) 「관보 제1,693호 부록」, 광무4년 10월 1일 기사
862) 「관보 제3,054호」, 1962년 1월 20일 기사

구분	위법행위에 따른 처벌
제13조(간첩)	• 적을 위한 간첩행위, 군사상 기밀을 적에게 누설 : 사형
제28조(초병의 수소 이탈)	• 작전인 경우 : 사형, 무기 또는 10년 이상의 징역 • 전시, 사변 시 또는 계엄지역인 경우 : 1년 이상의 유기징역 • 그 밖의 경우 : 2년 이하의 징역
제30조(군무 이탈)	• 작전인 경우 : 사형, 무기 또는 10년 이상의 징역 • 전시, 사변 시 또는 계엄지역인 경우 : 5년 이상의 유기징역 • 그 밖의 경우 : 1~10년 이하의 징역
제44조(항명)	• 작전인 경우 : 사형, 무기 또는 10년 이상의 징역 • 전시, 사변 시 또는 계엄지역인 경우 : 1~7년 이하의 징역 • 그 밖의 경우 : 3년 이하의 징역
제47조(명령 위반)	• 정당한 명령이나 규칙을 위반 또는 미준수 : 3년 이하의 징역
제48조(상관에 대한 폭행, 협박)	• 작전인 경우 : 1~10년 이하의 징역 • 그 밖의 경우 : 5년 이하의 징역
제54조(초병에 대한 폭행, 협박)	• 작전인 경우 : 7년 이하의 징역 • 그 밖의 경우 : 5년 이하의 징역
제62조(가혹행위)	• 직권 남용하여 학대 또는 가혹행위인 경우 : 5년 이하의 징역 • 위력을 행사한 학대 또는 가혹행위인 경우 : 3년 이하의 징역 또는 700만 원 이하의 벌금
제64조(상관모욕 등)	• 상관을 면전에서 모욕 : 2년 이하의 징역이나 금고 • 문서, 도화, 우상을 공시하거나 연설 또는 그 밖의 공연으로 상관을 모독 : 3년 이하의 징역이나 금고 • 공연히 거짓 사실을 적시하여 상관의 명예를 훼손 : 5년 이하의 징역이나 금고
강간과 추행의 죄	• 폭행이나 협박으로 강간 : 5년 이상의 유기징역 • 폭행이나 협박으로 유사강간 : 3년 이상의 유기징역 • 폭행이나 협박으로 강제추행 : 1년 이상의 유기징역

<표 3-21> 죄의 유형 및 처벌 (출처 : 〈군형법〉)

　관원官員에 대한 징계는 군국기무처에서 1894년 7월에 제정한 〈관원징계례官員懲戒例〉에 따라 처분되었는데,[863] 이는 관원에 대해 형사처벌과 징계처벌을 구분한 것으로, 관원이 직무와 관련하여 과실이 있는 경우에 그 소속 장관에게 징계권한을 부여하여 견책譴責, 벌봉罰俸, 면직免職 등의 징계를 하도록 한 것이다. 이〈관원징계례官員懲戒例〉는 1895년 3월 칙령 제66호인 〈관원징계령官員懲戒令〉으로 개정되어[864] 그 내용이 구체화되었으나 총 9개 조문으로 군인에게 적용하기에는 한계가 있었다.

---

863) 「草記」, 개국503년 7월 16일 기사
864) 「관보 제2호」, 개국504년 4월 2일 기사

구 분	내 용
제1조	관원이 직무 관계로 과실이 있을 때 징계
제2조	징계의 종류 : 견책, 벌봉, 면책
제3조	견책 : 징계에 경(輕)한 것으로 소속 장관이 견책서를 부여
제4조	벌봉 : 1달 봉급의 1/10 ~ 3개월 봉급
제5조	생략
제6, 7조	면관 : 품계를 박탈
제8조	모든 징계로 인해 면관되어 2년이 미경과한 자는 관직에 나갈 수 없음.
제9조	본령은 고원(雇員, 고용직 공무원) 및 기타 준관원(準官員)에게도 적용

〈표 3-22〉 〈관원징계령〉의 내용 (출처 : 관보 제2호, 개국503년 9월 2일)

게다가 1896년을 전후한 지방제도 개혁으로 인한 지방군사제도의 해체, 을미의병의 봉기 및 친위·진위대로 구분되는 전국적인 군 재편이라는 시대적 상황에서 해산된 지방군사력에 대한 통제와 의병 진압을 위해 지방에 파견된 중앙군의 엄정한 군기를 유지하여 의병 진압에 전력하도록 하고자 하는 배경에서 칙령 제11호인 〈육군징벌령〉이 〈육군법률〉보다 4년여 앞선 1896년 1월 24일에 제정되었다.[865]

〈육군징벌령〉은 법례法例, 벌례罰例, 범행犯行 등 3개장 17개 조문으로 구성되었다. 군인·군속이 가벼운 죄를 범하여 형법에 해당하지 않은 경우와 군의 품위를 훼손한 경우인 복장 위반, 경례 미실시, 도박, 음주로 인한 주정행위 등을 포함한 33개 항목에 대해 그 소속 상관이 징계하여 내부질서를 유지하고 군기의 문란을 예방하고자 하는 것이 그 목적이었다. 지휘관의 계급에 따라 징계권한이 달리 부여되었다.

구 분	징계 권한
부령 이상 지휘관	• 5주 이내의 근신 · 영창 · 금족(禁足) · 고역(苦域) • 100대 이내의 태벌(笞罰)
참령 지휘관	• 장교 : 3주일 이내 근신 • 하사관 · 상등병 : 1주일 이내 영창 · 금족 • 병졸 : 5주일 이내 영창 · 고역, 100대 이내 태벌
정위 지휘관	• 하사관 : 3주일 이내 영창, 5주일 이내 금족 • 병졸 : 5주일 이내 영창 · 고역, 100대 이내 태벌

〈표 3-23〉 계급별 지휘관의 징계권 (출처 : 관보 제232호, 건양원년 1월 27일)

---

865) 국방부 군사편찬연구소, 『軍史 제89호』, 2013, 122쪽.
　　김혜영, 「갑오개혁 이후 군사법제도의 개혁 -〈육군징벌령〉과 〈육군법률〉을 중심으로-」

신분에 따라 적용되는 징계의 종류가 달랐으며 무관학교 생도는 하사관에 준하여 징계하였다. 또한 징계를 받을 경우 감봉이 뒤따랐는데, 영내·외 거주의 구분에 따라 같은 징계라도 그 금액이 달랐으며 상등병이라고 할지라도 그 비위가 심한 경우에는 태벌로 징계할 수 있었다.

구 분	징계 종류		
장교, 상당관	중근신 : 업무 정지, 외출 및 타인 접촉금지, 2/3 감봉		
	경근신 : 업무 정지, 외출 및 타인 접촉금지, 1/3 감봉		
하사, 상등병	중영창 : 영창에 가두어 침구와 부식을 매주 1일분만 지급, 매일 10분 훈련, 급료 8/10 삭감		
	경영창 : 영창에 가두고 매일 10분 훈련, 영내 거주자는 급료 6/10 삭감, 영외 거주자는 급료 4/10 삭감		
	금　족 : 영내에서 근신, 훈련 외에는 직무 정지, 외출과 외래인 면접 및 통신 금지, 급료 5/10 삭감		
병졸	중영창, 경영창 : 하사 및 상등병과 동일		
	고　　역 : 훈련 이외에 근무를 정지하고 외출금지, 부대 내의 공공지역과 오예물汚穢物 청소, 급료 4/10 삭감		
	태　　벌 : 부대원이 정렬한 앞에서 태(笞)를 맞음, 영내 거주자는 10대 당 급료 1/20 삭감, 영외 거주자는 10대 당 급료 1/40 삭감		

<표 3-24> 신분별 징계의 종류 (출처 : 관보 제232호, 건양원년 1월 27일)

이러한 〈육군징벌령〉은 1906년 10월 16일 칙령 제61호로 〈육군징벌령〉이 다시 제정되면서 폐지되었다. 다시 제정된 〈육군징벌령〉은 법례法例, 벌령罰令, 범행犯行 등 3개장과 부칙을 포함한 30개 조문으로 더욱 구체화되었다.

주요 변경사항으로 징계권한을 지휘관의 계급에 따라 부여하던 것을 직책에 따라 달리 부여하였고, 군속을 징계할 경우에는 주인관은 장교, 편임관은 하사관에 준하여 조치하며, 신설된 신분인 준사관에 대해서는 장교에 준하여 시행하도록 하고 있다. 또한 병졸에게 적용되었던 '태벌笞罰'이 폐지되고 '범행犯行'의 33가지가 달리 표현됨과 아울러 29개로 4개가 줄었으며, 이는 형법에는 해당하지 않는 범행에 적용됨을 언급한 항목과 영내를 더럽히거나 정숙함을 해치고 도박을 하는 군인에 대한 징벌사항을 명시한 것이 삭제된 것이다.866)

1896년 1월에 제정된 〈육군징벌령〉에 이 삭제된 항목이 포함된 배경은 군인의 형사처벌과 징계처벌이 구분되어 있음을 강조하고, 당시에 병영兵營 또한 공공시설

---

866) 「관보 제3,590호」, 광무10년 10월 22일 기사

범주에 포함되어 위생문제 개선 대상으로 인식되었으며 군인이 도박을 하는 사례가 적지 않아 이를 정부차원에서 통제하려는 의도가 있었기 때문이었다.[867]

건군 이후 〈국군징계령〉이 제정된 것은 1949년 6월 25일 대통령령 제134호다. 이 영令은 총칙·중징계·경징계·징계권·징계위원회·결정 또는 처분에 대한 조치·보고·부칙 등 총 8개장 44개 조문으로 구성되었으며, 육·해군 군인 및 군속으로서 군율을 위반하여 풍기를 문란하게 하고 본분에 어긋나는 비행非行을 저지른 자에 대한 징계처벌을 할 목적으로 제정되었다.

중징계에는 파면(사병은 불명예제대)·강등·신분정지·정직·감봉이 있었고, 경징계에는 중영창·경영창·중근신·경근신·중노동·금족(해군은 상륙금지)·견책이 있었다.[868] 〈국군징계령〉은 1962년 1월 〈군인사법〉이 제정되고, 같은 해 2월 〈군인사법시행령〉이 제정되어 '징계'가 포함되면서 2월 6일 폐지되었다.

그러나 군 인사법령이 군인 징계제도의 대강만을 정하고 그 세부적인 사항은 국방부와 각 군의 내부규정으로 규율하고 있어 징계과정에서 군인의 절차적 권리보장이 미흡하고, 각 군간 징계제도가 서로 다르게 운영되는 문제점 등이 노정되었다. 이에 따라 〈군인사법시행령〉에서 규정하고 있는 군인징계절차의 전반적인 개편을 통하여 징계대상 군인의 절차적 권리를 보장하고, 각 군간 징계제도 운영의 형평성 등을 강화하기 위하여 별도의 〈군인 징계령〉이 2007년 8월 22일 대통령령 제20,232호로 다시 제정되었고[869], 같은 해 11월 22일 국방부령 제638호로 〈군인 징계령 시행규칙〉이 공포되었다.

다시 제정된 〈군인 징계령〉과 〈군인 징계령 시행규칙〉은 징계대상 군인의 진술권 및 자료열람권 등 절차적 권리를 구체적으로 규정함으로써 실질적인 방어권 행사의 보장과 더불어 군인의 신분상 권익을 보호하도록 하고 있고, 통일적인 징계 양정기준을 마련하였으며 징계의 감경 및 유예제도 등을 구체화한 것이다.

최근의 〈군인 징계령〉은 2014년 12월 9일 일부 개정된 대통령령 제25,823호이고 〈군인 징계령 시행규칙〉은 같은 해 12월 12일 개정된 국방부령 제843호이다. 일부

---

867) 국방부 군사편찬연구소, 『軍史 제89호』, 2013, 143쪽.
　　　김혜영, 「갑오개혁 이후 군사법제도의 개혁 -〈육군징벌령〉과 〈육군법률〉을 중심으로-」
868) 「관보 제119호」, 단기4282년 6월 25일 기사
869) 「관보 제16,572호」, 2007년 8월 22일 기사

개정된 〈군인 징계령〉과 〈군인 징계령 시행규칙〉은 '징계' 외에 금품을 받거나 공금을 횡령한 사유 등으로 인하여 징계를 받게 될 경우 '징계부가금'을 부과하는 것이 추가되었고, 징계 심의대상자의 비행사실이 성폭력, 성희롱, 성매매 및 음주운전 등에 해당하는 경우에는 징계권자가 징계위원회의 징계결정을 감경減輕할 수 없도록 규정하고 있다.[870]

군인의 형사처벌과 징계처벌은 별개로 〈군형법〉의 적용을 받는 비위행위의 경우에는 형사처벌과 아울러 징계처벌을 동시에 받게 된다. 즉 형사처벌 대상이 되면 자동적으로 징계처벌의 대상이 되기도 한다. 군인이 징계를 받는 경우는 〈군인사법〉 또는 〈군인사법〉에 따른 명령을 위반한 경우, 군인으로서 품위를 손상하는 행위를 한 경우, 직무상의 의무를 위반하거나 직무를 게을리 한 경우 등이다. 이상의 경우에 해당될 경우 징계위원회에 회부되어 절차에 의해 상응한 징계와 징계부과금을 받게 된다.

징계부과금 : 징계사유가 금품 및 향응 수수, 공금의 횡령 · 유용인 경우에 해당 징계 외에 해당 금액의 5배 이내에서 부과	
중징계	파면 또는 해임 : 장교, 준사관, 부사관의 신분을 박탈하는 것
	강등 : 해당계급에서 1계급을 낮추는 것
	정직 : 그 직책은 유지하나 직무에 종사하지 못하고 일정한 장소에서 근신, 1~3개월 이하이며 기간 중 보수의 2/3을 감액
경징계	감봉 : 보수의 1/3을 감액하며 그 기간은 1~3개월 이하
	근신 : 평상 근무 후 징계권자가 지정한 영내의 일정한 장소에서 비행을 반성하는 것으로 10일 이내
	견책 : 비행을 규명하여 장차 비행을 저지르지 않도록 훈계하는 것

〈표 3-25〉 장교, 준·부사관에 대한 징계의 종류 (출처 : 〈군인사법〉)

최초 제정된 〈육군징벌령〉에서 징계권한은 지휘관 계급을 기준으로 부여되었다가 이후 다시 제정되면서 중대장, 대대장, 연대장 등 제대별 지휘관을 기준으로 각 신분에 대한 징계권한이 구분되었다. 현행 〈군인사법〉에서도 제대별 지휘관을 기준으로 각 신분에 대한 징계권한이 부여되었으며, 부사관에 대한 징계권한은 연대장급 이상 지휘관에게 있으며 대대장은 부사관에 대한 경징계 권한만 있다.

---

870) 「관보 제18,405호」, 2014년 12월 9일 기사

그러나 징계 중 파면·해임 또는 강등 처분을 하는 경우에는 임용권자의 승인을 받아야 한다. 즉 장교의 파면·해임 및 장관급 장교의 강등은 임용권자, 준사관의 파면·해임 및 장관급 장교 외의 강등은 국방부장관, 부사관의 파면·해임은 참모총장, 병의 강등은 연대장의 승인을 받아야 하는 것이다.

비위 사실로 인해 징계위원회에 회부되게 되면 징계위원회는 심의대상자의 소행·근무성적·공적功績·뉘우치는 정도·징계요구의 내용, 그 밖의 정상을 참작하여 징계사건을 의결하게 되며 양정 기준은 국방부령인 〈군인 징계령 시행규칙〉의 장교, 준사관 및 부사관에 대한 징계의 양정기준을 따른다.

구분		비행의 정도가 심하고 고의가 있는 경우	비행의 정도가 심하고 중과실이거나, 비행의 정도가 약하고 고의가 있는 경우	비행의 정도가 심하고 경과실이거나, 비행의 정도가 약하고 중과실인 경우	비행의 정도가 약하고 경과실인 경우
성실 의무 위반	공금횡령 유용, 업무상배임	파면	파면~해임	해임~강등	정직~감봉
	직권남용으로 타인권리 침해	파면	해임	강등~정직	감봉
	직무태만 또는 회계질서 문란	파면	해임	강등~정직	감봉~견책
	그 밖의 성실의무 위반	파면~해임	강등~정직	감봉	근신~견책
복종 의무 위반	지시사항 불이행으로 업무추진에 중대한 차질을 준 경우	파면	해임	강등~정직	감봉~견책
	그 밖의 복종의무 위반	파면~해임	강등~정직	감봉	근신~견책
근무지 이탈 금지 위반	집단행동을 위한 근무지 이탈	파면	해임	강등~정직	감봉~견책
	군무 이탈	파면	해임	강등~정직	감봉
	무단 이탈	파면~해임	강등~정직	감봉	근신~견책
	공정의무 위반	파면~해임	강등~정직	감봉	근신~견책
비밀 엄수 위반	군사기밀 누설·유출	파면	파면~해임	해임~강등	정직~감봉
	그 밖의 보안관계 법령 위반	파면~해임	해임~강등	정직	감봉~견책
	청렴의무 위반	파면	파면~해임	강등~정직	감봉
	영리업무 및 겸직금지 위반	파면~해임	강등~정직	감봉~근신	견책

구 분		비행의 정도가 심하고 고의가 있는 경우	비행의 정도가 심하고 중과실이거나, 비행의 정도가 약하고 고의가 있는 경우	비행의 정도가 심하고 경과실이거나, 비행의 정도가 약하고 중과실인 경우	비행의 정도가 약하고 경과실인 경우
정치운동금지 위반, 집단행위 금지의무 위반		파면	해임	강등~정직	감봉~견책
품위유지위반	성폭력(미성년자)	파면	파면~해임	해임~강등	정직~감봉
	그 밖의 성폭력	파면	해임	강등~정직	감봉~견책
	성희롱	파면~해임	해임~강등	정직~감봉	근신~견책
	그 밖의 품위유지 의무 위반	파면~해임	강등~정직	감봉	근신~견책

〈표 3-26〉 장교·준사관·부사관에 대한 징계 〈양정기준〉 (출처 : 〈군인 징계령 시행규칙〉 별표 1)

구 분	비위의 정도가 심하고 고의가 있는 경우	비위의 정도가 심하고 중과실이거나, 비행의 정도가 약하고 고의가 있는 경우	비위의 정도가 심하고 경과실이거나, 비위의 정도가 약하고 중과실인 경우	비위의 정도가 약하고 경과실인 경우
금품 및 향응수수	4~5배	3~4배	2~3배	1~2배
공금횡령 · 유용	3~5배	2~3배	2배	1배

〈표 3-27〉 징계부과금의 〈양정기준〉(출처 : 〈군인 징계령 시행규칙〉 별표 3)

특히 군인의 '성폭력(성희롱, 성추행, 성폭행 등을 총칭하는 용어)' 및 '음주운전' 관련된 비위행위에 대해서는 점차적으로 형사처벌과 아울러 징계의 처벌 수위가 가중되는 추세이다. 성폭력 범죄사에 대해서는 구속수사와 'One-Strike Out제(현역 복무부적합 처리)' 시행을 원칙으로 징계처분 시에 감경 및 유예를 제한하고 있을 뿐만 아니라 묵인·방관자도 강력하게 처벌하고 있으며 〈육군징계규정〉은 이에 대해 세부적으로 규율하고 있다.

유 형		처리기준
음주운전으로 운전면허 정지 또는 취소처분을 1회 받은 경우	혈중알콜농도 0.1% 미만	근신
	혈중알콜농도 0.1% 이상	정직~감봉
음주운전으로 운전면허 정지 또는 취소처분을 2회 받은 경우		강등~정직
음주운전으로 운전면허가 정지 또는 취소된 상태에서 운전을 한 경우		정직~감봉
음주운전으로 운전면허가 정지 또는 취소된 상태에서 음주운전을 한 경우		해임~강등
음주운전으로 인적·물적 피해가 있는 교통사고를 일으킨 경우		정직~감봉
음주운전으로 인적·물적 피해가 있는 교통사고를 일으킨 후 「도로교통법」 제54조의1항에 다른 조치를 하지 않은 경우		해임~정직
음주운전으로 중상해의 인적피해가 있는 교통사고를 일으킨 경우		해임~정직
음주운전으로 사망사고를 일으킨 경우		해임~강등
음주측정을 거부한 경우, 군인 신분을 속이고 민간법원에서 처벌받은 경우		정직
3회 이상 음주운전을 한 경우		파면~해임

<표 3-28> 〈음주운전 처리기준〉 (출처 : 〈징계규정〉 별표 2)

구 분	처리기준		
	가중	기본	감경
성폭력(강간)	파면	해임	강등~정직
그 밖의 성폭력(강제추행, 추행 등)	파면~해임	강등	정직~감봉
성희롱, 성매매	해임~강등	정직	감봉~근신
불륜, 부적절한 관계, 기타	파면~강등	정직	감봉~근신

<표 3-29> 〈성폭행 관련 처리기준〉 (출처 : 〈징계규정〉 별표 3)

　군인이 처벌을 받을 경우, 본인의 명예 실추는 물론 인사관리에 있어서 보직, 교육, 진급, 명예전역, 각종 훈·포상, 전역 후 군 관련 직위 취업 등에 있어서 치명적인 결과를 초래하는 결격사유가 된다. 또한 경제적 손실 또한 지대하여 봉급, 각종 수당, 퇴직급여(퇴직연금, 퇴직일시금, 퇴직수당 등) 등이 감액되거나 지급이 중지되며 형사처벌 및 파면·해임의 중징계를 받을 경우 관련법에 따라 국립묘지 안장의 대상에서도 제외된다. 물론 법규의 개정에 따라 다소 변하기도 하지만 점차 강화되는 추세이다.

구 분		불이익	관련법규
형사처벌		• 금고 이상의 형의 선고, 수사·형사재판 중일 때 : 퇴직급여의 50% 감액	군인연금법 시행령 제70조
		• 금고 이상의 형의 선고 / 집행유예 : 5년 / 2년 이내 장교, 준·부사관 임용제한 • 자격정지 이상의 형의 유예기간 중 장교, 준·부사관 임용제한	군인사법 제10조
		• 자격정지 이상의 형의 선고유예 시 제적	군인사법 제40조
		• 형사사건으로 기소되어 휴직 시 : 휴직기간 중 봉급 50% 감액, 각종수당 50% 감액 또는 미지급	군인사법 제48조
		• 금고 이상형의 확정 : 제대군인지원 제외	제대군인지원에 관한 법률 제25조
		• 유죄판결을 받고 제적되지 않은 사람 : 현역복무 부적합 조사대상	군인사법 시행규칙 제57조
중징계	파면	• 퇴직급여의 50% 감액	군인연금법 시행령 제70조
		• 5년 이내 장교, 준·부사관 임용제한	군인사법 제10조
		• 제적, 관직 및 예우박탈	군인사법 제40조
	해임	• 금품·향응수수, 공금의 횡령·유용 : 퇴직급여의 25% 감액	군인연금법 시행령 제70조
		• 5년 이내 장교, 준·부사관 임용제한	군인사법 제10조
		• 각종 수당 감액 또는 미지급	예산회계 실무기준
	강등	• 1계급을 내림	군인사법 제57조
	정직	• 정직기간 중 보수의 2/3을 감액	군인사법 제57조
		• 호봉승급 18개월+ 정직기간 지연, 각종 수당 감액 또는 미지급	예산회계 실무기준
		• 현역복무 부적합자로 조사	군인사법 시행규칙 제57조
경징계	감봉	• 감봉기간 중 보수의 1/3을 감액	군인사법 제57조
		• 호봉승급 12개월 + 감봉기간 지연, 일부 수당 감액 또는 미지급	예산회계 실무기준
	근신	• 호봉승급 6개월 + 근신기간 지연, 성과상여금 미지급	예산회계 실무기준
	견책	• 호봉승급 6개월 지연, 성과상여금 미지급	예산회계 실무기준
		• 2회 이상 처분 시 현역복무 부적합자로 조사	군인사법 시행규칙 제57조

〈표 3-30〉 군인이 처벌을 받을 경우의 받는 불이익

국가에 헌신하는 군인에 대한 복지

국가는 국토방위의 의무를 수행하는 군인이
복무 중에는 그 임무수행에만 전념하고,
전역 후에는 안정된 생활을 할 수 있도록 여건을 조성하여야 한다.

- 〈군인복지기본법〉 제3조(국가의 책무) -

군인이 복무 중에는 그 임무수행에만 전념하고, 전역 후에는 안정된 생활을 할 수 있도록 여건을 조성하는 것은 '국가의 책무'이다.[871] 국가를 위해 헌신하는 군인들에 대한 이러한 국가의 책무는 국가와 국민이 존재하는 한 어떠한 형태로든 실행되었으며, 복무 중이거나 퇴역 후에도 녹봉이나 토지 등의 지급, 예우, 유가족에 대한 보상 등의 형태로 주로 이루어져 왔다.

역사적으로 살펴보면 국가 영토를 지키는 군인들의 생계를 보장하기 위하여 통상 토지가 지급되었다. 통일신라의 신문왕 때인 687년부터 군인이나 관료들에게 녹봉 대신 관료전官僚田이 지급되었고, 고려는 5대 경종 때인 976년부터 전시과田柴科제도를 도입하여 토지와 땔나무를 댈 임야를 나누어 주었으며 목종 때부터는 군인전軍人田이 지급되었다. 군인전은 20세가 되면 받고 60세에는 반환하였지만 자손이나 친척이 있는 사람은 그 토지를 세습할 수 있었다. 이러한 제도는 조선시대까지 이어졌다.

또한 고려는 거란 및 몽고와의 오랜 전쟁을 거치면서 많은 전몰장병들과 그 유가

---

871) 법률 제12,230호(2014. 1. 14), 〈군인복지기본법〉 제3조

족이 발생한 나라다. 현종 때인 1047년부터 군역을 이을 자손이 없는 전쟁미망인, 부부가 다 죽고 가족 중에 남자가 없으면서 아직 시집을 가지 않은 여자 등에게는 생계를 유지할 수 있도록 보상적 차원에서 구분전口分田이 주어졌다. 문종 때인 1069년에는 자손이 없는 노령퇴역군인老齡退役軍人에게도 구분전이 지급되었다.[872]

고대 로마에서는 상속세 5%를 받아 로마군단에서 제대하는 군인들의 퇴직금으로 사용하기도 하였고 토지분배를 통해 시민들의 부를 증진시켜 징집할 병력자원을 확보하기도 하였다. 이는 전통적으로 로마의 군단들은 최소한의 재산을 갖춘, 그래서 군단의 전쟁수행에 필요한 무기와 장비를 자체 구입할 수 있는 징집자원이 필요했기 때문이다. 토지를 소유한 속주민에게 부여되는 토지세의 일부는 로마군단 병력들의 급료로 사용되었다.

현재 미 육군은 「사기·복지·레크리에이션(MWR : Morale, Welfare, Recreation) 프로그램」을 근간으로 군 공동체community, 군인, 가족들에게 다양한 활동과 서비스를 제공하여 군인과 가족들의 삶의 질을 향상시킴으로써 궁극적으로는 군의 전투력을 향상시키는 데 그 초점을 두고 있다. 미 육군의 MWR의 기본철학은 국가방위를 위해 헌신하는 군인과 가족들에게 사회와 동등한 삶의 질을 보장하기 위함에 있다.[873]

구분	주요 내용
임무유지활동	• 군의 준비태세를 유지하는 데 필수적인 것으로 군인들의 정신적·육체적 웰빙(well-being)을 촉진시키는 활동 • 건강증진센터, 체육관, 실내경기장, 수상훈련용 수영장, 도서관, 레크리에이션 센터 등 운영과 관련된 활동
공동체지원활동	• 군인과 군인가족들에게 공동체 지원시스템을 통해 기본적인 정신적·육체적 욕구를 충족시키기 위한 활동 • 아동 및 청소년 개발센터, 독신 장병에 대한 기회 제공, 예술, 공연, 야외 레크리에이션, 연회, 케이블 TV, 예매 및 예약서비스, 사냥, 낚시, 수영장 운영 등과 관련된 활동
취미활동	• 사회성 함양 및 레크리에이션의 기회를 제공하는 활동 • 볼링센터, 클럽과 레스토랑, 골프장, 오락기, 식품 및 음료, 연회, 스케이트, 스키장, 승마 등의 운영과 관련된 활동

〈표 3-31〉 미군의 MWR 프로그램 (출처 : 「미국 육군의 복지제도와 우리 군에 대한 시사점」)

872) 국가보훈처, 『보훈30년사』, 1992, 77쪽.
873) 한국국방연구원, 『주간국방논단 제1,473호』, 2013, 1쪽.
　　 문채봉· 최광현, 「미국 육군의 복지제도와 우리 군에 대한 시사점」

우리나라 군인에 대한 복지정책의 수립 및 복지사업의 수행에 필요한 사항은 군인의 생활안정과 삶의 질 향상을 도모하고 군의 사기를 높이며 나아가 군인으로 하여금 임무수행에 전념할 수 있도록 하기 위하여 〈군인복지기본법〉으로 규정되어 있다. 이 법은 군인의 복지를 위해 국방부장관이 5년마다 「군인복지기본계획」을 작성하여 대통령의 승인을 받아 확정하고 시행하도록 되어 있으며 군숙소 지원, 주택 마련, 자녀교육, 군인 복지시설 설치 등을 주로 규정하고 있다.

즉 현역의 군 숙소 지원, 10년 이상 복무한 군인 중 무주택자에 대한 주택의 우선 공급, 군인의 복무특성 상 근무지 이동 또는 같이 생활할 수 없는 사유로 인한 자녀의 전학이나 편·입학 지원, 군인자녀의 교육여건을 개선하기 위하여 학교를 설립하는 자에게 교육운영에 필요한 지원, 군인의 복지증진과 체력의 유지·향상에 필요한 복지시설의 설치·운영, 노후설계 교육 등을 포함하고 있다.

〈군인복지기본법〉이 주로 현역에 복무 중인 군인들의 복시에 관한 것이라면 제대한 군인에 대한 복지는 〈제대군인지원에 관한 법률〉에 규정되어 있다. 이 법은 국토방위의 임무를 성실히 수행하고 전역한 제대군인의 원활한 사회복귀를 돕고 그 인력 개발 및 활용을 촉진함으로써 제대군인의 생활을 안정시키며 경제·사회발전에 이바지함을 목적으로 하고 있다. 그 주요내용은 직업교육훈련, 취업지원, 창업지원, 본인 및 자녀교육 지원, 의료지원, 장기저리 대부, 법률구조 지원 등이다.

또한 20년 이상을 성실히 복무하고 퇴직하거나 심신의 장애로 인하여 퇴직하거나 사망한 경우 또는 공무상의 질병·부상으로 요양하는 경우에 본인이나 그 유족에게 적절한 급여가 지급되는데 이는 〈군인연금법〉에 근거한다. 이 법에 따른 급여는 퇴직연금, 퇴직수당, 상이연금, 유족연금, 사망보상금, 장애보상금, 사망조위금, 재해부조금, 공무상요양비 등 16개 항목이다.

현역 복무 중의 전사자, 전상자, 순직자, 공상자, 무공수훈자, 보국훈장 수훈자 등에 대한 예우는 〈국가유공자 등 예우 및 지원에 관한 법률〉에 따라 유공자와 그 유족이 영예로운 생활이 유지·보장되도록 실질적인 보상이 되도록 하고 있다.

군 복무 중이거나 전역한 후에도 국가에 헌신한 군인에 대한 안정된 생활을 할 수 있도록 여건을 조성하는 것은 당연한 '국가의 책무'이다. 그러나 '국가의 책무'가 이행되기 위한 전제조건은 성실히 군복무를 해야 하며 전역 후에도 사회와 국가에 누가 되어서는 안 된다는 것이다. 나의 군 복무가 그리고 이후의 생활이 개인은 물론 육군과 사회 그리고 국가에 누가 된다면 이러한 국가의 책무는 면제가 된다는 것을 알아야 한다. 영예롭게 사는 군인에 대해서만 국가가 책임진다.

 국록國祿인 군인의 보수

역사적으로 군인의 보수는 토지, 식량, 소금, 화폐 등 다양한 수단으로 지급되어 왔다. 주로 토지가 주 대상이었음은 앞에서 언급한 바와 같다. 우리나라의 경우 근세 조선 후기까지도 지방대地方隊의 경우 병졸에 대한 보수는 월 3원이었는데 일부 지방대는 월 쌀 1가마를 소출할 수 있는 논으로 지급되었으며 급여 또한 부대 유형과 위치에 따라 같은 계급이라도 달리 지급되었다.

1894년 12월에 〈육군장관직제〉가 공포되어 군인의 계급이 공식적으로 근대적인 것으로 정립됨에 따라 1895년 3월 30일에 칙령 제68호로 제정되어 같은 해 4월 1일부로 수정된 〈무관 및 상당관 봉급령〉을 보면 당시 봉급은 본봉本俸과 직봉職俸으로 구분되었다. '본봉'은 관등官等에 따라서 '직봉'은 수행하는 직무에 따라 각각 지급된 것으로 '직봉'을 다시 '갑액甲額'과 '을액乙額'으로 구분하여 참위~대장까지 책정되었다. 직봉이 '갑액'에 해당되는 군인은 독립 단·대장 및 부관, 군부의 국장·방장·비서관·과장, 참모인 영·위관 등이었으며 기타의 군인은 '을액'을 적용 받았다.

계급			본봉	직봉	
				갑액	을액
칙임	1등	대장	2004원	1992원	
	2등	부장	1500원	1500원	
	3, 4등	참장	1104원	1092원	
주임	1등	정령	756원	744원	624원
	2등	부령	648원	648원	552원
	3등	참령	552원	540원	468원
	4등	정위	384원	372원	276원
	5등	부위	288원	264원	192원
	6등	참위	228원	226원	168원

〈표 3-32〉 무관의 봉급 (출처 : 관보 제1호, 개국504년 4월 1일)

　〈무관 및 상당관 봉급령〉은 장교들의 봉급에 관한 기본규정이었으나 근대식 군제로 가면서 부대가 창설될 때마다 별도로 책정되었다. 그러다 보니 같은 계급이라고 할지라도 부대별, 근무지역에 따라 급료가 달리 책정되었다. 당시에는 정부기관별로 다른 날짜에 봉급이 지급되었으며 무관 봉급은 연봉 개념으로 12개월로 나누어 매월 27일에 지급되었다.

병 종		참령	정위	부위	참위
훈련대		71원40전	43원15전	31원38전	28원89전
신설대	공병, 치중병	20원	15원	12원	10원
	마병	23원	18원	15원	13원

〈표 3-33〉 훈련대 및 신설대 봉급 비교 (출처 : 『한국군제사 근세조선후기편』)

　이 영슈은 1905년 7월 31일 칙령 제41호로 개정되어 신설된 준사관의 봉급이 판임 7급에 해당되는 240원으로 책정되었으며 군인이 문관文官과 봉급이 다른 것은 '군인은 종신관이 되기 때문'이라는 단서조항이 있다가 같은 해 8월 3일 본 조항이 삭제되었다.[874] 군부의 봉급은 법부·학부·농상공부와 함께 매월 25일 지급되었다.[875]

구 분			무관 봉급	문관 봉급(칙령 제37호, 광무9년 6월 29일)	
				일반 문관	중추원, 표훈원, 기로소
칙임	1등	대장	3,000원	1급 : 4,000원, 2급 : 3,000원	1급 : 2,000원, 2급 : 1,600원
	2등	부장	2,000원	3급 : 2,200원, 4급 : 2,000원	3급 : 1,200원, 4급 : 1,000원
	3등	참장	1,575원	5급 : 1,800원, 6급 : 1,600원	5급 : 800원, 6급 : 600원
주임	1등	정령	1,176원	1급 : 1,400원, 2급 : 1,300원	좌동
	2등	부령	876원	3급 : 1,000원, 4급 : 900원	
	3등	참령	612원	5급 : 800원, 6급 : 700원	
	4등	정위	480원	7급 : 600원, 8급 : 500원	
	5등	부위	360원		
	6등	참위	300원		
판임		준사관	240원	1급 : 600원, 2급 : 540원 3급 : 480원, 4급 : 420원 5급 : 360원, 6급 : 300원 7급 : 240원, 8급 : 180원 9급 : 144원, 10급 : 120원	

〈표 3-34〉 문·무관의 봉급 비교(1905년 7월 이후)

874) 「관보 제3,205호 호외」, 광무9년 7월 31일 기사. 「관보 제3,208호」, 광무9년 8월 3일 기사.
875) 「관보」, 개국504년 3월 30일 기사. 「관보 제3,190호」, 광무9년 7월 13일 기사.

　　문관에 비해 상대적으로 무관의 봉급이 낮게 책정된 것은 1904년 9월 24일 제정된 〈육해군장교분한령〉에 따라 장교는 종신토록 그 계급을 보유하고 군복을 착용하며 그 계급에 상응하는 예우를 하도록 되어 있었기 때문이 아닌가 생각된다.[876] 현직에서 동급의 문관에 비해 봉급이 낮은 것은 군인의 경우 휴직을 하더라도 그 계급에 상응하는 본봉이 지급되어 상쇄가 되기 때문인 것이다. 이에 대한 근거로는 1900년 4월에 육군참장 백성기가 군정軍政과 관련하여 상소한 내용을 보면 잘 나타나 있다.

　　여덟째, 녹봉을 바로 정하는 문제입니다. 군인의 봉급은 원래 일정한 규정이 없고 각부各部의 관등官等에 따른 봉급보다 적게 주는데 그것은 그가 휴직한 후에 받는 본봉이 있기 때문입니다. 원년(1897년) 2월 15일 받은 조칙에는 시위군과 친위군을 영솔하는 직임에 대해, 그 수고를 생각하지 않을 수 없으므로 휴직하여 본봉을 주기 전에는 특별히 각부의 관등에 따른 봉급과 같이 주라고 말씀하셨습니다. 이때부터 군인의 봉급이 각부의 관리들과 같게 되었는데 그때는 본봉이 마련되기 전이었습니다. 그런데 지금은 그렇지 않습니다. 무관학교 졸업생에게는 이미 학교규정에 실려 있는 것이 있으니 지급하지 않을 수 없고, 정교正校 가운데 위관으로 승급하여 현재 각 부대에서 견습하는 사람들에게도 본봉을 지급해야 하는 것입니다. 그렇다면 전쟁터에서 실제로 복무한 영관과 위관으로서 현재 휴직상태에 있는 자들에게는 또 어떻게 본봉을 지급하지 않을 수 있겠습니까? 본봉 지급을 그만둘 수 없는 형편이라면 현직 군인의 봉급을 어떻게 고치지 않을 수 있겠습니까? 시위대와 친위대의 각 부대 및 원수부, 군부의 장관·영관·위관에 대해서는 지금부터 다시 현직 봉급만 주고 군관학교 졸업생으로서 직무는 없이 견습하는 자와 전쟁터에서 실제로 복무한 영관과 위관에게는 모두 본봉을 지급하고 그 밖의 휴직한 영관과 위관에게는 근무한 달수를 참작하여 또한 본봉을 지급한다면 피차에 많아지기도 하고 적어지기도 하여 예산에 많이 첨가되지는 않을 것입니다. 그리고 현직에 있는 사람의 봉급이 비록 적어지기는 하지만 연한年限이 되면 절로 본봉을 받게 되므로 부족하게 여기는 일이 없을 것입니다. (이하 중략)[877]

---

876) 「관보 제2,942호 호외」, 광무8년 9월 27일 기사.
877) 국사편찬위원회, 『고종40권』, 한국사데이터베이스, 광무4년 4월 17일 5번째 기사.

1906년 5월에〈무관 및 상당관 봉급령〉이 다시 개정되면서 현직에 보직되어 있는 군인에게는 본봉과 직봉을 지급하되 본봉이 상대적으로 직봉과 같거나 낮게 책정되었으며 갑액과 을액으로 구분하던 직봉이 통합되었다. 또한 준사관인 특무정교를 판임관으로 하여 봉급을 책정하였으며 각 학교 및 부대의 정원 외 인원과 견습 참위에게는 본봉만 지급하도록 규정되었다. 이에 따라 이전에 제정되거나 개정된 〈무관 및 상당관 봉급령〉이 전부 폐지되었다.[878]

칙령 제22호가 폐지되고 칙령 제33호로 1907년 11월에〈무관 및 상당관 봉급령〉이 마지막으로 개정되면서 참장 이하의 봉급이 다소 증액되었는데[879] 이는 같은 해 8월의 군대해산과 무관해 보이지 않는 것 같다. 군대해산 과정에서 많은 반발이 있었음을 감안할 때 무마용이 아닌가 하는 생각이 든다. 1908년 8월부터는 매월 22일에 봉급이 지급되었다.[880]

구분		칙령 제22호(1906. 5. 5.)			칙령 제33호 (1907. 11. 13.)	비 고
		소계	본봉	직봉	봉급	
친임	대장	3,000원	1,500원	1,500원	3,000원	-
칙임	1등 부장	2,000원	1,000원	1,000원	2,000원	-
	2등 참장	1,575원	787원50전	787원50전	1,700원	+125원
주임	1등 정령	1,176원	588원	588원	1,300원	+124원
	2등 부령	876원	438원	438원	950원	+74원
	3등 참령	672원	306원	366원	750원	+78원
	4등 정위	534원	240원	294원	550원	+16원
	5등 부위	420원	180원	240원	450원	+30원
	6등 참위	348원	150원	198원	360원	+12원
판임	준사관	240원	120원	120원	240원	-

〈표 3-35〉 무관의 봉급 변천

장교와 마찬가지로 하사·병졸에 대한 급료도 신설되는 부대별로 그리고 병종(兵種, 병과)에 따라 달리 책정되었으며 장교에게는 연봉을 책정하여 월별로 지급하였지만 하사·병졸에게는 월 단위 급료를 책정하여 지급하였다.

---

878) 「관보 제3,448호」, 광무10년 5월 9일 기사.
879) 「관보 제3,928호」, 융희원년 11월 20일 기사.
880) 「관보 제4,268호」, 융희2년 8월 25일 기사.

구 분		정교	부교	참교	병졸	근거
훈련대	1, 2대대	10원	9원	8원	5원 50전	칙령 제96호(1895. 5. 20.)
	3, 4, 5, 6대대				3원	
신설대	공병	7원	6원	5원	3원 50전	칙령 제108호(1895. 5. 21.)
	치중병	·	·	·		
	마병	10원	9원	8원	6원 50전	
시위대		훈련1, 2대대와 동일				칙령 제122호(1895. 윤5. 25.)
시종원 호위대		10원	8원	7원	상등병 4원 병졸 3원 50전	호위총관 건의, 고종 재가 (1897. 11. 14)
진위대, 지방대		9원	7원 50전	6원 50전	3원	칙령 제2호(1899. 1. 15.)
헌병대		14원	11원 50전	9원 50전	상등병 6원50전	칙령 제23호(1900. 6. 30.)
		16원 50전	14원	12원	상등병 9원	칙령 제29호(1905. 4. 14.)
헌병대, 군악대		9원 25전	8원	7원	상등병 5원50전 1등병 5원25전 2등병 5원	칙령 제23호(1906. 5. 5.)
경성 각 부대		7원 25전	6원 75전	6원 25전	상등병 5원 1등병 4원75전 2등병 4원50전	
치중마대		6원 25전	5원 75전	5원 25전	4원50전	
진위대대		5원 50전	4원 75전	5원 25전	상등병 2원50전 1등병 2원25전 2등병 2원	
헌병대, 군악대		9원 75전	8원 50전	7원 50전	상등병 6원 1등병 5원75전 2등병 5원50전	칙령 제28호(1907. 4. 22.)
경성 각 부대		7원 75전	7원 25전	6원 75전	상등병 5원50전 1등병 5원25전 2등병 5원	
치중마대		6원 25전	5원 75전	5원 25전	4원50전	
진위대대		6원	5원 25전	4원 75전	상등병 3원 1등병 2원75전 2등병 2원50전	

〈표 3-36〉 부대별 하사관 및 병졸 급료 변천

　같은 훈련대라도 서울에 주둔한 훈련대와 지방에 주둔한 훈련대의 봉급이 달랐다. 신설대 장병들은 훈련대를 편성하고 나머지 인원으로 편성되다 보니 상대적으로 처우가 낮았으나 전시와 사변을 당하여 출병할 경우에는 훈련대 장병과 동등하게 월급을 지급받았다.[881] 반면에 신설대 마병 병졸의 경우는 서울에 주둔한 훈련대 병졸보다 더 높은 급료를 받았으며 지방에 주둔한 부대가 서울에 파견된 '징상대徵上隊'는 서울에 주둔한 부대와 동일한 대우를 받았다. 헌병은 다른 하사·병졸에 비해 높은 급료를 받았음에도 1905년 4월 칙령 제29호인 〈헌병조례〉가 제정되면서 더욱 증액되었다.[882]

　1906년 칙령 제23호로 하사·병졸의 급료가 개정되어 부대위치, 병종 등에 따라 계급별로 월 급료가 일정액으로 책정되었으며 행정부대인 헌병대과 군악대가 최고의 급료를 받았다. 칙령 제23호는 칙령 제28호로 1907년 4월에 다시 개정되었으나 부대별·병종별 차별이 여전하여 지방에 주둔한 '진위대대'가 가장 낮은 처우를 받았다.

　광복 이후 국가의 모든 제도가 미비된 가운데 건군 이후 소위 봉급이 1만원으로 당시 쌀 한 가마 가격이 17,400원임을 고려할 때 생활유지가 곤란할 정도로 열악했다. 1949년 11월 21일에 〈공무원보수규정〉이 제정되고 1950년 10월에 개정되면서 군인의 봉급이 규정에 포함되었다. 당시의 군인계급별 제1호(최고액) 기준으로 책정된 위관 및 하사관의 월봉액은 다음과 같았다.[883] 당시 일반공무원은 1~5급까지로 4급의 제1호 월봉액이 35,300원이었다.

계급	대위	중위	소위	준위	특무상사, 1등상사	2등상사	1등중사	2등중사
봉급(원)	43,900	40,500	38,100	36,900	36,700	34,900	7,300	6,000

〈표 3-37〉 1950년 10월 이후 1호 기준 계급별 군인봉급 (출처 : 관보 제399호, 1950. 10. 19.)

　군인의 월봉액은 1953년 2월 13일에 화폐개혁이 되어 100원이 1환圜으로 평가절하되면서 어느 정도 현실화되었고, 1955년에 공무원의 보수를 전반적으로 조정할

---

881) 육군사관학교 한국군사연구실, 『한국군제사 근세조선후기편』, 육군본부, 1977. 354쪽
882) 「관보 제3,120호 호외」, 광무9년 4월 22일 기사.
883) 「관보 제399호」, 단기4,283년 10월 19일 기사.

때까지 군인에게 당분간 지급하는 대통령령 제1,111호인 〈군인임시특수수당급여
규정〉이 12월 2일 제정되었다가 1958년 4월에 〈전시수당급여규정〉이 개정되면서
〈군인임시특수수당급여규정〉이 폐지되었다. 아울러 군인 월봉액이 다시 책정되었
다.[884]

계급	대위	중위	소위	준위	상사	중사	하사
봉급(환)	429	405	381	369	267	249	72
군인수당(환)	25,300	23,900	22,500	21,800	17,920	17,500	770

〈표 3-38〉 1958년 4월 이후 1호 기준 계급별 군인봉급 (출처 : 관보 제2,005호, 1958. 4. 1.)

이후 수차례의 제도 변경을 거쳐 1963년 5월 1일부로 법률 제1,338호인 〈군인 보
수법〉이 별도로 제정되면서 '중사 제1호'인 '100'을 기준으로 하는 '봉급기준 비율표'
에 의해 군인의 봉급이 책정되었다. 〈군인 보수법〉은 군인의 보수를 기본급여와 특
별급여로 구분하고 '기본급여'에는 군복무에 대한 대가로 지급되는 봉급과 부양가
족이 있는 경우 지급하는 가족수당, 영외에 거주하는 군인에게 지급되는 주택수당
및 피복수당 등이 포함되었다.

'특별급여'란 특수한 근무로 인하여 지급되는 금액으로 직무수행상 생명의 직접
적인 위험이 수반되는 업무에 종사하는 자, 특수기술자, 특수한 지역에 근무하는
자, 항공기 및 함정근무자, 기타 특수한 훈련 등에 종사하는 자 등에게 지급되었다.
기타 전시·사변 등 국가비상사태에 있어서 전투에 종사하는 자에게 지급하는 전투
근무수당, 출장·전속·부임·진역 등에 따른 여비, 재외공관에 주재하는 군인에 대한
보수 등이 있었다. 또한 전역 또는 퇴역하는 자와 성실히 군에 복무하고 제적되는
자에게는 따로 법률이 정하는 바에 따라 연금을 지급하도록 규정하고 있다.[885]

'봉급기준 비율표'에 의한 군인봉급 책정 방법이 오랫동안 지속되다가 2014년 3
월 11일 〈군인 보수법〉이 개정되면서 '군인의 봉급은 대통령령으로 정하는 바에 따
라 지급'하는 것으로 바뀌었다. 또한 〈군인 보수법〉에 규정되어 있던 군인의 보수
지급일이 2013년 3월 22일 본 법이 개정되면서 관련조항이 삭제되고 보수지급일을

---

884) 「관보 제2,005호」, 단기4,291년 4월 1일 기사.
885) 「관보 제3,434호」, 1963년 5월 1일 기사.

대통령령으로 정하도록 하였으며, 현재 군인의 보수지급일은 매월 10일로 1964년 7월 25일 개정된 대통령령 제1,892호인 〈공무원보수규정중개정의건〉에서 유래한다.886)

구분	대위	중위	소위	준위	원사	상사	중사	하사
1963. 5 1. 제정	181	148.5	128	121.9	·	113	100	55
2008. 1. 17. 개정	170	138.5	128	121.9	180.4	113		55

〈표 3-39〉 중사 제1호 기준 계급별 봉급기준 비율표(출처 : 〈군인 보수법〉)

　〈군인사법〉은 군인의 보수를 계급과 복무연한에 걸맞도록 법률로 정한다고 규정하고 있으며 보수 외에 법령이 정하는 바에 따라 직무 수행에 드는 실비에 대한 변상을 받도록 하고 있다. 최근의 〈군인 보수법〉은 군인의 보수를 '기본급여'와 '특별급여'로 구분하고 있다. '기본급여'란 군복무에 대한 대가로 대통령령에 따라 지급되는 봉급, 가족수당, 주택수당 등을 말한다. '특별급여'란 특수한 근무에 대해 지급되거나 사기를 높이기 위하여 지급되는 특수근무수당, 전투근무수당, 상여금 그리고 그 밖의 수당을 말한다.887)

---

886) 「관보 제3,799호」, 1964년 7월 25일 기사.
887) 법률 제12,402호(2014. 3. 11.), 『군인보수법』

구분		주요내용
상여수당	정근수당	• 1년 단위 봉급액의 5%씩 증가하여 최대 50%, 연 2회 지급 • 군인사법 제6조 7항 제3호에 따른 단기복무부사관 및 병 제외
	정근수당 가산금	• 근무연수에 따라 차등 지급 • 의무복무기간이 3년 이하인 군인은 제외
	성과상여금	• 계급별 기준호봉을 고려 연 1회 차등 지급 • 군인사법 제6조 7항 제3호에 따른 하사는 제외
가계보전수당	가족수당	• 주민등록표상에 세대를 같이 하고 현실적으로 생계를 같이하는 부양가족 4인 이내 매월 지급 • 자녀의 경우 부양가족 수가 4인을 초과하더라도 지급하며 셋째자녀 이후부터 가산금 추가 지급
	자녀학비 보조수당	• 고교생 자녀가 있는 군인에게 분기단위 연 4회 지급 • 수업료, 학생회비, 육성회비, 학교운영지원비 등을 포함
	주택수당	• 복무기간이 3년 이상으로 영외 거주자에게 매월 지급
	육아휴직수당	• 만 8세 이하 자녀 양육을 위한 30일 이상 1년 이내 월봉액 40% 매월 지급 • 임신 또는 출산하게 된 때로부터 30일 이상 휴직한 여군에게 월봉액 40% 매월 지급
특수지근무수당		• 갑, 을 지역으로 구분하여 계급에 따른 일정액을 매월 지급 • 접적지역 근무자에게 가산금 추가 지급
특수근무수당	위험근무수당	• 갑, 을, 병종으로 구분하여 계급별 매월 차등 지급
	특수업무수당	• 기술정보수당 : 자격증을 소지하고 해당 분야 일정기간 근무 또는 특수 분야의 일정기간 이상 근무자에 대해 갑, 을, 병종으로 구분하여 일정액을 매월 지급 • 연구업무수당 : 군사학전문교유기관 또는 학군단 교관 및 조교를 대상으로 매월 일정액 지급 • 항공수당 : 항공기 관련 근무자의 경력에 따라 매월 차등 지급 • 군인 장려수당 : 3년을 초과하여 특수무기부야, 격오지, 이무 관련 분야, 중대급 이하 등의 근무자에 대해 1~8호로 구분하여 일정액을 매월 지급
	업무대행수당	• 출산휴가 또는 육아휴직자의 업무를 대행하는 경우에 일정액을 매월 지급
시간외근무수당		• 규정된 시간 외의 근무자에 대해 계급별 기준호봉을 시간당 단가로 산정(시간당 단가 × 초과근무시간)하여 매월 지급
실비변상	교통보조비	• 계급별 일정액을 매월 지급
	명절휴가비	• 계급별 본봉의 일정 비율을 연 2회 지급(설날, 추석)
	가계지원비	• 계급별 본봉의 일정 비율을 매월 지급
	연가보상비	• 연가 일수 중 미실시한 휴가에 대한 보상비로 전·후반기 연 2회 분할 지급
	직급보조비	• 계급별 일정액을 매월 지급

〈표 3-40〉 부사관의 수당 및 실비변상(출처 : 〈공무원수당 등에 관한 규정〉)

군인의 급여 중 수당과 실비변상에 대한 세부적인 사항은 일반적으로 대통령령인 〈공무원수당 등에 관한 규정〉을 따르고 있다. 부사관과 관련된 수당은 상여수당, 가계보전수당, 특수지근무수당, 특수근무수당, 초과근무수당 등이 있으며 실비변상은 정액급식비, 명절휴가비, 연가보상비, 직급보조비 등이 있다. 이외에도 단기복무 부사관 장려수당, 영외급식비, 전속 시에 여비 등이 지급된다. 군인의 봉급, 각종 수당, 실비변상 그리고 기타 수당 등은 관련 법규와 해당연도 방침에 따라 해마다 변하기 때문에 그를 참고하면 된다.

🪓 전투원 대기 숙소인 관사官舍

〈군인복무규율〉의 제26조를 보면 '비상소집'이란 비상사태에 대처하기 위히여 군인을 긴급히 소집하는 것을 말하며, 군인은 비상소집이 발령되면 지체 없이 소속 부대에 귀영·집결해야 한다고 규정하고 있다. 이로 인해 군인은 시·공간적으로 결코 자유롭지 못하다. 항시 전투준비태세를 갖추고 출동태세를 유지해야 하기 때문에 공식적인 휴가나 외박이 아니면 일상생활에 있어서 일정 지역 내에 머물면서 유사시의 비상사태에 대비해야 한다.

또한 군인은 한 조직체의 일원으로 행동해야 하므로 그 어느 조직보다 단체성의 유지가 중요하다. 그런데 군인은 짧게는 1~2년 주기로 전출로 인해 계속 이사를 해야 하고, 그때마다 부대 주변에 있는 주택으로 숙소를 마련한다는 것은 실로 어려운 일이 아닐 수 없다. 그렇다고 일반인처럼 생활공간이 여기저기에 산개되어 있다면 군인 본연의 임무수행에 차질을 초래할 수밖에 없을 것이다.

더욱이 무기체계의 발달로 인해 무경고하 또는 단기경고하에서 즉각 대응해야 하는 현대전에 있어서 즉각 소집할 수 있는 대기태세 유지는 더욱 요구된다. 이러한 관점에서 직업군인에게 제공되는 관사는 생활공간인 동시에 전투원 대기 숙소로 국민이 군인에게 부여한 임무를 원활히 수행할 수 있도록 하기 위한 여건 조성을 위한 조치인 것이지 군인에 대한 복지 차원만은 아닌 것 같다.

역사적으로도 군인의 임무와 필요에 따라 관사가 제공되었다. 1896년 1월에 제정된 칙령 제2호 〈무관학교관제〉의 제9조를 보면 "조교(하사관 8명)는 교관의 명을 받아 교과과목의 일부를 분담하고 전속조교는 무기, 마구馬具 및 마구간 그리고 기타 교육재료의 보관을 담당하며 교내 관사官舍에 거주하여 학도學徒를 감시하는 책임을 상시 담당함."이라고[888] 규정하고 있다. 이는 무과학도의 훈육을 위해 그 책임을 하사관인 조교에게 부여하고 교내의 관사官舍에 기거하도록 한 것이다. 또한 1904년 9월에 진위 4연대의 1대대(함남 덕원 주둔)와 2대대(함남 북청 주둔)의 당직실 신축과 가사家舍 구입을 위해 필요한 경비인 76,668원49전4리를 예비비에서 지출하도록 건의하여 재가를[889] 받은 사례가 있다.

현행 〈군인복지기본법〉에 "국가는 군인이 안정된 주거생활을 함으로써 근무에 전념할 수 있도록 하기 위하여 군인에게 관사 또는 독신자 숙소를 제공하여야 한다."고[890] 규정하고 있다. 이를 근거로 군에서는 중사 이상 기혼간부에게는 기혼숙소를 제공하되 기혼 초급간부(중·소위, 하사)의 경우에는 별도의 심의를 통해 입주 시킬 수 있도록 규정하고 있다. 기혼숙소의 크기는 동거가족 수, 부모봉양, 다자녀 등을 고려하여 심의를 통해 배정하고 기혼숙소에 입주한 사용자는 지역별 숙소의 크기를 고려하여 입주 시에 보증금을 내야하며 3.3㎡당 적정수준의 관리비를 매달 납부하여야 한다. 관리비는 군 숙소 시설의 보수 및 관리를 위한 관리요원 급여, 관리실 운영, 공동사용 시설물 유지 및 소규모 교환·보수 등에 사용된다. 전기·수도·가스요금은 물론 사용자가 납부한다. 가족이 있는데 군 숙소가 부족하여 입주를 못하게 되면 민간 주택에 전세를 얻을 수 있도록 전세자금을 지원하고 있다.

하사 이상 독신간부나 가족과 떨어져 사는 기혼간부에게는 1인 1실을 기준으로 계급을 고려하여 독신숙소를 제공한다. 독신숙소는 책정된 일정액을 관리비로 매달 납부하여야 하나 적정수준의 전기·수도·가스 사용요금을 군에서 지원한다.[891]

군인은 직업적인 특성상 이사를 자주 하게 되는데 그에 소요되는 이사화물비를 지원하고 있다. 이사화물비 지원대상은 부양가족을 동반한 가족 이사자와 임관일 기준 6년 이상 복무한 단독 이사자이다. 이사화물비는 이사 거리를 고려하여 차등

---

888) 「관보 제222호」, 건양원년 1월 15일 기사.
889) 「관보 제2,941호」, 광무8년 9월 26일 기사.
890) 법률 제12,230호(2014. 1. 14.), 〈군인복지기본법〉 제9조
891) 육군규정 121(2014. 8. 14), 〈복지업무규정〉 제26조~39조

적으로 지급된다.

군인의 내집 마련과 관련해서는 〈군인복지기본법〉에 근거하여 군인 특별 분양을 부분적으로 실시하고 있으며 자격요건은 10년 이상 복무한 군인 중 무주택세대주에 한하여 무주택 기간, 복무기간, 부양가족 수 등을 고려하여 선정한다.[892]

군인의 생활안정과 복리 향상을 위한 퇴직 급여

〈군인연금법〉은 군인이 상당한 기간을 성실히 복무하고 퇴직하거나 심신의 장애로 인하여 퇴직하거나 사망한 경우 또는 공무상의 질병·부상으로 요양하는 경우에 본인이나 그 유족에게 적절한 급여를 지급함으로써 본인 및 그 유족의 생활 안정과 복리 향상에 이바지할 목적으로 제정되었다.[893] 군인연금제도는 국가권력과 법률에 의하여 가입이 강제되어 국가가 연금급여에 대해 지불을 책임지는 공적연금제도이며 유사시 생명을 담보로 한 직업을 가진 군인의 임무수행에 대한 국가차원의 국가보상제도이다.[894]

역사적으로 이러한 국가보상제도는 고려 현종 때 거란과 여진의 침구侵寇로 말미암아 전몰한 무의탁 처妻에게 1024년에 구분전口分田을 지급하여 생계를 보장하도록 하였는데 이는 전몰 미망인에 대한 보상제도의 시초이다. 또한 고려 문종은 1069년에 자손이 없는 노령퇴역군인에게도 구분전을 지급하여 생활 안정을 꾀하도록 하였다.[895]

대한제국 시대인 1899년 7월 표훈원이 설치되면서 훈장 및 연금에 관한 사항을 관장하도록 하였다. 또한 1908년 4월에는 칙령 제26호로 〈관리퇴관사금에 관한 건〉이 제정되어 퇴직금을 일시에 지급하였으나 본인의 원願에 의한 면관, 징계처분이나 형사재판에 의한 면관자에게는 지급되지 않았다.[896] 본 건이 1909년 6월 개

---

892) 법률 제12,230호(2014. 1. 14.), 〈군인복지기본법〉 제10조
893) 법률 제12,905호(2014. 12. 30.), 〈군인연금법〉 제1조
894) 국방부, 『군인연금법령연혁집』, 2000년, 8쪽.
895) 국가보훈처, 『보훈30년사』, 1992년, 77쪽.
896) 「관보 제4,055호」, 융희2년 4월 23일 기사.

정되면서 무관이 예비·후비·퇴역될 시에도 퇴직금을 지급하도록 하였으나 군인으로서 군무를 수행한 경력이 없거나 예비·후비·퇴역과 동시에 문관으로 전환된 자에 대해서는 퇴직금을 지급하지 않았다.[897]

퇴직군인에 대한 연금이 법규화된 것은 1909년 7월의 궁내부 포달 9호인 〈무관은급에 관한 건〉에 의해서다. 연금은 1909년 7월 군부가 폐지되면서 현역을 떠나는 장교를 대상으로 사망 시까지 지급되었으며 연금을 양여하거나 담보로 하거나 차압할 수 없었다. 그러나 중죄형에 처하거나 제국신민 자격을 잃은 경우에는 연금을 박탈하고 현역에 재차 복무하거나 판임관 이상의 관직에 임용되었을 때에는 연금 지급을 중지하였다.[898]

구 분	부장	참장	정령	부령	참령	정위	부위	참위
연금(圓)	480	420	360	300	240	180	144	120

〈표 3-41〉 장교의 계급별 연금 기준액(출처 : 관보 제4,443호, 1909. 7. 31.)〉

고려의 국가보상제도가 제한되지만 전 군인을 대상으로 이루어진 반면 대한제국의 국가보상제도는 그 대상을 문관 및 장교들을 주로 삼았다. 대한제국 시대의 군인들은 모든 신분이 직업군인이었음에도 불구하고 하사관 및 병졸이 연금을 받을 수 있는 경우는 훈장을 받은 수훈자에 한해서였던 것 같다. 군부 및 군대가 해체되면서 그들에게 주어진 배려라면 순사(巡査, 현재의 순경) 채용 시에 육군 하사관 이상으로 재직한 경력자에 대해 학술시험을 면제해 주는 정도였다.[899]

일제의 패망으로 광복이 되고 건군 과정을 거쳐 6·25전쟁을 겪으면서 국가의 각종 제도가 정비되고 마련되었다. 군에 복무하는 장병과 그 가족 또는 유족에 대한 원호援護를 목적으로 1950년 4월 14일 법률 제127호인 〈군사원호법〉이 제정되었고 1952년 9월 26일 법률 제256호인 〈전몰군경유족과 상이군경연금법〉이 제정되어 군인과 관련된 일부 연금제도가 시행되었다. 이후 〈군사원호법〉은 〈군사원호보상법〉으로, 〈전몰군경유족과 상이군경연금법〉은 〈군사원호보상급여금법〉으로 변경

---

897) 「관보 제4,412호」, 융희3년 6월 25일 기사.
898) 「관보 제4,443호」, 융희3년 7월 31일 기사.
899) 「관보 제3,964호」, 융희2년 1월 7일 기사.

되었다가 1984년 9월 2일 법률 제3742호인 〈국가유공자 예우 등에 관한 법률〉이 제정되면서 통합되었다.

위의 법률이 상이군인傷痍軍人이나 전몰군인戰歿軍人에 한하여 국가보상을 규정한 것이라면 모든 군인에 대한 연금제도가 본격적으로 시행된 것은 1960년 1월 1일에 제정된 법률 제533호인 〈공무원연금법〉의 제4장(군인에 대한 규정)에 의해서다. 당시의 퇴직급여로는 퇴직연금과 퇴직일시금이 있었으며 그 기금은 군인이 납부하는 매월 봉급액의 3.5%인 기여금과 국가가 부담하는 매월 봉급액의 2.5%인 국고부담금 및 그 이자로 조성되었다.

구 분	주요 내용
퇴직연금 (제34조)	• 대상 : 20년 이상 복무하고 퇴직하는 군인이 사망 시까지 • 지급액 : 봉급연액의 14/100, 재직기간이 20년 초과 시에 매 1년당 1/100씩 가액하되 15/100 이내로 한정 * 수혜자가 사망 시에 퇴직연금액의 5배를 유족에게 일시금으로 지급
퇴직일시금 (제35조)	• 대상 : 2년 이상 20년 미만 복무하고 퇴직하는 군인 또는 그 유족에게 일시금으로 지급 • 지급액 · 2년 이상~5년 미만 : 퇴직 또는 사망 시의 봉급액 3배 · 5년 이상~20년 미만 : 퇴직 또는 사망 시의 봉급액 6배, 5년 초과 시에 매 1년당 당시의 봉급액을 가액 ·군인이 근무로 인하여 심신의 상해를 받고 퇴직하였거나 사망하였을 때 : 퇴직일시금에 퇴직 또는 사망 당시의 봉급액의 12배를 가액하여 본인 또는 유족에게 일시금으로 지급

〈표 3-42〉 1960년 제정된 퇴직급여의 종류(출처 : 관보 제2,480호, 단기4293. 1. 1)

참고적으로 공무원의 퇴직연금은 20년 이상 재직하고 연령 60세 이상으로 퇴직하였거나 20년 이상 재직하고 퇴직한 자가 연령 60세에 달하는 때부터 사망할 때까지 봉급연액의 30/100을 지급하되 재직기간이 20년을 초과할 때에는 매 1년에 대하여 봉급연액의 1/100씩 가액하되 15/100을 초과하지 않도록 하였다.[900]

군인연금이 〈공무원연금법〉에 의해 시행되다가 군 운영의 특수성과 군인의 사기·복지증진을 위하여 독자적인 법체계인 〈군인연금법〉이 1963년 1월 28일 법률 제1,260호로 제정되었다. 이때 규정된 급여는 총 6가지로 퇴역연금, 퇴직일시금, 상이연금, 유족연금, 유족일시금, 재해보상금 등이 있으며 이 중 재해보상금은 각령

---

900) 「관보 제2,480호」, 1960년 1월 1일 기사.

제1,734호인 〈군인재해보상규정〉에 의해 사망보상금과 장애보상금으로 구분되어 지급되었다. 급여의 기금은 군인의 매월 봉급월액의 35/1000에 해당하는 기여금과 군인의 정원에 의하여 매 회계연도의 그 봉급예산의 35/1000에 해당하는 금액 및 그 이자로 조성되었다.[901]

구 분	주요 내용
퇴역연금 (제21조)	• 대상 : 20년 이상 복무하고 퇴직하는 군인이 사망 시까지 • 지급액 : 봉급연액의 50/100, 재직기간이 20년 초과 시에 매 1년당 2/100씩 가산하되 75/100 이내로 한정
퇴직일시금 (제22조)	• 대상 : 5년 이상 20년 미만 복무하고 퇴직하는 군인에게 일시금으로 지급 • 지급액 　·5년 : 퇴직하는 날이 속한 달의 봉급월액 × 근속연수 　·5년 초과 : 매 1년에 대하여 초과하는 날이 속한 달의 봉급월액 × 복무연수 × 2/100을 가산
상이연금 (제22조)	• 대상 : 군인이 공무상 질병 또는 부상으로 인하여 질병상태로 되어 퇴직한 때부터 본인이 사망 시까지 • 지급액 　·제1급 : 봉급연액의 80/100에 해당하는 금액 　·제2급 : 봉급연액의 60/100에 해당하는 금액 　·제3급 : 봉급연액의 40/100에 해당하는 금액
유족연금 (제26조)	• 대상 : 퇴역연금·상이연금 수혜자 사망, 공무상 질병 또는 부상으로 인하여 복무 중에 사망한 경우 등의 그 유족 • 지급액 　·퇴역연금·상이연금 수혜자 사망 : 퇴직 당시 봉급연액의 30/100 　·공무상 질병 또는 부상으로 인하여 복무 중에 사망 　　: 군인이 20년 미만 복무 시에는 사망 당시의 봉급연액의 40/100 　　: 군인이 20년 이상 복무 시에는 사망 당시의 봉급연액의 40/100
유족일시금 (제30조)	• 대상 : 공무 외로 사망 시 그 유족 • 지급액 　·5년~20년 미만 복무 : 퇴직일시금(제22조) + 사망 당시의 봉급월액 　·5년 미만 : 복무 시 납부한 기여금 및 그 이자 + 사망 당시의 봉급월액

〈표 3-43〉 1963년 개정된 퇴직급여의 종류(출처 : 관보 제3,357호, 1963. 1. 28)

이러한 〈군인연금법〉은 40여 차례 개정되었으며 2014년 12월 30일 개정된 법률 제12,905호인 〈군인연금법〉에 따른 급여에는 퇴역연금, 퇴역연금일시금, 퇴역연금공제일시금, 퇴직일시금, 상이연금, 유족연금, 유족연금부가금, 유족연금특별부가금, 유족연금일시금, 유족일시금, 사망보상금, 장애보상금, 사망조위금, 재해부조금, 퇴직수당, 공무상요양비 등 16가지가 있다.

---

901) 「관보 제3,357호」, 1963년 1월 28일.

이 법은 현역 또는 소집되어 군에 복무하는 군인에게 적용되나 지원에 의하지 아니하고 임용된 부사관, 병, 무관후보생 등에게는 사망보상금·장애보상금·사망조의금·재해부조금만 적용된다. 급여의 산정은 통상 기준소득월액이나 평균기준소득월액[902]에 복무연수와 해당 급여의 법정비율을 곱하여 산정하며 급여의 종류에 따라 추가 가산되기도 한다. 연금액의 조정은 전전년도와 대비한 전년도 '전국소비자물가변동률'에 따라 매년 증액되거나 감액된다. 급여의 기금은 군인의 매월 기준소득월액의 법정비율의 해당하는 기여금과 대통령령으로 정하는 매 회계연도 보수예산의 법정비율에 해당하는 금액 및 그 이자로 조성된다.

급여를 받을 권리는 그 급여의 사유가 발생한 날로부터 5년간 행사하지 않으면 시효가 소멸되고 사망보상금·재해부조금·공무상요양비는 3년간 행사하지 않으면 시효가 소멸된다. 또한 기여금을 반환받을 권리도 그 사유가 발생한 날로부터 5년간 행사하지 않으면 그 시효가 소멸된다.

앞에서도 언급하였지만 군인이 형사나 징계처벌을 받을 경우에는 법규에 따라 퇴직급여 및 퇴직수당이 일부 감액된다. 중요 감액사유는 복무 중의 사유로 금고 이상의 형이 확정된 경우, 징계에 의해 파면된 경우, 금품 및 향응수수 또는 공금의 횡령·유용으로 징계 해임된 경우 등이다. 또한 군인이 복무 중의 사유로 형법의 내란의 죄·외환外患의 죄, 군형법의 반란의 죄·이적의 죄, 불고지의 죄를 제외한 국가보안법에 규정한 죄 등을 범하여 금고 이상의 형이 확정된 경우에는 본인이 낸 기여금과 이자 외에는 급여를 받을 수 없다.[903]

군인연금과 관련된 법규가 수시로 개정되고 개정 시점에 따라 달리 적용되기 때문에 자세한 내용은 해당 연도에 적용되는 〈군인연금법〉을 확인하거나 근무하고 있는 부대의 재정장교에게 문의하면 된다.

---

902) 기준소득월액 : 기여금 및 급여 산정의 기준이 되는 것으로 일정 기간 복무하고 얻은 소득 중 과세소득의 연지급합계액을 12개월로 평균한 금액
평균기준소득월액 : 복무기간 중 매년 기준소득월액을 군인보수인상 등을 고려하여 대통령령으로 정하는 바에 따라 급여의 사유가 발생한 날(퇴직한 날의 전날)의 현재가치로 환산한 후 합한 금액을 복무기간으로 나눈 금액
903) 법률 제12,905호(2014. 12. 30.), 『군인연금법』.

구 분	주요 내용
퇴직연금, 퇴직연금일시금, 퇴직연금공제 일시금(제21조)	• 대상 : 20년 이상 복무하고 퇴직하는 군인이 사망 시까지 • 퇴역연금 : 매 1년마다 평균기준소득월액 × 법정비율의 모두를 더한 금액 • 퇴역연금일시금 : 본인의 원에 의해 퇴역연금을 일시에 지급 • 퇴역연금공제일시금 : 본인의 원에 의해 일정 복무기간의 퇴역연금을 일시에 지급하고 나머지 기간을 연금으로 지급
퇴직일시금 (제22조)	• 대상 : 5년~20년 미만 복무하고 퇴직하는 군인에게 일시금으로 지급 • 지급액 : 5년 미만과 5년 이상으로 구분, 기준소득월액 × 법정비율을 지급
상이연금 (제23조)	• 대상 : 군인이 공무상 질병, 부상으로 인하여 질병상태로 되어 퇴직한 때부터 본인이 사망 시까지 • 지급액 : 제1급~제7급으로 구분, 기준소득월액 × 해당 법정비율
유족연금 (제26조)	• 대상 : 퇴역연금·상이연금 수혜자 사망, 공무상 질병 또는 부상으로 인하여 복무 중에 사망한 경우 등의 그 유족 • 지급액 ・퇴역연금·상이연금 수혜자 사망 : 해당 연금액의 법정비율 ・공무상 질병 또는 부상으로 인하여 복무 중에 사망 : 20년 미만과 20년 이상으로 구분, 기준소득월액 × 해당 법정비율
유족연금 부가금 (제29조의2)	• 대상 : 군인이 20년 이상 복무 중 사망한 경우 그 유족에게 유족연금 외에 추가 지급 • 지급액 : 퇴역연금일시금에 준하여 계산한 금액의 법정비율
유족연금 일시금 (제29조의3)	• 대상 : 퇴역연금을 받을 권리가 있는 군인이 복무 중 사망한 경우에 유족이 원할 때 • 지급액 : 유족연금과 유족연금부가금을 일시에 지급
유족일시금 (제30조)	• 대상 : 군인이 20년 미만 복무하고 사망한 경우 유족에게 지급 • 지급액 : 퇴직일시금 적용
유족연금 특별부가금 (제30조의3)	• 대상 : 퇴역연금 또는 20년 이상 복무하고 상이연금을 받을 권리가 있는 사람이 퇴직한 날의 전날이 속한 달의 다음 달부터 3년 이내에 사망한 경우 그 유족에게 지급 • 지급액 : 퇴직 당시의 퇴역연금일시금의 법정비율
퇴직수당 (제30조의4)	• 대상 : 군인이 1년 이상 복무하고 퇴직하거나 사망한 경우 • 지급액 : 복무기간 매 1년에 대하여 기준소득월액 × 대통령령으로 정한 비율을 곱한 금액
공무상 요양비 (제30조의5)	• 대상 : 군인이 공무상 질병 또는 부상으로 인하여 요양을 하는 경우 대통령령으로 정하는 사유에 해당되어 군병원에서 그 요양을 할 수 없는 경우 • 적용 : 진단, 약제, 치료재, 보철구, 처치·수술이나 그 밖의 치료, 병원이나 요양소 수용, 간호, 이송 등
사망보상금 (제31조)	• 대상 : 군인이 공무를 수행하다 사망한 경우의 유족 • 지급액 : 전사, 특수직무순직, 복무 중 공무를 수행하다가 사망하거나 공무상 질병 또는 부상으로 인하여 사망한 경우 등으로 구분, 기준소득월액 × 해당 법정비율의 금액
장애보상금 (제32조)	• 대상 : 군인이 군복무 중 질병에 걸리거나 부상으로 인하여 심신장애 판정을 받고 퇴직하는 경우 • 지급액 : 제1급~제4급으로 구분, 기준소득월액 × 해당 법정비율
사망조위금 (제32조의2)	• 배우자나 자녀 사망 : 군인 전체의 기준소득월액 평균액 × 법정비율 • 본인이나 배우자의 직계존속 사망 : 해당 군인의 기준소득월액 × 법정비율
재해부조금 (제32조의3)	• 대상 : 수재, 화재, 그 밖의 재해로 인하여 재산에 손해를 입은 경우 • 지급액 : 군인 전체의 기준소득월액 평균액 × 법정비율

〈표 3-44〉 2015년 기준 퇴직급여의 종류(출처 : 〈군인연급법〉)

영예로운 전역, 사회로의 복귀

미국에서는 남북전쟁이 끝난 후 퇴역군인들과 참전 희생자 유족들을 지원하기 위해 마련된 제도가 사회보장제도의 전신이 되었다. 현재, 미국은 제대군인에 대해 군과 사회를 연계시켜 범정부적으로 지원하고 있다. 대표적인 제도가 GI-Bill이다. 제2차 세계대전 종전으로 사회로 배출된 많은 제대군인을 위해 국가재정으로 교육·훈련프로그램을 지원하는 것으로써 제대군인 교육지원정책의 근간이 되었으며, 미국사회에 고급 인적자원을 공급하여 미국 성장의 밑거름이 되었다.

그리고 군에서의 지식과 경험이 사회에 연계되도록 VMET(Verification of Military Experience and Training)제도와 COOL(Credentialing Opportunities and On-line)시스템을 운용하고 있다. VMET는 군 경력과 훈련내용을 상세히 담고 있는 국방부 공식문서로 군 경력을 사회에서 공식 인정하는 제도이며, COOL 시스템은 군인들의 주특기와 관련되는 민간의 직종과 민간 자격증 취득을 위해 필요한 각종 정보를 알려주는 온라인 시스템이다.

또한 연방공무원 임용 시 제대군인에게는 5%, 상이군인에게는 10%의 가산점을 부여하고 있다. 이런 제대군인지원제도가 가능했던 것은 제대군인의 국토방위를 위한 희생과 헌신에 대한 보상이 반드시 이뤄져야 한다는 국가의 확고한 의지와 국민적 공감대가 있었기 때문이다.

우리나라의 제대군인지원정책으로는 1962년에 제정된 〈군사원호 임·고용법〉에 근거한 국가·지방자치단체·교육공무원 등 임용 시 제대군인 우선 임용, 1981년에 제정된 〈군사원호대상자 임용법·고용법〉에 근거한 장기복무 제대군인 취업알선, 1985년에 제정된 〈국가유공자예우등 지원에 관한 법률〉에 근거한 취업알선, 채용 시 가산점 부여 등이 있었다.

1997년 12월에 〈제대군인지원에 관한 법률〉이 제정되면서 특수직종의 취업알선, 채용시 가산점, 본인교육보호 신설, 제대군인 지원협의회 설치, 제대군인지원정책 종합·조정 등이 규정되었으나 '채용 시 가산점을 부여하던 제도'가 위헌문제로 2000년 1월에 폐지되었다. 2005년 12월에 〈제대군인지원에 관한 법률〉이 개정되면서 제대군인지원위원회가 법제화되고, 중기복무자의 취·창업교육지원 등이 신설되었다.

〈제대군인지원에 관한 법률〉은 "국토방위의 임무를 성실히 수행하고 전역한 제대군인의 원활한 사회복귀를 돕고 그 인력 개발 및 활용을 촉진함으로써 제대군인의 생활을 안정시키며 경제·사회발전에 이바지함."을 목적으로 하고 있다.

관련법에 따라 국가는 제대군인에 대해 직업교육훈련을 시키고 취업과 창업을 지원하거나 대학에 다니는 장기복무 제대군인에게는 입학금, 수업료 및 기성회비를 감면하거나 보조할 수 있다. 또한 장기 저리로 대부를 실시하고 주택을 우선 공급할 수도 있으며 공공시설을 무료나 할인하여 이용하게 할 수 있다. 게다가 필요시에 법률구조를 지원할 수 있고 전상이나 공상을 입고 전역한 제대군인에게는 의료를 지원할 수 있다.

제대군인에 대한 국가적인 많은 지원이 있지만 이 중에서 본 법률의 목적을 달성했느냐 못했느냐의 척도는 제대군인의 '일자리' 즉 취업일 것이다. 인간의 기대수명이 점진적으로 증가함에 따라 전역 후에도 일정기간 경제활동을 해야만 하는 시대가 도래하면서 더욱 그러하다.

국방부는 '국방전직교육원'을 2015년 1월 1일에 설립하여 장기복무자(10년 이상 군복무자), 중기복무자(5년 이상 10년 미만 군복무자) 및 단기복무자(5년 미만 군복무자)로 구분하여 전직지원교육과 각 특성에 맞는 맞춤형 교육을 실시하고 있다.

구 분	주요 내용
진로설계교육	• 자신의 미래를 준비하고 설계하는 교육과정으로 모든 장병을 대상으로 군 복무 중에 실시.
진로교육	• 전역 후 진로 방향을 설정하기 위한 교육과정으로 전역예정인 장교, 준사관, 부사관을 대상으로 군 복무 중에 실시.
기본교육	• 국방부의 취업지원을 받기 위해 의무적으로 수강하여야 하는 교육과정으로 의무복무기간 이상 복무한 자를 대상으로 실시. • 기본교육 미이수자는 컨설팅, 연계교육, 주문식교육, 현장 연수교육 등을 원칙적으로 받을 수 없음.
컨설팅	• 기본교육을 이수한 자를 대상으로 상담과 교육을 통하여 취업 및 창업 시까지 지원.
연계교육	• 기본교육을 이수한 자를 대상으로 자신의 전문능력을 향상시키는 교육과정으로 개인교육 또는 단체교육으로 구분하여 실시 • 개인교육은 원칙적으로 1회 실시, 다만 취업에 성공하지 못한 경우 다른 과정에 한하여 1회를 추가로 수강할 수 있음.
주문식교육	• 별도로 설계된 프로그램에 따라 산·학·연 및 기업과 협의 후 진행
현장연수교육 (유급)	• 전역예정자가 〈중소기업 인력지원 특별법〉 제17조에 따라 중소기업사업장에서 받을 수 있는 교육과정으로 본인의 지원에 의해 교육

〈표 3-45〉 전직교육과정(출처 : 〈군 전직지원 업무에 관한 훈령〉)

육군은 인사사령부 예하에 '제대군인지원처'를 편성하여 제대군인지원정책을 적극적으로 시행하고 있다. '제대군인지원처'는 제대군인 지원목표를 설정과 복지정책 방향 및 개념 연구, 제대군인 취업지원 지원정책 및 관련 법령과 제도 연구, 전직지원 교육계획 수립 및 시행과 제도연구 발전, 제대군인 취업지원 및 취업추천 그리고 선발제도 발전, 예비역 예우증진과 교류협력 활동 등의 임무를 수행하고 있다. 이 중 핵심 업무는 당연히 제대군인의 취업과 관련된 제반업무를 수행하는 일이다.

그러나 관건은 제대군인이 취업을 할 수 있는 상대적 경쟁력을 갖추는 것이라 생각한다. 군의 노력으로 아무리 많은 취업직위를 개발하더라도 경쟁력이 없으면 취업이 제한되고, 취업되더라도 능력부족으로 성과가 저조하다면 곧 퇴직해야 하는 상황이 야기될 것이기 때문이다. 따라서 제대군인의 취업 경쟁력을 강화하기 위해서는 군과 사회가 서로 Win-Win할 수 있도록 사회·군·사회가 연계된 종합적이고 체계적인 경쟁력 강화대책이 강구되어야 한다고 생각한다.

특히 부사관의 경우 최초 모집, 선발 시부터 병과특기별로 이루어지기 때문에 사회경력(자격증, 전공분야, 학력 등)을 고려하여 선발하고, 관련분야에서 장기·반복 근무하도록 하여 경력과 전문성 또는 숙련도를 지속적으로 향상시킬 수 있도록 인사관리를 하여야 한다. 둘째는 세부병과특기와 연계된 민간직종 및 민간자격증을 분석하여 이와 연계된 군에서의 자기개발교육이 되도록 하여야 한다. 그래야만 군 복무기간에 본인의 임무수행에 도움이 되고 전역 후에도 사회와 연계가 쉽기 때문이다. 마지막으로 미군의 VMET제도와 같은 '군 경력 사회자격인정 제도'를 확대하여 '군 경력 = 사회경력'이 되도록 하여야 한다. 더욱 바람직한 것은 군 관련 자격증이 사회에서도 바로 인정되고 통용되는 것이다. 그럼으로써 군 생활을 열심히 한 사람이 사회에서도 우대받을 수 있을 것이다.

"군대란 결국 그 나라 국민의 심정을 반영한 것이라고 할 수 있다. 어떤 나라도 그 수준을 넘는 군대를 가질 수는 없다."고 한[904] 시오노 나나미의 통찰력이 가슴에 와 닿는다.[905] 그녀의 말대로라면 국민의 의식수준이 곧 군의 수준인 것이다.

---

904) 시오노 나나미 지음, 한성례 옮김, 『또 하나의 로마인 이야기』, 부엔리브로, 2007, 51쪽
905) 국방일보(2012. 6. 13), "부사관, 전투형 강군 중심에 서다"에 필자가 게재한 내용을 보완하였다.

군 생활 간의 몇 가지 단상斷想

생각이 바뀌면 행동이 바뀌고,
행동이 바뀌면 습관이 바뀌고,
습관이 바뀌면 인격이 바뀌고,
인격이 바뀌면 운명이 바뀐다.

- 윌리엄 제임스(William James, 1842~1910) -

군의 간부로서 군 생활을 하다 보면 상급자가 수시로 반복하여 강조하는 사항도 있고, 부대관리를 하다 보면 "왜 그것을 해야 되지?" 하는 의문도 왕왕 생긴다. 또한 군복무 기간에 나는 어떤 생활습관을 견지하여야 하는가 하는 문제로 고민하기도 한다. 이러한 상황에 봉착할 때마다 앞선 모범적인 선배들의 조언을 듣는 것이 가장 빠른 해결책이라는 것이 필자의 지론이다. 스스로 알려고 노력한다면 늦게 알지만 누가 도와주어서 안다면 빨리 알 수 있다.

여기서 거론하는 몇 가지는 필자가 30여 년의 군 생활을 통해 경험한 것이기도 하고 상급자로서 하급자나 부하들에게 강조한 것을 나름대로 정리해 본 것이다. 군 생활을 하다 보면 지휘관이나 상급자들로부터 수시로 듣는 말이 있다. "경례를 잘해라, 기본에 충실해라, 여가의 시간을 자기계발을 위해 노력해라, 긍정적으로 생각해라, 경중완급輕重緩急을 고려해서 일해라" 등등. 당연한 말이고 누구나 쉽게 하는 말들인데 이 단편적인 문장들의 의미는 무얼까? 왜 그렇게들 강조할까? 어떻게 해야 하나?

솔직히 필자도 초급장교 시절에는 그 뜻을 깊이 이해하지 못했다. 심지어는 뭐 그런 것들까지 다 강조할까, 쩨쩨하다, 계급과 직책에 맞지 않는다고 생각하기도 하였다. 그러나 세월이 흘러 경험과 지식이 쌓임에 따라 그 의미를 이해하게 되고, "아! 그렇구나."라고 생각하게 되었다.

여기의 몇 가지 조언들은 이 단순한 몇 가지 문장에 대해 그간의 경험과 이론을 통해 필자 나름대로 생각한 것을 정리해 본 것이다. 필자의 생각이기 때문에 공감할 수도 안 할 수도 있다. 그러나 지휘관이 혹은 상급자가 지시하거나 강조하였을 때 적어도 그 의미만큼은 이해하리라 기대한다. 시행에 옮기고 안 옮기고는 본인이 선택할 문제다.

군기유지와 존경의 욕구 사이, 경례를 잘해라!

국방부 〈부대관리훈령〉은 경례에 대해 "경례는 엄정한 군기軍紀를 상징하는 군대예절의 기본으로 항상 엄숙·단정하게 해야 하며, 거수경례를 원칙으로 하되 상황에 따라 목례로 대신할 수 있다."고[906] 규정하고 있다. 또한 육군의 『제식』교범은 "경례는 국가 권위에 대한 충성심의 표시이며, 상관에 대한 자발적인 복종심과 부하에 대한 자애심의 발로인 동시에 상·하 상호간 그 직책과 직위에 대한 인식이며, 엄숙한 군기의 겉으로 드러난 상징이다. 그러므로 경례는 항상 엄숙·단정하게 실시하여야 한다."라고[907] '경례'에 대해 설명하고 있다.

규정된 바와 같이 '경례'는 엄정한 군기를 상징한다. 또한 군대예절의 기본이기 때문에 군인하면 엄숙하고 단정하게 거수경례를 하면서 당당하게 서 있는 모습이 상징처럼 되어 있기도 하다. 군인은 제복을 입고 있을 때나 사복을 입고 있을 때에도 기본적으로는 상호간에 인사를 할 경우에 거수경례를 하도록 되어 있다. 이러한 군대예절이 언제부터 시작되었는지 그 기원에 대한 명쾌히 밝힐 수는 없지만 여러 가지 설說들은 존재한다.

로마시대 말기는 암살이 자주 자행되던 시절이라 로마 시민이 공무원을 만나려

---

906) 국방부훈령 제1,769호(2015. 1. 9.), 〈부대관리훈령〉 제23조
907) 육군본부, 『야전교범 참고-1-20, 제식』, 2007, 2-8쪽

할 때에는 오른손에 무기를 가지고 있지 않다는 것을 보여주기 위해 손을 들어 보여 주던 것이 '경례'의 시작이 아닌가 보고 있다. 즉 나이 어린 사람이나 하급자가 먼저 무기를 쓰는 오른손을 들어 적의敵意가 없음을 표시했다는 것이다. 이러한 예법이 군대의 거수경례와 상당한 관계가 있다고 보는 것이다.

또 다른 설은 과거의 중세기사가 결투 중에 노천결투장 관중석에 앉아 경기를 관전하는 귀족 가문의 아름다운 아가씨의 자태에 끌리지 않고 결투에 집중하기 위해 손을 올려 눈을 가리던 동작에서 비롯되었다는 이야기다. 중세기사에 대한 또 다른 이야기는 한 기사가 자기에게 다가오는 상급자를 보고 자신의 신분을 나타내 보이려고 손을 들어 투구의 앞가리개(visor)를 벗어 올리던 동작에서 시작되었다는 것이다.[908]

영국군에서는 미국에 이민한 사람들이 신대륙에서 독립전쟁을 전개하던 1776년경에 이들과 싸우다가 병사가 모자를 벗어 인사하는 관습을 보여주었으며, 특히 많은 장식과 특이한 모양으로 인해 모자 벗기가 어려운 근위병이나 의장병들은 모자를 벗는 대신 모자 차양의 끝부분만을 손으로 가볍게 잡는 동작만으로 인사를 나누었다는 것이다. 이러한 차양을 잡던 동작이 오늘날 모자의 차양 끝에 손끝을 대는 인사법이 되고 이런 관습이 관례처럼 전해져 왔다고 한다. 미군에게는 1820년에 군대법으로 오늘과 같은 경례법이 정해졌다.[909] 현재도 남자들은 모자를 쓰고 하는 모든 운동 경기나 활동에서 인사를 할 경우에는 모자를 벗고 인사를 하는 것이 기본 예의처럼 되어 있으며 여성들은 모자를 벗지 않고 모자 차양에 오른손을 가볍게 대기도 한다.

우리나라는 윗사람을 만나 인사를 나누는 경우 '절'과 '읍'이 있었다. '절'은 고구려 사람들의 인사법으로 역사 영화나 드라마에서 보듯이 한 다리를 뒤로 뻗고 꿇는 동작으로 한 인사이며, '읍'은 조선조에 와서 두 사람 사이에 적당한 거리를 유지하고 자신의 두 손을 맞잡고 하는 인사법으로 가슴 높이, 입술 높이, 또는 눈썹 위까지 쳐드는 높이에 따라 공경의 정도가 달랐다 한다.

현재와 같은 우리 군대의 거수경례법은 17세기 영국 군대에서 시작된 거수경례 중 육군과 공군은 손바닥을 상대방을 향하게 했고, 해군은 손바닥을 아래로 향하게 했는데 개화기에 영국 해군식 경례법이 도입되어 우리 군대의 예법으로 정착되었다는

<hr>

908) 양희완 편저, 『재미가 술술 붙는 군대문화 이야기』, 연경문화사, 1998, 135쪽.
909) 양희완 편저, 『재미가 술술 붙는 군대문화 이야기』, 연경문화사, 1998, 136쪽

설이 있다.[910] 그 도입 시기에 대해 나름대로 추정해 볼 수는 있다.

1881년 4월에 실험적인 일본식 근대 군대인 '교련병대'가 창설되었고, 사관양성이 목적인 '연무공원'이 1888년 4~5월경에 설치되어 같은 해 6월부터 미국 군사교관에 의해 훈련이 개시되었음을 고려한다면 군에 거수경례가 공식적으로 도입된 것은 빠르면 1881년 4월이거나 늦어도 1888년 6월경으로 추정할 수가 있다. 당시 일본군이나 미군이나 모두 거수경례를 군대예절의 하나로 택하고 있었기 때문이다.

앞에서 언급하였듯이 '경례'는 국가에 대한 충성심, 자발적인 복종심과 부하에 대한 자애심 등을 나타내고 상·하 간에 그 직책과 직위에 대한 인식이며 엄숙한 군기의 겉으로 드러난 상징이다. 그러다 보니 군에 가면 누구나 처음 배우는 것이 '차려자세', '쉬어자세', '거수경례' 등 제식의 기본동작이고 지휘관이나 상급자면 누구나 '경례철저'를 강조하고 있다. 그만큼 중요하고 역설적으로 이는 그만큼 잘 지켜지지 않고 있다는 이야기이기도 할 것이다.

경례가 엄숙한 군기의 겉으로 드러난 상징이기 때문에 '결례缺禮'를 하면 속칭 "군기가 빠졌다."고 한다. 그래서 하급자가 결례하면 지적하고 경례연습을 반복해서 시키기도 한다. 사실 살짝 그 이면을 들여다보면 군기를 확립하기에 앞서 상급자는 기분이 나쁘다. 왜 기분이 나쁠까?

상급자로서 하급자로부터 인정을 받지 못하고 존경을 받지 못한 것이다. 그래서 기분이 우선 나쁜 것이다. 사람은 누구나 타인으로부터 인정받기, 존경받기를 원한다. 매슬로우가 주장한 '존경의 욕구'가 충족되지 못한 것이다. 육군의 제식교범에서 설명하는 '경례'의 의미 중에 "상관에 대한 자발적인 복종심, 상·하 상호간 그 직책과 직위에 대한 인식"이란 문구가 이러한 심리적인 배경을 깔고 있다고 필자는 생각한다.

그런데 경례의 설명에 '부하에 대한 자애심의 발로'란 부분이 포함되어 있다는 사실을 많은 간부들이 간과하고 있는 것 같다. 다시 말해서 경례를 통한 군기만을 강조하고 부하에 대한 자애심이 결여된 것은 아닐까? 사람은 누구나 주변사람들로부

---

910) 양희완 편저, 『재미가 솔솔 붙는 군대문화 이야기』, 연경문화사, 1998, 133~134쪽.

터 인정받고 존경받고 싶어한다. 그것은 군에 있어서 상급자와 마찬가지로 하급자도 갈망하고 있는 것이기도 하다. 성경에서 "대접받고 싶은 만큼 대접하라"를 황금률이라고 한다.

사람들은 자신의 관심사 외에는 통상 주변을 잘 살피지 않는다. 본인이 정해진 목표나 목적지가 있으면 온통 거기로 관심이 쏠려 주변을 잘 못 보는 것이다. 부대 생활을 하면서도 마찬가지다. 극히 일부를 제외하고는 하급자가 상급자를 무시하는 것이 아니라 못보고 지나치는 것이다. 이때 상급자는 결례를 하고 지나치는 하급자를 군기가 빠졌다고 지적할 것이 아니라 '부하에 대한 자애심'을 발휘해야 한다.

'부하에 대한 자애심'을 발휘하는 것이 복잡하거나 어렵지가 않다. 가볍게 손을 들어 "김상병! 좋은 아침이야." 또는 "식사 맛있게 했어?"라고 한 마디만 하면 된다. 그러면 결례를 하고 지나치던 김상병은 바로 거수경례를 하며 "좋은 아침입니다." 라고 웃으며 인사를 한다. 김상병은 상급자가 자기를 알고 인사를 먼저 해 주고 자신의 존재에 대해 인정받았다는 기쁨으로 하루가 즐거울 것이며, 먼저 아는 체해 준 상급자도 기분이 나쁘지 않을 것이다.

필자의 경험에 따르면 그렇다. 군기가 빠졌다고 지적하는 것보다 훨씬 효과적이다. 이러한 것이 반복되다 보면 자연스럽게 하급자들이 먼저 잘 경례하게 되고 부대의 분위기도 밝아진다. 필자가 지휘관 시절에 부대를 방문한 사람들로부터 "병兵들과 부대 분위기가 참 밝다."는 이야기를 자주 들었다. 자연스럽게 부대도 안정적으로 관리된다. 필자의 부대관리 방법 중 하나가 '먼저 인사하기'였다.

상급자들은 '경례'를 설명하는 대목에 '부하에 대한 자애심의 발로인 동시에 상·하 상호간 그 직책과 직위에 대한 인식'이란 내용이 있다는 것을 잘 알아 둘 필요가 있다. '엄숙한 군기의 겉으로 드러난 상징'인 경례를 잘 하는 부대를 만들기는 쉬운 일이다. 매슬로우가 주장한 '존경의 욕구'를 하급자에게 충족시켜 주자. 그러면 그들도 지적할 때보다 당신을 더 존경할 것이다.

기본적이고 사소한 것에 충실하라!

우리는 길을 걷다 보면 종종 선술집이나 맥주집, 클럽(club) 등의 외부에 써 있는 '기본 15,000원, 맥주 세 병에 안주 한 접시'라는 글귀를 보게 된다. 필자는 이 글귀의 의미에 대해 생각해본 적이 있다. 왜? 맥주와 안주를 포함하여 기본 15,000원이라고 광고하고 있을까? 필자의 생각이 약간은 생뚱맞을 수 있겠지만 내 생각은 이렇다.

손님이 1~2명이 오던지 3~4명이 오던지 영업주의 입장에서 보면 손님이 테이블 하나를 차지하기는 마찬가지고, 적어도 손님이 한 번 왔을 때 한 테이블에서 올려야 하는 최소한의 매상이 있을 것이다. 그 매상을 올려야만 가게를 운영하고 유지할 수 있다고 나름대로 여러 가지를 고려하여 계산한 끝에 기본 가격을 정해 놓았을 것이다. 밑지면서 장사를 할 수는 없을 테니 말이다. 이 기본이 유지되지 않으면 가게는 지속가능성이 떨어질 수밖에 없어 업종을 변경하거나 폐업해야 하는 지경에 이르게 될 것이다.

군 생활을 하다보면 "기본적이고 사소한 것에 충실하라!"는 말을 자주, 아주 많이 듣는다. 왜 이렇게 상급자들이 강조하는지, 이를 이해하기 위해서 우리는 이론적으로 '깨진 유리창 이론Broken Window Theory'과 '하인리히 법칙Heinrich's Law'에 대해 알아볼 필요가 있다.

'깨진 유리창 이론'은 미국의 사회학자인 제임스 Q. 윌슨James Q. Willson과 범죄학자인 조지 L. 켈링George L. Kelling이 공동으로 1982년 3월에 『월간 애틀랜틱Atlantic Monthly』에 게재한 논문인 「깨진 유리창 : 경찰과 이웃의 안전Broken Window : The Police and Neighborhood Safety」에서 유래한 이론이다. 이 이론은 건물의 깨진 유리창을 사소하게 생각하고 시민들이 이를 방치한다면 사소한 잘못을 용납하는 분위기가 확산되어 유리창을 깨는 빈도가 증가함에 따라 건물의 유리창이 결국은 남아나지 않고 우범지대화되어 강력범죄를 유발하는 장소로 이용될 수 있다는 것이다.

따라서 논문의 부제에서 보듯이 경찰은 담당구역의 도보순찰을 부지런히 돌아 사소한 문제의 발생을 예방하거나 즉각적인 조치가 이루어질 수 있도록 하여 향후 발생할 수 있는 강력범죄를 예방하여야 한다는 것이다. 이는 강력범죄를 예방하기 위한 한 방법으로 사소한 범죄인 공공질서 위반, 즉 길에 껌 또는 침을 뱉는다거나 금지된 구역에서의 흡연과 음주, 버스나 지하철 등에서의 무질서한 행위들이 철저히 단속되어야 함을 시사하고 있다. 사소한 잘못도 용납되지 않는다는 것을 범죄자들에 인식시켜야 한다는 것이다.

사소하고 기본적인 것의 중요성을 강조하는 또 다른 것은 '하인리히 법칙(Heinrich's Law)'이다. 이 법칙은 1930년대 미국 산업안전분야의 선구자인 허버트 윌리엄 하인리히(Herbert William Heinrich, 1886-1962)가 1931년에 펴낸 『산업재해예방 : 과학적 접근Industrial Accident Prevention : A Scientific Approach』이라는 책에서 소개된 법칙이다. 당시 하인리히는 미국의 여행자 보험사Travelers Insurance Company의 손실통제부서에서 근무하고 있었는데, 업무 성격상 수많은 사고통계를 접하면서 산업재해 사례분석을 통해 하나의 법칙을 발견하였다.

즉 산업재해가 발생하여 중상자가 1명 나오면 그 이전에 같은 원인으로 경상자가 29명이 발생하고 또 같은 원인으로 부상을 당할 뻔한 잠재적인 부상자가 300명이 있었다는 내용이다. 그래서 '하인리히 법칙'을 '1 : 29 : 300 법칙'이라고 부르기도 한다. '깨진 유리창이론'은 범죄예방에 관하여, '하인리히법칙'은 산업재해예방에 관하여 이론적 배경을 제공하고 있지만 몇 가지 공통점을 갖고 있다.

첫째는 둘 다 기본적이고 사소한 것에 주목하고 있다. 그리고 그 사소하고 기본적인 것을 제대로 조치함으로써 이후에 발생할 수 있는 강력범죄나 큰 사고를 예방할 수 있다는 것이다. 강력범죄나 큰 사고는 갑자기 발생하지 않는다. 그 이전에 그와 관련된 많은 경미한 사고와 징후들이 존재하나 무관심하여 적절하게 조치하지 않음으로써 누적되어 발생한다는 것이다.

둘째는 기본적이고 사소한 것은 단순하고 일상적이며 반복된다는 속성을 갖고 있다. 그러다 보니 가볍게 생각하고 지루하며 무감각해지기 쉽다. 대형사고가 생겨서 그 속을 들여다보니 기본적인 것들이 제대로 이행되지 않았음이 그 원인이라고 언론에 보도된 사례가 비일비재하다. 표준규격에 맞지 않다거나, 빼 먹었다거나 특정 공정이 생략되었다거나 기준 속도를 지키지 않았다거나 하는 등등의 원인이 존재한다. 일상적으로 반복되는 기본적이고 사소한 것들은 사람들을 무감각하게 만들고 게으르게 하며 관심으로부터 멀어지게 만든다.

셋째는 사소하고 기본적인 사항에 주목하여 적시적절하게 조치하면 시간과 노력 그리고 비용을 절감하면서 큰 사고를 예방할 수 있다는 것이다. 이를 방치하여 큰 문제로 비화되면 이를 해결하기 위해서는 수십 배 아니 수백 배의 노력과 시간 그리고 비용을 투입하여야 할 것이다. 그렇게 했음에도 불구하고 이미 실추된 이미지나 명예의 손상을 회복하는 데에는 더 많은 노력이 요구된다고 할 수 있다.

이러한 두 개의 이론은 관련분야뿐만 아니라 경영학에서도 자주 이용되곤 한다. 예를 들어 어느 고객이 구매한 물건에 대해 불만을 제기한 경우에 회사가 이를 가볍게 생각하고 소홀히 조치한다면 SNS가 발달한 현대 사회에서 그 여파는 상상을 초월하여 회사의 이익에 치명타가 될 수도 있다. 그래서 대부분의 회사들은 고객센터Happy Call를 운영하여 고객들의 불만이나 요구에 귀 기울이며 즉각적이고 적절한 조치를 하고 있는 것이다. 그래야만이 그 회사의 지속가능성이 높아진다.

이는 부대관리에서도 중요하다. 한 여름에 야외훈련을 마치고 복귀한 김병장이 샤워를 하려는데 샤워꼭지가 고장이 나서 물이 나오지 않아 샤워를 하지 못한 채 생활관에 갔다고 가정해 보자. 김병장은 어떤 심정일까? 우선 기분이 나쁘면서 짜증이 나고 시설관리의 책임을 갖고 있는 간부들에 대해 불만이 팽배할 것이다. 그런 심리상태이다 보니 평상시라면 전혀 문제가 아닌 사소한 후임병들의 실수에도 좋은 말이 나올 리 없다. 이러한 상황이 반복되다 보면 이를 견디지 못하는 일부 후임병은 탈영이나 심하면 자살로까지 이어질 수도 있다. 고장난 샤워꼭지 하나가 사람을 죽음에까지 이르게 할 수 있다는 것이다.

물론 다소 과장된 예이지만 부대 내에서 왜 사고가 발생하는지 곰곰이 생각해 보라. 그 발단의 대부분은 사소하고 기본적인 것에서 시작된다. 병력과 시설에 관련된 사소하고 기본적인 사항들이 제때에 확인과 조치가 되지 않아 방치됨에 따라 누적되면서 급기야 큰 문제로 비화되는 것이다. 부대 내에서 한 번에 급격히 큰 문제로 비화되는 경우는 필자의 경험상 상당히 드물다.

'깨진 유리창이론'과 '하인리히 법칙'이 우리에게 주는 의미는 사소하고 기본적인 것을 가볍게 여기지 말고 적시적절하게 조치해야만이 큰 문제를 예방할 수 있다는 것이다. 부대관리의 요체는 사소하고 기본적인 것에 대한 '꼼꼼함'과 '정성'이다. 그러나 거듭 말하지만 이는 단순하고 반복적이며 지루한 일이다. 그러다 보니 시간이 경과함에 따라 이를 소홀하게 되고 문제가 생기게 된다. 그래서 부대의 지휘관들이나 고급장교들이 우리가 가끔은 격格에 맞지 않다고 생각하는 "사소하고 기본적인 것에 충실하라!"고 누누이 강조하는 것이다. 상급자에게 인정받고 싶다면 기본적이고 사고한 것을 절대 가볍게 생각하지 마라.

경중완급輕重緩急을 고려하여 일하라!

어느 조직이나 마찬가지겠지만 부대에서 근무하다 보면 임무가 순차적으로 이루어지지만은 않는다. 통상적으로 동시다발적으로 임무가 주어진다. 하급부대로 갈수록 이러한 현상은 빈번하다. 그 이유는 상급부대로 갈수록 업무가 세분화되고 그에 따른 담당자들이 있지만 이를 시행으로 옮겨야 되는 하급부대로 내려갈수록 업무가 단순화되고 통합되기 때문이다.

이럴 때에 우리가 흔히 듣는 말 중의 하나가 "경중완급을 고려해서 일하라!"는 것이다. 그 의미는 알겠는데 어떻게 하라는 것인가를 잘 모르는 데 고민이 깊어진다. 특히 군 생활의 경력이 짧은 초급간부의 경우에는 더욱 그러하다. 다행히 상급자가 업무를 정리하여 이것은 이렇게 먼저 하고 저것은 나중에 하라고 속칭 교통정리를 해준다면 고민이 어느 정도 해결되지만 그렇지 못하다면 어떻게 할 것인가?

통상적으로 부대업무는 각 개인의 직책상 주어지는 일일, 주간, 월간, 분기, 반기 혹은 연간 하도록 되어 있는 기본적인 '주기업무週期業務'가 있고, 상황에 따라 그때그때 지시되거나 강조되는 '수시업무隨時業務'로 크게 구분된다. 주기업무는 기본업무로 정해져 있기 때문에 예측이 가능하고 본인이 실행일정을 수립하여 추진해 나갈 수가 있으나 수시업무는 언제 주어질지 모르고 그 시행기간도 짧기 때문에 적절히 대처하지 못하면 간혹 낭패를 당하기도 한다.

경중완급을 고려한 업무를 하려면 '2080법칙(20-80 Rule)' 또는 '파레토법칙Preto Principle'이라 부르는 하나의 법칙을 이해할 필요가 있다. 이탈리아의 경제학자이자 사회학자인 빌프레도 파레토Vilfredo Pareto가 소득과 부를 연구하다가 이탈리아 인구의 20%가 국가 전체의 부富 80%를 보유하고 있음을 발견하여 우리 사회에서 일어나는 현상은 20%의 원인으로 인해 80%가 발생한다는 법칙이다. 즉 결과의 80%는 조직의 20%에 의해서 생성된다는 것이다.

예를 들어서 백화점 한 해의 매출을 100%이라고 했을 때 상위고객 20%가 전체 매출의 80%를 차지하고 하위고객 80%가 전체 매출의 20%를 차지한다고 볼 수 있는 것이다. 이에 따라 백화점들은 매출의 대부분을 차지하는 상위 20% 이내의 소비자를 대상으로 하는 VIP전략을 수립하기도 한다.

'2080법칙'이 경중완급과 어떤 관계가 있는가? 예를 들어 내가 한 주간에 해야 하는 업무 10개가 있다면 '2080법칙'에 따라 중요한 업무重 2개와 덜 중요한 업무輕 8개가 있다고 볼 수가 있다. 또한 그 중요한 업무 2개가 내 업무성과의 80%를 차지하고 덜 중요한 업무 8개가 내 업무성과의 20%를 차지한다고 생각할 수 있다. 즉 중요한 업무 2개에 내 역량을 집중하여 완벽하게 제때에 수행해 낸다면 내 업무성과의 80%는 달성된 것이다. 나머지 8개의 업무에 대해서는 기본적으로만 수행하여 10%의 성과만 내더라도 내가 한 주간에 수행한 업무의 성과는 90%로 '우수'하게 평가받을 수 있는 것이다.

그런데 여기서 또 다른 고민은 어떤 업무가 중重한 업무인지를 선별하는 기준이다. 필자가 나름대로 정한 기준은 두 가지였다. 나의 신상에 지대한 영향을 미치는 업무와 지휘관이나 상관이 지시 또는 강조하는 업무이다.

나의 신상에 지대한 영향을 미치는 업무를 제대로 수행하지 못한다면 나의 능력을 의심받거나 불행한 결과를 초래할 수 있다. 이는 통상 직책상 부여된 기본업무인 주기업무 중에서 많은 고민을 통해 창의적인 업무를 수행해야 하거나 기본적인 병력·비문·공금관리 업무와 성性 관련 문제가 여기에 포함된다.

지휘관이나 상관이 지시 또는 강조하는 업무를 결코 간과해서는 안 된다. 지휘관이나 상관은 다양한 경로를 통해 나보다 많은 첩보와 정보를 접한다. 더군다나 나보다 풍부한 군 경험을 갖고 있기도 하다. 따라서 지휘관이나 상관이 지시하거나 강조할 경우에는 통상적으로 깊은 배경을 갖고 있다. 또한 자신이 지시하거나 강조한 것은 잘 잊지도 않고 어떻게 진행되고 있는지 지속적으로 관심을 갖고 지켜보며 여러 경로를 통해 수시로 확인하기도 한다. 이는 그 사람의 직무수행능력을 평가하는 중요한 기준이 되며 때로는 결정적이기도 하다. 어느 누가 자신이 강조하고 지시한 사항을 가볍게 생각하고 제대로 이행하지 못하는 사람을 높이 평가하겠는가.

참고적으로 필자가 군 생활을 통해 일관되게 지키려고 노력했고 부하들에게 강조한 기본적인 것은 허위보고를 하지 말 것, 공금을 투명하게 운용할 것, 음주운전 하지 말 것 등 세 가지였다. 허위보고는 상하 간의 신뢰를 무너뜨리고 공금의 불투명한 사용은 도덕성의 문제이며 음주운전은 본인과 가족 그리고 불특정 다수에게 피해를 주기 때문이다. 이 세 가지 중에 하나라도 문제가 발생하는 경우에 필자는 그 누구라도 결코 간과하지 않았다.

경중輕重이 정해지면 완급緩急은 완수해야 할 시점(dead line)을 고려하면 자동적으로 업무순서가 정해진다. 업무처리는 중重하고 급急한 것, 경輕하고 급急한 것, 중重하고 완緩한 것, 경輕하고 완緩한 것 순이다. 그러나 역량의 집중을 통해 결과의 완성도를 최대로 높여야 하는 것은 완급緩急을 떠나 중重한 업무이다. 내 업무성과의 80%를 좌우하기 때문이다.

실제로 필자는 연대장과 육군본부 과장을 하면서 주간회의를 통하여 다음 주에 해야 할 업무 10가지인 '톱-10Top-Ten'을 정하였고, 그 중 선정된 2개의 핵심과제에 부대나 부서원의 역량을 집중하되 나머지 8개에 대해서는 실무선에서 임무를 수행하도록 하였다. 그 결과 업무성과가 높았음은 물론 부대나 부서운용에도 여유를 가질 수 있었다. 인간 능력의 한계 때문에 군에서 부여되는 계속적이고 다양한 많은 일들을 모든 역량을 집중하여 완벽하게 처리하기란 매우 어려운 일이다.

필자는 어린 시절 시골서 자랐다. 가을이 되고 추수가 끝나면 논에 물을 대던 웅덩이의 고기를 삽기 위해 친구들과 함께 어울려 웅덩이의 물을 퍼내서 미꾸라지, 붕어, 피라미 등을 잡은 적이 있다. 가끔은 메기도 잡혔다. 소위所謂 '막고 퍼낼 수' 있는 경우는 작은 웅덩이에 있는 물고기를 모두 잡기 위해서만 가능한 일이다.

긍정적으로 생각하고 행동하라!

한때 트렌드Trend가 되다시피 한 것 중에 하나가 '자기계발'과 '긍정'에 관한 서적이나 강연 그리고 이를 주제로 하는 광고 등이었다. 더 나아지고 싶은 인간의 욕망을 충족시켜 주는 수단들이라 지금도 꾸준히 많은 사람들의 관심을 받고 있다고 생각한다. 필자의 취미 중 하나가 독서인지라 당연히 다양한 자기계발서를 열심히 구독하였다. 그리고 '자기계발'을 위해 꼭 필요한 요소 중의 하나가 '긍정적인 생각'이라는 결론을 나름대로 내렸다.

'긍정적인 생각'이 왜 중요할까? 어떤 상황에 직면했을 때 그에 대한 부정적인 생각이 앞선다면 그 상황을 헤쳐나갈 수 있는 해결책을 강구하는 것이 쉽지 않다. 자신에게 주어진 상황에 대한 부정적인 생각, 불평과 불만 등이 그 상황을 직시하고 타결책妥結策을 염출해 내는 데 큰 걸림돌이 되기 때문이다. 본인 스스로 할 수 없다고 생각하기 때문에 할 수 없는 상황이 되고 만다.

우리의 행동은 통상적으로 무의식無意識과 의식意識에 의해 이루어진다. 무의식은 의식적으로 반복된 행동의 결과가 습관이 되어 본인도 모르게 나타나게 하는 것이고, 의식은 의도적으로 새로운 무언가를 인식하거나 행동하게끔 하는 것이다. 이는 긍정적인 의식은 긍정적인 습관을 낳고, 부정적인 의식은 부정적인 습관을 낳으며 본인의 선택에 따라 긍정적이거나 부정적인 습관을 만들 수 있음을 의미한다.

이러한 생각과 행동, 습관, 인격, 운명의 상관관계에 대해 간결하게 답을 준 사람은 미국의 철학자이자 심리학자인 윌리엄 제임스(William James, 1842~1910)다. 누구나 한 번쯤을 읽어 보았을 아주 짧은 글이다.

> 생각이 바뀌면 행동이 바뀌고, 행동이 바뀌면 습관이 바뀌고, 습관이 바뀌면 인격
> 이 바뀌고, 인격이 바뀌면 운명이 바뀐다.

필자는 한 때 '양자론(量子論, Quantum Theory)'에 관심을 가졌던 적이 있었는데 '생각'에 대해 물리학적으로 이해해 보고자 하는 의도에서였다. 양자론은 미시물리학의 영역으로 모든 전자제품에 사용되는 반도체 칩에 적용되는 물리법칙이다. 즉 '양자론' 또는 '양자역학'에 대한 학문적 발전이 없었다면 현재와 같은 전자제품의 눈부신 발달이 없었다고 해도 과언이 아닐 것이다.

단적으로 말해 '양자'란 에너지의 집합체로 입자粒子이면서 파동波動으로 확률적으로 존재한다는 것이다. 파동은 물질의 진동이 주위에 전해지는 현상인데 우리가

연못에 돌을 던지면 동심원同心圓이 생기면서 물결이 확장되는 것과 같다. 이러한 파동은 파장과 진폭, 그리고 진동수로 표현된다. 파장이란 정점과 정점 또는 골과 골을 이룬 사이의 거리이고, 진폭이란 정점과 골의 깊이를 말하며 진동수는 파동이 1초 동안 몇 번이나 정점과 골의 변화를 반복하는가를 나타내는 수치로 주파수(단위 : Hz)라고도 한다.

파동을 우리는 통상 파波라고 하는데 '○○파'라고 부른다. 광파光波, 전자파電磁波, 뇌파腦波처럼 말이다. 여기서 우리가 주목할 것은 뇌파인데 뇌파도 파동이기 때문에 파장과 진폭, 그리고 진동수를 갖고 있는 에너지라고 생각할 수 있다. 또한 우리의 생각에 따라 뇌파가 변하기 때문에 긍정적인 생각을 할 경우와 부정적인 생각을 할 경우의 뇌파는 다를 것이다. 즉 '생각'에 따라 뇌파가 변화할 것이고 뇌파는 에너지고 파동이기 때문에 그 진동이 주변에 전해질 수가 있을 것이다.

재미있는 것은 진동을 영어로 하면 'Vibration'인데 여기서 파생된 'Vibe'란 단어는 '분위기, 낌새, 느낌' 등의 의미를 갖고 있다. 이에 대해 『위키피디아』에서는 "Vibe란 vibration의 축약으로, 사람이나 장소 또는 물건으로부터 느껴지는 미묘한 분위기에 대한 선택적인 감정반응(Vibe is short for vibration, alternatively an emotional reaction to the aura felt to belong to a person, place or thing)"이라고 정의하고 있다. 다시 말해서 진동은 긍정적이건 부정적이건 분위기를 전달해 주는 매체인 것이다.

초심리학超心理學에서는 이러한 현상을 원격정신반응이라고 하여 투시透視, 텔레파시(정신감응, Telepathy), 예지叡智라고도 한다. 우리는 가끔 '우연의 일치'를 경험한다. 예를 들어 내가 누군가에게 전화하려고 했는데 그로부터 전화가 온다거나 오늘 만났으면 했는데 길을 가다 우연히 만나게 되는 경우가 있어 놀라기도 한다. 이러한 현상을 '동시동조성Synchronicity'이라고 한다.

우리는 "그 사람은 나하고 코드code가 잘 맞아."라고 말하곤 한다. 또한 '유유상종類類相從' 즉 "끼리끼리 모인다."란 표현을 사용하기도 한다. 그의 친구를 보면 그 사람을 알 수 있다고도 하는데 모두 같은 의미로 사고방식이나 행동양식이 같다는 이야기일 것이다. 우리가 사람들을 만나다 보면 긍정적인 에너지가 넘치는 사람이 있는 반면에 부정적인 언어와 태도로 가득 찬 사람이 있다. 누구와 친구가 되고 싶은가? 누구를 도와주고 싶은가? 누구와 함께 지내고 싶은가? 당연히 대부분의 사람은 긍정적인 에너지가 넘치는 사람을 택할 것이다.

군 생활을 오래 하다 보면 어느 특정부대를 방문했을 때나 생활관에 들어섰을 때, 그 부대나 생활관의 긍정적이거나 부정적인 분위기가 느껴지는데 사람들은 통상 이를 육감六感이라고 한다. 그러나 필자는 '양자론'에 입각해서 그 구성원들의 '생각(뇌파=파동)'이 '분위기'로 전달된 것이라고 생각한다.

〈군인복무규율〉의 제7조인 '성실의 의무'를 보면 "군인은 직무에 태만하여서는 아니 되며 직무수행에 있어서 어떠한 위험이나 어려움이 따르더라도 이를 회피함이 없이 성실하게 그 직무를 수행하여야 한다"라고[911] 규율하고 있다. 필자의 경험상 어려운 일에 봉착하였을 때 이를 잘 헤쳐나가는 부하가 있었던 반면에 "내가 왜 이것을 해야 되지!"라고 불평하면서 짜증을 내거나 투덜거리는 부하도 있었다. 세월이 흐른 뒤 양자의 결과가 확연히 달랐다는 것은 뻔한 일이다.

긍정적인 생각은 긍정적인 행동을 낳고, 긍정적인 행동의 반복은 긍정적인 습관을 만든다. 긍정적인 습관은 그 사람이 긍정적인 사람이라는 평가를 받게 하고 운명 또한 긍정적이 될 것이다. 부정적인 사람은 부정적인 평가를 받을 것이고 그 결과 또한 부정적이다. 그래서 경험이 많은 지휘관이나 상급자들이 '긍정적인 사고'를 하라고 강조하는 것이다.

병(兵)들은 고용주이자 고객이다!

우리나라 〈헌법〉 제39조에 "모든 국민은 법률이 정하는 바에 의하여 국방의 의무를 진다."라고 규정하고 있다. 이에 따라 대한민국의 남자라면 누구나 어떤 형태로든 병역의 의무를 다하여야 하며 그렇지 못할 경우에는 사회적 비난의 대상이 되곤 한다. 그러다 보니 대부분은 병兵으로서 군복무를 마치고 누구나 군과 관련된 긍정적이던 부정적이던 아련한 추억을 하나쯤은 갖고 있으며 술이라도 한 잔 걸치면 나름대로 할 말이 많다. 안주를 먹는 것도 잊어버리고 열을 올린다.

---

911) 대통령령 제24,077호(2012. 9. 1.), 〈군인복무규율〉 제7조

헌법에 명시된 '병역의 의무'를 다하고 있는 '병兵'들을 간부들은 어떻게 바라보아야 될까? 일반적으로 군에서 가장 포괄적인 개념은 '전우戰友'다. 계급고하, 남녀를 불문하고 군복 입은 모든 사람은 전우다. 유사시에 함께 생사生死를 넘나들어야 할 전우인 것이다. 이에 대해 재론의 여지가 없을 것이다. 또한 간부들의 입장에서 보면 '부하部下'이자 '지휘통솔의 대상'이다. 평상시에는 관리하고 교육훈련을 시켜야 하며 유사시에는 독려督勵하면서 함께 적과 싸워야 하는 부하인 것이다.

1980년대 초, 사관생도 시절 당시에 사회적인 큰 반향을 일으킨 책 중의 하나가 당대 최고의 미래학자인 앨빈 토플러Alvin Toffler가 쓴 『제3의 물결THE THIRD WAVE』이었다. 당시 그는 '생산=소비자'란 개념으로 'Prosumer'라는 신조어를 만들어 냈는데, '생산'을 의미하는 'Produce'의 'pro'와 '소비자'를 의미하는 'Comsumer'의 'sumer'를 조합한 합성어다. 다시 말해서 'Prosumer'란 판매나 교환이 목적이 아니라 자신의 사용이나 만족을 위해 제품, 서비스 또는 경험을 생산하는 사람을 의미한다. '지식·정보화사회'로 대변되는 제3의 물결에서는 이러한 'Prosumer'가 경제부문의 중요한 존재로 등장하고 생산물과 서비스를 팔거나 교환하는 기존의 시장의 역할도 바꿀 수 있다는 것이다.[912]

필자가 연대장 재임시 'Prosumer'란 단어를 우연히 다시 접하면서 '병兵'에 대한 의미를 새롭게 생각하는 계기가 되었다. '병兵'이란 신분을 통상적인 관점인 '전우'나 '부하'로만 볼 것이 아니라는 생각이 들었다. 우리가 무언가를 어떻게 보느냐 하는 관점은 대단히 중요하다. 관점은 향후 개인의 가치판단이나 행동의 중요한 기준이 되기 때문이다.

병兵에 대한 필자의 관점은 군 간부들의 '고용주'이자 '고객'이라는 것이다. 그래서 '고용주'를 의미하는 영어인 'Employer'의 'employ'와 '고객'을 뜻하는 영어인 'Customer'의 'mer'를 조합하여 'Employmer'란 신조어를 만들어 보았다. 간부들에게 병들은 '고용주=고객'인 것이다.

우리나라는 〈헌법〉에 명시된 대로 국가의 권한이 국민에게 있는 '주권재민主權在民' 국가이다. 또한 우리 군이 국민의 자녀들로 구성된 '국민의 군대'라는 것은 누구

---

912) A.토플러 저, 노재천 역, 『제3의 물결』, 주우, 1982, 298쪽

나 다 아는 사실이다. 1947년 건군 당시부터 우리 국군이 '국민의 자제로 이루어진 국민의 군대'라고 천명되었다. 즉 국가와 이를 보위하는 군대의 주인이 국민인 것이다.

주인인 국민이 대통령을 선출하여 그 권한을 위임하고 있고, 대통령은 통수권자로서 법률에 따라 장교를 임명하며 또한 권한을 위임받은 장교가 부사관을 임명한다. 이렇듯 근본을 따져보면 국민이 군의 모든 간부를 임명하는 '고용주'의 입장이 된다고 볼 수 있는 것이다. '고용주'들은 세금을 내서 군인들에게 봉급을 지불한다. 당연히 국민이자 국민의 자제인 '병'은 모든 간부들의 고용주가 되는 것이다. '고용주'인 국민은 장교 또는 부사관이라는 신분과 계급, 그리고 봉급을 주고 군은 그들에게 직책을 준다. 어찌 감히 '고용주'인 병들을 소홀히 대접할 수 있겠는가?

아울러 병들은 모든 간부들의 '고객'이기도 하다. 고객은 모든 분야에서 대단히 중요하다. 고객이 없고 나만 존재한다는 것이 거의 불가능하기 때문이다. 가정에서 나의 고객은 가족들이다. 교사의 고객은 학생이다. 생산자의 고객은 소비자다. 군의 고객은 국민이다. 고객의 만족도가 높을수록 그 조직의 유효성은 높아지고 지속가능성은 증대된다. 그래서 모든 조직들은 고객의 소리를 경청하고 고객관리에 사활을 걸기도 한다.

일반적으로 고객은 세 가지 유형으로 분류된다. 어쩌다 한두 번 찾아오는 '뜨내기 손님', 꾸준히 찾아주는 '단골손님', 꾸준히 찾아주면서 지인들까지 모아서 함께 오거나 좋은 입소문을 내주는 '충성고객'이 있다. 영업을 하는 모든 사람들의 바람은 '충성고객'을 최대한 많이 확보하는 것일 것이다. 충성고객이 많을수록 매상이 오르고 이윤이 많이 창출되어 조직체 내에서 좋은 평가를 받게 됨에 따라 상여금을 많이 받거나 승진의 기회가 주어지기 때문이다.

반면에 고객관리를 잘 못하여 고객의 불만이 높아지고 요구사항이 많아진다. 적절히 대응하지 못하면 SNS가 발달된 현재 사회에서 사소한 불만이 일파만파一波萬波로 퍼진다. 이에 따라 매출이 감소하고 이윤창출이 적어진다. 당연히 담당한 영업사원의 평가는 좋을 리가 없어 결국은 높은 상여금을 받거나 승진의 기회를 놓치고 경우에 따라서는 해고되기도 할 것이다.

군 간부들은 고객인 병들을 어린아이 돌보듯이 해야 기꺼이 함께 깊은 골짜기로 진격할 수 있으며, 사랑하기를 자식 사랑하듯이 해야 흔쾌히 생사를 같이 할 수 있을 것이다.(視卒如嬰兒 可與之赴深谿 視卒如愛子故 可與之俱死)913) 그러나 잘못 관리하면 일반고객과 마찬가지로 불평불만이 많아지고, 불만이 팽배되면 그 결과가 사건·사고들로 표출된다. 당연히 그와 관련된 간부는 처벌을 받게 되어 경력 관리에 중대한 흠결欠缺사항이 된다.

군사적인 관점에서 보면 군에서 병들은 전우이자 부하들이다. 경영학적인 관점에서 보면 병들은 간부들의 '고용주이자 고객'이다. 병들은 존중받고 잘 관리되어야 할 대상들인 것이다. 내가 고용주에게 어떻게 행동해야 하고 고객을 어떻게 관리해야 하는가에 대해 군의 간부들은 심각하게 고민해 봐야 한다고 생각한다. 자신의 앞날을 위하여, 군을 위하여, 국가를 위하여, 그리고 국민을 위하여.

---

913) 제1야전군사령부, 『군사적 관점에서 본 손자병법 해설』, 2005, 134쪽

참고문헌

단행본

· 국방부, 『국방백서 1991~1992』, 1991.
· 국방부, 『2010 국방백서』, 2010.
· 국방부, 『2012 국방백서』, 2012.
· 국방부, 『2014 국방백서』, 2015.
· 국방부, 『파월한국군전사 10』, 1985.
· 국방부, 『군인연금법령연혁집』, 2000.
· 국방부, 『군대윤리 -직업군인의 가치관-』, 2004.
· 국방부, 『정신교육기본교재』, 2010.
· 국방부, 『1950~2010 여군60년사』, 2011.
· 국방부, 『6 · 25전쟁 여군참전사』, 2012.
· 국방부, 『전쟁법 해설』, 2013.
· 국방부전사편찬위원회, 『兵將說 · 陣法』, 1983.
· 국방군사연구소, 『한국의 군복식 발달사 １』, 국방부, 1997.
· 국방군사연구소, 『한국의 군복식 발달사 ２』, 국방부, 1998.
· 국방군사연구소, 『건군 50년사』, 1998.
· 국방부 군사편찬연구소, 『건군사』, 2002.
· 국방부 군사편찬연구소 등, 『사진으로 보는 6·25전쟁과 이승만 대통령』, 2011.
· 국방대학교, 『軍制』, 1981.
· 국방대학교, 『안전보장이론』, 2007.
· 국방대학교 국방정신전력리더십개발원, 『정신전력연구 제 40호』, 2009.
· 육군본부, 『각국 육군사 총서 제4집, 참모제도사』, 1976.
· 육군본부, 『육군복제사』, 1980.
· 육군본부, 『創軍前史』, 1980.
· 육군본부, 『팜플레트 70-17-12, 육군제도사 병서연구 제12집』, 1981.
· 육군본부, 『장교의 반려』, 1983.
· 육군본부, 『국군의 맥』, 1992.
· 육군본부, 『상록수부대 사진집』, 1994.
· 육군본부, 『육군가치관, 교육용 프로그램』, 2002.
· 육군본부, 『위국헌신의 길』, 2004.

• 육군본부, 『남재준 육군참모총장 지휘기록집, 爲國獻身의 길』, 2005.

• 육군본부, 『야전교범 참고-1-20, 제식』, 2007.

• 육군본부, 『육군가치관 및 장교단 정신, 2008년도 실천지침서』, 2008.

• 육군본부, 『대한민국간호병과60년사』, 2009.

• 육군군사연구소, 『한국군사사11, 강역』, 육군본부, 2012.

• 육군본부, 『야전교범 참고-1-21, 군사용어사전』, 2012.

• 육군본부, 『부사관 복무 길라잡이』, 2014.

• 육군본부, 『군무원 복무 길라잡이』, 2015.

• 육군교육사령부, 『교육참고 12-1-(2), 하사관의 역할과 책임』, 1992.

• 육군교육사령부, 『팜플렛 70-43-2, 간부계발(하사관용)』, 2000.

• 육군교육사령부 역, 『미 야전교범 7-22.7, 부사관 지침서』, 2002.

• 김명철 역, 『미 야전교범 6-22, 육군 리더십』, 육군교육사령부, 2007.

• 육군사관학교 한국군사연구실, 『한국군제사 근세조선 후기편』, 육군본부, 1977.

• 육군사관학교, 『육군사관학교 50년사』, 1996.

• 제1야전군사령부, 『군사적 관점에서 본 손자병법 해설』, 2005.

• 이재전, 『군인복무규율 제정경위 및 해설』, 1967.

• 손규석, 『태극무공훈장에 빛나는 6·25전쟁 영웅』, 국방부군사편찬연구소, 2003.

• 국가보훈처, 『보훈30년사』, 1992.

• 통일부 통일교육원, 『2012 북한이해』, 2012.

• 통일부 통일교육원, 『2012 통일문제 이해』, 2012.

• 간도특별기획취재팀 편저, 『되찾아야 할 우리 땅 간도이야기』, 경향신문사, 2005.

• 국제문제연구소, 『방위연감 1945~1989』, 1989.

• 김광점·박노윤·설현도 옮김, 『조직행동론』, 시그마프레스, 2007.

• 김광제, 『한국광복군』, 독립기념관 한국독립운동사연구소, 2007.

• 김상기, 『한말 전기의병』, 독립기념관 한국독립운동사연구소, 2009.

• 김원권 편역, 『보병조전』, 국방군사연구소, 1998.

• 김홍 편저, 『한국의 군제사』, 학연문화사, 2003.

• 데이빗 쑤이 저, 한국전략문제연구소 역, 『중국의 6·25전쟁 참전』, 2011.

• 동아대학교 석당학술원, 『국역 고려사 열전2』, 도서출판 민족문학, 2006.

• 민중서림편집국 편, 『민중 엣센스 국어사전』, 민중서림, 1999.

• 반병률, 『1920년대 전반 만주·러시아지역 항일무장투쟁』, 독립기념관 한국독립운동사
　　　　연구소, 2009.

• 박민영, 『한말 중기의병』, 독립기념관 한국독립운동사연구소, 2009.

· 박성수 등,『현대사 속의 국군, 군의 정통성』, 전쟁기념사업회, 1990.

· 베르나르 베르베르 저, 이세욱 · 임호경 역,『상상력 사전』, 2011.

· 사마천 저, 김원중 역,『사시열전 상』, 을유문화사, 2003.

· 서인한,『대한제국의 군사제도』, 혜안, 2000.

· 스티븐 단도-콜린스 저, 조윤정 역,『로마의 전설을 만든 카이사르군단』, 다른세상, 2011.

· 시오노 나나미 지음, 한성례 옮김,『또 하나의 로마인 이야기』, 부엔리브로, 2007.

· 안주섭 · 이부오 · 이영화 공저,『영토한국사』, 소나무, 2006.

· 양희완 편저,『재미가 솔솔 붙는 군대문화 이야기』, 연경문화사, 1998.

· 온창일,『전쟁론』, 집문당, 2007.

· 윤병석,『1910년대 국외항일운동 I - 만주·러시아』, 독립기념관 한국독립운동사연구소, 2009.

· 임재찬,『구한말 육군무관학교 연구』, 제일문화사, 1992.

· 임승국 역,『한단고기』, 정신세계사, 2000.

· 이강칠 지음,『대한제국시대 훈장제도』, 백산출판사, 1999.

· 이만열,『한국독립운동의 연표』, 독립기념관 한국독립운동사연구소, 2009.

· 이상준 편,『광복군 전사』, 대한민국재향군인회, 1993.

· 이홍식 편저,『국어대사전 上』, 세진출판사, 1980.

· 정구복 등 5명,『역주 삼국사기 2』, 한국정신문화연구원, 2003.

· 조영갑,『국가안보학』, 선학사, 2006.

· 찰스 다윈, 홍성표 역,『종의 기원』, 홍신문화사, 2011.

· 최재천 등,『21세기 다윈혁명』, 사이언스 북스, 2009.

· 카이사르 저, 김한영 역,『카이사르의 갈리아 전쟁기』, 사이, 2008.

· 카알 본 클라우제비츠 지음, 김만수 옮김,『전쟁론 제1권』, 갈무리, 2006.

· 플라톤 저, 최현 역,『플라톤의 국가론』, 집문당, 2012.

· 한국정신문화연구원,『한국인물대사전』, 중앙M&B, 1999.

· 한스 요아함 슈퇴리히 저, 박민수 역,『세계철학사』, 이룸, 2008.

· 한용원,『군사발전론』, 박영사, 1989.

· 황상민,『한국인의 심리코드』, 추수밭, 2011.

· 황원갑 저,『한국사 여걸열전』, 바움, 2008.

· A.토플러 저, 노재천 역,『제3의 물결』, 主友, 1982,

· E. H. 카 저, 김택현 역,『역사란 무엇인가』, 까치, 2007.

· S.P 헌팅톤, 강창구/송태균 역,『군인과 국가』, 병학사, 1997.

· ADRP 1『The Army Profession』, HQ. Department Army, 2013.

· Lt. Col. Dave Grossman,『ON KILLING』, BACK BAY BOOKS, 2009.

- Master Sergeant, U. S. Army, Retired Wilson L. Walker.『Becoming A Better Leader And Getting Promoted In Today's Army』, IMPACT, 1997.
- Michele M. Putko, Douglas V. Johnson II,『WOMEN IN COMBAT COMPENDIUM』, Strategics Studies Institute, 2008.
- Richard Holmes,『ACTS of WAR -THE BEHAVIOR OF MEM IN BATTLE-』, FREE PRESS, 1989.
- Robert. S. Rush,『NCO Guide』, STACKPOLE Books, 2006.
- Stanley B. Alpern.『Amazons of Black Sparta』, NYU PRESS, 2011.
- U.S Army Sergeants Major Academy,『A Short History of the NCO』

관보

- 草記, 개국503년 7월 1일.
- 草記, 개국503년 7월 16일.
- 草記(의안 제18호), 개국503년 7월 18일.
- 草記(의안 제23호), 개국503년 7월 26일.
- 관보, 개국503년 3월 30일.
- 관보, 개국503년 12월 7일.
- 관보, 개국504년 3월 25일.
- 관보 제1호, 개국504년 4월 1일.
- 관보 제2호, 개국504년 4월 2일.
- 관보 제3호, 개국504년 4월 3일.
- 관보 제9호, 개국504년 4월 10일.
- 관보 제19호, 개국504년 4월 21일.
- 관보 제26호, 개국504년 4월 29일.
- 관보 제27호, 개국504년 5월 1일.
- 관보 제42호, 개국504년 5월 19일.
- 관보 제43호, 개국504년 5월 20일.
- 관보 제52호, 개국504년 5월 30일.
- 관보 제66호, 개국504년 윤5월 17일.
- 관보 제75호, 개국504년 윤5월 27일.
- 관보 제121호, 개국504년 7월 26일.
- 관보 제138호, 개국504년 8월 15일.
- 관보 제139호, 개국504년 8월 16일.

· 관보 제145호, 개국504년 8월 23일.

· 관보 제147호 호외, 개국504년 8월 26일.

· 관보 제162호, 개국504년 9월 14일.

· 관보 제162호 호외, 개국504년 9월 14일.

· 관보 제183호, 개국504년 10월 9일.

· 관보 제222호, 건양원년 1월 15일.

· 관보 제226호 부록, 건양원년 1월 20일.

· 관보 제279호, 호외, 건양원년 3월 22일.

· 관보 제308호, 건양원년 4월 24일.

· 관보 제310호, 건양원년 4월 27일.

· 관보 제319호 호외, 건양원년 5월 7일.

· 관보 제345호, 건양원년 6월 6일.

· 관보 제348호, 건양원년 6월 10일.

· 관보 제398호, 건양원년 8월 7일.

· 관보 제409호, 건양원년 8월 20일.

· 관보 제458호, 건양원년 10월 19일.

· 관보 제592호, 건양2년 3월 24일.

· 관보 제639호, 건양2년 5월 18일.

· 관보 제664호, 건양2년 6월 16일.

· 관보 제670호, 건양2년 6월 23일.

· 관보 제761호, 광무원년 10월 17일.

· 관보 제799호, 광무원년 11월 20일.

· 관보 제962호, 광무2년 5월 30일.

· 관보 제972호, 광무2년 6월 10일.

· 관보 제993호, 광무2년 7월 5일.

· 관보 제1,097호, 광무2년 11월 4일.

· 관보 제1,129호, 광무2년 12월 12일.

· 관보 제1,160호, 광무3년 1월 17일.

· 관보 제1,298호, 광무3년 6월 27일.

· 관보 제1,311호, 광무3년 7월 12일.

· 관보 제1,356호, 광무3년 8월 22일.

· 관보 제1,361호, 광무3년 9월 8일.

· 관보 제1,552호, 광무4년 4월 19일.

- 관보 제1,586호, 광무4년 5월 29일.
- 관보 제1,616호, 광무4년 7월 10일.
- 관보 제1,637호, 광무4년 7월 27일.
- 관보 제1,685호, 광무4년 9월 21일.
- 관보 제1,693호 부록, 광무4년 10월 1일.
- 관보 제1,761호, 광무4년 12월 19일.
- 관보 제1,763호, 광무4년 12월 21일.
- 관보 제1,764호, 광무4년 12월 22일.
- 관보 제1,826호, 광무5년 3월 5일.
- 관보 제1,831호, 광무5년 3월 11일.
- 관보 제1,864호, 광무5년 4월 18일.
- 관보 제1,904호, 광무5년 6월 4일.
- 관보 제2,259호 호외, 광무6년 7월 23일.
- 관보 제2,287호, 광무6년 8월 25일.
- 관보 제2,296호, 광무6년 9월 4일.
- 관보 제2,299호 호외, 광무6년 9월 8일.
- 관보 제2,302호, 광무6년 9월 11일.
- 관보 제2,315호, 광무6년 9월 26일.
- 관보 제2,346호, 광무6년 11월 1일.
- 관보 제2,441호, 광무7년 2월 20일.
- 관보 제2,450호, 광무7년 3월 3일.
- 관보 제2,520호, 광무7년 5월 23일.
- 관보 제2,774호, 광무8년 3월 15일.
- 관보 제2,873호, 광무8년 7월 8일.
- 관보 제2,917호, 광무8년 8월 29일.
- 관보 제2,929호, 광무8년 9월 12일.
- 관보 제2,941호, 광무8년 9월 26일.
- 관보 제2,942호, 광무8년 9월 27일.
- 관보 제2,942호 호외, 광무8년 9월 27일.
- 관보 제2,964호, 광무8년 10월 22일.
- 관보 제2,998호 호외, 광무8년 12월 1일.
- 관보 제3,705호 호외, 광무9년 3월 1일.
- 관보 제3,078호, 광무9년 3월 4일.

· 관보 제3,906호, 광무9년 3월 25일.

· 관보 제3,120호, 광무9년 4월 22일.

· 관보 제3,120호 호외, 광무9년 4월 22일.

· 관보 제3,190호, 광무9년 7월 13일.

· 관보 제3,196호, 광무9년 7월 20일.

· 관보 제3,205호 호외, 광무9년 7월 31일.

· 관보 제3,208호, 광무9년 8월 3일.

· 관보 제3,313호, 광무9년 12월 4일.

· 관보 제3,315호, 광무9년 12월 6일.

· 관보 제3,320호, 광무9년 12월 11일.

· 관보 제3,448호, 광무10년 5월 9일.

· 관보 제3,590호, 광무10년 10월 22일.

· 관보 제3,617호 부록, 광무10년 11월 22일.

· 관보 제3,637호, 광무10년 12월 15일.

· 관보 제3,730호, 광무11년 4월 3일.

· 관보 제3,749호, 광무11년 4월 25일.

· 관보 제3,754호, 광무11년 5월 1일.

· 관보 제3,764호, 광무11년 5월 13일.

· 관보 제3,766호, 광무11년 5월 15일.

· 관보 제3,829호, 광무11년 7월 23일.

· 관보 제3,827호 호외, 광무11년 7월 25일.

· 관보 제3,856호, 융희원년 8월 28일.

· 관보 제3,860호, 융희원년 9월 2일.

· 관보 제3,865호, 융희원년 9월 7일.

· 관보 제3,871호 부록, 융희원년 9월 14일.

· 관보 제3,928호, 융희원년 11월 20일.

· 관보 제3,964호, 융희2년 1월 7일.

· 관보 제4,055호, 융희2년 4월 24일.

· 관보 제4,268호, 융희2년 8월 25일.

· 관보 제4,412호, 융희3년 6월 25일.

· 관보 제4,443호, 융희3년 7월 31일.

· 관보 제4,480호 호외, 융희3년 9월 15일.

· 관보 제4,768호 부록, 호외, 융희4년 8월 29일.

· 조선총독부 관보 제1호, 명치43년(1910년) 8월 29일.

· 미군정 관보, 1945년 11월 13일.

· 미군정 관보, 1948년 7월 5일.

· 관보 제17호, 1948년 11월 30일.

· 관보 제79호 1949년 4월 27일.

· 관보 제84호 1949년 5월 5일.

· 관보 제105호 1949년 6월 6일.

· 관보 제119호 1949년 6월 25일.

· 관보 제184호, 1949년 9월 26일.

· 관보 제185호, 1949년 9월 28일.

· 관보 제292호, 1950년 2월 28일.

· 관보 제392호 1950년 9월 16일.

· 관보 제398호 1950년 10월 18일.

· 관보 제399호 1950년 10월 19일.

· 관보 제516호 1951년 8월 19일.

· 관보 제1,028호, 1953년 12월 14일.

· 관보 제1,057호, 1954년 2월 6일.

· 관보 제1,138호 1954년 7월 10일.

· 관보 제1,159호 1954년 8월 16일.

· 관보 제1,393호 1955년 8월 30일.

· 관보 제1,491호, 1956년 2월 20일.

· 관보 제1,645호, 1956년 9월 21일.

· 관보 제1,689호, 1956년 12월 20일.

· 관보 제1,697호 호외, 1957년 1월 7일.

· 관보 제1,710호 1957년 1월 25일.

· 관보 제1,929호, 1957년 12월 1일.

· 관보 제2,005호 1958년 4월 1일.

· 관보 제2,480호 1960년 1월 1일.

· 관보 제3,054호, 1962년 1월 20일.

· 관보 제3,067호, 1962년 2월 6일.

· 관보 제3,122호 호외(기2) 1962년 4월 14일.

· 관보 제3,133호, 1962년 4월 27일.

· 관보 제3,330호, 1962년 12월 26일.

· 관보 제3,357호 1963년 1월 28일.

· 관보 제3,434호 1963년 5월 1일.

· 관보 제3,447호, 1963년 5월 20일.

· 관보 제3,586호, 1963년 11월 11일.

· 관보 제3,799호 1964년 7월 25일.

· 관보 제4,296호, 1966년 3월 15일.

· 관보 제4,543호, 1967년 1월 9일.

· 관보 제4,716호, 1967년 8월 7일.

· 관보 제5,527호, 1970년 4월 20일.

· 관보 제5,784호, 1971년 2월 25일.

· 관보 제6,541호, 1973년 9월 1일.

· 관보 제7,451호, 1976년 9월 17일.

· 관보 제7,471호, 1976년 10월 13일.

· 관보 제8,610호, 1980년 8월 2일.

· 관보 제8,709호, 1980년 12월 4일.

· 관보 제9,246호, 1982년 9월 20일.

· 관보 제11,186호, 1989년 3월 22일.

· 관보 제11,186호 그2, 1989년 3월 22일.

· 관보 제11,308호, 1989년 8월 19일.

· 관보 제11,308호, 1989년 8월 18일.

· 관보 제11,416호 그3, 1989년 12월 30일

· 관보 제11,715호, 1991년 1월 5일.

· 관보 제12,606호, 1993년 12월 31일.

· 관보 제13,202호 1995년 12월 30일.

· 관보 제13,314호, 1996년 5월 17일.

· 관보 제13,314호, 1996년 6월 17일.

· 관보 제15,051호, 2002년 3월 18일.

· 관보 제15,601호, 2004년 1월 20일.

· 관보 제16,409호 2006년 12월 28일.

· 관보 제16,572호 2007년 8월 22일.

· 관보 제17,216호, 2010년 3월 17일.

· 관보 제18,405호 2014년 12월 9일.

법률 및 규정

- 호수미상(1948. 7. 5.), 『국방경비법』
- 1962. 12. 26. 개정 『헌법』
- 1987. 10. 29. 개정 『대한민국헌법』
- 법률 제10,821호(2011. 7. 14.), 『국군조직법』
- 법률 제11,690호(2013. 3. 23.), 『상훈법』
- 법률 제11,942호(2014. 1. 7.), 『제대군인지원에 관한 법률』
- 법률 제12,230호(2014. 1. 14), 『군인복지기본법』
- 법률 제12,232호(2014. 1. 14.), 『군형법』
- 법률 제12,402호(2014. 3. 11), 『군인보수법』
- 법률 제12,403호(2014. 3. 11.), 『군인사법』
- 법률 제12,844호(2014. 11. 19.), 『국가공무원법』
- 법률 제12,905호(2014. 12. 30), 『군인연금법』
- 대통령령 제20,232호(2007. 8. 22.), 『군인징계령』
- 대통령령 제24,077호(2012. 9. 1.) 『군인복무규율』
- 대통령령 제24,504호(2013. 4. 22.), 『공무원임용시험령』
- 대통령령 제25,462호(2014. 7. 16.), 『육군본부 직제』
- 대통령령 제25,751호(2014. 11. 19.), 『상훈법 시행령』
- 국방부 훈령 제984호(2008. 11. 4.), 『국방교육훈령』
- 국방부 훈령 제1,747호(2014. 12. 30.) 『국방 인사관리 훈령』
- 국방부 훈령 제1,626호(2014. 2. 24.) 『여성고충상담관 운영훈령』
- 국방부 훈령 제1,762호(2015. 1. 2.) 『군 전직지원 업무에 관한 훈령』
- 국방부 훈령 제1,769호(2015. 1. 9.), 『부대관리 훈령』
- 육군규정 107(2014. 10. 6.) 『인력획득 및 임관규정』
- 육군규정 110(2015. 3. 30.), 『장교인사관리규정』
- 육군규정 112(2014. 10. 7.), 『부사관인사관리규정』
- 육군규정 116(2014. 8. 11.), 『인재개발규정』
- 육군규정 120(2012. 9. 1), 『병영생활규정』
- 육군규정 121(2014. 8. 11), 『복지업무규정』
- 육군규정 123(2014. 7. 23.), 『복제규정』
- 육 방침 제03-51호(2003. 12. 29), 『장교 진급신고식 시행』
- 육 방침 제97-47호(1997. 9. 9), 『여군하사영내거주방침』

· 육 지침 제99-59호(1999. 8. 12), 『하사관 역할과 책임 정립 지침』
· 육 지시 제14-1,008호(2014. 7. 4), 『2015 부사관 진급지시』
· 행정안전부(2013. 1.), 『2013년도 정부포상업무지침』

학술지 및 각종 보고서

· 국방부 전사편찬위원회, 『軍史 제18호』, 1989.
· 국방부 군사편찬연구소, 『軍史 제80호』, 2011.
· 국방부 군사편찬연구소, 『軍史 제82호』, 2012.
· 국방부 군사편찬연구소, 『軍史 제89호』, 2013.
· 한국국방연구원, 『주간국방논단 제1,421호』, 2012.
· 한국국방연구원, 『주간국방논단 제1,473호』, 2013.
· 한국국방연구원, 『주간국방논단 제1,524호』, 2014.
· 육사 화랑대연구소, 『육군 목표 재정립 연구』, 육군사관학교, 1999.
· 육사 화랑대연구소, 『육군의 임무 · 목표 · 역할 · 비전의 상호연계성 및 적절성 연구』,
　　　　　　　　육군사관학교, 2010.
· 충성대연구소, 『육군복무신조 개정안 연구』, 육군3사관학교, 2006.
· 육군3사관학교, 『논문집 제75집 1권』, 2012.
· 육군3사관학교, 『논문집 제77집 1권(인문 · 사회과학편)』, 2013.
· 김명순, 『장교와 부사관 간의 바람직한 지휘역할 관계』연구보고서, 국방대학교, 2002.
· 김종탁 등, 『부사관 계급구조 다단계화(4계급→5계급) 방안연구』, 한국국방연구원, 2010.
· 김인국 등, 『전투형 군대문화 조성을 위한 부사관 역할 재정립』, 한국국방연구원, 2012.
· 안보경영연구원, 『해외파병자 PTSD 관리방안 연구』, 2013.
· 진단학회, 『진단학보』제28호, 1965.
· 황의돈, 『미 육군의 중추, 부사관』교환교관보고서, 1998.
· 육군부사관학교 주임원사 양형곤, 『미 육군 주임원사 제도 개관』보고서
· 한국사학회, 『사학연구 제55, 56 합집호』, 1998.

인터넷, 언론 등 기타 자료

· 육군 인터넷홈페이지, http://www.army.mil.kr/
· 육군부사관학교 인터넷홈페이지, http://www.nco.mil.kr/
· 외교통상부 인터넷홈페이지, http://www.mofa.go.kr/
· 이어도종합해양과학기지기지 인터넷홈페이지. http://www.khoa.go.kr/

· 국사편찬위원회 한국사데이터베이스 인터넷홈페이지, http://db.histort.go.kr/

· 국사편찬위원회 역, 『태조 1권』, 한국사데이터베이스.

· 국사편찬위원회 역, 『중종 12권』, 한국사데이터베이스.

· 국사편찬위원회 역, 『고종 18권』, 한국사데이터베이스.

· 국사편찬위원회 역, 『고종 21권』, 한국사데이터베이스.

· 국사편찬위원회 역, 『고종 24권』, 한국사데이터베이스.

· 국사편찬위원회 역, 『고종 29권』, 한국사데이터베이스.

· 국사편찬위원회 역, 『고종 32권』, 한국사데이터베이스.

· 국사편찬위원회 역, 『고종 33권』, 한국사데이터베이스.

· 국사편찬위원회 역, 『고종 34권』, 한국사데이터베이스.

· 국사편찬위원회 역, 『고종 40권』, 한국사데이터베이스.

· 국사편찬위원회 역, 『고종 41권』, 한국사데이터베이스.

· 국사편찬위원회 역, 『고종 42권』, 한국사데이터베이스.

· 국사편찬위원회 역, 『고종 43권』, 한국사데이터베이스.

· 국사편찬위원회 역, 『고종 44권』, 한국사데이터베이스.

· 국사편찬위원회 역, 『고종 45권』, 한국사데이터베이스.

· 국사편찬위원회 역, 『고종 46권』, 한국사데이터베이스.

· 국사편찬위원회 역, 『고종 48권』, 한국사데이터베이스.

· 국사편찬위원회 역, 『순종 1권』, 한국사데이터베이스.

· 국사편찬위원회 역, 『고종시대사 3집』, 한국사데이터베이스.

· 국사편찬위원회, 『주한일본공사관기록 제5권』, 한국사데이터베이스.

· 국사편찬위원회, 『주한일본공사관기록 제18권』, 한국사데이터베이스.

· 국사편찬위원회, 『주한일본공사관기록 제21권』, 한국사데이터베이스.

· 국사편찬위원회, 『주한일본공사관기록 제22권』, 한국사데이터베이스.

· 국사편찬위원회, 『통감부문서 3권』, 한국사데이터베이스.

· 국사편찬위원회, 『통감부문서 4권』, 한국사데이터베이스.

· 국사편찬위원회, 『대한민국임시정부 자료집 1권 헌법·공보』, 한국사데이터베이스.

· 국사편찬위원회, 『대한민국임시정부 자료집 10권 한국광복군 I 』, 한국사데이터베이스.

· 국사편찬위원회, 『대한민국임시정부 자료집 11권 한국광복군 II 』, 한국사데이터베이스.

· 국사편찬위원회, 『대한민국임시정부 자료집 12권 한국광복군 III』, 한국사데이터베이스.

· 국사편찬위원회, 『자료대한민국사 제7권』, 한국사데이터베이스

· 국사편찬위원회, 『재외동포사 총서13, 중국 한인의 역사(상)』, 한국사데이터베이스.

· 동학농민전쟁100주년기념사업추진회, 『동학농민사료총서 17권』, 한국사데이터베이스.

· 한국고전번역원 인터넷 홈페이지, http://www.itkc.or.kr/

· 임희자 역, 『승정원일기』, 한국고전번역원, 2000.

· 최연숙, 이기찬 역, 『승정원일기』, 한국고전번역원, 2000.

· 이정원 역, 『승정원일기』, 한국고전번역원, 2002.

· 김기빈 역, 『승정원 일기』, 한국고전번역원, 2002.

· 소진희 역, 『승정원일기』, 한국고전번역원, 2002.

· 이우만, 『미 육군부사관제도 소개』자료, 2011.

· 육군본부 정훈공보실(2009. 11. 5), 『보도자료 2009-0219』

· 국방일보(2006. 10. 2.), "국군 이름의 유래"

· 국방일보(2012. 3. 28), "부사관, 전투형 강군 중심에 서다"

· 국방일보(2012. 4. 18), "부사관, 전투형 강군 중심에 서다"

· 국방일보(2012. 5. 9), "부사관, 전투형 강군 중심에 서다"

· 국방일보(2012. 5. 16), "부사관, 전투형 강군 중심에 서다"

· 국방일보(2012. 6. 12), "부사관, 전투형 강군 중심에 서다"

· 국방일보(2012. 8. 29), "독도는 조선땅, 日 교과서 나왔다"

· 국방일보(2012. 9. 24.), "대한민국의 기적과 함께한 우리 국군"

· 조선일보(2009. 3. 18), "의병파는 "제국" 개화파는 "민국" 논쟁"

· 조선일보(2010. 3. 11), "나라 판 돈 화투판에서 날린 이지용"

· 조선일보(2011. 9. 29.), "호주도 여군 차별 없애… 특공대· 해외파병 전투 수행 가능"

· 조선일보(2012. 9. 17.), "백두산은 머리, 대관령은 척추, 영남 大馬와 호남 탐라를 양 발로"

· 조선일보(2012. 8. 29.), "1905년 日 국정 교과서, 영토 표시에 독도는 빠져"

· 조선일보(2014. 12. 1.), "최보식이 만난 사람"

· 조선일보(2014. 10. 17), "통일이 미래다"

· 동아일보(1946. 3. 4.), "해산 광복군 다수 국방·해안경비대로 편입"

· 동아일보(1956. 4. 20.), "위국항일의사 열전 안중근(15회)"

· 동아일보(20143. 1. 6.), "프리미엄 리포트 '외상 후 스트레스' 겪는 MIU"

· dongA .COM 뉴스(2012. 8. 23.), "한미 첫 GPS 방어 훈련, 북교란 무력화"

· 인터넷 뉴데일리(2012. 9. 18), "독도 위한 전략? NO!… 대마도는 진짜 우리 땅!"

· 미 성조지(STARS AND STRIPES, 2014. 11. 2), "When confrontations between cops and veterans turn deadly"

에필로그

부사관 이야기는 약간은 낯선 이야기다. 장교들에 관한 이야기, 병사들에 관한 이야기, 군과 관련된 이야기는 간간이 있었지만, 부사관에 관한 이야기를 정리한 책이 우리나라에는 없었던 것 같다. 우리 군 조직의 한 부분으로서 그들의 역할이 상당함에도 불구하고 세간의 주목이 적었기 때문이 아닌가 생각한다.

그간의 부사관과 관련된 정책과 제도업무를 했던 경험을 살려 여기저기에 흩어져 있던 자료들과 역사적 사실들을 모아 꿰어 보았다. 누군가는 한 번쯤 정리하여야 했을 일이다. 부사관의 정체성과 역할에 대해 군에 있는 모두는 잘 이해하여야 한다. 그래야만 부사관들이 본연의 위치에서 자부심과 긍지를 갖고 군복무에 매진할 수 있다.

아무쪼록 이 책이 전후방 각지에서 묵묵히 본연의 임무에 헌신하고 있는 부사관들에게 힘이 되고 군생활의 지침이 되며, 장교들에게는 부사관을 이해하고 좀 더 관심을 갖는 계기가 되었으며 좋겠다. 아울러 군의 간부가 되고자 하는 청소년들에게 부사관이란 신분을 이해하고 그들이 장래의 방향을 설정하는 데 도움이 되었으면 한다. 이를 통해 우리 군의 부사관들이 더욱 건실해지고 육군의 당당한 자부심으로 자리매김하여 '군 전투력 발휘의 중추'로서 역할을 다했으면 하는 바람을 담고 있다.

전투력 발휘의 첨단에 쉐브런(Chevron) 계급장을 단 군인들이 묵묵히 서 있다. 국가와 국민의 안위를 양 어깨에 짊어지고…….